Das Recht der Biomedizin

Ralf Müller-Terpitz

Das Recht der Biomedizin

Textsammlung mit Einführung

Privatdozent Dr. Ralf Müller-Terpitz
Institut für Öffentliches Recht
Abteilung Wissenschaftsrecht
Adenauerallee 44
53113 Bonn
mueller.terpitz@uni-bonn.de

ISBN-10 3-540-28029-4 Springer Berlin Heidelberg New York
ISBN-13 978-3-540-28029-3 Springer Berlin Heidelberg New York

Bibliografische Information Der Deutschen Bibliothek
Die Deutsche Bibliothek verzeichnet diese Publikation in der Deutschen Nationalbibliografie; detaillierte bibliografische Daten sind im Internet über <http://dnb.ddb.de> abrufbar.

Dieses Werk ist urheberrechtlich geschützt. Die dadurch begründeten Rechte, insbesondere die der Übersetzung, des Nachdrucks, des Vortrags, der Entnahme von Abbildungen und Tabellen, der Funksendung, der Mikroverfilmung oder der Vervielfältigung auf anderen Wegen und der Speicherung in Datenverarbeitungsanlagen, bleiben, auch bei nur auszugsweiser Verwertung, vorbehalten. Eine Vervielfältigung dieses Werkes oder von Teilen dieses Werkes ist auch im Einzelfall nur in den Grenzen der gesetzlichen Bestimmungen des Urheberrechtsgesetzes der Bundesrepublik Deutschland vom 9. September 1965 in der jeweils geltenden Fassung zulässig. Sie ist grundsätzlich vergütungspflichtig. Zuwiderhandlungen unterliegen den Strafbestimmungen des Urheberrechtsgesetzes.

Springer ist ein Unternehmen von Springer Science+Business Media

springer.de

© Springer-Verlag Berlin Heidelberg 2006
Printed in Germany

Die Wiedergabe von Gebrauchsnamen, Handelsnamen, Warenbezeichnungen usw. in diesem Werk berechtigt auch ohne besondere Kennzeichnung nicht zu der Annahme, dass solche Namen im Sinne der Warenzeichen- und Markenschutz-Gesetzgebung als frei zu betrachten wären und daher von jedermann benutzt werden dürften.

Umschlaggestaltung: Erich Kirchner, Heidelberg

SPIN 11532590   64/3153-5 4 3 2 1 0 – Gedruckt auf säurefreiem Papier

Vorwort

Die Biomedizin hat in den letzten Jahren eine rasante Entwicklung durchlaufen. Das Klonschaf *Dolly* und die embryonale Stammzellforschung stehen exemplarisch hierfür. Ethik und Recht haben diesen Prozess stetig begleitet. Mittlerweile liegen auf internationaler, europäischer und nationaler Ebene zahlreiche Rechtstexte vor, die biomedizinische Fragen behandeln. Das Unterfangen, diese Dokumente in einer handlichen Textsammlung zusammenzufassen, wurde bislang allerdings noch nicht unternommen. Vielmehr mussten sich Interessierte die insoweit relevanten Texte aus verschiedenen Quellen – den Amts- und Gesetzesblättern oder dem Internet – selbst zusammenstellen. Die vorliegende Publikation soll diesem Manko abhelfen und den Zugang zu biomedizinischen Rechtstexten erleichtern. Sie versteht sich zugleich als ein Beitrag zur Intensivierung des gesellschaftlichen Dialogs über den mitunter brisanten Erkenntnisfortschritt, welchen die biomedizinische Forschung mit sich bringt.

Da für ein solches Vorhaben nicht endlos viel Platz zur Verfügung steht, war eine Textauswahl erforderlich. Als maßgebliches Kriterium hierfür diente der Begriff der Biomedizin, der allerdings nicht trennscharf ist. Die Textauswahl hat sich deshalb primär an solchen Themenbereichen orientiert, wie sie im Biomedizin-Übereinkommen des Europarats und seinen Zusatzprotokollen eine Regelung erfahren haben. Hingegen ist es nicht Absicht der vorliegenden Sammlung, allgemeine medizinrechtliche Texte zusammenzufassen, wenn auch die Grenzziehung zur Biomedizin im Einzelfall schwierig sein kann.

Soweit verfügbar – zumindest als nichtamtliche Übersetzung – sind die internationalen Rechtstexte dabei auf Deutsch abgedruckt. Dem Bundesjustizministerium – vertreten durch Frau Ministerialrätin Kerstin Lubenow – sei an dieser Stelle für die freundliche Erlaubnis gedankt, seine nichtamtlichen Übersetzungen des Biomedizin-Übereinkommens nebst Zusatzprotokollen zu veröffentlichen. Alle Übersetzungen wurden im Übrigen nochmals kritisch auf ihre Übereinstimmung mit den englischen Originalfassungen überprüft und – wo geboten – geringfügig verändert. Soweit eine deutsche Übersetzung noch nicht verfügbar war, ist auf die englische Originalfassung zurückgegriffen worden.

Der Textsammlung vorangestellt ist eine ausführliche Einführung in das Recht der Biomedizin, welche sich inhaltlich an den abgedruckten Rechtstexten orientiert. Gerichtet ist sie an jeden, der sich für biomedizinrechtliche Fragen interessiert und sich hierzu einen Überblick verschaffen möchte. Zahlreiche weiterführende Literaturhinweise ermöglichen zudem eine Vertiefung der jeweiligen Sachbereiche. Anregungen zur Einführung, aber auch zur Textsammlung nehme ich selbstverständlich gerne entgegen.

Besonderen Dank schulde ich schließlich meinem Vater Erwin Müller, der sich nicht nur um die redaktionelle Mitgestaltung des vorliegenden Buchs verdient gemacht hat, sondern auch die mühselige, aber wichtige Aufgabe übernahm, die deutschen Übersetzungen mit den englischsprachigen Originalfassungen abzugleichen. Dank schulde ich ferner meiner Frau Katrin Terpitz für ihr gewohnt zuverlässiges Korrekturlesen.

Düsseldorf, im Februar 2006　　　　　　　　　　　　　　　　Ralf Müller-Terpitz

Inhaltsübersicht

A. Das Recht der Biomedizin 1
Einführung in ein heterogenes und dynamisches Rechtsgebiet 3

B. Internationales Recht 61
I. Biomedizin-Übereinkommen des Europarats 63
Ia. Biomedizin-Übereinkommen – Erläuternder Bericht 75
II. Zusatzprotokoll Klonen 115
IIa. Zusatzprotokoll Klonen – Erläuternder Bericht 119
III. Zusatzprotokoll Transplantation 123
IIIa. Zusatzprotokoll Transplantation – Erläuternder Bericht 133
IV. Zusatzprotokoll Biomedizinische Forschung 161
IVa. Zusatzprotokoll Biomedizinische Forschung – Erläuternder Bericht ... 175
V. UNESCO-Erklärung über das menschliche Genom 213
VI. UNESCO-Erklärung zum Schutz genetischer Daten 221
VII. UNESCO-Erklärung über Bioethik und Menschenrechte 233
VIII. VN-Erklärung über das Klonen von Menschen 243
IX. Pakt über bürgerliche und politische Rechte (Auszug) 245
X. Europäisches Patentübereinkommen (Auszüge) 247
XI. Deklaration des Weltärztebundes von Helsinki 251

C. Europäisches Gemeinschaftsrecht 257
I. EU-Grundrechte-Charta (Auszüge) 259
II. Biopatent-Richtlinie 261
III. Richtlinie zur Prüfung von Humanarzneimitteln 277
IV. Gewebe- und Zell-Richtlinie 297

D. Nationales Recht 319
I. Embryonenschutzgesetz 321
Ia. Sozialgesetzbuch – Gesetzliche Krankenversicherung (Auszüge) 325
II. Stammzellgesetz 327
IIa. ZES-Verordnung 333
III. Transplantationsgesetz 337
IV. Patentgesetz (Auszüge) 351
V. Arzneimittelgesetz (Auszüge) 357

Sachverzeichnis 373

A. Das Recht der Biomedizin

Das Recht der Biomedizin

Einführung in ein heterogenes und dynamisches Rechtsgebiet

Inhaltsverzeichnis

I. Allgemeines 4
   1. Thematische Eingrenzung 4
   2. Gemeinsamkeiten biomedizinischer Rechtsquellen 5

II. Internationales Recht 7
   1. Die biomedizinrechtlichen Regelungen des Europarats 7
      a) Der Rahmen: Das Biomedizin-Übereinkommen 7
         aa) Einleitendes 7
         bb) Die Regelungen des Biomedizin-Übereinkommens
            im Überblick 9
               (1) Allgemeine Bestimmungen 9
               (2) Einwilligung 11
               (3) Privatsphäre und Recht auf Auskunft 12
               (4) Menschliches Genom 12
               (5) Wissenschaftliche Forschung 17
               (6) Umgang mit dem menschlichen Körper und Teilen davon ... 22
         cc) Abschließende Bewertung 23
      b) Das Detailwerk: Die Protokolle zum Biomedizin-Übereinkommen 24
         aa) Das Zusatzprotokoll Klonen 24
         bb) Das Zusatzprotokoll Transplantation 25
         cc) Das Zusatzprotokoll Biomedizinische Forschung 26
   2. Die bioethischen Vorgaben der Vereinten Nationen 28
      a) Die UNESCO-Erklärungen zu bioethischen Fragen 28
         aa) Die UNESCO-Erklärung über das menschliche Genom 28
         bb) Die UNESCO-Erklärung zum Schutz genetischer Daten ... 31
         cc) Die UNESCO-Erklärung über Bioethik und Menschenrechte ... 32
      b) Die Erklärung der Vereinten Nationen über das Klonen
         von Menschen 33
   3. Die Deklaration des Weltärztebundes von Helsinki 34

III. Europäisches Gemeinschaftsrecht 35
   1. Gemeinschaftsrechtliche Kompetenzen im Bereich der Biomedizin 35
   2. Die Grundrechte-Charta 37
   3. Die Biopatent-Richtlinie 38
   4. Die Humanarzneimittelprüfungs-Richtlinie 41

4   A. Das Recht der Biomedizin

    5. Die Gewebe- und Zell-Richtlinie..43

IV. Nationales Recht **45**

    1. Das Embryonenschutzgesetz 46
    2. Das Stammzellgesetz...51
    3. Das Transplantationsgesetz 53
    4. Sonstige biomedizinbezogene Regelungen...56

Literatur..**57**

I. Allgemeines

1. Thematische Eingrenzung

Schon seit Jahren erfreut sich die naturwissenschaftliche Disziplin der Biomedizin einer breiten fachöffentlichen und gesamtgesellschaftlichen Aufmerksamkeit. Katalysiert wurde diese Entwicklung Ende der 1990er Jahre durch das erfolgreiche Klonieren von Säugetieren, welches mit dem berühmten Klonschaf *Dolly* seinen Ausgang nahm[1], sowie durch die neu eröffnete Möglichkeit, an humanen embryonalen Stammzellen zu forschen.[2] Fortan haben beide Sachverhalte die bisweilen aufgeregt geführte Debatte um Chancen und Risiken des biomedizinischen Fortschritts dominiert. Ethik wie Recht haben diese Entwicklung durch die Ausprägung eigener Disziplinen – die Bioethik und das Biorecht – begleitet. Letzteres findet seinen sichtbarsten Ausdruck im Biomedizin-Übereinkommen des Europarats aus dem Jahre 1997 und der zu ihm ergangenen Zusatzprotokolle.[3]

Ein klar ausgeprägtes Verständnis des Begriffs „Biomedizin" existiert zwischen den am (fach-)öffentlichen Diskurs beteiligten Disziplinen bislang allerdings nicht. Dies erschwert seine Abgrenzung zu anderen Themenbereichen. Orientiert man sich – was angesichts der in Rede stehenden Materie nahe liegt – insofern an einem naturwissenschaftlichen Begriffsverständnis, so kann die Biomedizin als ein neues, interdisziplinäres Fachgebiet charakterisiert werden, welches Inhalte und Fragestellungen der Humanmedizin mit Methoden der Molekular- sowie Zellbiologie verbindet und sich als eigenständige wissenschaftliche Disziplin an der Grenzfläche zwischen Medizin und Biologie zu etablieren beginnt.[4] Gerade diese enge Verbindung zweier naturwissenschaftlicher Disziplinen hat in den letzten Jahren zu einem erheblichen Wissenszuwachs über den Menschen geführt,

---

[1]   Bahnbrechend insoweit *Wilmut* et al. 1997.
[2]   Wegweisend insofern *Thomson* et al. 1998.
[3]   Abgedruckt unter B. I. – IV.
[4]   Definition in Anlehnung an einen gleichnamigen Studiengang der Universität Würzburg, zitiert nach *Taupitz* 2002, S. 39 Fußn. 175. Weiter demgegenüber Art. 2 Abs. 1 des Zusatzprotokolls Biomedizinische Forschung (abgedruckt unter B. IV.), der für den Forschungsbereich den Begriff „Biomedizin" ganz allgemein auf gesundheitsbezogene Interventionen an menschlichen Lebewesen erstreckt.

insbesondere das Verständnis über die Entstehung und den Verlauf menschlicher Krankheiten wesentlich vertieft.

Ein solchermaßen definierter Begriff der Biomedizin reicht weit über die eingangs geschilderten Bereiche (Klonen, Stammzellforschung) hinaus. Unter ihn lassen sich Sachverhalte wie die Reproduktionsmedizin, Gendiagnostik, Gentherapie oder Genmanipulation subsumieren. Im weitesten Sinne zielen all diese Maßnahmen auf eine diagnostische, therapeutische oder zumindest meliorative Anwendung am Menschen und setzen hierzu auf zellbiologischer oder molekulargenetischer Ebene an. Mit dem Oberbegriff der Biomedizin lassen sich deshalb so umstrittene Praktiken wie die Präimplantationsdiagnostik, prädiktive genetische Tests, die Keimbahnmanipulation, Embryonenforschung oder das so genannte „therapeutische Klonen" – um nur einige aktuelle Problemfelder zu benennen – schlagwortartig umreißen. Mit zu diesem Themenkomplex gerechnet werden kann schließlich auch die Transplantationsmedizin, welche nicht zuletzt eine therapeutisch motivierte Übertragung von Zellen und Geweben – etwa embryonalen, fetalen oder adulten Ursprungs – zum Gegenstand hat.

Die nachfolgend abgedruckten Rechtsquellen orientieren sich im Wesentlichen an der skizzierten Grenzziehung. Die Textauswahl spiegelt dabei zugleich den Umstand wider, dass der rechtswissenschaftliche Diskurs um die Biomedizin auf eine mittlerweile mehr als 25-jährige Geschichte zurückblickt. Anfänge dieser Diskussion lassen sich bis in die späten 1970er, frühen 1980er Jahre zurückverfolgen, als mit der Geburt des ersten „Retortenbabys" *Louise Brown* (1978) die vorstehend angerissenen Fragestellungen sukzessive ins Rampenlicht einer breiten Öffentlichkeit gerückt wurden. Als Problematik von bisweilen existenziellem Charakter (Embryonenforschung) beschäftigt sie deshalb schon seit längerem nicht nur die nationale (IV.), sondern auch die internationale (II.) sowie supranationale Ebene (III.) – freilich mit je unterschiedlicher Regelungsdichte und Verpflichtungskraft.

2. Gemeinsamkeiten biomedizinischer Rechtsquellen

Quer durch alle Regelungsebenen hindurch weisen biomedizinische Rechtsquellen inhaltliche Gemeinsamkeiten auf, und zwar sowohl bezogen auf allgemeine biomedizinische Prinzipien oder Regeln als auch im Hinblick auf konkrete biomedizinische Sachbereiche:

Als *allgemeines Prinzip* betonen biomedizinische Rechtsquellen nicht selten den Aspekt der Würde und Identität menschlicher Individuen, welche es gegen die neuen biomedizinischen Herausforderungen zu verteidigen gilt. Die Idee der Menschenwürde als ein geschriebenes Prinzip des Rechts erfährt so gerade auf internationaler Ebene eine nicht unerhebliche Aufwertung.[5] Konkretisiert wird dieses

---

[5] Bislang wurde die Menschenwürde zwar als dem Völkerrecht und seinen Kodifikationen – etwa der Europäischen Menschenrechtskonvention (EMRK) – zugrunde liegendes Rechtsprinzip anerkannt, ohne dass dieses jedoch – etwa dem Vorbild des Art. 1 Abs. 1 GG folgend – eine explizite und umfassende Positivierung erfahren hätte. Allgemein zur Idee der Menschenwürde im internationalen Recht *Haßmann* 2003, S. 34 – 45.

Prinzip sodann durch die so genannte Vorrangklausel, der zufolge dem Interesse und Wohl des Individuums Vorrang gegenüber den Interessen der Gesellschaft (etwa an einer genetisch „gesunden" Bevölkerung) oder der Wissenschaft (etwa an Humanexperimenten) gebührt. Die aus der Menschenwürde fließende Autonomie des Individuums schlägt sich zudem im Erfordernis einer aufgeklärten Einwilligung („informed consent") des von (bio-)medizinischen Eingriffen Betroffenen nieder. Demselben Zweck dienen Regelungen, welche darauf abzielen, einwilligungsunfähige Personen vor solchen Eingriffen – sei es im Rahmen der Therapie, medizinischen Forschung oder Organ- und Gewebetransplantation – zu schützen.

Zum gängigen Repertoire biomedizinischer Rechtsquellen gehören die Weiteren Bestimmungen, welche die Staaten dazu verpflichten, einen öffentlichen Dialog über biomedizinische Grundsatzfragen zu fördern. Solche „Dialogklauseln"[6] tragen dem Umstand Rechnung, dass es sich bei der Biomedizin um eine noch verhältnismäßig junge und dynamische Disziplin der Naturwissenschaften mit oftmals weitreichenden (prädiktive Tests), ja existenziellen Folgen (Präimplantationsdiagnostik, Embryonenforschung) für die Betroffenen handelt, über deren ethische wie rechtliche Bewertung eine Verständigung auf national-gesellschaftlicher Ebene häufig erst noch herbeigeführt werden muss. Anzumerken bleibt schließlich, dass die biomedizinischen Rechtstexte auf internationaler und supranationaler Ebene stets nur Mindeststandards normieren, mithin einem strengeren nationalen Schutzregime nicht entgegenstehen.

Bezogen auf konkrete *biomedizinische Sachbereiche* verbürgen die Rechtsquellen nicht selten neue Grundrechtstypen und sind bemüht, für bestimmte Problemfelder Tabuzonen zu etablieren: Exemplarisch zu nennen sind hier etwa das Recht auf Wissen bzw. Nichtwissen um die eigene genetische Konstitution sowie das Verbot der Diskriminierung aufgrund bestimmter genetischer Merkmale. Tabuzonen werden unter anderem im Hinblick auf geschlechtsselektive Reproduktionsmaßnahmen, die Keimbahnmanipulation, das reproduktive Klonen, die Erzeugung von Embryonen speziell zu Forschungszwecken sowie den Organhandel formuliert.

Bei flüchtiger Lektüre des biorechtlichen Textbefunds könnte insofern leicht der Eindruck entstehen, dass über die Behandlung zahlreicher biomedizinischer Grundsatzfragen ein breiter internationaler und damit auch nationaler Konsens besteht. Bei näherem Hinsehen offenbaren sich jedoch gravierende Unklar- und Meinungsverschiedenheiten – so vor allem hinsichtlich der personalen Reichweite der allgemeinen Prinzipien, Regeln, individuellen Rechte und Verbotstatbestände sowie im Hinblick auf ihre Einschränkbar- und Ausnahmslosigkeit. Auf diese Fragen wird noch zurückzukommen sein. Von einer einheitlichen oder zumindest dominierenden Auffassung in bestimmten, höchst problematischen Kernbereichen der Biomedizin (etwa dem Umgang mit Embryonen in forschungsbezogenen oder therapeutischen Zusammenhängen) ist man deshalb – trotz bisweilen eindeutig *erscheinender* Regelungen – tatsächlich noch weit entfernt.

---

[6] Exemplarisch hierfür etwa Art. 28 des Biomedizin-Übereinkommens des Europarats (abgedruckt unter B. I.).

II. Internationales Recht

Biomedizinrechtliche Regelungen auf internationaler Ebene entspringen ganz unterschiedlichen Rechtsquellen: An erster Stelle zu nennen sind hier die im institutionellen Gefüge des Europarats erarbeiteten Vertragstexte (1.). Aber auch auf der universellen Ebene des Völkerrechts gibt es erste, wenn auch rechtlich noch schwach ausgeprägte Ansätze, biomedizinbezogene Normen zu formulieren und etablieren (2.).

1. Die biomedizinrechtlichen Regelungen des Europarats

a) Der Rahmen: Das Biomedizin-Übereinkommen

aa) Einleitendes

Wie kein anderer Rechtstext – und hier deshalb an erster Stelle zu behandeln – beeinflusst das Übereinkommen zum Schutz der Menschenrechte und Menschenwürde im Hinblick auf die Anwendung von Biologie und Medizin – kurz: das Biomedizin-Übereinkommen (BMÜ) – des Europarats vom 4. April 1997[7] die rechtliche Bewertung biomedizinischer Fragen. Dieses nach langen Vorarbeiten und Verhandlungen verabschiedete Übereinkommen[8] verlängert den durch die Europäische Menschenrechtskonvention (EMRK) verkörperten internationalen Menschenrechtsschutz speziell in den Bereich der Biomedizin hinein. Das Übereinkommen – welches fälschlicherweise noch immer als Bioethik-Konvention bezeichnet wird[9] – ist am 1. Dezember 1999 in Kraft getreten und wurde bislang von 32 Mitgliedstaaten des Europarats gezeichnet. Die Bundesrepublik Deutschland hat sich zwar aktiv an der Ausarbeitung des Vertragstexts beteiligt, dann aber aufgrund inhaltlicher Vorbehalte von seiner Unterzeichnung (vorerst) abgesehen.[10] Auch wenn es für Deutschland damit (noch) keine Rechtsverbindlichkeit entfaltet, beeinflusst das Biomedizin-Übereinkommen als ein in Kraft befindlicher völkerrechtlicher Vertragstext mittlerweile nicht nur die deutsche und regionale[11], son-

---

[7] Abgedruckt unter B. I.
[8] Zur Entstehungsgeschichte vgl. etwa: Erläuternder Bericht (abgedruckt unter B. Ia.), Rdnr. 1 – 6; *Braun* 2000, S. 201 – 213; *Herdegen/Spranger* 2000, Rdnr. 1 – 5; *Iliadou* 1999, S. 201 – 209.
[9] Erst unlängst erneut *Arndt* 2004, S. 12. Fälschlicherweise deshalb, weil dieser ursprüngliche Arbeitstitel des Übereinkommens später durch den vorstehend zitierten ersetzt wurde. Der Begriff „Bioethik-Konvention" verschleiert i.Ü., dass das Übereinkommen nicht bloß unverbindliche ethische Maßstäbe, sondern verbindliche Rechtsnormen statuiert, mögen diese auch bestimmten ethischen Erwägungen entsprungen sein. Letzteres ist jedoch kein Spezifikum des Biorechts.
[10] Dazu noch weiter unten im Text.
[11] So hat der Europäische Gerichtshof für Menschenrechte (EGMR) die Biomedizin-Konvention in seiner Entscheidung Vo v. France (Urteil v. 8.7.2004, Application no. 53924/00, abgedruckt in: NJW 2005, 727) erst unlängst als Auslegungshilfe in Bezug genommen. Im Gegensatz zur EMRK kann eine Verletzung des Biomedizin-Übereinkommens allerdings nicht im Wege einer Staaten- oder Individualbeschwerde gerügt werden. Art. 29 BMÜ weist dem EGMR insofern lediglich die Befugnis zu, auf

dern auch die weltweite Debatte über den rechtlichen Umgang mit biomedizinischen Fragestellungen. Ohne Übertreibung kann die Konvention deshalb als wohl bedeutsamstes völkerrechtliches Dokument auf diesem Gebiet qualifiziert werden. Seine universelle Bedeutung resultiert nicht zuletzt aus dem Umstand, dass es auch Nichtmitgliedstaaten zur Ratifikation offen steht, so neben dem Heiligen Stuhl Australien, Japan, Kanada und den Vereinigten Staaten. Als Internationale Organisation ist zudem die Europäische Gemeinschaft zeichnungsberechtigt.[12] Keiner der genannten Staaten oder Institutionen hat von dieser Möglichkeit bislang indes Gebrauch gemacht. Die Europäische Gemeinschaft nimmt in ihren biomedizinbezogenen Rechtsakten jedoch nicht selten auf das Übereinkommen sowie seine Protokolle Bezug und unterwirft sich insofern einer freiwilligen Selbstbindung.[13]

Einem auch in anderen Bereichen des Völkerrechts zu beobachtenden Trend folgend ist die Biomedizin-Konvention dabei als so genanntes *Rahmenübereinkommen* ausgestaltet. Von daher statuiert es lediglich einige allgemeine Grundprinzipien und Regeln sowie Menschenrechte und Verbote zu bestimmten biomedizinischen Sachbereichen, die sodann in Zusatzprotokollen, welche ihrerseits eigenständige völkerrechtliche Vertragstexte darstellen, weiter konkretisiert werden müssen.[14] Für drei solcher Themenbereiche – das Klonen, die Transplantation von Organen und Geweben sowie zuletzt die biomedizinische Forschung – wurden solche Zusatzprotokolle bereits verabschiedet.[15] Als Konkretisierungen des Rahmenübereinkommens dürfen sie allerdings nur zusammen mit der Biomedizin-Konvention ratifiziert werden.[16] Die Bundesrepublik Deutschland kann diesen Protokollen deshalb nicht isoliert beitreten.

Sowohl zu dem Rahmenübereinkommen als auch zu den Zusatzprotokollen wurden vom Generalsekretär des Europarats so genannte *Erläuternde Berichte* (Explanatory Reports) ausgearbeitet und vom Ministerkomitee gebilligt. Sie geben Auskunft über den Diskussionsverlauf im Lenkungsausschuss für Bioethik (CDBI), welcher vom Europarat mit der Ausarbeitung, Fortentwicklung und Auslegung des Biomedizin-Übereinkommens und seiner Zusatzprotokolle betraut wurde.[17] Zudem berücksichtigen die Berichte Bemerkungen und Vorschläge der

---

Antrag einer Vertragspartei Gutachten über die Auslegung des Übereinkommens zu erstatten. Inwiefern dies einem effektiven Vollzug des Übereinkommens auf nationaler Ebene entgegenwirkt, bleibt abzuwarten.

[12] Vgl. Art. 33 Abs. 1 BMÜ. Nach Maßgabe des in Art. 34 BMÜ normierten Prozedere können zudem noch andere Nichtmitgliedstaaten des Europarats zu einem Vertragsbeitritt eingeladen werden.

[13] Vgl. hierzu etwa die Entscheidung des Rates vom 30.9.2002 über ein spezifisches Programm im Bereich der Forschung, technologischen Entwicklung und Demonstration: „Integration und Stärkung des Europäischen Forschungsraums" (2002 – 2006), ABl.EG Nr. L 294/1 (7), sowie die Gewebe-Richtlinie (abgedruckt unter C. IV.), Erwägungsgrund Nr. 22.

[14] Vgl. insofern Art. 31 u. 32 BMÜ.

[15] S. dazu unten B. 2. – 4.

[16] Vgl. insoweit Art. 31 Abs. 2 BMÜ.

[17] Vgl. insoweit auch Art. 29 u. 32 BMÜ

nationalen Delegationen. Zwar handelt es sich bei ihnen nicht um authentische Interpretationen der Vertragstexte[18]; dessen ungeachtet enthalten sie jedoch wichtige allgemeine und entstehungsgeschichtliche Hinweise, welche bei der Norminterpretation zu berücksichtigen sind. Von daher wurden auch diese Textdokumente im Anschluss an den jeweiligen Vertragstext mit abgedruckt.[19]

bb) Die Regelungen des Biomedizin-Übereinkommens im Überblick

Das Biomedizin-Übereinkommen gliedert sich in 14 Kapitel. Von Ausnahmen abgesehen, ist es auf eine gestalterische Umsetzung durch die Vertragsparteien angewiesen. Angesichts der geregelten Materie kommt dem Übereinkommen dabei häufig nicht nur eine vertikale Schutzdimension im Staat-Bürger-, sondern auch eine horizontale im Bürger-Bürger-Verhältnis zu.[20] Vereinzelt gilt dies sogar für die unmittelbar anwendbaren Menschenrechte. Diese können folglich nicht nur dem Staat, sondern auch einem privaten Dritten gegenüber geltend gemacht werden (unmittelbare Drittwirkung).[21]

Folgende Aspekte des Übereinkommens seien selektiv und skizzenhaft hervorgehoben:

(1) Allgemeine Bestimmungen

Kapitel I (Allgemeine Bestimmungen) betont zunächst in einer für biomedizinische Rechtstexte charakteristischen Weise[22], dass „die Würde und die Identität aller menschlichen Lebewesen" von den Vertragsstaaten zu schützen „und jedermann ohne Diskriminierung die Wahrung seiner Integrität sowie seiner sonstigen Grundrechte und Grundfreiheiten im Hinblick auf die Anwendung von Biologie und Medizin" zu gewährleisten sind (Art. 1 BMÜ). In Anlehnung an die Deklaration des Weltärztebunds von Helsinki[23] konkretisiert Art. 2 BMÜ diese Zielvorgabe sodann durch ein „Prinzip des Vorrangs", dem zufolge „das Interesse und das Wohl des menschlichen Lebewesens Vorrang gegenüber dem bloßen Interesse der Gesellschaft oder der Wissenschaft" genießt. Beide Vorgaben finden im Weiteren durch die Bestimmungen des Übereinkommens, aber auch durch die Zusatzprotokolle, eine nähere Konkretisierung, die ihrerseits wiederum „im Lichte" dieser Maximen zu interpretieren ist. Das erste Kapitel endet mit Bestimmungen, welche die Schaffung eines gleichen Zugangs zur Gesundheitsversorgung (Art. 3 BMÜ)

---

[18] Dies betonen die Erläuternden Berichte regelmäßig selbst; vgl. insofern nur den Erläuternden Bericht zum Biomedizin-Übereinkommen, Präambel Abs. 3 (abgedruckt unter B. Ia.). Erwähnt sei des Weiteren, dass mittlerweile auch die Protokolle der Plenarberatungen des CDBI veröffentlicht wurden (CDBI/INF [2000] 1).
[19] Unter B. 1a. – 4a. Soweit für diese Erläuternden Berichte deutsche Arbeitsübersetzungen noch nicht verfügbar sind, wurde auf die authentische englische Textfassung zurückgegriffen.
[20] Im gleichen Sinne *Kopetzki* 2002, S. 57 f.
[21] Anzunehmen ist dies etwa für Art. 10 (Schutz der Privatsphäre) u. 11 BMÜ (Diskriminierungsverbot); zu diesen Bestimmungen noch unten (3) u. (4).
[22] S. dazu bereits oben I. 2.
[23] Abgedruckt unter B. XI. S. dort Ziff. 5.

sowie die Einhaltung der ärztlichen Berufs- und Verhaltenspflichten einfordern (Art. 4 BMÜ).

Bereits im Wortlaut des Art. 1 BMÜ manifestiert sich indes ein Grundproblem des Biomedizin-Übereinkommens: die undeutliche Konturierung seines personalen Geltungsbereichs. Das Ziel der Konvention, verbindliche Mindeststandards (vgl. Art. 27 BMÜ) für die Vertragsstaaten zu formulieren, wird hierdurch nicht unerheblich konterkariert. So erstreckt Art. 1 BMÜ Gegenstand und Zielsetzung des Rahmenübereinkommens auf zwei, offensichtlich nur teilidentische Adressatenkreise – zum einen auf „alle menschlichen Individuen" sowie zum anderen auf „jedermann". Mehr noch: Das Übereinkommen scheint für beide jeweils unterschiedliche Zielsetzungen zu formulieren. Während die „menschlichen Lebewesen" in ihrer Würde und Identität geschützt werden sollen, ordnet das Übereinkommen für „jedermann" zudem die Gewährleistung seiner Integrität und seiner sonstigen Grundrechte sowie Grundfreiheiten an. Den durch die deutsche Rechtskultur geprägten Juristen bereitet es indessen Schwierigkeiten, einer solchen Differenzierung etwas Sinnhaftes abzugewinnen, sind sie es doch gewohnt, aus der Menschenwürde als einem *übergeordneten* Rechtsprinzip den Integritäts-, Freiheits- und Gleichheitsschutz aller menschlichen Individuen abzuleiten.[24] Demgegenüber scheint nach dem Biomedizin-Übereinkommen aus dem Prinzip der Menschenwürde für eine bestimmte Gruppe von Menschen – den „menschlichen Lebewesen" – nur ein zurückgenommenes Schutzniveau zu fließen.

Eines immerhin lässt sich der Gegenstands- und Zielbestimmung des Art. 1 BMÜ entnehmen: Auch solche menschliche Individuen, die nicht über typische personale Eigenschaften wie Vernunftbegabung oder Ich-Bewusstsein verfügen, also insbesondere Ungeborene oder Demente, werden nicht *a limine* vom Geltungsbereich des Art. 1 BMÜ und damit des Übereinkommens insgesamt ausgeschlossen. Denn unter der weit gefassten Formulierung „menschliches Lebewesen" ist das individuelle menschliche Leben vom Anbeginn seiner Existenz zu verstehen. Hierfür sprechen nicht nur die erläuternden und entstehungsgeschichtlichen Materialien[25], sondern auch der Wortlaut des Art. 1 BMÜ („*aller* menschlichen Lebewesen") sowie die bewusste Entgegensetzung der Begriffe „menschliches Lebewesen" („human being"/„être humain") und „jedermann" („everyone"/„toute personne"). Es spricht deshalb einiges für die Annahme, dass mit der Formulierung „menschliches Lebewesen" auch der Mensch in seiner pränatalen Entwicklung erfasst sein soll, wohingegen der Begriff „jedermann" – dem bislang vorherrschenden Verständnis im Völkerrecht folgend – nur auf bereits geborene Angehörige der Spezies Mensch zu erstrecken ist. In welchem Umfang „menschliche Lebewesen" vor biomedizinischen Beeinträchtigungen zu schützen sind, er-

---

[24] Vgl. insoweit nur Art. 1 GG mit seinen kaskadenartigen Absätzen. Aber auch im Völkerrecht gilt der Menschenwürdeschutz gemeinhin als höchstes Rechtsprinzip.

[25] Vgl. insofern etwa den Erläuternder Bericht (abgedruckt unter B. Ia.), Rdnr. 19: „Es wurde anerkannt, dass die Würde und die Identität eines menschlichen Lebewesens einem allgemein anerkannten Prinzip zufolge ab dem Zeitpunkt zu achten sind, *an dem das Leben beginnt*" – Hervorhebung nur hier.

gibt sich allerdings erst aus den speziellen Bestimmungen des Übereinkommens und seiner Protokolle. Hierauf wird noch zurückzukommen sein.

Die Reichweite des Begriffs „menschliches Lebewesen" ist damit im Übrigen nicht abschließend skizziert. Denn die Frage, ab welchem Zeitpunkt genau ein solches Individuum zu existieren beginnt, wird von den Mitgliedstaaten des Europarats durchaus unterschiedlich beantwortet. Da insoweit ein Konsens über den genauen Beginn menschlichen Lebens nicht erzielt werden konnte, sollte den Vertragsstaaten durch die gewählte Formulierung ein Beurteilungsspielraum zugebilligt werden.[26] Dementsprechend haben es die Mitgliedstaaten in der Hand, ob sie die in Art. 1 und 2 BMÜ niedergelegten Prinzipien (Schutz der Würde und Identität, Vorrang des Individualinteresses) bereits auf den pränidativen Embryo – sei es *in vitro* oder *in vivo* – bzw. erst auf den Embryo einer späteren Entwicklungsstufe – etwa ab seinem 14. Entwicklungstag (Nidation/Individuation), dem Beginn des „Gehirnlebens" oder seiner extrauterinen Lebensfähigkeit – erstrecken wollen. Die Mitgliedstaaten erhalten so die Möglichkeit, den Schutz des pränatalen Lebens ihren nationalen Gegebenheiten sowie ihren vorherrschenden ethischen Überzeugungen anzupassen.

(2) Einwilligung

Fragen der Einwilligung in (bio-)medizinische Interventionen behandelt Kapitel II des Biomedizin-Übereinkommens. Art. 5 BMÜ wiederholt insofern die seit dem Nürnberger Kodex von 1947 anerkannte und bereits 1966 in Art. 7 S. 2 des Internationalen Pakts über bürgerliche und politische Rechte[27] kodifizierte Regel, dass ein medizinischer Eingriff im Gesundheitsbereich erst erfolgen darf, nachdem die betroffene Person über ihn aufgeklärt worden ist und frei eingewilligt hat (so genannter „informed consent"). Der Betroffene ist hierzu angemessen über Zweck und Art der Intervention sowie über ihre Folgen und Risiken aufzuklären und kann die einmal erteilte Einwilligung jederzeit frei widerrufen. Besonderes Augenmerk widmet die Konvention hierbei dem Schutz nichteinwilligungsfähiger Personen (Minderjähriger, geistig Behinderte etc.)[28]: An diesen darf eine (bio-)medizinische Intervention nur durchgeführt werden, wenn sie zu ihrem „unmittelbaren Nutzen" erfolgt und die Einwilligung des gesetzlichen Vertreters oder einer anderen kompetenten Stelle vorliegt. Die Betroffenen sind dabei soweit wie möglich in das Einwilligungsverfahren mit einzubeziehen. Die Regelungen zur Forschung und Transplantation an Einwilligungsunfähigen bleiben davon allerdings unberührt.[29] Art. 7 bis 9 BMÜ statuieren daneben Bestimmungen zum Schutz psychisch ge-

---

[26] Vgl. insoweit *Steering Committee on Bioethics* (CDBI), Convention on the Protection of Human Rights and Dignity of the Human Beinig with regard to the Application of Biology and Medicine: Convention on Human Rights and Biomedicine (ETS No. 164), Preparatory Work on the Convention, CDBI/INF (2000) 1, S. 13.

[27] Abgedruckt unter B. IX.

[28] Allg. zu den Voraussetzungen der Einwilligungsfähigkeit (= natürliche Einsichts- und Steuerungsfähigkeit): BMJ 1998, S. 17; *Michael* 2004.

[29] Dazu noch unten (5) u. (6).

störter Personen, zur medizinischen Intervention in Notfallsituationen sowie zur Berücksichtigung früher geäußerter Wünsche des Patienten.

(3) Privatsphäre und Recht auf Auskunft

Die Privatheit gesundheitsrelevanter Daten ist Gegenstand des Kapitel III. Art. 10 Abs. 1 BMÜ normiert hierzu eine (bio-)medizinspezifische Ausprägung des „Rechts auf informationelle Selbstbestimmung".[30] Die Regelung umfasst nicht nur ein Recht auf vertraulichen Umgang mit *bereits bekannten* (bio-)medizinischen Daten, sondern auch ein „Recht auf Nichtwissen" der eigenen, noch *nicht bekannten* biologischen (insbesondere genetischen) Konstitution. Unter den in Art. 26 Abs. 1 BMÜ normierten Voraussetzungen kann dieses Menschenrecht auf Wahrung der Privatsphäre jedoch eingeschränkt werden, etwa zum Zwecke der Strafverfolgung oder im Interesse Dritter (z.B. zur Feststellung eines Vaterschaftsverhältnisses oder zum Schutz vor übertragbaren Krankheiten).

Art. 10 Abs. 2 BMÜ hingegen statuiert ein (Leistungs-)Recht auf Auskunft in Bezug auf alle über die Gesundheit einer Person *bereits bekannten* Daten. Will diese jedoch keine Kenntnis erhalten, so ist auch dieser Wunsch zu respektieren. Die Bestimmung statuiert mithin eine Teilausprägung des „Rechts auf Wissen bzw. Nichtwissen". Für gesundheitsbezogene Angaben, die während eines biomedizinischen Forschungsprojekts gesammelt werden, hat dieses Recht zudem spezielle Regelungen in Art. 26 Abs. 1 und Art. 27 des Zusatzprotokolls Biomedizinische Forschung erfahren.[31] Ausnahmsweise kann das Recht auf Wissen bzw. Nichtwissen bereits bekannter Daten von den Vertragsstaaten im Interesse des Patienten eingeschränkt werden (Art. 10 Abs. 3 BMÜ), etwa wenn die Mitteilung einer Diagnose dessen Zustand weiter destabilisieren könnte oder umgekehrt ihre (gewünschte) Nichtmitteilung rechtzeitige und effektive Präventionsmaßnahmen vereitelte.

(4) Menschliches Genom

Die öffentlich besonders kontrovers diskutierte Frage des Umgangs mit dem menschlichen Genom ist in Kapitel IV des Übereinkommens geregelt. Dem Vorbild aus Art. 14 EMRK folgend verbietet Art. 11 BMÜ zunächst jede Form der *Diskriminierung* einer Person aufgrund ihres genetischen Erbes. Die Regelung untersagt allerdings nicht jede differenzierende Anknüpfung an genetische Merkmale einer Person. Denn mit dem Begriff „Diskriminierung" soll nur „ungerechtfertigte Benachteiligung" („unfair discrimination") tabuisiert werden. Der Erläuternde Bericht nimmt deshalb an, dass vor allem Maßnahmen *zugunsten* genetisch Benachteiligter vom Diskriminierungsverbot des Art. 11 BMÜ ausgenommen sind.[32] Nicht gerechtfertigt – da unsachlich – dürfte es hingegen sein, genetisch belasteten Personen *a limine* den Abschluss privater Kranken- oder Lebensversicherungs-

---

[30] Auf Europaratsebene ist der Schutz privater Daten zudem Gegenstand des Art. 8 EMRK sowie des Übereinkommens zum Schutz des Menschen bei der automatischen Verarbeitung personenbezogener Daten von 1981 (SEV Nr. 108).
[31] Abgedruckt unter B. IV.
[32] Vgl. insofern den Erläuternden Bericht (abgedruckt unter B. Ia.), Rdnr. 77.

verträge zu verweigern, obwohl die mit dem Gendefekt verbundenen Wirkungen behandelt werden können.

Zudem dürfen so genannte *prädiktive genetische Tests*, mit denen genetisch bedingte Erkrankungen und Prädisposition für solche festgestellt bzw. vorhergesagt werden können, nur zu Gesundheitszwecken oder für gesundheitsbezogene wissenschaftliche Forschung und nur unter der Voraussetzung einer spezifisch genetischen Beratung durchgeführt werden (Art. 12 BMÜ). Für Letzteres existieren hier zu Lande bislang nur unverbindliche Leitlinien. Art. 12 BMÜ geht folglich über das deutsche Schutzniveau hinaus, da er nach verbindlichen Rechtssätzen – sei es in Gesetzesform, sei es in Form von Standesrecht – verlangt, welche Inhalt und Durchführung einer solchen genetischen Beratung regeln.[33]

Im Übrigen werden prädiktive genetisches Tests, die *keinen* gesundheitlichen Zwecken dienen, durch Art. 12 BMÜ untersagt. Dies gilt selbst dann, wenn die zu testende Person freiwillig in einen solchen Test eingewilligt hat.[34] Von Relevanz ist dieses Verbot „sozialer" prädiktiver Gentests vor allem für den *Versicherungs- und Arbeitsbereich*. Allerdings kann es – dies gilt es zu betonen – unter den in Art. 26 Abs. 1 BMÜ niedergelegten Voraussetzungen durch die Vertragsstaaten eingeschränkt, prädiktive genetische Tests mithin auch zu nicht gesundheitsbezogenen Zwecken zugelassen werden. Erforderlich ist insoweit, dass dies zum Schutz der Rechte und Freiheiten anderer – etwa des Rechts auf unternehmerische Betätigung des Versicherers oder des Rechts auf privatautonome Vertragsgestaltung des Arbeitgebers – „notwendig" ist. Den Vertragsparteien wird hierdurch ein Gestaltungsspielraum eröffnet, dessen Nutzung sich auch an den Anforderungen der jeweiligen nationalen Grundrechtsordnung, in Deutschland also der Art. 12 Abs. 1 und Art. 2 Abs. 1 GG, zu messen lassen hat. Ein Ausgleich zwischen dem grundsätzlichen Verbot „sozialer" genetischer Tests (Art. 12 BMÜ) und den rechtlich geschützten Interessen des Versicherers bzw. Arbeitgebers (Art. 26 Abs. 1 BMÜ) könnte dabei etwa wie folgt aussehen:

Der *Arbeitgeber* hat im Rahmen von Einstellungsverfahren grundsätzlich nur ein schützenswertes Interesse daran, sich über die *aktuelle* Arbeitsfähigkeit eines Bewerbers zu informieren; Kenntnisse über genetische Störungen oder Prädispositionen, welche die aktuelle Arbeitsfähigkeit des Bewerbers nicht beeinträchtigen, sind für die Begründung eines Arbeitsverhältnisses deshalb im Regelfall ohne Belang und brauchen folglich auch nicht offenbart zu werden. Sollte der Arbeitnehmer später an einer solchen Disposition erkranken, so stehen dem Arbeitgeber die üblichen arbeitsvertraglichen Mittel (z. B. Kündigung oder Vertragsauflösung) zur Verfügung, um das Arbeitsverhältnis zu beenden.[35] Genetische Dispositionen des

---

[33] Vgl. hierzu auch: BMJ 1998, S. 25; *Rudolff-Schäffer* 2001, Rdnr. 166 m.w.N. Allg. zur Aufklärungspflicht bei genetischen Untersuchungen im nationalen Recht ferner *Meyer* 2001, S. 109 – 114.

[34] Vgl. insoweit den Erläuternden Bericht (abgedruckt unter B. Ia.), Rdnr. 85.

[35] Anders mag dies für den Bereich des öffentlichen Dienstes zu beurteilen sein, sofern der Arbeitgeber dort – wie bei der Verbeamtung – Versorgungslasten auch für den Krankheitsfall oder die Arbeitsunfähigkeit zu übernehmen hat. Instruktiv hierzu VG Darmstadt (Urteil vom 24. 6. 2004, Az. 1 E 470/04 [3]), bezüglich der Frage, ob eine Verbe-

Arbeitnehmers erlangen deshalb nur dort Relevanz, wo seine eigene Gesundheit betroffen ist (etwa bei schwerwiegenden allergischen Reaktionen auf bestimmte Stoffe, mit denen er im Berufsalltag zwangsläufig in Berührung kommt) oder seine genetische Konstitution möglicherweise für Dritte zur Gefahr werden könnte (wie etwa bei Piloten). Dies allein rechtfertigt jedoch noch nicht das Einfordern prädiktiver genetischer Tests: Hinzu kommen muss vielmehr, dass durch den Gentest die Veranlagung für eine genetisch bedingte Allergie oder Erkrankung sicher vorhergesagt und nicht durch den Lebenswandel des Bewerbers oder durch zumutbare Veränderungen des Arbeitsumfelds ausgeräumt bzw. beeinflusst werden kann. Gerade an letzteren Voraussetzungen dürfte es im Regelfall jedoch fehlen.

Im *Versicherungsbereich* ist demgegenüber ein grundsätzliches Verbot „sozialer" genetischer Tests nur schwer begründbar: Denn die Interessenten sind hier auf den Abschluss eines bestimmten privatrechtlichen Versicherungsvertrages – etwa einer Kranken- oder einer Lebensversicherung – häufig nicht angewiesen. Bisweilen können sie bestimmte Risiken (Krankheit, Rente) auch anderweitig – etwa durch eine *gesetzliche* Krankenversicherung oder einen Sparplan – absichern. In solchen Fällen ist es kaum zu rechtfertigen, dem privaten Versicherungsgewerbe eine Tarifgestaltung in Abhängigkeit freiwilliger genetischer Tests *generell* zu untersagen; hier wird vielmehr nach der Art der Versicherung, der genetischen Disposition, auf die getestet werden soll, sowie der Höhe des versicherten Risikos zu differenzieren sein.[36]

Art. 12 BMÜ verbietet zudem nur die Erhebung, nicht aber auch die *Verwendung* genetischer Daten außerhalb gesundheitsbezogener Zwecke. Eine Bestimmung, welche insoweit die Mitteilung bereits bekannter genetischer Testergebnisse ermöglichen wollte (Art. 18 BMÜ-E), fand zwar keinen Eingang in den endgültigen Vertragstext. Hieraus kann indessen nicht der Schluss gezogen werden, dass Art. 12 BMÜ der Verwertung bereits existenten genetischen Wissens entgegensteht; der Umgang mit solchem Wissen ist vielmehr am Maßstab der Art. 10 und 11 BMÜ zu messen.[37] Die zitierten Bestimmungen hinwiederum dürften einer nationalen Regelung nicht entgegen stehen, welche – wie etwa § 16 VVG – aus Gründen der „Waffengleichheit" den Versicherungsinteressenten dazu verpflichtet, alle ihm bei Vertragsanbahnung bekannten versicherungsrelevanten Umstände – bei Abschluss einer privaten Krankenversicherung also auch bekannte

---

amtung davon abhängig gemacht werden darf, dass sich der Bewerber zuvor einem Gentest auf Chorea Huntigton (Veitztanz) stellt (vom Gericht verneint).

[36] Für weitere Einzelheiten zu dieser komplexen Thematik vgl. etwa (jeweils m.w.N.): Steering Committee on Bioethics (CDBI), Working Party on Human Genetics (CDBI-CO-GT4), DIR/JUR (97) 13 Bis, S. 26 – 28; Nationaler Ethikrat 2005 (zu prädiktiven Tests bei Einstellungsuntersuchungen); *Brückl* 2001, S. 299 – 337; *Herdegen* 2000, S. 635 – 637; *Meyer* 2001, S. 276 – 279; *Schief* 2003, S. 260 – 283; *Spranger* 2000; *Tinnefeld* 2000, S. 12 f.; *Thiele* 2000; *Tjaden* 2001, S. 142 – 213.

[37] In diesem Sinne auch *Herdegen/Spranger* 2000, Rdnr. 17 f. A.A. offensichtlich *Rudloff-Schäffer* 2000, Rdnr. 163, der zufolge aus dem Schweigen des Art. 12 BMÜ zur Weitergabe genetischer Daten keinesfalls der Rückschluss gezogen werden könne, dass die Konvention eine solche Weitergabe nunmehr erlaube.

genetische Testergebnisse – zu offenbaren. Denn nur bei voller Kenntnis aller gesundheitsrelevanten Fakten vermag der Versicherer einen Versicherungstarif zu kalkulieren, welcher die Versichertengemeinschaft nicht unfair und einseitig belastet.[38]

Von großer Bedeutung ist ferner die Frage, in wie weit Art. 12 BMÜ selektiven genetischen Untersuchungen am *vorgeburtlichen Leben*, mithin einer Präimplantations- oder Pränataldiagnostik, Grenzen zieht. Die Frage ist zu verneinen: Denn nach seinem Wortlaut erstreckt sich die Bestimmung nur auf „Personen" und damit auf denjenigen Adressatenkreis, den Art. 1 BMÜ begrifflich mit „jedermann" („everyone"/"toute personne") umschreibt. Insofern wurde oben[39] bereits darauf hingewiesen, dass es sich bei diesem Adressatenkreis nur um geborene menschliche Individuen, nicht hingegen auch um das pränatale menschliche Leben handelt. Bestätigung findet diese Interpretation durch den Erläuternden Bericht, welcher explizit darauf hinweist, dass Art. 12 BMÜ keine Begrenzung diagnostischer Untersuchungen am Embryo statuiert.[40] Abschließend sei noch darauf hingewiesen, dass der Thematik „prädiktive genetische Tests" ein eigenes *Zusatzprotokoll* gewidmet werden soll. Allerdings existiert hierzu bislang nur eine erste Entwurfsfassung vom Februar 2003.[41]

Während Art. 12 BMÜ Fragen der Gendiagnostik behandelt, widmet sich Art. 13 BMÜ der gleichfalls umstrittenen *Genmanipulation*: Die Bestimmung ordnet an, dass Veränderungen des menschlichen Genoms nur zu präventiven, diagnostischen oder therapeutischen Zwecken vorgenommen werden dürfen und nur dann, wenn sie nicht darauf abzielen, eine Veränderung des Genoms von Nachkommen herbeizuführen. Die gezielte Veränderung der Keimbahn wird folglich ausgeschlossen, nicht hingegen die gesundheitsbezogene somatische Genmanipulation.[42] Letztere ist selbst dann zulässig, wenn sie akzidenzielle, d.h. nicht beabsichtigte Auswirkungen auf die Keimbahn und damit auf das Genom der Nachkommen haben sollte. Anders als Art. 12 gehört Art. 13 BMÜ im Übrigen zu denjenigen Konventionsbestimmungen, die gemäß Art. 26 Abs. 2 BMÜ nicht durch nationales Recht eingeschränkt werden dürfen; das Verbot des Keimbahneingriffs und der nicht gesundheitsbezogenen somatischen Genmanipulation wirkt mithin absolut. Die Autoren des Biomedizin-Übereinkommens haben damit der

---

[38] I.E. so auch: *Herdegen* 2000, S. 636; *Spranger* 2000, S. 820.
[39] S. unter (1).
[40] Erläuternder Bericht (abgedruckt unter B. Ia.), Rdnr. 83.
[41] Vgl. insoweit Working Party on Human Genetics (CDBI-CO-GT4), Working document on the application of genetics for health purposes, CDBI/INF (2003) 3. Eine Erläuternde Mitteilung (Explanatory Note) zu diesem Arbeitsdokument ist veröffentlicht unter der Dok.-Nr. CDBI/INF (2003) 4.
[42] Genetische Veränderungen der menschlichen Keimbahn können rein theoretisch durch Eingriffe an den Keimzellen (Samen- und Eizellen) selbst, an bereits befruchteten Eizellen (Zygoten), an den Blastomeren oder an den embryonalen Stammzellen der Blastozyste durchgeführt werden. Vgl. hierzu etwa: Enquete-Kommission „Chancen und Risiken der Gentechnologie", BT-Drs. 10/6775, S. 184; *Vollmer* 1989, S. 29; *Voss* 2001, S. 48 – 54.

(Schreckens-)Vision vom „Designer-Baby" oder „Designer-Menschen", d.h. eines Individuums mit künstlich „optimiertem" Genom („blaue Augen", überdurchschnittliche Intelligenz, Größe und Körperkraft etc.), eine deutliche Absage erteilt.[43] Da diese menschlichen Eigenschaften indessen vom komplexen Zusammenspiel mehrerer Gene sowie ihrer Interaktion mit Umweltfaktoren abhängen, halten Genetiker schon aus naturwissenschaftlichen Gründen derartige Visionen nicht für realisierbar.[44] Kritisch anzumerken ist allerdings, dass Art. 13 BMÜ auch solchen Keimbahneingriffen entgegen steht, die darauf abzielen, monogenetische Erkrankungen (etwa die Cystische Fibrose, Chorea Huntington oder die Sichelzellenanämie) generationsübergreifend zu „reparieren". Sollte eine solche „Reparatur" in Zukunft einmal sicher durchgeführt werden können, so wird sich ein dahingehendes Verbot kaum noch rechtfertigen lassen.[45]

Das vierte Kapitel schließt mit einem *Verbot der Geschlechtswahl* aus Anlass assistierter Reproduktionsmaßnahmen (Art. 14 BMÜ). Von diesem Verbot ausgenommen sind lediglich solche Fälle, in denen durch eine Selektion schwere, erbliche geschlechtsgebundene Krankheiten vermieden werden können (wie z.B. die Muskeldystrophie vom Typ Duchenne oder das Lesch-Nyhan-Syndrom). Art. 14 BMÜ ist Ausdruck des in den europäischen Verfassungsstaaten tief verwurzelten Gedankens, dass Männer und Frauen gleichberechtigt sind. Eine Auswahl aufgrund des Geschlechts wird deshalb prinzipiell als unsachlich und diskriminierend empfunden. Insofern steht die Bestimmung dem Würdeprinzip (Art. 1 Abs. 1 BMÜ) besonders nahe, welches auch das Verbot willkürlichen Handelns mitumfasst. Soweit die Bestimmung ausnahmsweise die Möglichkeit einer Geschlechtswahl zulässt, ist diese bereits im präkonzeptionellen Stadium, d.h. an den Gameten und nicht erst am erzeugten Embryo durchzuführen.[46] Eine derartige Einschränkung ist zwar im Wortlaut des Art. 14 BMÜ nicht angelegt. Hier nun aber vermag Art. 1 Abs. 1 BMÜ seine bereits erwähnte Funktion als Interpretationsleitlinie zu entfalten.[47] Das Selektionsverfahren muss deshalb nach dem Prinzip größtmöglicher Schonung menschlichen Lebens durchgeführt werden.

---

[43] Art. 13 BMÜ ist i.Ü. zugleich Ausdruck einer weltweiten Ablehnung der Keimbahnmanipulation, wie sie auch in anderen Rechtsdokumenten, etwa der UNESCO-Erklärung über das menschliche Genom (abgedruckt unter B. V. – s. dort Art. 24) zum Ausdruck kommt. Gestützt wird diese Ablehnung gemeinhin auf die Aspekte der Menschenwürde (s. etwa Art. 24 der UNESCO-Erklärung) sowie der fehlenden Beherrschbarkeit dieser Technik. Selbstverständlich wird sie nicht von jedermann geteilt. Für erstrebenswert hält keimbahnmanipulative Eingriffe etwa der „Vater" der DNA-Doppelhelix und Nobelpreisträger *James D. Watson* („Warum sollen die Menschen nicht auch die Augenfarbe bestimmen können?" – FAZ v. 28.6.2000, S. 49).
[44] So dezidiert etwa der Bonner Humangenetiker *P. Propping*, Designer-Babys bleiben Fiktion, in: FAZ v. 24.7.2002, S. N1.
[45] In diese Richtung auch: *Isensee* 2001, S. 262; *Voss* 2001.
[46] Eine solche Selektionsmöglichkeit im Gametenstadium ermöglicht etwa das so genannte Microsort-Verfahren, eine Zentrifugaltechnik, die mit hoher Zuverlässigkeit X- und Y-tragende Spermien zu trennen vermag; vgl. hierzu *E. F. Fugger* et al. 1998.
[47] S. dazu bereits oben unter (1).

(5) Wissenschaftliche Forschung

In Kapitel V wendet sich das Biomedizin-Übereinkommen sodann dem hoch sensiblen Bereich der (bio-)medizinischen Forschung zu. Einleitend betont es die Freiheit der wissenschaftlichen Forschung im Bereich von Biologie und Medizin. Allerdings wird diese Freiheit nicht vorbehaltlos gewährleistet, sondern findet ihre Schranke einerseits in den individualschützenden Bestimmungen des Biomedizin-Übereinkommens selbst (dazu gleich nachfolgend), andererseits in sonstigen Rechtsvorschriften zum Schutze menschlicher Lebewesen (Art. 15 BMÜ). Als weitere Schranke ist Art. 26 Abs. 1 BMÜ zu beachten.[48] Art. 15 BMÜ ist dabei als unmittelbar anwendbares Menschenrecht konzipiert, welches im Gegensatz zu den meisten anderen Bestimmungen des Biomedizin-Übereinkommens allerdings nur im Staat-Bürger-, nicht hingegen auch im Bürger-Bürger-Verhältnis wirkt. Im Verhältnis zu seinem Auftraggeber kann sich ein Auftragsforscher deshalb nicht auf Art. 15 BMÜ berufen.

Die Art. 16 bis 18 BMÜ stellen der Forschungsfreiheit sodann den Probandenschutz gegenüber. Für *einwilligungsfähige Personen* ist dieser in Art. 16 BMÜ gewährleistet. Grob gesprochen, macht er die Zulässigkeit (bio-)medizinischer Forschung von folgenden Kriterien abhängig: Alternativlosigkeit; Risiko-Nutzen-Abwägung; behördliche Billigung nach unabhängiger Prüfung des wissenschaftlichen Werts und der ethischen Vertretbarkeit des Forschungsprojekts[49]; eingehende Unterrichtung des Probanden über seine Rechte und die zu seinem Schutz ergriffenen Maßnahmen; aufgeklärte Einwilligung. Weitere Einzelheiten hierzu sind in den Art. 5 bis 14 des Zusatzprotokolls Biomedizinische Forschung geregelt.[50]

Der Schutz *nichteinwilligungsfähiger Personen* ist demgegenüber in Art. 17 BMÜ geregelt. Die Bestimmung unterscheidet zwischen der „eigen-" und „fremdnützigen" Forschung: Zusätzlich zu den in Art. 16 BMÜ genannten Kriterien ist eine *eigennützige Forschung* am Nichteinwilligungsfähigen nur zulässig, wenn die erwarteten Forschungsergebnisse für die Gesundheit der betroffenen Person von tatsächlichem und unmittelbaren Nutzen sind, eine Forschung von vergleichbarer Wirksamkeit an einwilligungsfähigen Personen nicht möglich ist, eine Einwilligung des gesetzlichen Vertreters oder der zuständigen Stelle vorliegt und die betroffene Person – soweit dazu im Stande – eine solche Forschung nicht ablehnt (Art. 17 Abs. 1 BMÜ). Zulässig ist hiernach der Heilversuch, mithin das von einer individualbezogenen diagnostischen oder therapeutischen Absicht geprägte Vor-

---

[48] Art. 26 Abs. 1 BMÜ legt i.Ü. die Annahme nahe, dass es sich bei den in Art. 15 BMÜ formulierten Schranken um tatbestandliche Einschränkungen der Forschungsfreiheit und nicht um Eingriffsrechtfertigungen handelt.

[49] Art. 16 Buchst. iii BMÜ scheint dabei auf ein *affirmatives* wissenschaftliches und ethisches Votum abzustellen. Im Hinblick auf den Gesichtspunkt der demokratischen Legitimation administrativen Handelns und der Forschungsfreiheit sind aus nationaler Sicht hiergegen jedoch Bedenken anzumelden. Diese lassen sich nur ausräumen, wenn dem Ergebnis der wissenschaftlichen und ethischen Evaluation keine Verbindlichkeit zukommt. Sollte die Bundesrepublik Deutschland das Biomedizin-Übereinkommen zeichnen, so empfiehlt sich ein dahingehender Vorbehalt (vgl. Art. 36 BMÜ).

[50] Abgedruckt unter B. IV.

haben, über bereits bekannte medizinische Standards hinaus neues medizinisches Wissen zu generieren. Da dieser Heilversuch dem Einwilligungsunfähigen unmittelbar zugute kommen soll, steht seine Zulässigkeit im Rahmen der skizzierten Voraussetzungen außer Streit.

Anders hingegen verhält es sich mit der in Art. 17 Abs. 2 BMÜ geregelten *fremdnützigen Forschung* an nichteinwilligungsfähigen Personen. Bei ihr steht nicht der Heilversuch, sondern das Humanexperiment im Vordergrund. Auch sie wird – einem allgemeinen Trend in biomedizinischen Rechtstexten folgend[51] – unter strengen Voraussetzungen gestattet: Über die vorstehend genannten Kriterien hinaus muss diese Art der Forschung *letztlich* darauf abzielen, der betroffenen Person selbst oder anderen Personen zu nutzen, die ihrer Alters- bzw. *Krankheitsgruppe* angehören. Verzichtet wird mithin auf das Kriterium eines (vermuteten) tatsächlichen und unmittelbaren Nutzen für den Probanden. Ausreichen soll vielmehr, dass die Forschung später einmal dem Betroffenen oder seiner Alters- bzw. Krankheitsgruppe zugute kommen könnte. Gefordert wird zudem, dass die Forschung für den Probanden nur ein „minimales Risiko" und eine „minimale Belastung" mit sich bringt. Als Beispiele hierfür werden genannt: Beobachtungen, nicht-invasive Messungen oder Flüssigkeitsentnahmen (Urin, Speichel), Blutabnahme, Zweitverwertung von Blut-, Speichel- oder Urinproben, geringe Mehrentnahme von Blut bzw. Zellen im Rahmen diagnostisch oder therapeutisch indizierter Maßnahmen, sonographische Untersuchungen, Computertomographien etc.[52] Eine näherer Konkretisierung haben beide Arten der Forschung an Nichteinwilligungsfähigen überdies in den Art. 15 bis 17 des Zusatzprotokolls Biomedizinische Forschung erfahren.[53]

Die Zulässigkeit fremdnütziger Forschung an nichteinwilligungsfähigen Probanden ist hier zu Lande stark umstritten. Sie stellt einen der Gründe dar, weshalb die Bundesrepublik Deutschland das Biomedizin-Übereinkommen bislang noch nicht unterzeichnet hat. So wird von etlichen Autoren geltend gemacht, dass diese Art der Forschung Nichteinwilligungsfähige in menschenwürdewidriger Weise zugunsten fremd- bzw. gruppennütziger Interessen (des Forschers oder der anderen Erkrankten) instrumentalisiere. Zudem wird kritisiert, dass die unbestimmten Begriffe „minimales Risiko" und „minimale Belastung" keinen hinreichenden Schutz vor gravierenden Forschungseingriffen gewährten.[54] Aus medizinisch-forschender Sicht ist eine solche Betrachtungsweise indes nicht unproblematisch, da an bestimmten Krankheitsbildern, etwa Demenz- und Kinderkrankheiten (Alzheimer, Parkinson, Sauerstoffmangel bei Frühgeburten, kindliche Leukämieerkrankungen etc.), nur Einwilligungsunfähige leiden. Sie können deshalb auch nur

---

[51] Vgl. insofern vor allem Ziff. 24 der Revidierten Deklaration des Weltärztebundes von Helsinki (abgedruckt unter B. XI.) sowie Art. 4 der Richtlinie zur Prüfung von Humanarzneimitteln (abgedruckt unter C. III.).
[52] Allg. hierzu: Erläuternder Bericht zum Zusatzprotokoll Biomedizinische Forschung (abgedruckt unter B. IVa.), Rdnr. 100; *Herdegen/Spranger* 2000, Rdnr. 44; *Radau/Losch* 2000, S. 428.
[53] Abgedruckt unter B. IV.
[54] In diesem Sinne etwa: *Kern* 1998, S. 489; *Picker* 2000.

an diesem Personenkreis effektiv erforscht werden. Ein absolutes Verbot fremdnütziger Forschung an Nichteinwilligungsfähigen erscheint im Übrigen selbst nach den strengen Maßstäben des Grundgesetzes nicht geboten: Denn durch ihre restriktiven Voraussetzungen stellt die Regelung in Art. 17 Abs. 2 BMÜ sicher, dass einwilligungsunfähige Personen auch bei einer nur gruppennützigen Forschung stets als *Subjekte* behandelt und geachtet werden. So ist diese Form der Forschung nur bei Alternativlosigkeit erlaubt und darf überdies nicht gegen den natürlichen (etwa durch Angstreaktionen) oder ausdrücklich erklärten Willen des Betroffenen durchgeführt werden. Zudem muss der gesetzliche Vertreter nach Aufklärung in das Forschungsvorhaben eingewilligt haben. Er hat sich dabei vom Wohl des Betroffenen leiten zu lassen.[55] Dieses Wohl kann jedoch nicht eindimensional auf unmittelbar wirkende Vorteile zugunsten Nichteinwilligungsfähiger (etwa in Form von Heilungserfolgen) reduziert werden. Denn der Mensch ist – unabhängig von seinen tatsächlichen kognitiven Fähigkeiten – stets ein soziales Wesen. Er profitiert in vielfältiger Weise vom Schutz und vom Wissen der Gemeinschaft. Ohne seine Bereitschaft, nicht nur den eigennützigen, egoistischen Vorteil zu verfolgen, sondern sich auch selbstlos, d.h. altruistisch in diese Gemeinschaft einzubringen, kann eine solche nur bedingt funktionieren. Altruismus wird so zu einer wichtigen (mit-)menschlichen Eigenschaft, welche dementsprechend auch die Würde menschlicher Individuen kennzeichnet. Da der Einwilligungsunfähige nicht selbst zu einer solchen Würdeleistung im Stande ist, bedarf er der Mitwirkung seines gesetzlichen Vertreters, der dem Betroffenen – selbstverständlich in Ansehung seiner individuellen Persönlichkeit – einen solchen Akt mitmenschlichen Verhaltens ermöglicht.[56] Über das Handeln des Vertreters wacht im Übrigen der Staat.[57] Die Begriffe „minimales Risiko" und „minimale Belastung" schließlich werden durch Art. 17 Zusatzprotokoll Biomedizinische Forschung präzisiert[58]; er schließt gravierende (chirurgische oder gar lebensverkürzende) Eingriffe in die körperliche Integrität des Einwilligungsunfähigen aus.[59] Über die Beachtung dieser wichtigen Schranke wachen zudem die zwingend einzuschaltenden Ethikkommissionen. Erwähnt sei zudem, dass sich mittlerweile auch der deutsche Gesetzgeber die vorstehend skizzierte Einschätzung zumindest partiell zu Eigen gemacht hat und – in Abweichung von der bisherigen Rechtslage – fremdnützige Forschung im Arzneimittelbereich nunmehr unter engen Voraussetzungen gestattet.[60]

---

[55] Vgl. insofern nur Art. 6 Abs. 2 GG, welcher weniger als Elternrecht denn als Elternverantwortung verstanden wird, sowie seine einfachgesetzliche Konkretisierung in § 1626 BGB.
[56] I. Erg. halten eine fremdnützige Forschung an Nichteinwilligungsfähigen ebenfalls für zulässig: BMJ 1998, S. 20; *Laufs* 1997, S. 776; *Michael* 2004, S. 175 f.; *Radau/Losch* 2000, S. 431; *Taupitz* 2002, S. 109 – 117.
[57] Vgl. etwa § 1666 BGB.
[58] Abgedruckt unter B. IV.
[59] Zu weit gehend deshalb die Befürchtungen von *Herdegen/Spranger* 2000, Rdnr. 44.
[60] Vgl. insoweit § 41 Abs. 2 Nr. 2 AMG (abgedruckt unter D. V.) zur klinischen Prüfung von Arzneimitteln an Minderjährigen. Für sonstige nichteinwilligungsfähige Personen,

Dem Schutz einer weiteren, sehr verwundbaren Gruppe menschlicher Individuen – den *Embryonen in vitro* – ist schließlich Art. 18 BMÜ gewidmet.[61] Während sich im Hinblick auf eine fremdnützige Forschung an einwilligungsunfähigen (geborenen) Personen zumindest eine vorsichtige Annäherung der internationalen und nationalen Standpunkte diagnostizieren lässt, stehen sich die Auffassungen zur Embryonenforschung nach wie vor diametral und schier unversöhnlich gegenüber. Zu tief gehen hier die Bewertungen der Mitgliedstaaten über den moralischen und rechtlichen Status pränatalen Lebens auseinander.[62] Art. 18 BMÜ statuiert zu diesem Themenkreis denn auch nur einen Kompromiss auf kleinstem gemeinsamen Nenner, der zudem durch terminologische Unklarheiten verwässert wird. In der Bundesrepublik Deutschland hat gerade dieser Umstand zu einer breiten Ablehnung der Konvention geführt.

Welchen Schutz gewährt die Regelung im einzelnen? Art. 18 Abs. 1 BMÜ schreibt vor, dass die nationale Rechtsordnung einen „angemessenen Schutz" des Embryos zu gewährleisten hat, sofern sie Forschung an Embryonen *in vitro* zulässt. Hieraus folgt zunächst, dass das Biomedizin-Übereinkommen einer Forschung an Embryonen *in vitro* nicht ablehnend gegenübersteht, sondern die Entscheidung für oder gegen eine solche den Vertragsparteien überlässt. Zu welchem Zweck diese Forschung durchgeführt wird, etwa zur Erforschung von Stammzelltherapien oder zur Weiterentwicklung reproduktiver Techniken, ist dabei ohne Belang. Entscheidend ist allein, dass den Embryonen *in vitro* ein „angemessener Schutz" zu Teil wird. Entgegen einer anfänglich von der Bundesregierung vertretenen Auffassung kann aus diesem Schutzauftrag zudem nicht hergeleitet werden, dass Art. 18 Abs. 1 BMÜ nur die eigennützige, embryonenerhaltende, nicht hingegen auch die fremdnützige, embryonenvernichtende Forschung gestatte.[63] Aufgrund der zwischen den Europaratsstaaten bestehenden Divergenzen über die mo-

---

etwa Demenzkranke oder psychiatrische Patienten, schließt § 41 Abs. 3 AMG allerdings jede fremdnützige Forschung nach wie vor aus. Beide Bestimmungen sind zwar in Umsetzung der Art. 4 und 5 der Richtlinie zur Prüfung von Humanarzneimitteln (abgedruckt unter C. III.) ergangen. Der deutsche Gesetzgeber hat in diesen Richtlinienvorgaben jedoch offensichtlich keinen Verstoß gegen die Menschenwürdegarantie (hier zu verstehen als innerstaatliche Umsetzungsgrenze von Gemeinschaftsrecht) gesehen; letzteres wird in den Gesetzesmaterialien noch nicht einmal thematisiert (vgl. insofern BT-Drs. 15/2109, S. 31 f.).

[61] Fragen zur Forschung an Embryonen *in vivo* bzw. Feten sind demgegenüber im Zusatzprotokoll Biomedizinische Forschung geregelt; dazu noch unten b) cc).

[62] Dieser „tiefe Riss" ist erst unlängst durch die EGMR-Entscheidung Vo v. France (o. Fußn. 11) erneut sichtbar geworden. Die Mehrheit der EGMR-Richter konnte sich in dieser Entscheidung nicht dazu durchringen, zum EMRK-rechtlichen Status des pränatalen Lebens Stellung zu beziehen, obwohl der Sachverhalt hierzu durchaus Anlass geboten hätte. Wegen der fundamentalen Meinungsverschiedenheiten ist auch das Thema Abtreibung bewusst aus den Beratungen zum BMÜ ausgeklammert worden. Der „tiefe Riss" zwischen den Vertragsstaaten findet nicht zuletzt in dem bereits geschilderten Umstand seinen Ausdruck, dass Art. 12 BMÜ keine Anwendung auf pränatale Diagnoseverfahren finden soll (vgl. oben unter [4]).

[63] Vgl. BMJ 1998, S. 21 f.

ralische und rechtliche Bewertung einer Forschung an frühembryonalen Stadien vermochten sich Bestrebungen, welche die Forschung auf bestimmte Zielsetzungen (z.b. die Verbesserung von Fertilisationstechniken) oder Durchführungsmodalitäten (embryonenerhaltende Forschung) zu restringieren versuchten, in den Ausschussberatungen gerade nicht durchzusetzen.[64] Aus Art. 18 Abs. 2 BMÜ – welcher die Erzeugung von Embryonen speziell zu Forschungszwecken verbietet – kann immerhin der Schluss gezogen werden, dass sich Art. 18 Abs. 1 BMÜ zuvörderst auf eine Forschung an so genannten „überzähligen" Embryonen, d.h. solchen, die im Rahmen einer Fertilitätsbehandlung erzeugt wurden, für diese aber nicht mehr benötigt werden, bezieht. Eine solche (auch verbrauchende) Embryonenforschung ist bereits in einigen Mitgliedstaaten des Europarats gestattet, so etwa in Finnland, Großbritannien, den Niederlanden und Schweden.[65]

Die unbestimmte Formulierung „angemessener Schutz" harrt im Übrigen der Konkretisierung durch ein Zusatzprotokoll zum Schutz menschlicher Embryonen und Feten, an dem zwar bereits seit längerem gearbeitet wird, das aber wegen der grundsätzlichen Meinungsverschiedenheiten in diesem Bereich bislang nicht verabschiedet werden konnte.[66] Zwar kann – wie gesehen – aus diesem Schutzauftrag kein absoluter Bestandsschutz für „überzählige" Embryonen hergeleitet werden. Das Erfordernis eines „angemessenen Schutzes" verlangt jedoch nach gesetzgeberischen Maßnahmen, die eine Embryonenforschung zumindest beschränken; als Vorgaben sind insoweit denkbar: Beschränkung der Embryonenforschung auf *hochrangige* Forschungsziele; Erschöpfung alternativer Forschungsansätze (insbesondere am Tiermodell); Beschränkung der Forschungsdauer auf die ersten 14 Tage der embryonalen Ontogenese; Forschung nur nach aufgeklärter Einwilligung der Gametenspender (ohne Gewährung finanzieller Vorteile) sowie Durchführung eines konkreten Forschungsvorhabens nur nach Vorliegen einer behördlichen Genehmigung und Evaluation durch eine Ethikkommission.

Problematisch an Art. 18 Abs. 1 BMÜ ist zudem, dass der Begriff des Embryos vom Übereinkommen nicht näher präzisiert wird; auch der Erläuternde Bericht schweigt hierzu. Nicht Wenige halten den Begriff deshalb – wie schon den Begriff „menschliches Lebewesen" – für auslegbar. Bei einer solchen Sichtweise wäre es allerdings auch zulässig, den geforderten angemessenen Embryonenschutz erst ab der Nidation oder Individuation, also ca. ab dem 14. Entwicklungstage, einsetzen zu lassen. Da Embryonen *in vitro* bislang nur für fünf bis sechs Tage kultiviert

---

[64] Vgl. insoweit Steering Committee on Bioethics (CDBI), Preparatory Work on the Convention, CDBI/INF (2000), S. 82 – 88, sowie die Synopse der jeweiligen Entwurfsfassungen in *ders.*, Preparatory Work on the Convention, Addendum I CDBI/INF (2000) (zu Art. 15, 17 bzw. 18).

[65] Vgl. hierzu die rechtsvergleichenden Hinweise bei *Taupitz* 2003.

[66] So existiert bis heute nur ein Bericht, der neutral die verschiedenen Diskussionsstandpunkte in Bezug auf Fragen der Reproduktionsmedizin, Embryonenforschung und Präimplantationsdiagnostik zusammenfasst. Vgl. hierzu *Steering Committee on Bioethics* (CDBI), The Protection of the Human Embryo *in vitro*, Report by the Working Party on the Protection of the Human Embryo and Fetus, Strasbourg 19 June 2003, CDBI-CO-GT3 (2003) 13.

werden können, liefe Art. 18 Abs. 1 BMÜ dann allerdings weitgehend leer. Um pränidativen embryonalen Entwicklungsstadien überhaupt einen (ohnehin nur) rudimentären Schutz angedeihen zu lassen, muss Art. 18 Abs. 1 BMÜ deshalb bereits auf den Zeitpunkt der Zygotenbildung erstreckt werden.

Prima facie klar und eindeutig kommt hingegen Art. 18 Abs. 2 BMÜ daher: Die Erzeugung menschlicher Embryonen zu Forschungszwecken ist verboten. Der erste Eindruck täuscht indes. Denn auf den zweiten Blick offenbart auch diese Bestimmung eine gravierende Unklarheit: Was ist unter dem Begriff „Embryo" im Sinne des Art. 18 Abs. 2 BMÜ zu verstehen? Bejahte man – wie in der jüngeren biomedizinischen Debatte nicht selten vertreten – eine embryonale Existenz erst ab dem Stadium der Nidation oder Individuation, so erstreckte sich das Erzeugungsverbot schon nicht auf den so genannten „Prä-Embryo". Die Herstellung solcher „Prä-Embryonen" zur Gewinnung von embryonalen Stammzellen oder zur experimentellen Erzeugen „therapeutischer Klone" würde dann vom Verbotstatbestand des Art. 18 Abs. 2 BMÜ schon gar nicht erfasst. Derartige Prä-Embryonen unterfielen lediglich dem rudimentären Schutzregime des Art. 18 Abs. 1 BMÜ. Ein Weiteres tritt hinzu: Die Bestimmung steht, was häufig übersehen wird, unter dem Einschränkungsvorbehalt des Art. 26 Abs. 1 BMÜ, welcher Einschränkungen des Erzeugungsverbots zum Schutze der öffentlichen Gesundheit oder der Rechte anderer gestattet.[67] Gestützt auf diese Bestimmung könnte das nationale Recht folglich eine Erzeugung von Embryonen zumindest dann erlauben, wenn dies der Erforschung neuer Therapieformen dient. Vor diesem Hintergrund erscheint es geboten, auch für Art. 18 Abs. 2 BMÜ den Embryonenbegriff denkbar weit (Zygotenstadium) zu interpretieren; die nationalen Gesetzgeber werden so wenigstens unter legislatorischen Rechtfertigungszwang gesetzt. Sowohl Art. 18 Abs. 1 als auch Art. 18 Abs. 2 BMÜ offenbaren im Übrigen, wie wenig das Biomedizin-Übereinkommen in seiner konkreten Ausgestaltung dazu beiträgt, einen Würdeschutz für pränatales Leben zu realisieren, obwohl dieses bewusst in den Geltungsbereich des Übereinkommens (Art. 1 BMÜ) mit einbezogen wurde.

(6) Umgang mit dem menschlichen Körper und Teilen davon

Die materiellen Regelungen des Übereinkommens schließen in Kapitel VI und VII mit solchen zur Organ- und Gewebeentnahme bei *lebenden* Spendern (Art. 19 – 20 BMÜ) sowie mit einem Verbot, den menschlichen Körper oder Teile davon zur Erzielung finanzieller Gewinne zu instrumentalisieren (Art. 21 BMÜ). Eine Organentnahme bei Lebenden ist hiernach nur statthaft, wenn sie zum therapeutischen Nutzen des Empfängers erfolgt, kein geeignetes Organ oder Gewebe einer verstorbenen Person zur Verfügung steht und die aufgeklärte Einwilligung des Spenders vorliegt (Art. 19 BMÜ).[68] Auch in diesem Zusammenhang widmet das Übereinkommen sein besonderes Augenmerk der Entnahme von Organen und

---

[67] So auch *Dujmovits* 2002, S. 115; *Kopetzki* 2002, S. 62. Gleiches gilt i.Ü. für Art. 18 Abs. 1 BMÜ; wegen des ohnehin weit gefassten Begriffs „angemessener Schutz" spielt diese Einschränkungsmöglichkeit dort praktisch aber keine Rolle.

[68] Die Organ- und Gewebeentnahme bei verstorbenen Personen ist demgegenüber in Art. 16 bis 19 des Zusatzprotokolls Transplantation (abgedruckt unter B. III.) geregelt.

Geweben bei nichteinwilligungsfähigen Personen: Sie ist grundsätzlich verboten (Art. 20 Abs. 1). Für regeneratives Gewebe (z.B. Knochenmark) lässt Art. 20 Abs. 2 BMÜ unter restriktiven Voraussetzungen die Entnahme zugunsten eines Geschwisterkinds jedoch ausnahmsweise zu.[69] Weitere Einzelheiten hierzu sind in den Art. 9 bis 15 des Zusatzprotokolls Transplantation geregelt.[70]

Kapitel VII schließlich verbietet es, mit dem menschlichen Körper oder Teilen davon finanzielle Gewinne zu erzielen (Art. 21 BMÜ). Einen „Handel" mit Leichen, Leichenteilen, Organen oder Geweben darf es folglich nicht geben; der Mensch, auch der tote, ist würdebegabte Person (Art. 1 BMÜ), nicht wertbehaftete Sache. Durch die Einschränkung „als solche" wird jedoch klargestellt, dass bestimmte Verhaltensweisen – etwa die Entnahme, Lagerung, Reinigung, der Transport und die Übertragung von Organen bzw. Geweben oder der patentrechtliche Schutz solcher Handlungen – nicht vom Verbotstatbestand des Art. 21 BMÜ erfasst werden.[71]

cc) Abschließende Bewertung

Trotz der aufgezeigten Schwächen des Übereinkommens – seiner mitunter terminologischen Unschärfen („menschliches Lebewesen", „Embryo") sowie seiner Regelungen auf kleinstem gemeinsamen Nenner – sollte nicht aus dem Blick verloren werden, dass die Biomedizin-Konvention vor allem für die osteuropäischen Mitgliedstaaten des Europarats einen verbindlichen Rechtsrahmen vorgibt, der ein dort bis dahin herrschendes biorechtliches Vakuum gefüllt hat. Unterm Strich kann das Übereinkommen deshalb als ein deutlicher Fortschritt auf dem Weg hin zu einem Menschenrechtsschutz im Bereich der Biomedizin bewertet werden, der selbst für die deutsche Rechtsordnung punktuelle Verschärfungen mit sich brächte (genetische Beratungspflicht). Zu berücksichtigen ist ferner, dass es sich bei der Konvention lediglich um ein Mindeststandards setzendes Rahmenübereinkommen handelt, welches durch Zusatzprotokolle konkretisiert werden muss. Vor diesem Hintergrund sind die deutschen Vorbehalte gegenüber der Konvention nur schwer nachvollziehbar. Die Befürchtung, deutsche Schutzstandards könnten durch einen Vertragsbeitritt sukzessive nivelliert werden, erscheint wenig realistisch; die deutsche Rechtsordnung mit ihrer ausgefeilten Grundrechtstradition ist viel zu eigenständig, um von einem solchen „Sog nach unten" erfasst zu werden. Im Übrigen wurde die Konvention mittlerweile von den meisten Staaten des Europarats unterzeichnet. Entgegen einer anfänglich gehegten Hoffnung vermag das deutsche Fernbleiben, die regionale und globale Wirkmächtigkeit des Übereinkommens auch nicht mehr zu untergraben.

---

[69] Das Biomedizin-Übereinkommen entspricht insoweit der deutschen Rechtslage, welche für eine Lebendspende ebenfalls die Volljährig- und Einwilligungsfähigkeit des Spenders voraussetzt (s. § 8 TPG – abgedruckt unter D. III.). Die Spende regenerativer Gewebe wird hierzulande allerdings auch bei Minderjährigkeit oder fehlender Einsichtsfähigkeit des Spenders für nicht grundsätzlich unzulässig erachtet (vgl. insofern *Rixen* 2003, § 1 Rdnr. 40 – 52).

[70] Abgedruckt unter B. III.

[71] Vgl. hierzu auch den Erläuternden Bericht (abgedruckt unter B. Ia.), Rdnr. 132 – 134.

b) Das Detailwerk: Die Protokolle zum Biomedizin-Übereinkommen

Der Europarat hat in erstaunlich kurzer Zeit eine Reihe von Protokollen zum Biomedizin-Übereinkommen verabschiedet, welche dieses inhaltlich weiter konkretisieren. Neben dem Protokoll zum Klonen (aa) zählen hierzu das Protokoll zur Organ- und Gewebetransplantation (bb) sowie das erst unlängst verabschiedete Protokoll zur biomedizinischen Forschung (cc). Die materiellen Bestimmungen dieser Protokolle haben den Status von Zusatzartikeln zum Biomedizin-Übereinkommen.[72] Bislang nicht abgeschlossen sind die Protokollberatungen zu den Themenkomplexen Humangenetik und pränataler Lebensschutz.[73]

aa) Das Zusatzprotokoll Klonen

Das „Klonprotokoll" vom 12. Januar 1998[74] ist als erstes Zusatzprotokoll zum Biomedizin-Übereinkommen ergangen. In Reaktion auf die Erzeugung des Klonschafs *Dolly* (1997)[75] zielt es darauf ab, eine Übertragung der Klontechniken auf Menschen zu verhindern. Dementsprechend versteht sich das Protokoll als Konkretisierung des von Art. 1 BMÜ postulierten Würde- und Identitätsschutzes menschlicher Lebewesen.[76] Das Protokoll, welches bislang von 29 Mitgliedstaaten des Europarats unterzeichnet wurde, ist am 1. März 2001 in Kraft getreten.[77]

Zentraler Inhalt des Klonprotokolls ist ein Verbotstatbestand: So untersagt Art. 1 Abs. 1 jede Intervention, die darauf gerichtet ist, ein menschliches Lebewesen zu erzeugen, das mit einem anderen lebenden oder toten menschlichen Lebewesen genetisch identisch ist. Art. 1 Abs. 2 präzisiert sodann den Ausdruck „menschliches Lebewesen, das mit einem anderen menschlichen Lebewesen ʹgenetisch identischʹ ist": Hierunter ist ein solches zu verstehen, das mit einem anderen menschlichen Lebewesen dasselbe *Kern*genom aufweist. Nicht erforderlich ist hingegen, dass auch eine Übereinstimmung in Bezug auf das mitochondriale Genom besteht, welches sich außerhalb des Zellkerns in den so genannten Mitochondrien einer Zelle befindet.[78] Eine solche 100%-ige Übereinstimmung des Gesamtgenoms lässt sich nur im Wege des Embryosplittings erreichen.[79] Da Art. 1 Abs. 2 indessen nur auf die Identität des Kerngenoms abstellt, tabuisiert Art. 1

---

[72] Vgl. Art. 3 des Zusatzprotokolls Klonen (abgedruckt unter B. II.), Art. 28 des Zusatzprotokolls Transplantation (abgedruckt unter B. III.) sowie Art. 33 des Zusatzprotokolls Biomedizinische Forschung (abgedruckt unter B. IV.).
[73] S. hierzu bereits oben bei Fußn. 41 u. 66.
[74] Abgedruckt unter B. II.
[75] S. hierzu bereits oben bei Fußn. 1.
[76] So ausdrücklich Abs. 8 der Präambel des Zusatzprotokolls Klonen.
[77] Ausführlich zu diesem: *Kersten* 2004, S. 49 – 86; *Winter* 2001, Rdnr. 173 ff.
[78] Es stellt mit etwa 0,01 bis 0,02% nur einen verschwindend geringen Bruchteil des Gesamtgenoms einer menschlichen Zelle dar.
[79] Bei dieser Methode wird der Embryo geteilt oder eine Zelle (Blastomere) abgespalten, solange diese noch über Totipotenz verfügt; allg. hierzu *Kersten* 2004, S. 8 – 10.

Abs. 1 darüber hinaus gerade auch die bei *Dolly* verwendete Technik des Zellkerntransfers.[80]

Wie schon das Biomedizin-Übereinkommen so verzichtet auch das Klonprotokoll bewußt auf eine Definition des Begriffs „menschliches Lebewesen".[81] Ab welchem Zeitpunkt genau ein solches zu existieren beginnt, kann deshalb von den Vertragsstaaten in autonomer Verantwortung festgelegt werden. Insbesondere können sie den pränidativen Zeitraum vom Verbotstatbestand des Art. 1 Abs. 1 ausnehmen und damit ein Klonen zu experimentellen, diagnostischen oder therapeutischen Zwecken ermöglichen.[82] Sicher vom Verbotstatbestand des Klonprotokolls erfasst ist deshalb nur das so genannte reproduktive Klonen, d.h. die Erzeugung eines geborenen Menschen im Wege des Embryosplittings oder Zellkerntransfers (Geburtsklonen). Ob sich Art. 1 Abs. 1 darüber hinaus auch auf das experimentelle, diagnostische oder therapeutische Klonen bezieht, hängt von der jeweiligen Interpretation des Begriffs „menschliches Lebewesen" durch die Vertragsstaaten ab.

bb) Das Zusatzprotokoll Transplantation

Noch nicht in Kraft getreten ist demgegenüber das Protokoll zur Transplantation menschlicher Organen und Gewebe vom 24. Januar 2002.[83] Es wurde zwar bereits von 14 Staaten unterzeichnet; die für sein Inkrafttreten erforderlichen fünf Ratifikationen stehen indessen noch aus, sind aber in Kürze zu erwarten.

Das Protokoll konkretisiert die Kapitel VI und VII des Biomedizin-Übereinkommens, geht allerdings über dessen Vorgaben hinaus, da es nicht nur Regelungen für die Lebendspende, sondern auch für die Organ- und Gewebeentnahme bei Verstorbenen statuiert. Das Protokoll findet ausschließlich Anwendung auf die therapeutisch indizierte Transplantation von Organen, Geweben und Zellen (einschließlich hämatopoietischer Stammzellen) *menschlichen* – also nicht tierischen[84] – Ursprungs (Art. 2 Abs. 1 und 2). Vom Anwendungsbereich des Zusatzprotokolls explizit ausgenommen werden zudem Fortpflanzungsorgane und -gewebe, Blut oder Blutbestandteile sowie embryonale oder fetale Organe und Gewebe (Art. 2 Abs. 3). Insbesondere die Verwendung *humaner embryonaler Stammzellen* zu therapeutischen Zwecken fällt deshalb nicht in den Geltungsbereich des Transplantationsprotokolls.[85] Die Verwendung solcher Organe, Gewebe und (Stamm-)Zellen soll zu einem späteren Zeitpunkt in dem bereits erwähnten Zusatzprotokoll zum Schutz von Embryonen und Feten geregelt werden.[86]

---

[80] Bei dieser wird der Zellkern einer somatischen Zelle (bei *Dolly*: einer Euterzelle) in eine entkernte Eizelle transferiert. Aus wissenschaftlich weitgehend ungeklärten Gründen führt dies zu einer Reprogrammierung des Zellkerns mit der Folge, dass sich aus der Eizelle ein ganzes Lebewesen zu entwickeln vermag, dessen Kerngenom (nicht aber das mitochondriale Genom) mit dem Spender identisch ist.

[81] S. hierzu erneut oben a) bb) (1).

[82] Allg. zu diesen Klonzwecken *Kersten* 2004, S. 17 – 27.

[83] Abgedruckt unter B. III.

[84] Stichwort: Xenotransplantation.

[85] So explizit der Erläuternde Bericht (abgedruckt unter B. IIIa.), Rdnr. 24.

[86] S. hierzu erneut oben 41.

Das zweite Kapitel des Protokolls (Art. 3 bis 8) beinhaltet die *allgemeinen Bestimmungen* zur Transplantation: So verpflichten sich die Vertragsparteien, ein Transplantationssystem zu gewährleisten, welches für die Patienten gleich zugänglich ist. Zu diesem Zweck dürfen Organe und Gewebe nur solchen Patienten zugeteilt werden, die in eine offizielle Warteliste eingetragen sind (Art. 3). Die Empfänger müssen zudem über die Risiken der Transplantation aufgeklärt werden (Art. 5); die Übertragung von Krankheiten auf den Empfänger ist auf ein Minimum zu reduzieren (Art. 6).

Das dritte Kapitel widmet sich sodann dem problematischen Bereich der *Lebendspende*, die nur zu therapeutischen Zwecken und nur bei Alternativlosigkeit durchgeführt werden darf (Art. 9). Zwischen dem lebenden Spender und dem Empfänger muss zudem eine von den nationalen Rechtsordnungen zu definierende „enge persönliche Beziehung" bestehen (Art. 10). Die Regelung zum Schutz einwilligungsunfähiger Personen (Art. 14) entspricht Art. 20 BMÜ.[87] Art. 15 hinwiederum lockert die dort normierten Restriktionen für eine Zellentnahme, sofern mit dieser nur ein minimales Risiko und eine minimale Belastung für den nichteinwilligungsfähigen Spender verbunden ist.

Die Entnahme von Organen und Geweben bei *verstorbenen Personen* ist demgegenüber im vierten Kapitel des Protokolls (Art. 16 bis 19) geregelt. Bewusst wird die innerstaatlich höchst umstrittene Frage ausgeklammert, ab wann der Tod eines potenziellen Spenders eingetreten ist und insofern auf die nationalen Rechtsordnungen verwiesen (Art. 16).[88] Auch für die Voraussetzungen der Einwilligung in die postmortale Organentnahme überlässt es das Protokoll im Wesentlichen den Mitgliedstaaten, deren Voraussetzungen festzulegen. Nur für den Fall eines (ausdrücklich oder konkludent) geäußerten Widerspruchs ordnet das Transplantationsprotokoll ein Entnahmeverbot an (Art. 17).

Das sechste Kapitel des Zusatzprotokolls (Art. 21 und 22) konkretisiert im Übrigen das Verbot, mit dem Menschen oder Teilen davon *finanzielle Gewinne* zu erwirtschaften. Laut Protokoll werden hiervon insbesondere nicht solche Zahlungen erfasst, die dazu gedacht sind, den Verdienstausfall oder Schaden eines lebenden Spenders sowie die im Rahmen der Transplantation erbrachten medizinischen oder damit verbundenen technischen Leistungen zu kompensieren bzw. zu entgelten. Der inhaltliche Teil des Zusatzprotokolls endet schließlich mit einer datenschutzrechtlichen Bestimmung (Art. 23).

cc) Das Zusatzprotokoll Biomedizinische Forschung

Das Zusatzprotokoll Biomedizinische Forschung vom 25. Januar 2005[89] ist der jüngste völkerrechtliche Vertragstext in der „Protokoll-Familie" des Biomedizin-Übereinkommens. Es wurde bislang von 14 Staaten unterzeichnet, aber noch von

---

[87] Zu diesem bereits oben unter a) bb) (6).
[88] S. dazu noch unten IV. 3.
[89] Abgedruckt unter B. IV.

keinem Mitgliedstaat ratifiziert und ist dementsprechend auch noch nicht in Kraft getreten.[90]

Das Forschungsprotokoll dient der Konkretisierung des fünften Kapitels des Biomedizin-Übereinkommens (wissenschaftliche Forschung). Es enthält insofern detaillierte Bestimmungen zur Errichtung und zu den Aufgaben von *Ethikkommissionen* (Art. 9 – 12) sowie zur *Aufklärung und Einwilligung der Probanden* (Art. 13 – 17). Viel Raum wird auch hier der *fremdnützigen Forschung* an nichteinwilligungsfähigen Personen gewidmet (Art. 15 bis 17), ohne allerdings substanziell über den Wortlaut des Biomedizin-Übereinkommens hinauszugehen. Immerhin präzisiert das Protokoll – hierauf wurde an anderer Stelle bereits hingewiesen[91] – die Begriffe des „minimalen Risikos" und der „minimalen Belastung" (Art. 17).

Hervorzuheben ist ferner die Regelung zur *Forschung am pränatalen Leben* (Art. 18). Während die Embryonenforschung *in vitro* explizit aus dem Anwendungsbereich des Zusatzprotokolls ausgeklammert wurde (vgl. Art. 2 Abs. 2 S. 1)[92], gestattet dieses eine fremdnützige Forschung am Embryo *in vivo*, wobei insoweit erneut auf die bereits bekannten Voraussetzungen (Gruppennützigkeit, Alternativlosigkeit sowie minimales Risiko und minimale Belastung für die Schwangere bzw. den Fetus) abgestellt wird. Daneben finden sich Regelungen zur Forschung in klinischen Notfallsituationen sowie zur Forschung an Personen, denen die Freiheit entzogen wurde (Art. 19 und 20).

Neben den weiteren Bestimmungen zur *Sicherheit der Probanden* (Art. 21 bis 24) und zum *Datenschutz* (Art. 25 bis 28) besonders hervorzuheben ist schließlich Art. 29 des Zusatzprotokolls Biomedizinische Forschung. Diese unmittelbar anwendbare Bestimmung richtet sich an Sponsoren oder Forscher, die der Hoheitsgewalt einer Vertragspartei des Forschungsprotokolls unterstehen, aber *Forschungsvorhaben in einem Nicht-Vertragsstaat* durchzuführen oder zu leiten beabsichtigen. Die genannten Personengruppen haben in diesem Fall sicherzustellen, dass ihre Vorhaben den Grundsätzen des Forschungsprotokolls entsprechen. Durch diesen innovativen und begrüßenswerten Regelungsansatz soll verhindert werden, dass es in der Art eines „race-to-the-bottom" zum „*forum shopping*" solcher Rechtsordnungen kommt, welche für biomedizinische Forschung die niedrigsten moralischen wie rechtlichen Hürden errichten. Art. 29 bewirkt folglich eine *faktische* Ausdehnung des materiellen Regelungsgehalts des Zusatzprotokoll wie auch partiell des Biomedizin-Übereinkommens (s. Art. 33).[93]

---

[90] Erforderlich sind – wie immer – mindestens fünf Ratifikation, vier davon durch Mitgliedstaaten des Europarats.
[91] S. oben unter a) bb) (5).
[92] Dieser von Art. 18 BMÜ erfasste Bereich soll in einem eigenen Protokoll geregelt werden (s. hierzu erneut oben bei Fußn. 41).
[93] Aus gemeinschaftsrechtlicher Sicht kritisch zu dieser Bestimmung *Taupitz* 2002, S. 156 – 167.

2. Die bioethischen Vorgaben der Vereinten Nationen

Auch die Vereinten Nationen (nachfolgend b) und ihre Sonderorganisation UNESCO[94] (nachfolgend a) haben sich den biomedizinischen Herausforderungen gestellt. Ein völkerrechtlich bindender Vertragstext ist aus diesem Engagement bislang allerdings noch nicht hervorgegangen. Die insoweit verabschiedeten Erklärungen sind vielmehr als *soft law* zu qualifizieren: Bezogen auf einen bestimmten Sachbereich – die Biomedizin – formulieren sie im Entstehen begriffene Verhaltensvorgaben, ohne rechtlich bindend zu sein. Als Texte mit universellem Geltungsanspruch kommt ihnen indes eine herausgehobene Bedeutung für die weitere völkerrechtliche Entwicklung in diesem Bereich zu.

a) Die UNESCO-Erklärungen zu bioethischen Fragen

Im Gefüge der Vereinten Nationen hat sich vor allem die UNESCO mit bioethischen Fragen befasst und seit 1997 drei Erklärungen zu diesem Themenkreis verabschiedet:

aa) Die UNESCO-Erklärung über das menschliche Genom

An erster Stelle zu nennen ist hier die Allgemeine Erklärung über das menschliches Genom und die Menschenrechte vom 11. November 1997[95], die in etwa zeitgleich mit dem Biomedizin-Übereinkommen des Europarats ausgearbeitet wurde und zahlreiche inhaltliche Übereinstimmungen mit diesem aufweist. Hauptanliegen dieser Erklärung, welche auf einen Vorschlag der UNESCO-Arbeitsgruppe „International Committee on Bioethics" (IBC) zurückgeht[96], ist der Schutz der Menschenwürde und Menschenrechte vor Gefährdungspotenzialen, die mit der Humangenomforschung und ihren Applikationen einhergehen.[97]

Zwar erkennt die Erklärung an, daß die Forschung am menschlichen Genom und die sich daraus ergebenden Anwendungsbereiche vielversprechende Aussichten auf Fortschritte bei der Gesundheitsfürsorge zugunsten des einzelnen wie der gesamten Menschheit eröffnen. Zugleich betont sie jedoch, dass eine solche Forschung die Menschenwürde, die Freiheit des Menschen und seine Menschenrechte uneingeschränkt zu achten habe sowie jede Form von Diskriminierung aufgrund genetischer Eigenschaften auszuschließen ist.[98]

Besonderes Gewicht wird dabei auf den sogleich im ersten Abschnitt der Erklärung (A.) erörterten Schutz der *Menschenwürde* gelegt. Mit einer gewundenen und nicht leicht zu verstehenden Formulierung stellt Art. 1 der Erklärung insoweit deskriptiv fest, dass das „menschliche Genom (...) der grundlegenden Einheit aller Mitglieder der menschlichen Gesellschaft sowie der Anerkennung der ihnen innewohnenden Würde und Vielfalt zugrunde (liegt). In einem symbolischen Sinne ist es das Erbe der Menschheit." Offenbar wird hier das menschliche Genom als

---

[94] United Nations Educational, Scientific and Cultural Organization.
[95] Abgedruckt unter B. V.
[96] Zur Entstehungsgeschichte ausführlich: *Braun* 2000, S. 252 – 256; *Herdegen/Spranger* 2000, Rdnr. 4.
[97] Allg. zum Inhalt der Erklärung *Fulda* 2001, S. 195 ff.
[98] Abs. 7 der Präambel.

gemeinsames biologisches Band zwischen den Mitgliedern der Spezies *homo sapiens sapiens* betrachtet, welches zugleich das biologische Substrat für die menschliche Würde bildet sowie Ursache für die Vielfalt der Menschheit ist.[99] Soweit das Genom „in einem symbolischen Sinne" zum „*Erbe der Menschheit*" („heritage of humanity") erklärt wird, ist hierin eine zaghafte Referenz an die im Völkerrecht geläufigen Kategorien des „common heritage" bzw. „common concern of mankind" zu sehen. Sinn dieses rein programmatischen Postulats dürfte es sein, eine materielle Verteilungsgerechtigkeit zwischen den „wissensbesitzenden" und den „wissensbedürftigen" Staaten anzumahnen, um so einer einseitigen klinischen und kommerziellen Ausnutzung der Genomforschung durch die führenden Industrienationen entgegenzuwirken. Keinesfalls sollen hierdurch andere etablierte Völkerrechtsregime, etwa zum Patentwesen, überspielt werden.[100] Konkretere Gestalt nimmt dieser Gesichtspunkt etwa in Art. 4 (Ausschluss einer finanziellen Verwertung des Humangenoms in seinem natürlichen Zustand) sowie in Art. 18 und 19 der Erklärung (internationale Zusammenarbeit und Wissenstransfer) an.

Aus der Bedeutung des Genoms für das Individuum und die Menschheit zieht Art. 2 sodann eine die gesamte Erklärung als Leitmotiv durchziehende Schlussfolgerung: „a) Jeder Mensch hat das Recht auf Achtung seiner Würde und Rechte, unabhängig von seinen genetischen Eigenschaften. b) Diese Würde gebietet es, den Menschen nicht auf seine genetischen Eigenschaften zu reduzieren und seine Einzigartigkeit und Vielfalt zu achten."

Diese normativen Leitprinzipien werden im Weiteren (zweiter Abschnitt – B.) durch ausformulierte Rechte der betroffenen Personen konkretisiert: So dürfen Forschung, Therapie und Diagnose, die das Genom eines Menschen betreffen, nur nach vorheriger Risiko-Nutzen-Abwägung sowie nach fachgerechter Aufklärung und freiwillig erteilter Einwilligung (informed consent) durchgeführt werden. Das „Recht auf Nichtwissen" ist zu achten. Fremdnützige Humangenomforschung an Nichteinwilligungsfähigen darf nur bei „einem minimalen Risiko und einer minimalen Belastung" für die Betroffenen sowie zur Steigerung des gesundheitlichen Nutzens für Personen der gleichen Altersstufe oder der gleichen genetischen Veranlagung durchgeführt werden (Art. 5). Zudem soll niemand aufgrund seiner genetischen Eigenschaften diskriminiert werden (Art. 6).

Die Forschung am menschlichen Genom ist Gegenstand des dritten Abschnitts der Erklärung (C.). Dieser eröffnet mit einer – wenn auch sprachlich abgeschwächten – Konkretisierung des allgemeinen Achtungsanspruchs aus Art. 2: Danach „soll" („should") die Humangenomforschung bzw. deren Anwendung „nicht Vorrang vor der Achtung der Menschenrechte, Grundfreiheiten und Menschenwürde einzelner Personen oder von Personengruppen haben" (Art. 10). Art. 11 S. 1 der Erklärung nimmt diese scheinbare Abschwächung jedoch wieder zurück, indem er unmissverständlich zum Ausdruck bringt, dass „Praktiken, die

---

[99] Dieser Vielfaltsaspekt findet in Art. 3 der Erklärung eine nochmalige Akzentuierung.
[100] Allg. zum völkerrechtlichen Institut des „common heritage of mankind": *Herdegen* 2000, S. 640; *Kersten* 2004, S. 255 – 257. Speziell zur Interpretation des Art. 1 S. 2 der UNESCO-Erklärung: *Bodendiek/Nowrot* 1999, S. 210 – 213; *Herdegen* 2000, S. 640 f.; *Kersten* 2004, S. 237 – 277; *Schulz* 2002, S. 51 – 53.

der Menschenwürde widersprechen, wie *reproduktives Klonen* von Menschen, (...) nicht erlaubt" sind.[101] An etwas versteckter Stelle, in der prozeduralen Bestimmung des Art. 24, wird als *mögliches* menschenwürdewidriges Verfahren zudem noch auf Eingriffe in die *menschliche Keimbahn* verwiesen. Demgegenüber konnte sich die Bundesrepublik Deutschland nicht mit ihrem Anliegen durchsetzen, ein umfassendes Verbot der Herstellung geklonter Embryonen (zu welchen Zwecken auch immer) und der verbrauchenden Embryonenforschung im Text der Erklärung zu verankern.[102]

Allerdings fordert Art. 11 S. 2 der Erklärung die Staaten und die zuständigen internationalen Organisationen dazu auf, „gemeinsam daran zu arbeiten, derartige (menschenwürdewidrige; d. Verf.) Praktiken zu benennen und auf nationaler oder internationaler Ebene die entsprechenden Maßnahmen zu ergreifen, um die Achtung der in dieser Erklärung niedergelegten Grundsätze sicherzustellen." *A limine* erscheint es deshalb nicht ausgeschlossen, die Erklärung auch auf das experimentelle, diagnostische oder therapeutische Klonen sowie die verbrauchende Embryonenforschung zu erstrecken. Voraussetzung hierfür wäre allerdings, dass die in der Erklärung niedergelegten Grundsätze – also insbesondere der Anspruch auf Achtung der Menschenwürde sowie das Diskriminierungsverbot – auf pränatale Lebensstadien überhaupt Anwendung finden sollen. In personaler Hinsicht erstreckt sich die Erklärung auf „Menschen" und „Personen" (vgl. etwa Art. 2, 5 und 10 der Erklärung), ohne diese synonym verwendeten Begriffe freilich näher zu präzisieren. Für die Einbeziehung des pränatalen Lebens in den Anwendungsbereich der Erklärung spricht immerhin, dass Art. 1 das Genom als biologisches Substrat der dem Menschen innewohnenden Würde qualifiziert; dieses genetische Potenzial steht jedoch spätestens mit Abschluss des Befruchtungsvorgangs oder nach erfolgreichem Kerntransfer fest.[103]

Nichtsdestotrotz muss bezweifelt werden, dass eine solche Interpretation dem mehrheitlichen Willen der UNESCO-Mitgliedstaaten entspräche: Denn zum einen konnte sich – wie gesehen – die Bundesrepublik Deutschland gerade nicht mit ihrem Anliegen durchsetzen, auch das experimentelle, diagnostische oder therapeutische Klonen sowie die verbrauchende Embryonenforschung ausdrücklich als menschenwürdewidrige Praktiken im Sinne der Erklärung zu benennen. Zum anderen wurde schon im Laufe der Beratungen über das Diskriminierungsverbot (Art. 6) die ursprüngliche Wortwahl „keine Person" („no person") durch die Formulierung „niemand" („no one") ersetzt, um klarzustellen, dass das ungeborene Leben nicht in den Anwendungsbereich dieser Bestimmung fällt.[104] All dies legt die Annahme nahe, dass die Mehrheit der UNESCO-Mitgliedstaaten den *nasciturus* entweder gar nicht als Schutzsubjekt der Erklärung betrachtet oder zumindest in bestimmten Praktiken (experimentelles, diagnostisches, therapeutisches Klonen bzw. verbrauchende Embryonenforschung) nicht zwangsläufig ein menschenwürdewidriges Verhalten zu erkennen vermag. Für eine solche Sichtweise spricht zu-

---

[101] Hervorhebung nur hier.
[102] Vgl. insoweit *Braun* 2000, S. 276.
[103] Hierauf hinweisend auch *Klein* 2003, S. 86.
[104] Vgl. insoweit *Haßmann* 2002, S. 32.

dem, dass die explizit für unzulässig erklärten Praktiken (reproduktives Klonen; Keimbahnmanipulation) letztlich nicht auf den Schutz des ungeborenen, sondern des geborenen menschlichen Lebens abzielen – namentlich vor einer Fremdbestimmung und Instrumentalisierung durch Dritte.[105]

bb) Die UNESCO-Erklärung zum Schutz genetischer Daten

Angesichts der stetig und rapide wachsenden Möglichkeiten, das menschliche Genom zu sequenzieren und analysieren, sowie den sich hieraus ergebenden Gefahren für das Individuum, seine Familienangehörigen oder ganze Bevölkerungsgruppen[106] hat die UNESCO-Generalkonferenz am 16. Oktober 2003 die Internationale Erklärung zum Schutz genetischer Daten[107] einstimmig per Akklamation angenommen. Für die internationale Ebene werden damit erstmalig Grundprinzipien zum Umgang mit genetischen und proteomischen Daten menschlichen Ursprungs formuliert. Neben allgemeinen Bestimmungen (A.) enthält die Erklärung hierzu Vorgaben für das Erheben (B.), Verarbeiten (C.), Nutzen (D.) und Speichern (E.) solcher Daten. Grundlegendes Ziel auch dieser Erklärung ist es, die *Menschenwürde* und *Menschenrechte* zu schützen (Art. 1). Das menschliche Individuum soll deshalb nicht auf seine genetischen Merkmale reduziert werden (Art. 3). Zudem dürfen genetische und proteomische Daten nur für diagnostische, therapeutische, wissenschaftliche oder forensische Zwecke erhoben, verarbeitet, genutzt oder gespeichert werden. Für darüber hinausgehende Zwecke sind diese Handlungen nur zulässig, wenn sie mit der Allgemeinen Erklärung über das menschliche Genom und die Menschenrechte sowie dem internationalen Menschenrechtsregime in Einklang stehen (Art. 5). Des Weiteren müssen die Staaten alle Anstrengungen unternehmen, um eine nicht diskriminierende Verwendung genetischer und proteomischer Daten sicherzustellen (Art. 7). Im Übrigen dürfen solche Daten nur nach vorheriger aufgeklärter Einwilligung durch den Betroffenen oder seinen gesetzlichen Vertreter erhoben werden (Art. 8). Soweit sich diese Einwilligung auf Forschungsmaßnahmen bezieht, kann sie grundsätzlich jederzeit frei widerrufen werden (Art. 9). Der Betroffene und seine Angehörigen sind zudem darüber zu informieren, dass ihnen in Bezug auf die aus den genetischen oder proteomischen Daten gewonnenen Erkenntnisse ein Recht auf Wissen bzw. Nichtwissen zusteht (Art. 10). Genetische Tests, die bedeutsame Erkenntnisse im Hinblick auf die Gesundheit des Betroffenen offenbaren könnten, dürfen zudem nur nach einer genetischen Beratung durchgeführt werden (Art. 11).

Die erhobenen Daten sollen für die Betroffenen grundsätzlich frei zugänglich sein (Art. 13). Bei ihrer Verarbeitung ist ferner deren Vertraulichkeit zu gewährleisten (Art. 14). Die Nutzung der gewonnen Daten ist grundsätzlich auf den Zweck, in den eingewilligt wurde, beschränkt (Art. 16). Die aus den Daten gewonnenen Erkenntnisse sollen schließlich der Gesellschaft und der internationalen Gemeinschaft zu Gute kommen (Art. 19).

---

[105] Ausführlich zur Interpretation der genannten Bestimmungen i.Ü. *Kersten* 2004, S. 220 – 237.
[106] Vgl. insoweit Abs. 7 der Präambel sowie Art. 4 der Erklärung.
[107] Abgedruckt unter B. VI.

cc) Die UNESCO-Erklärung über Bioethik und Menschenrechte

Die erst unlängst von der 33. UNESCO-Generalkonferenz per Akklamation angenommene „Universelle Erklärung über Bioethik und Menschenrechte" vom 19. Oktober 2005[108] ist das erste völkerrechtliche Dokument, welches *globale* bioethische Standards für Medizin und Lebenswissenschaften zu implementieren versucht. Die Erklärung gibt hierzu Prinzipien und Umsetzungsleitlinien vor, welche sich sowohl an die Staaten (Politik, Gesetzgebung etc.) als auch an die konkret handelnden Akteure (Ärzte, Wissenschaftler, private und öffentliche Einrichtungen, Unternehmen etc.) richten. Schutzsubjekt ist auch hier das „menschliche Lebewesen" („human being"), ohne dass dieser Begriff allerdings näher konkretisiert würde.[109] Für die weitere Entwicklung des Biomedizin-Rechts auf völkerrechtlicher Ebene dürfte der Erklärung insofern eine bedeutsame Vorbildfunktion zukommen. Zugleich bildet sie eine Art „bioethisches Dach", das sich über die bereits verabschiedeten UNESCO-Erklärungen zum Humangenom und zum Schutz genetischer Daten sowie über mögliche weiterer Erklärungen spannt.

Wie schon die anderen völkerrechtlichen Dokumente zur Biomedizin ist auch diese Erklärung von der Vorstellung geprägt, dass sich biomedizinische Maßnahmen innerhalb der „Leitplanken" Menschenwürde, Menschenrechte (unter Einschluss des Rechts auf Leben, welches hier erstmalig in einem biomedizinbezogenen Dokument des Völkerrechts Erwähnung findet[110]) und Grundfreiheiten bewegen müssen (Art. 3 Buchst. a). Zur Erreichung dieses Ziels rekurriert die Erklärung auf zahlreiche bekannte Prinzipien – namentlich auf das Prinzip des Vorrangs der individuellen gegenüber allein wissenschaftlichen oder gesellschaftlichen Interessen (Art. 3 Buchst b) und das Prinzip der persönlichen Autonomie (Art. 5), welches sodann in den Prinzipien der informierten Zustimmung (Art. 6) und der Privatheit bzw. Vertraulichkeit personenbezogener Daten (Art. 9) eine Ausprägung findet. Ferner betont auch die Bioethik-Erklärung das Prinzip der Gleichheit und Nichtdiskriminierung menschlicher Individuen (Art. 10 und 11). Zudem wird das Prinzip des gleichen und angemessenen Zugangs zu den Gesundheitssystemen sowie die individuelle, gesellschaftliche und globale Partizipation an biomedizinischen Erkenntnissen explizit angesprochen (Art. 14 und 15). Nicht zuletzt auf Drängen der Bundesrepublik Deutschland wurden überdies strenge, dem Biomedizin-Übereinkommen nachgebildete Restriktionen für eine Forschung an Nichteinwilligungsfähigen in die Erklärung aufgenommen (Art. 7).

Die Bioethik-Erklärung hebt allerdings auch Facetten hervor, die in anderen biomedizinbezogenen Dokumenten des Völkerrechts bislang keine oder nur vereinzelt Berücksichtigung gefunden haben: So betont sie den Schutz künftiger Generationen (Art. 2 Buchst. vii), den Respekt vor kultureller Diversität und Plura-

---

[108] Abgedruckt unter B. VII.
[109] Auch das „Explanatory Memorandum on the Elaboration of the Preliminary Draft Declaration on Universal Norms on Bioethics" vom 21.2.2005 (Dok.-Nr. SHS/EST/05/CONF.203/4) trägt insofern nichts zur Klärung bei, sondern vermerkt lediglich sub Rdnr. 21, dass in internationalen Dokumenten die Begriffe „human being" und „person" oftmals synonym verwendet würden.
[110] Vgl. insoweit Art. 2 Buchst. iii.

lismus (Art. 12) sowie den Schutz der Umwelt, Biosphäre und Biodiversität (Art. 17).

Zentrales Element zur Gewährleistung der vorstehend umrissenen Prinzipien ist auch hier die Einrichtung unabhängiger und interdisziplinärer Ethikkommissionen (Art. 19). Zudem werden – wie schon im Zusatzprotokoll Biomedizinische Forschung – die von der Erklärung postulierten Prinzipien auch auf grenzüberschreitende Forschungsaktivitäten erstreckt (Art. 21).

b) Die Erklärung der Vereinten Nationen über das Klonen von Menschen

Die am 8. März 2005 verabschiedete Erklärung der Vereinten Nationen über das Klonen von Menschen[111] ist das „Überbleibsel" einer Initiative, welche ursprünglich auf die Ausarbeitung einer UN-Konvention gegen das Klonen menschlicher Lebewesen gerichtet war. Diese von Deutschland und Frankreich bereits 2001 angestoßene Initiative[112] scheiterte jedoch an divergierenden Auffassungen über die Reichweite eines solchen Klonverbots: Während einige Staaten – so die USA, Australien und auch die Bundesrepublik Deutschland – für ein umfassendes Verbot aller Formen des Klonens eintraten[113], wollten andere Länder – etwa Belgien, China, Großbritannien, Schweden, Singapur und Südkorea – sich zumindest die Möglichkeit des experimentellen, diagnostischen und therapeutischen Klonens offen halten.[114]

Im operativen Teil der rechtlich unverbindlichen Erklärung (Buchst b) werden die UN-Mitgliedstaaten dazu aufgefordert, „alle Formen des menschlichen Klonens" („all forms of human cloning") zu verbieten. Auf den ersten Blick scheint von diesem Verbot auch das umstrittene experimentelle, diagnostische und therapeutische Klonen umfasst zu sein. Tatsächlich haben aus diesem Grunde etliche Staaten der Deklaration ihre Zustimmung versagt.[115] Indessen enthält der Deklarationstext selbst eine Einschränkung, die einer solch extensiven Sichtweise entgegensteht: Denn das angemahnte Verbot „aller Formen" menschlichen Klonens gilt nur, „soweit diese mit der Menschenwürde und dem Schutz des menschlichen Lebens unvereinbar sind" („inasmuch as they are incompatible with human dignity and the protection of human life"). Die Frage, wann von einer solchen Unvereinbarkeit auszugehen ist, wird allerdings offenkundig dem Einschätzungsspielraum der UN-Mitgliedstaaten anheim gestellt. Letztlich wird damit noch nicht einmal das Geburtsklonen (reproduktives Klonen) unzweifelhaft tabuisiert. Als Folge die-

---

[111] Abgedruckt unter B. VIII. Entsprechende Proklamationen hatte zuvor bereits die World Health Organization (WHO) erlassen. Hierzu: *Arndt* 2004, Rdnr. 32 – 34; *Kersten* 2004, S. 207 – 220.

[112] Vgl. UN Doc. A/56/192 v. 7.8.2001, Request for the inclusion of a supplementary item in the agenda of the fifty-sixth session, International convention against the reproductive cloning of human beings.

[113] Die Bundesregierung wurde hierzu durch einen fraktionsübergreifenden, politisch aber umstrittenen Bundestagsbeschluss angehalten; vgl. BT-Drs. 15/463.

[114] Vgl. hierzu: *Ch. Schwägerl*, „Zwei Züge rasen aufeinander zu", FAZ v. 13.10.2003, S. 4; *ders.*, Biopolitisches Ringen in New York, FAZ v. 21.10.2004, S. 4; *Lilie* 2003.

[115] So insbesondere die oben bei Fußn. 114 Genannten. Für die Deklaration stimmten 84 Staaten, dagegen 34 bei 37 Enthaltungen.

ser Mehrdeutigkeit dürfte der Deklaration deshalb auch nur eine bescheidene Steuerungskraft für die weitere biomedizinische Entwicklung auf völkerrechtlicher Ebene zukommen.[116]

3. Die Deklaration des Weltärztebundes von Helsinki

Bei dem 1947 gegründeten Weltärztebund handelt es sich um eine internationale Berufsvertretung, welche seit jeher dem Patienten-Arzt-Verhältnis und vor allem dem Patientenschutz große Aufmerksamkeit widmet. Die vom Weltärztebund verabschiedete Deklaration von Helsinki in ihrer revidierten Edinburgh-Fassung[117] ist zwar keine völkerrechtlich bindende Rechtsquelle; wohl aber statuiert sie ethische Grundsätze für Ärzte und andere in der Forschung am Menschen tätige Personen[118], welche als wichtige Standesauffassungen zu diesem Forschungsbereich gelten und dementsprechend nationale Regelwerke oder nationales Berufsrecht nachhaltig beeinflusst haben.[119]

Erstmalig bezieht die 2000 in Edinburgh neu gefasste Deklaration auch die „Forschung an identifizierbarem menschlichen Material oder identifizierbaren Daten" mit ein.[120] Trotz fehlender ausdrücklicher Regelung dürften damit auch die Forschung an und mit menschlichen Stammzellen embryonalen, fetalen oder adulten Ursprungs sowie die Forschung am menschlichen Genom in den Anwendungsbereich der Deklaration fallen.[121] Zudem sollen in der medizinischen Forschung am Menschen Überlegungen, welche das Wohlergehen der Versuchsperson betreffen, stets Vorrang vor wissenschaftlichen und gesellschaftlichen Interessen genießen[122] – ein ethischer Grundsatz, der – wie bereits erwähnt – auch andere völkerrechtliche Dokumente, so vor allem das Biomedizin-Übereinkommen, beeinflusst hat.[123] Hervorgehoben wird überdies, dass Versuchsvorhaben am Menschen einer Ethikkommission zur Beratung, Stellungnahme, Orientierung und gegebenenfalls Genehmigung vorgelegt werden müssen.[124] Weitere wichtige Grundsätze schließlich sind die medizinische Vertretbarkeit des Versuchs und die aufgeklärte Einwilligung des Probanden. Auch gruppennützige Forschung an nichteinwilligungsfähigen Personen soll unter bestimmten Voraussetzungen ethisch vertretbar sein.[125]

---

[116] Von einem nicht zuletzt durch die VN-Erklärung bereits gewohnheitsrechtlich verdichteten Verbot des Geburtsklonens geht indessen aus *Kersten* 2004, S. 296 – 306.

[117] Abgedruckt unter B. XI.

[118] Vgl. Ziff. 1. der Deklaration.

[119] Allg. zum Weltärztebund und seiner Helsinki-Deklaration *Arndt* 2004, Rdnr. 87 – 105. Speziell zur Neufassung der Deklaration durch die 52. Generalversammlung des Weltärztebundes in Edinburgh am 7.10.2000 *Taupitz* 2001.

[120] S. Ziff. 1. der Deklaration.

[121] *Arndt* 2004, Rdnr. 94.

[122] S. Ziff. 5. der Deklaration.

[123] S. hierzu oben Fußn. 23.

[124] Vgl. Ziff. 13 der Deklaration.

[125] Vgl. insoweit die Ziff. 22. – 25. der Deklaration.

III. Europäisches Gemeinschaftsrecht

1. Gemeinschaftsrechtliche Kompetenzen im Bereich der Biomedizin

Auch die gemeinschaftsrechtliche Ebene spielt für biomedizinische Fragen eine zunehmend bedeutsame Rolle. Dieser Umstand verdient umso mehr Beachtung, als über den Hebel des supranationalen Gemeinschaftsrechts die einzelstaatlichen Rechtsordnungen aneinander angeglichen werden können. Zu betonen ist allerdings, dass die Europäische Gemeinschaft über keine umfassende Legislativkompetenz für biomedizinische Sachfragen verfügt, sondern diese vielmehr nur „sektorspezifisch" zu beeinflussen vermag – so namentlich im Bereich der Forschung, des Gesundheitswesens und des Binnenmarkts. Biomedizinrecht bleibt deshalb in erster Linie eine Angelegenheit der Mitgliedstaaten, vor allem soweit hoch sensible und umstrittene Fragen wie die Forschung an humanen Embryonen betroffen sind.

Die wohl bedeutsamste Einflussnahmemöglichkeit der Europäischen Gemeinschaft im biomedizinischen Bereich resultiert aus ihrer komplementären Zuständigkeit für die *Forschung*.[126] Mit den Forschungsrahmenprogrammen stehen ihr insoweit allerdings nur ergänzende und indirekte, d.h. Anreize schaffende Mechanismen zur Beeinflussung einzelstaatlicher Forschungsaktivitäten zur Verfügung. Fragestellungen biowissenschaftlicher und biotechnologischer Natur gehören dabei schon seit 1987 zu den vorrangigen Themenbereichen der Forschungsrahmenprogramme und werden mit Milliardenbeträgen gefördert. Eine Förderung wird dabei an die Beachtung bestimmter „Grundprinzipien" geknüpft, welche sich ihrerseits aus Verweisen auf die EMRK, das Biomedizin-Übereinkommen, die EU-Grundrechte-Charta, das Zusatzprotokoll Klonen sowie die UNESCO-Erklärung über das menschliche Genom ergeben.[127] In Konkordanz mit diesen Rechtsquellen sind bestimmte Vorhaben *a limine* von einer Förderung ausgeschlossen, so namentlich das *reproduktive* Klonen und die Keimbahnmanipulation an Geborenen oder Ungeborenen gleich welcher Entwicklungsstufe. Im Bereich der Stammzellforschung werden mittlerweile aber auch solche Vorhaben gefördert, die einen Embryonenverbrauch voraussetzen oder zur Folge haben.[128] Allein die Herstellung von Embryonen (auch im Wege des Kerntransfers) speziell zu Forschungszwe-

---

[126] Art. 163 bis 173 EGV.
[127] Vgl. insofern etwa Erwägungsgrund Nr. 17 sowie Art. 3 des Beschlusses Nr. 1513/2002/EG des Europäischen Parlaments und des Rates v. 27.6.2002 über das Sechste Rahmenprogramm der Europäischen Gemeinschaft im Bereich der Forschung, technologischen Entwicklung und Demonstration als Beitrag zur Verwirklichung des Europäischen Forschungsrahmens und zur Innovation (2002 – 2006), ABl.EG Nr. L 232/1 v. 29.8.2002.
[128] Vgl. Beschluss Nr. 1513/2002/EG (Fußn. wie vor), S. 8. Für nähere Einzelheiten hierzu s. i.Ü. die Entscheidung des Rates v. 30.9.2002 über ein spezifisches Programm im Bereich der Forschung, technologischen Entwicklung und Demonstration: „Integration und Stärkung des Europäischen Forschungsraums (2002 – 2006) (2002/834/EG), Abl.EG Nr. L 294/1 v. 29.10.2002, S. 8, sowie *Arndt* 2004, Rdnr. 185 – 193.

cken oder zur Gewinnung von Stammzellen wird – in Übereinstimmung mit Art. 18 Abs. 2 BMÜ – für nicht förderungsfähig erachtet.

Die biomedizinische Thematik weist ferner Bezüge zum *Gesundheitswesen* auf, so vor allem unter dem Gesichtspunkt einer in Zukunft eventuell möglichen Nutzung embryonaler Stammzellen für therapeutische Gewebeersatzstrategien. Gemeinschaftsrechtliche Maßnahmen auf diesem Sektor finden ihre Grundlage in Art. 152 EGV. Wie schon bei der Forschung gewährt auch diese Bestimmung nur Befugnisse zu koordinierenden, ergänzenden oder unterstützenden Maßnahmen der Gemeinschaft mit dem Ziel, die menschliche Gesundheit zu schützen oder zu verbessern. Sie verfügt deshalb auch auf diesem Politikfeld über keine ausschließliche Zuständigkeit und ist gemäß Art. 5 Abs. 2 EGV zudem auf die Beachtung des Subsidiaritätsprinzips verpflichtet. Hinzu kommt, dass Fördermaßnahmen, welche den Schutz und die Verbesserung der menschlichen Gesundheit zum Gegenstand haben, nicht zu einer Harmonisierung der einzelstaatlichen Rechts- und Verwaltungsvorschriften führen dürfen (vgl. Art. 152 Abs. 4 Buchst. c EGV). Als *lex specialis* entfaltet diese Bestimmung im Übrigen eine Sperrwirkung gegenüber anderen Regelungsbefugnissen der Gemeinschaft, so insbesondere gegenüber der allgemeinen Querschnittskompetenz aus Art. 95 EGV.[129]

Über diese rein komplementäre Gemeinschaftskompetenz zur Förderung und Koordinierung der einzelstaatlichen Zusammenarbeit hinaus weist Art. 152 Abs. 4 Buchst. a EGV der Gemeinschaft allerdings auch eine autonome Rechtsetzungsbefugnis zu. Diese gestattet es ihr, im Wege des Mitentscheidungsverfahrens (Art. 251 EGV) Maßnahmen zur Festlegung hoher Qualitäts- und Sicherheitsstandards für Organe und Substanzen menschlichen Ursprungs sowie für Blut und Blutderivate zu erlassen. Allerdings wird es den Mitgliedstaaten explizit freigestellt, strengere Schutzmaßnahmen beizubehalten oder einzuführen. Zudem dürfen die insoweit getroffenen gemeinschaftsrechtlichen Maßnahmen nicht die einzelstaatlichen Regelungen über die Spende oder die medizinische Verwendung von Organen und Blut berühren (Art. 152 Abs. 5 S. 2 EGV). Gestützt auf diese Kompetenzbestimmung ist im Jahre 2004 die Gewebe- und Zell-Richtlinie ergangen.[130]

Eine weitere Rechtsetzungsbefugnis von Relevanz für den biomedizinischen Bereich resultiert schließlich aus der *Binnenmarktkompetenz* (Art. 95 Abs. 1 EGV). Auf ihrer Grundlage wurde insbesondere die Biopatent-Richtlinie verabschiedet.[131] Art. 95 Abs. 1 EGV zufolge kann der Rat im Wege des Mitentscheidungsverfahrens (Art. 251 EGV) „Maßnahmen zur Angleichung der Rechts- und Verwaltungsvorschriften der Mitgliedstaaten (erlassen), welche die Errichtung und das Funktionieren des Binnenmarktes zum Gegenstand haben." Auch dieser Kompetenztitel ermächtigt nicht nur zur Förderung oder Ergänzung einzelstaatlicher Maßnahmen, sondern ermöglicht eine autonome und gestalterische Gesetzgebung durch die Gemeinschaft. Grundsätzlich können dabei auch biomedizinische Fragestellungen eine Regelung erfahren, solange und soweit sich diese auf das Funktionieren des Binnenmarkts beziehen und nicht durch eine speziellere, verdrängende

---

[129] Vgl. insofern EuGH, Slg. 2000, I-8498, Rdnr. 77 – 79 – Tabakrichtlinie.
[130] Abgedruckt unter C. IV. Vgl. ferner unten 5.
[131] Abgedruckt unter C. II.

Regelung – wie etwa Art. 152 Abs. 4 Buchst. c EGV oder Art. 152 Abs. 5 S. 2 EGV – erfaßt werden.

2. Die Grundrechte-Charta

Die Grundrechte-Charta der Europäischen Union vom 18. Dezember 2000[132] enthält spezielle Bestimmungen zu aktuellen biomedizinischen Fragen. Dies weist sie als einen modernen Menschenrechtstext aus. Dem Vorbild des deutschen Grundgesetzes folgend eröffnet die Charta mit der Würde- (Art. 1) und Lebensgarantie (Art. 2) sowie mit dem Recht auf körperliche und geistige Unversehrtheit (Art. 3 Abs. 1), also drei Grundrechten, die gerade im biomedizinischen Kontext von großer Bedeutung sind. Die personale Reichweite dieser grundrechtlichen Verbürgungen ist allerdings unklar, dürfte aber – schon wegen Art. 52 Abs. 3 der Charta – nicht oder zumindest nicht mit gleicher Intensität auf das pränatale menschliche Leben zu erstrecken sein.[133]

Des Weiteren hervorzuheben ist Art. 3 Abs. 2 der Grundrechte-Charta, welcher speziell im Hinblick auf biomedizinische Sachverhalte Ge- und Verbote normiert und sich insoweit an anderen völkerrechtlichen Dokumenten – so vor allem am Biomedizin-Übereinkommen und seinen Zusatzprotokollen – orientiert: So dürfen biomedizinische Eingriffe nur nach freiwilliger und aufgeklärter Einwilligung erfolgen (erster Spiegelstrich), sind eugenische Praktiken insbesondere wenn sie die Selektion von Personen zum Ziel haben, verboten (zweiter Spiegelstrich) und dürfen der Körper und Teile davon als solche nicht zur Gewinnerzielung genutzt werden (dritter Spiegelstrich). Zudem erklärt Art. 3 Abs. 2 der Charta das *reproduktive* Klonen explizit für verboten (vierter Spiegelstrich). Die Möglichkeit des Klonens zu anderen (experimentellen, diagnostischen oder therapeutischen) Zwecken wird damit zwar nicht explizit gestattet, aber eben auch nicht tabuisiert und somit immerhin offen gehalten.[134] Zu betonen ist allerdings, dass letztgenannte Arten des Klonens momentan keine finanzielle Unterstützung aus dem EU-Forschungsrahmenprogramm erhalten. Die Frage, ob sich das Verbot der eugenischen Selektion (zweiter Spiegelstrich) auch auf den Embryo oder Fetus erstreckt (Stichwort: Präimplantations- bzw. Pränataldiagnostik), ist – schon wegen eines fehlenden Verbots des diagnostischen Klonens – im Ergebnis wohl zu verneinen.[135]

Zu erwähnen ist ferner Art. 21 der Grundrechte-Charta, welcher unter anderem eine Diskriminierung wegen genetischer Merkmale ausdrücklich verbietet. Er verstärkt damit eine Regelungstendenz, wie sie schon für die völkerrechtliche Ebene aufgezeigt werden konnte.[136] Auch hier steht eine Ungleichbehandlung aber nicht solchen Maßnahmen entgegen, die sachlich gerechtfertigt werden können.

---

[132] Abgedruckt unter C. I.
[133] Zur zurückhaltenden Rspr. des EGMR vgl. die erst unlängst ergangene Entscheidung Vo v. France (o. Fußn. 11).
[134] Ausführlich zum Klonverbot der Grundrechte-Charta *Kersten* 2004, S. 90 – 119.
[135] Ausführlich hierzu *Dujmovits* 2001, S. 77.
[136] S. oben unter II.

Hervorzuheben ist schließlich, dass es sich bei der Grundrechte-Charta bislang nur um einen unverbindlichen Rechtstext handelt. Zwar hat er nahezu wortidentischen Eingang in den Verfassungsvertrag für eine Europäische Union[137] gefunden. Das Schicksal dieses Vertrags ist jedoch nach den negativen Volksentscheiden in Frankreich und den Niederlanden mehr als ungewiss. Allerdings haben sich die Organe der Europäischen Union in ihrer feierlichen Proklamation von Nizza selbst dazu verpflichtet, die in der Charta formulierten Grundrechte und Prinzipien zu respektieren. Von daher spielen die zitierten Ge- und Verbote beim Gemeinschaftshandeln durchaus eine Rolle, so etwa beim Erlass von Richtlinien oder bei der Vergabe von (Forschungs-)Fördermitteln. Einen rechtlich verbindlichen Prüfungsmaßstab enthält die Charta indessen nicht, wenn sich auch der Europäische Gerichtshof bei seiner Entscheidungsfindung an den dort postulierten Grundrechten als Ausdruck allgemeiner Rechtsgrundsätze orientieren dürfte. Auch werden durch die Charta keine neuen Legislativkompetenzen der Gemeinschaft im biomedizinischen Bereich begründet.[138]

3. Die Biopatent-Richtlinie

Die 1998 verabschiedete Richtlinie über den rechtlichen Schutz biotechnologischer Erfindungen (Biopatent-Richtlinie)[139] regelt die Patentierung biologischer Substanzen menschlichen, tierischen oder pflanzlichen Ursprungs. Gerade für die Entwicklung biomedizinischer Produkte und Verfahren ist sie von nicht zu unterschätzender Bedeutung. Die Verabschiedung der Biopatent-Richtlinie und ihre Umsetzung in nationales Recht gestaltete sich schwierig und reicht bis ins Jahr 1989 zurück.[140] Zu groß waren (und sind zum Teil noch) einzelstaatliche Meinungsverschiedenheiten über die Reichweite eines Patentschutzes für biotechnologische Erfindungen. Deutschland hat die Richtlinie erst 2005 nach einer erfolglosen Nichtigkeitsklage der Niederlande[141], d.h. mit mehr als vierjähriger Verspätung, in nationales Recht[142] umgesetzt.[143]

Ziel der Richtlinie ist es, Erfindungen auf dem Gebiet der belebten Natur mit solchen auf anderen Gebieten der Technik gleichzustellen. Die Richtlinie trägt damit dem Umstand Rechnung, dass biotechnologische und gentechnische Erfindungen eine immer wichtigere Rolle spielen. Ihrem patentrechtlichen Schutz kommt insofern eine grundlegende industriepolitische Bedeutung für die Gemeinschaft und ihre Mitgliedstaaten zu. Die erforderlichen Investitionen zur Forschung und Entwicklung sind insbesondere im Bereich der Gentechnik hoch und risikoreich; sie können nur bei angemessenem Rechtsschutz rentabel sein. Ein wirksamer und harmonisierter, d.h. Handelsbeschränkungen überwindender Schutz in al-

---

[137] ABl.EG Nr. C 310 v. 16.12.2004.
[138] Vgl. insofern Art. 52 Abs. 2 der Grundrechte-Charta.
[139] Abgedruckt unter C. II.
[140] Einzelheiten hierzu bei: BT-Drs. 15/1709, S. 8; *Arndt* 2004, Rdnr. 148 f.
[141] EuGH, Slg. 2001, I-7079 ff.
[142] Abgedruckt unter D. IV.
[143] Allg. zur Biopatent-Richtlinie: *Arndt* 2004, Rdnr. 148 – 161; *Kraßer* 2004, S. 198 – 200; *Mühlens* 2001, Rdnr. 244 – 267.

len Mitgliedstaaten ist deshalb wesentlich für die Fortführung und Förderung von Investitionen in diesem Bereich.[144] Die Richtlinie gibt hierzu harmonisierte Regelungen für die Patentierung biotechnologischer Innovationen vor, um zu verhindern, dass sich innerhalb der Europäischen Union Praxis und Rechtsprechung auf diesem Gebiet auseinander entwickeln.[145] Von daher werden die Mitgliedstaaten durch die Richtlinie dazu angehalten, biotechnologische Erfindungen zu schützen und – soweit dies noch nicht der Fall ist – das nationale Patentrecht entsprechend anzupassen (Art. 1 Abs. 1). Ein weiteres Anliegen der Richtlinie ist es, konkrete *Patentierungsverbote* in Bezug auf biotechnologische Erfindungen zu etablieren; allerdings muss bezweifelt werden, ob dem Gemeinschaftsgesetzgeber eine solche Konkretisierung tatsächlich gelungen ist.[146]

Die Richtlinie statuiert kein Sonderrecht für biotechnologische Erfindungen, sondern baut auf den Regelungen des allgemeinen Patentrechts auf. Die Patentierung als solche richtet sich deshalb nach den jeweiligen Voraussetzungen des nationalen Patenrechts, so dass die Richtlinie nur dort Abweichungen oder Besonderheiten normiert, wo dies im Hinblick auf den betroffenen Regelungsbereich (Biotechnologie) für erforderlich gehalten wurde.[147]

Die Biopatent-Richtlinie gliedert sich in fünf Kapitel, namentlich in das Kapitel Patentierbarkeit (Art. 1 – 7), Umfang des Schutzes (Art. 8 – 11), Zwangslizenzen (Art. 12), Hinterlegung von und Zugang zu biologischem Material (Art. 13 – 14) sowie die üblichen Schlussbestimmungen (Art. 15 – 18). Entsprechend der vorstehend skizzierten Zielsetzung stellt Art. 3 Abs. 1 zunächst klar, dass Erfindungen (nicht Entdeckungen), die neu sind, auf einer erfinderischen Tätigkeit beruhen und gewerblich anwendbar sind, auch dann patentiert werden können, wenn sie ein Erzeugnis, das aus biologischem Material besteht oder dieses enthält, oder ein Verfahren, mit dem biologisches Material hergestellt, bearbeitet oder verwendet wird, zum Gegenstand haben. Unter biologischem Material ist dabei ein solches zu verstehen, das genetische Informationen enthält und sich selbst reproduzieren oder in einem biologischen System reproduziert werden kann (Art. 2 Abs. 1 Buchst a). Art. 3 Abs. 2 erweitert die Patentierbarkeit zudem auf Naturstoffe: Nach dieser Bestimmung kann biologisches Material, das mit Hilfe eines technischen Verfahrens aus seiner natürlichen Umgebung isoliert oder hergestellt wird, auch dann Gegenstand eines Patents sein, wenn es in der Natur schon vorhanden ist (wie etwa pflanzliche Farbstoffe oder Pflanzenbegleitstoffe).[148]

Art. 4 bis 6 der Biopatent-Richtlinie benennen sodann Erfindungen und Verfahren, die *nicht* patentierbar sind: Hervorzuheben ist dabei die Regelung in Art. 5, der zufolge der menschliche Körper in den einzelnen Phasen seiner Entstehung und Entwicklung sowie die bloße Entdeckung eines seiner Bestandteile, einschließlich der Sequenz oder Teilsequenz eines Gens, keine patentierbaren Erfindungen darstellen können. Anderes gilt hingegen für *isolierte* Bestandteile oder

---

[144] Vgl. Erwägungsgrund Nr. 1 der Richtlinie.
[145] Vgl. insofern Erwägungsgrund Nr. 5 u. 7 der Richtlinie.
[146] Dazu noch weiter unten im Text.
[147] Vgl. insofern Erwägungsgrund Nr. 8 der Richtlinie.
[148] Bsp. nach *Arndt* 2004, Rdnr. 155.

auf andere Weise durch ein technisches Verfahren gewonnene Bestandteile des menschlichen Körpers, einschließlich der Sequenz oder Teilsequenz eines Gens: Diese können eine patentierbare Erfindung darstellen, selbst wenn der Aufbau dieses Bestandteils mit dem Aufbau eines natürlichen Bestandteils identisch ist (Art. 5 Abs. 2). Eingeschränkt wird der Patentschutz insoweit allerdings durch das Erfordernis, die gewerbliche Anwendbarkeit einer Sequenz oder Teilsequenz eines Gens in der Patentanmeldung konkret zu beschreiben (Art. 5 Abs. 3).[149]

Von herausgehobener Bedeutung ist zudem der *ordre public*-Vorbehalt in Art. 6: In Übereinstimmung mit dem bisherigen nationalen und internationalen Patentrecht[150] ordnet die Bestimmung zunächst generalklauselartig an, dass Erfindungen, deren gewerbliche Verwertung gegen die öffentliche Ordnung oder die guten Sitten verstoßen würde, von der Patentierbarkeit ausgenommen sind. Allerdings darf dieser Verstoß nicht schon allein aus dem Umstand hergeleitet werden, dass die Verwertung durch Rechts- oder Verwaltungsvorschriften verboten ist (Art. 6 Abs. 1). Speziell für den biotechnologischen Bereich benennt Art. 6 Abs. 2 sodann in nicht abschließender Weise („unter anderem") Verfahren, die stets als Verstoß gegen den *ordre public* im Sinne des Abs. 1 „gelten". Hierzu zählen: Verfahren zum Klonen menschlicher Lebewesen (Buchst. a); Verfahren zur Veränderung der genetischen Identität der Keimbahn menschlicher Lebewesen (Buchst. b); die Verwendung menschlicher Embryonen zu industriellen oder kommerziellen Zwecken (Buchst. c); sowie schließlich bestimmte Verfahren zur Veränderung der genetischen Identität von Tieren (Buchst. d). Die konkrete Reichweite dieser Patentverbote ist allerdings unklar. Von daher belassen sie den Mitgliedstaaten erhebliche Auslegungsspielräume, die in Bezug auf umstrittene Verfahren (wie etwa das so genannte „therapeutische Klonen" oder die Entnahme humaner Stammzellen aus Embryonen) zu einer abweichenden Patentpraxis führen können.[151] Das Harmonisierungsziel der Richtlinie wird so ein Stück weit verfehlt. Wie nicht anders zu erwarten, hat die Bundesrepublik Deutschland ihre Umsetzungsspielräume für sehr weitreichende Patentverbote genutzt.[152]

Von Bedeutung sind ferner die Art. 8 und 9 der Biopatent-Richtlinie, welche Aussagen zum Umfang des Patentschutzes für biologisches Material treffen. Danach erstreckt sich die Wirkung von Patenten für biologisches Material oder für Verfahren zu seiner Gewinnung auf sämtliche *Vermehrungsprodukte* des geschützten oder unmittelbar durch das geschützte Material gewonnenen Materials, sofern sie die gleichen Eigenschaften aufweisen wie das Ausgangsmaterial (Art. 8). Die Wirkung eines Patents für ein Erzeugnis, das aus einer genetischen

---

[149] Eingehend hierzu *Krefft* 2003.
[150] Vgl. insoweit vor allem Art. 27 Abs. 2 des Übereinkommens über handelsbezogene Aspekte der Rechte des geistigen Eigentums (TRIPS) vom 15.4.1994 (BGBl. II S. 1730).
[151] Ausführlich. zu den genannten Themenbereichen: *Grund/Keller* 2004; *Herdegen* 2000a; *Kersten* 2004, S. 147 – 172; *Koenig/Müller* 1999; *Krauß/Engelhard* 2003; *Spranger* 2004. S. ferner die in *Honnefelder/Streffer* 2004 abgedruckten Beiträge zur Patentierung von Stammzellen.
[152] S. dazu noch unten IV. 4.

Information besteht oder sie enthält, erstreckt sich – vorbehaltlich der für den menschlichen Körper geltenden Ausnahme – auf jedes Material, in das das Erzeugnis Eingang findet und in dem die genetische Information enthalten ist und ihre Funktion erfüllt (Art. 9).

Abschließend sei noch erwähnt, dass durch Beschluss des Verwaltungsrats der Europäischen Patentorganisation in die Ausführungsordnung zum *Europäischen Patentübereinkommen*[153] Bestimmungen über biotechnologische Erfindungen eingefügt wurden, die sich wortwörtlich an die Biopatent-Richtlinie anlehnen.[154] Von daher fußen sowohl die nationalen und supranationalen als auch die internationalen Regelungen zur Patentierbarkeit biotechnologischer Innovationen auf denselben Bestimmungen, ohne dass hierdurch freilich ihre einheitliche Interpretation sichergestellt wäre.

4. Die Humanarzneimittelprüfungs-Richtlinie

Das europäische Arzneimittelrecht stützt sich auf diverse Richtlinien und Verordnungen, so namentlich auf die Richtlinie 65/65/EWG des Rates vom 26. Januar 1965 zur Angleichung arzneimittelbezogener Rechts- und Verwaltungsvorschriften der Mitgliedstaaten.[155] Unter anderem schreibt diese vor, dass zusammen mit den Anträgen für das Inverkehrbringen von Arzneimitteln Unterlagen mit Angaben und Nachweisen über die Ergebnisse der mit dem Erzeugnis durchgeführten Versuche und klinischen Prüfungen vorzulegen sind. Des Weiteren legt die Richtlinie 75/318/EWG des Rates vom 20. Mai 1975 einheitliche Vorschriften für die Zusammenstellung und Aufmachung der Unterlagen über Versuche mit Arzneimitteln fest.[156] Zur Erleichterung des freien Handels mit Arzneimitteln im europäischen Binnenmarkt wurde schließlich auf der Grundlage der Verordnung (EWG) Nr. 2309/93 des Rates vom 22. Juli 1993[157] ein zentralisiertes Gemeinschaftsverfahren für die Genehmigung und Überwachung von technologisch hochwertigen Human- und Tierarzneimitteln sowie eine Europäische Agentur für die Beurteilung von Arzneimitteln (EMEA)[158] etabliert.[159]

Die Humanarzneimittelprüfungs-Richtlinie rundet dieses Regelungsregime nunmehr durch Vorgaben für die Durchführung von klinischen Prüfungen mit Arzneimitteln ab. Bei klinischen Prüfungen handelt es sich um komplexe Maßnahmen, die sich nicht selten über mehrere Jahre hinweg erstrecken. Meist sind zahlreiche Personen und verschiedene Prüfstellen an ihnen beteiligt, die sich zu-

---

[153] Abgedruckt unter B. X.
[154] S. dort die Regeln 23b – 23e. Kritisch zu dieser Vorgehensweise *Kayßer* 2004, S. 90 u. 198, der die Kompetenz des Verwaltungsrats für eine solch weitgehende Vertragsergänzung bezweifelt.
[155] ABl.EG 22/1 vom 9.2.1965, zuletzt geändert durch die Richtlinie 93/39/EWG (ABl.EG Nr. L 214/22 vom 24.8.1993).
[156] ABl.EG Nr. L 147/1 vom 9.6.1975, zuletzt geändert durch die Richtlinie 1999/83/EG der Kommission (ABl.EG Nr. L 243/9 vom 15.9.1999).
[157] ABl.EG Nr. L 214/1 vom 24.8.1993, zuletzt geändert durch die Verordnung (EG) Nr. 649/98 der Kommission (ABl.EG Nr. L 88/7 vom 24.3.1998).
[158] European Agency for the Evaluation of Medicinal Products.
[159] Instruktiv zu dieser Verordnung: *Feiden* 2001, Rdnr. 191 – 199; *Koenig/Müller* 2000.

dem häufig in verschiedenen Mitgliedstaaten befinden. Die Anforderungen an solche Prüfungen waren dort bislang allerdings unterschiedlich geregelt, weshalb Verzögerungen und Komplikationen bei der Durchführung solcher Studien innerhalb der Gemeinschaft auftraten.[160] Insofern ist es ein zentrales Anliegen der Richtlinie, die unterschiedlichen nationalen Vorgaben für klinische Prüfungen von Arzneimitteln zu harmonisieren. Besonderes Augenmerk wird dabei auf den Schutz der Menschenwürde und Menschenrechte der Probanden gelegt, welcher insbesondere durch eine Risikobewertung vor Beginn jeder klinischen Prüfung (Art. 3 Abs. 2 Buchst. a), durch eine Stellungnahme der Ethik-Kommission (Art. 6), durch eine Genehmigung seitens der zuständigen Behörden (Art. 9)[161] sowie durch Bestimmungen zum Schutz persönlicher Daten (Art. 3 Abs. 2 Buchst. c) sichergestellt werden soll.[162] Zudem beschränkt sich die Richtlinie auf Setzung von Mindeststandards, die von den Mitgliedstaaten folglich überschritten werden dürfen (Art. 3 Abs. 1).

Personen, die nicht rechtswirksam in eine klinische Prüfung einwilligen können, werden auch durch die Humanarzneimittelprüfungs-Richtlinie besonders geschützt.[163] Die Richtlinie greift insoweit Regelungselemente auf, wie sie schon aus anderen Rechtstexten – so vor allem aus dem Biomedizin-Übereinkommen[164] – geläufig sind: So schreibt Art. 4 für *Minderjährige* vor, dass die Einwilligung dessen mutmaßlichen Willen entsprechen muss und ein gegebenenfalls geäußerter Wunsch zu berücksichtigen ist. Die Interessen des Minderjährigen müssen dabei stets über den Interessen der Wissenschaft und der Gesellschaft stehen. Zudem muss die klinische Prüfung für die Validierung von Daten, die aufgrund von Prüfungen an Einwilligungsfähigen gewonnen wurden, unbedingt erforderlich und für die Patienten*gruppe* mit einem direkten Nutzen verbunden sein. Schließlich müssen sich derartige Forschungsvorhaben unmittelbar auf einen klinischen Zustand beziehen, unter dem der minderjährige Proband selbst leidet, *oder* die zumindest ihrem Wesen nach nur an Minderjährigen durchgeführt werden können.

Unter engen Voraussetzungen gestattet die Richtlinie folglich auch eine bloß gruppennützige klinische Prüfung von Arzneimitteln an Minderjährigen. Für sonstige nichteinwilligungsfähige Personen, wie z.B. Demenzkranken oder psychiatrische Patienten, statuiert sie demgegenüber restriktivere Voraussetzungen: Diese dürfen nur dann in klinische Studien einbezogen werden, wenn die begründete Annahme besteht, dass die Verabreichung des Arzneimittels einen die Risiken überwiegenden *direkten Nutzen* für den betroffenen *Patienten* mit sich bringt (Art. 5). Damit wird jede Form einer gruppen- bzw. fremdnützigen Arzneimittelforschung an diesem Personenkreis ausgeschlossen. Auch hier muss zudem die Einwilligung dem mutmaßlichen Willen des Prüfungsteilnehmers entsprechen und

---

[160] Vgl. Erwägungsgrund Nr. 10 der Richtlinie.
[161] Problematisch ist dabei, dass nach Art. 9 Abs. 1 UAbs. 2 der Richtlinie mit der klinischen Prüfung erst begonnen werden darf, wenn die Ethik-Kommission eine *befürwortende* Stellungnahme abgegeben hat. S. hierzu bereits oben Fußn. 49.
[162] Vgl. Erwägungsgrund Nr. 2 der Richtlinie.
[163] Vgl. insoweit Art. 3 Abs. 1 sowie Erwägungsgrund Nr. 3.
[164] S. hierzu erneut oben II. 1. a) bb) (5).

ein von ihm gegebenenfalls geäußerter Wunsch berücksichtigt werden. Sowohl Art. 4 als auch Art. 5 rekurrieren im Übrigen nicht auf die Kriterien des „minimalen Risikos" und der „minimalen Belastung", sondern fordern insoweit nur, dass die klinische Prüfung mit möglichst wenig Schmerzen, Beschwerden, Angst sowie anderen vorhersehbaren Risiken verbunden ist.

5. Die Gewebe- und Zell-Richtlinie

Auf der Grundlage des Art. 152 Abs. 4 Buchst. a EGV[165] ist erst unlängst die Richtlinie 2004/23/EG des Europäischen Parlaments und des Rates vom 31. März 2004 zur Festlegung von Qualitäts- und Sicherheitsstandards für die Spende, Beschaffung, Testung, Verarbeitung, Konservierung, Lagerung und Verteilung von menschlichen Geweben und Zellen verabschiedet worden.[166] Ziel dieser bis zum 7. April 2006 umzusetzenden Richtlinie ist es, Qualitäts- und Sicherheitsstandards für solche menschlichen Gewebe und Zellen festzulegen, die zu einer Verwendung beim Menschen bestimmt sind. Die Transplantation menschlicher Gewebe und Zellen zählt zu den dynamisch wachsenden Sektoren der Medizin. Man rechnet ihr große Chancen für die Behandlung bisher unheilbarer Erkrankungen aus. Die Richtlinie soll deshalb einen Beitrag dazu leisten, die Qualität und Sicherheit derartiger Substanzen, insbesondere im Hinblick auf mögliche Krankheitserreger, zu gewährleisten und so den grenzüberschreitenden Austausch dieser Substanzen zu erleichtern.[167] Zur Erreichung dieses Ziels beinhaltet die Richtlinie Vorschriften über die Zulassung, Inspektion und Kontrolle von Einrichtungen, welche menschliche Gewebe oder Zellen zu Therapiezwecken verwenden, über die Rückverfolgbarkeit gespendeter Gewebe und Zellen sowie deren Ein- und Ausfuhr, über Grundsätze, Mindeststandards und obligatorische Verfahren für die gesamte Kette von der Spende, Beschaffung, Testung, Verarbeitung, Lagerung bis hin zur Verteilung und schließlich über die insoweit anwendbaren Mindestqualitäts- und -sicherheitsstandards einschließlich Fragen beruflicher Qualifikation und Ausbildung.

Die Richtlinie erstreckt sich dabei auf alle Arten von Geweben und Zellen menschlichen Ursprungs unter Einschluss fetaler Gewebe und Zellen, embryonaler Stammzellen sowie der weiblichen und männlichen Geschlechtszellen (Ei- und Samenzellen).[168] Hingegen gilt die Richtlinie – abgesehen von klinischen Versuchen – nicht für den forschungsbezogenen Einsatz menschlicher Gewebe und Zellen.[169]

Allerdings bleibt nach dem Willen des Gemeinschaftsgesetzgebers die Entscheidung der Mitgliedstaaten über die Verwendung bzw. Nichtverwendung spezifischer Arten menschlicher Zellen, so vor allem der Keimzellen und embryonaler Stammzellen, unberührt. Insbesondere beeinträchtigt die Richtlinie nicht das

---

[165] Zu diesem bereits oben unter 1.
[166] Abgedruckt unter C. IV.
[167] Vgl. Erwägungsgrund Nr. 1 sowie Art. 1 der Richtlinie.
[168] Vgl. Erwägungsgrund Nr. 7 der Richtlinie.
[169] Vgl. Erwägungsgrund Nr. 11 der Richtlinie.

einzelstaatliche Verständnis der Rechtsbegriffe „Person" oder „Individuum".[170] Art. 4 Abs. 3 der Richtlinie – eine Bestimmung die auf Anregung des Europäischen Parlaments in den Gesetzestext aufgenommen wurde[171] – ordnet dementsprechend an, dass die Richtlinie nicht die Entscheidung der Mitgliedstaaten über ein Verbot der Spende, Beschaffung, Testung, Verarbeitung, Konservierung, Lagerung, Verteilung oder Verwendung von spezifischen Arten menschlicher Gewebe oder Zellen aus speziell festgelegten Quellen berührt einschließlich der Fälle, in denen diese Entscheidungen auch die Einfuhr menschlicher Gewebe oder Zellen gleicher Art betreffen. Den Mitgliedstaaten bleibt es folglich unbenommen, die Gewinnung menschlicher Zellen oder Gewebe aus Embryonen bzw. Feten sowie deren therapeutische Verwendung zu untersagen. Ja selbst die Einfuhr derartiger menschlicher Substanzen aus anderen Mitgliedstaaten der Europäischen Gemeinschaft darf verboten werden. Zur Frage des rechtlichen Umgangs mit pränatalem Leben in drittnützigen therapeutischen Zusammenhängen verhält sich die Richtlinie folglich nicht, sondern bleibt insoweit auf qualitäts- und sicherheitsbezogene Aspekte des Umgangs mit menschlichen Substanzen embryonalen oder fetalen Ursprungs beschränkt.[172]

Unumstritten war diese Restriktion auf rein qualitäts- und sicherheitsbezogene Gesichtspunkte im Gesetzgebungsverfahren allerdings nicht. So forderte das Europäische Parlament, eine Reihe von Verboten in die Richtlinie aufzunehmen und hierdurch für alle Mitgliedstaaten verbindlich zu machen, so namentlich: 1. ein Verbot des Klonens von Menschen zu Fortpflanzungszwecken; 2. ein Verbot, menschliche Embryonen ausschließlich zu Forschungszwecken oder zur Lieferung von Stammzellen zu erzeugen; dieses Verbot sollte auch die Schaffung von Embryonen durch somatischen Zellkerntransfer umfassen[173]; und ferner 3. ein Verbot, geklonte menschliche Embryonen und menschlich-tierische Hybridembryonen sowie von ihnen abgeleitete Zellen und Gewebe als Quellen von Transplantationsmaterial zu nutzen.[174] Zudem beinhaltete der Standpunkt des Parlaments noch eine gesonderte Regelung hinsichtlich der Gewinnung fetalen Gewebes aus Schwangerschaftsabbrüchen, der zufolge kein Schwangerschaftsabbruch vorgenommen werden sollte, nur um Fetalgewebe zu erhalten.[175] Die Nutzung überzähliger Embryonen zu forschungsbezogenen oder therapeutischen Zwecken sowie der Import embryonaler Stammzellen aus bereits existenten Stammzelllinien wur-

---

[170] Vgl. Erwägungsgrund Nr. 12 der Richtlinie.
[171] Vgl. insofern den Standpunkt des Europäischen Parlaments festgelegt in erster Lesung am 10.4.2003 im Hinblick auf den Erlass der Richtlinie 2003/.../EG des Europäischen Parlaments und des Rates zur Festlegung von Qualitäts- und Sicherheitsstandards für die Spende, Beschaffung, Testung, Verarbeitung, Lagerung und Verteilung von menschlichen Geweben und Zellen, P5_TC1-COD (2002) 0128, ABl.EU Nr. C 64 E/505 v. 12.3.2004, S. 511.
[172] Dies gilt i.Ü. auch für Fragen der Zulässigkeit von Eizell- und Samenspenden für Verfahren der assistierten Reproduktion; s. hierzu ferner Art. 14 Abs. 3 der Richtlinie.
[173] Europäisches Parlament (o. Fußn. 171), S. 511 (Art. 4 Abs. 4).
[174] Europäisches Parlament (o. Fußn. 171), S. 517 (Art. 16 Abs. 7).
[175] Vgl. Europäisches Parlament (o. Fußn. 171), S. 515 (Art. 12 Abs. 7).

de demgegenüber mehrheitlich für nicht regelungsbedürftig und damit implizit für zulässig erachtet.

Keiner der soeben skizzierten Verbotstatbestände wäre jedoch von der Kompetenzbestimmung in Art. 152 Abs. 4 Buchst a EGV gedeckt gewesen. Kommission und Rat sperrten sich deshalb zu Recht gegen diese „Abänderungen ethischer Art".[176] Denn diese Norm ermächtigt nur zur Festlegung hoher Qualitäts- und Sicherheitsstandards für Organe und sonstige Substanzen menschlichen Ursprungs, nicht hingegen zur Tabuisierung bestimmter Reproduktionstechniken (hier: des reproduktiven Klonens). Aber auch das Verbot, menschliche Embryonen zu Forschungszwecken zu erzeugen, zielt nicht auf die Festlegung hoher Qualitäts- und Sicherheitsstandards menschlicher Gewebe und Zellen, die für Transplantationszwecke bestimmt sind. Zutreffend exkludiert die Richtlinie deshalb rein forschungsbezogene Aspekte aus ihrem Geltungsbereich.[177]

IV. Nationales Recht

Für biomedizinische Fragen nach wie vor am bedeutsamsten sind die Regelungen auf nationaler Ebene. Dies folgt – wie berichtet – einerseits aus dem Umstand, dass das Biomedizin-Übereinkommen mit seinen Zusatzprotokollen für die Bundesrepublik Deutschland noch nicht verbindlich geworden ist und das universelle Völkerrecht bislang nur *soft law* statuiert. Andererseits sind die Möglichkeiten der Europäischen Gemeinschaft, biomedizinische Fragen rechtlich zu beeinflussen, von nur begrenzter Natur.[178]

Biomedizinische Fragen haben auf nationaler Ebene vor allem im Embryonenschutzgesetz von 1990 (1.) und – in Reaktion auf die seit 1998 schwelende Stammzelldebatte – 2002 im Stammzellgesetz (2.) eine Regelung erfahren. Der Themenbereich Transplantation ist im Transplantationsgesetz geregelt (3.). Biomedizinbezogene Aspekte finden sich zudem im Patent- und Arzneimittelgesetz (4.).

Schon des öfteren angedacht, bislang aber noch nicht realisiert, sind gesetzliche Regelungen zum Einsatz genetischer Diagnoseverfahren.[179] Für den *postnatalen* Bereich (Versicherungs- und Arbeitsrecht) soll nach dem Willen der großen Koalition ein solches Gesetz in der laufenden 16. Legislaturperiode (2005 bis 2009)

---

[176] Vgl. insoweit den Gemeinsamen Standpunkt (EG) Nr. 50/2003 vom Rat festgelegt am 22.7.2003 im Hinblick auf den Erlass der Richtlinie 2003/.../EG des Europäischen Parlaments und des Rates vom ... zur Festlegung von Qualitäts- und Sicherheitsstandards für die Spende, Beschaffung, Testung, Verarbeitung, Konservierung, Lagerung und Verteilung von menschlichen Geweben und Zellen (2003/C 240 E/02), ABl.EG Nr. C 240 E v. 7.10.2003, S. 22 (sub III., A.).

[177] Hierzu bereits oben Fußn. 169.

[178] Ausführlich hierzu oben unter II. u. III.

[179] Vgl. insoweit etwa den Schlussbericht der Enquete-Kommission „Recht und Ethik der modernen Medizin" vom 14.5.2002 (BT-Drs. 14/9020, S. 115 – 178).

verabschiedet werden.[180] Ein von der Versicherungswirtschaft erklärtes freiwilliges Moratorium, beim Abschluss von Versicherungsverträgen vorerst auf Gentests zu verzichten, endet im Jahre 2006.

1. Das Embryonenschutzgesetz

Auf nationaler Ebene finden sich biomedizinbezogene Regelungen vor allem im Embryonenschutzgesetz.[181] Ziel dieses Gesetzes ist es, menschliche Embryonen vor den mit assistierten Reproduktionstechniken verbundenen Gefahren (z.B. Mehrfachtransfer, Embryonenforschung oder Geschlechterwahl) zu schützen.[182] Mit dem Embryonenschutzgesetz schloss der deutsche Gesetzgeber eine in den 80er Jahren intensiv geführte Debatte um Chancen und Risiken der „künstlichen Befruchtung" ab, die 1978 mit der Geburt des ersten „Retortenbabys" *Louise Brown*[183] ihren Ausgang genommen hatte.[184] Es ist als Strafgesetz konzipiert, da der Bundesgesetzgeber zum Erlasszeitpunkt (1990) noch über keine allgemeine Gesetzgebungskompetenz für biomedizinische Fragen verfügte. Diese wurde ihm erst 1994 mit der Einfügung des Art. 74 Abs. 1 Nr. 26 in das Grundgesetz eingeräumt.[185] Die Ausgestaltung des Embryonenschutzgesetzes als Strafgesetz hat jedoch zur Folge, dass es nur schwer an das sich dynamisch entwickelnde Feld der Biomedizin angepasst zu werden vermag.[186] Eine solche Anpassung ist jedoch dringend erforderlich, da das Gesetz mittlerweile von bestimmten biomedizini-

---

[180] So heißt es u.a. im Koalitionsvertrag zwischen CDU/CSU und SPD vom 11. November 2005 unter 7.1. (Allgemeine Fragen der Gesundheitspolitik) zum Stichwort Biomedizin: „Genetische Untersuchungen bei Menschen werden in den Bereichen gesetzlich geregelt, die angesichts der Erkenntnismöglichkeiten der Humangenetik einen besonderen Schutzstandard erfordern, um die Persönlichkeitsrechte der Bürgerinnen und Bürger zu schützen. Durch diese gesetzliche Regelung soll zugleich die Qualität der genetischen Diagnostik gewährleistet werden."

[181] Abgedruckt unter D. I.

[182] Allg. zum Embryonenschutzgesetz: *Arndt* 2004, Rdnr. 194 – 321; *v. Bülow* 2001, Rdnr. 300 – 380; *Keller/Günther/Kaiser* 1992.

[183] Zu *Louise Brown* selbst anlässlich ihres 25. Geburtstags *J. Müller-Jung*, Das erste Kind aus dem Reagenzglas, FAZ v. 25.7.2003, S. 7.

[184] Maßgeblich beeinflusst wurde diese Diskussion durch den Bericht der so genannten „Benda-Kommission", welcher das spätere Embryonenschutzgesetz nachhaltig beeinflusste (hrsg. vom *Bundesminister für Forschung und Technologie*, In-vitro-Fertilisation, Genomanalyse und Gentherapie, Bericht der gemeinsamen Arbeitsgruppe des Bundesministers für Forschung und Technologie und des Bundesministers der Justiz, München 1985).

[185] Die konkurrierende Gesetzgebung des Bundes wird hiernach erstreckt auf: „die künstliche Befruchtung beim Menschen, die Untersuchung und die künstliche Veränderung von Erbinformationen sowie Regelungen zur Transplantation von Organen und Geweben."

[186] So ist es wegen des Grundsatzes „*nulla poena sine lege*" (vgl. Art. 103 Abs. 2 GG) insbesondere nicht möglich, die Straftatbestände des Embryonenschutzgesetzes im Wege eines Analogieschlusses einfach auf neue, aber vom Gesetz nicht erfasste Gefährdungstatbestände für das pränatale Leben zu erstrecken.

schen Entwicklungen – etwa dem Klonen durch Zellkerntransfer – überholt worden ist; hierauf wird noch zurückzukommen sein.[187]

Das Embryonenschutzgesetz schützt menschliche Embryonen „ab der Kernverschmelzung" (§ 8 Abs. 1 EschG), d.h. ab der „Verschmelzung" des mütterlichen mit dem väterlichen Pronukleus (Vorkern) zu einem neuen diploiden Chromosomensatz (Konjugation).[188] Ab diesem Zeitpunkt gewährt es menschlichen Embryonen einen nahezu absoluten Schutz vor ihrer Vernichtung bzw. physische Beeinträchtigung durch reproduktive, experimentelle oder sonstige manipulative Maßnahmen. Das Embryonenschutzgesetz unterstreicht damit die herausragende Bedeutung, welche der Gesetzgeber dem pränatalen Lebensschutz einräumt. Dieser beruft sich insoweit gar auf seinen Schutzauftrag aus der grundgesetzlichen Würde- (Art. 1 Abs. 1 GG) und Lebensgarantie (Art. 2 Abs. 2 S. 1 GG), welcher nach Auffassung des Parlaments schon frühesten menschlichen Entwicklungsstadien – sei es *in vivo* oder *in vitro* – gebührt[189] – eine Wertung, die der einfache Gesetzgeber erst 2002 im Stammzellgesetz ausdrücklich bestätigt und sogar noch erweitert hat.[190] Das Schutzregime des Embryonenschutzgesetzes endet indes mit Abschluss der Nidation; ab diesem Zeitpunkt untersteht der Schutz des pränatalen Lebens dem Abtreibungsstrafrecht (vgl. § 218 Abs. 1 S. 2 StGB).[191]

Im gestreckten Prozess der Entstehung eines Embryos hat sich der Gesetzgeber mit § 8 Abs. 1 EschG im Übrigen bewusst für den spätest möglichen Zeitpunkt entschieden. Nicht als Embryo im Sinne des Gesetzes gelten deshalb die so genannten „Vorkernstadien", mithin die befruchtete Eizelle knapp 16 Stunden nach Eindringen des Spermiums in die Oozyte; in dieser Phase liegen die haploide Chromosomensatz des Vaters und der Mutter noch unverbunden nebeneinander.[192] Die Embryonalentwicklung kann deshalb in diesem Stadium arretiert, die „Vorkernstadien" bei -196°C kryokonserviert werden, ohne gegen das Embryonen-

---

[187] Den Erlass eines (nicht primär strafrechtlich formulierten) Fortpflanzungsmedizingesetzes, welches auch neueren biomedizinischen Entwicklungen Rechnung tragen könnte, forderte schon die Enquete-Kommission (o. Fußn. 179), S. 64 – 67.

[188] Genau genommen kommt es zu einer solchen „Verschmelzung" der Vorkerne, d.h. zur Bildung einer neuen, gemeinsamen Kernmembran, nicht. Vielmehr werden die bereits in je zwei Chromatiden geteilt vorliegenden Chromosomen sofort auf die sich bildende Teilungsspindel verteilt. Die Vereinigung der maternalen und paternalen DNA zu einer Einheit besteht also nur andeutungsweise und für sehr kurze Zeit. Dieser Vorgang, der auch als „Syngamie" bezeichnet wird, markiert das Ende der Befruchtung. Die befruchtete Eizelle wird nunmehr als „Zygote" bezeichnet. Sie bildet das einzellige Ausgangsstadium für die weitere Entwicklung des Menschen.

[189] Vgl. insoweit BT-Drs. 11/5460, S. 6 (sub III.).

[190] S. dazu noch unten 2.

[191] Insofern wird häufig auf einen Wertungswiderspruch zwischen dem strengen pränidativen Embryonenschutz durch das Embryonenschutzgesetz und dem sehr eingeschränkten postnidativen Lebensschutz durch das Abtreibungsstrafrecht (§ 218 ff. StGB) hingewiesen. Hiergegen überzeugend *Höfling* 2002, S. 112 f.

[192] Ausführlich und instruktiv zum Prozess der Entstehung menschlichen Lebens *Rager* 1998.

schutzgesetz zu verstoßen.¹⁹³ Diese feine gesetzliche Differenzierung zwischen dem Stadium der „Kernverschmelzung" einerseits und der Vorkernbildung andererseits erscheint vertretbar, da im biologischen Sinne ein neues Individuum erst mit Abschluss der Kernverschmelzung als eine systemische, zu Selbstorganisation befähigte Entität zu agieren vermag.

Um die Würde und das Lebensrecht des Embryos zu gewährleisten und um für geeignete Entwicklungsbedingungen des später geborenen Menschen Sorge zu tragen, statuiert § 1 Abs. 1 EschG eine Reihe von Verbotstatbeständen: So ist es bei Strafe verboten, auf eine Frau eine fremde unbefruchtete Eizelle zu übertragen (Nr. 1), eine Eizelle zu einem anderen Zweck künstlich zu befruchten, als eine Schwangerschaft bei der Eizellspenderin herbeizuführen (Nr. 2), innerhalb eines Zyklus mehr als drei Embryonen auf eine Frau zu transferieren (Nr. 3), durch intratubaren Gametentransfer mehr als drei Eizellen innerhalb eines Zyklus zu befruchten (Nr. 4), mehr Eizellen zu befruchten, als der Eizellspenderin übertragen werden sollen (Nr. 5), einer Frau einen Embryo vor seiner Einnistung zu entnehmen, um diesen auf eine andere Frau zu übertragen oder sonstwie anderweitig zu verwenden (Nr. 6) oder bei einer so genannten „Leihmutter" eine künstliche Befruchtung durchzuführen (Nr. 7). Das Gesetz lässt sich folglich von der Vorstellung leiten, dass die zu befruchtende Eizelle mit der Mutter genetisch identisch sein muss, dass immer nur so viele Eizellen befruchtet werden dürfen, wie anschließend übertragen werden sollen¹⁹⁴, und dass zum Schutze der Mütter und Embryonen vor komplikationsträchtigen Mehrlingsschwangerschaften nicht mehr als drei Embryonen gleichzeitig auf die Eizellspenderin übertragen werden dürfen.¹⁹⁵ Hingegen kann der Samen auch von einem anderen Spender als dem Ehemann der Frau stammen (so genannte heterologe Insemination) – eine gesetzgebe-

---

[193] In der Reproduktionsmedizin wird von dieser Möglichkeit denn auch reichhaltig Gebrauch gemacht, um Vorkernstadien für weitere Befruchtungszyklen der Eizellspenderin vorrätig zu halten. Entsprechend lagern zehntausende solcher „Pronuklei" in den Tiefkühlbehältern deutscher Reproduktionskliniken. Da sie nicht als schützenswertes menschliches Leben im Sinne des Embryonenschutzgesetzes eingestuft werden, können sie bei Zielerreichung (Schwangerschaft infolge „künstlicher Befruchtung"), „verworfen", sprich vernichtet werden. Die Herstellung solcher Pronuklei ist allerdings nur dann straffrei, mit ihr zugleich die Absicht verfolgt wird, eine Schwangerschaft herbeizuführen (§ 1 Abs. 2 EschG). Der Gesetzgeber will so offenbar der Entstehung „überzähliger" Pronuklei-Stadien entgegenwirken, die später (heimlich) zu Forschungszwecken missbraucht werden könnten.

[194] So genanntes Konnexitätsprinzip. Durch dieses Prinzip soll sichergestellt werden, dass es möglichst nicht zur Entstehung so genannte „überzähliger", d.h. nicht transferierbarer Embryonen, kommt. Tatsächlich lagern nur sehr wenige „überzählige" Embryonen in deutschen Reproduktionskliniken, etwa weil die Eizellspenderin plötzlich erkrankt oder verstorben ist.

[195] Dessen ungeachtet hat die Reproduktionsmedizin zu einem erheblichen Anstieg an problematischen Mehrlingsschwangerschaften geführt; anschaulich hierzu aus geburtsmedizinischer Sicht *Feige/Gröbe* 2002. In der Praxis werden deshalb häufig nur noch max. zwei Embryonen gleichzeitig auf eine Eizellspenderin transferiert, um das Risiko von Zwillings- oder gar Drillingsschwangerschaften weiter zu reduzieren.

rische Sichtweise, die im Hinblick auf das Eizellspenden-Verbot (§ 1 Abs. 1 Nr. 1 EschG) verfassungsrechtlich (Art. 3 Abs. 2 und 3 GG) nur schwer zu rechtfertigen ist.[196]

Während § 1 EschG in erster Linie dem Schutz des Embryos und später geborenen Menschen vor Gefahren dient, die von assistierten Reproduktionsmaßnahmen ausgehen, schirmt § 2 EschG den Embryo vor solchen Gefahren ab, die gerade durch seine (zumindest vorübergehende) *in-vitro*-Existenz begründet werden. Bestraft wird deshalb, wer einen extrakorporal erzeugten oder einer Frau vor Abschluss seiner Einnistung in die Gebärmutter entnommenen menschlichen Embryo veräußert oder zu einem nicht seiner Erhaltung dienenden Zweck abgibt, erwirbt oder verwendet, also insbesondere an ihm forscht (§ 2 Abs. 1 EschG). Aber auch die extrakorporale Weiterentwicklung des Embryos ohne Reproduktionsabsicht wird vom Gesetz unter Strafe gestellt (§ 2 Abs. 2 EschG). Heftig umstritten und nach wie vor ungeklärt ist in diesem Kontext die Frage, ob die Durchführung einer *Präimplantationsdiagnostik* am Embryo unter den Verbotstatbestand des § 2 Abs. 1 EschG (und § 1 Abs. 1 Nr. 2 EschG) fällt und damit nach geltendem Recht bei Strafe verboten ist.[197] Mit der grundgesetzlichen Lebensgarantie des Embryos *in vitro* (Art. 2 Abs. 2 S. 1 GG) ist ein solches Diagnoseverfahren jedenfalls nicht zu vereinbaren. Das Embryonenschutzgesetz enthält insofern eine gravierende Regelungsunklarheit, die alsbald durch ein eindeutiges gesetzliches Verbot bereinigt werden muss.[198]

Zudem stellt § 3 EschG die *Geschlechtswahl* unter Strafe. Wie schon bei Art. 14 BMÜ werden jedoch für bestimmte geschlechtsgebundene Erbkrankheiten (Muskeldystrophie vom Typ Duchenne und ähnlich schwerwiegende Erkrankungen) Ausnahmen zugelassen. Im Gegensatz zum Biomedizin-Übereinkommen ordnet § 3 EschG insoweit jedoch ausdrücklich an, dass die Selektion nur an Hand des Spermiums – nicht also des Embryos – erfolgen darf.[199] Die Regelung will über den Aspekt des Embryonenschutzes hinaus verhindern, dass es aufgrund von Wahlentscheidungen der prospektiven Eltern zu einem numerischen Ungleichgewicht der Geschlechter innerhalb der Gesellschaft kommt.[200]

---

[196] Vgl. insoweit (m.w.N.): *Coester-Waltjen* 2002, S. 193 f.; *Röger* 1999, S. 280 – 308. Gem. § 1591 BGB gilt i.Ü. diejenige Frau als Mutter des Kindes, die es geboren hat.

[197] Zu dieser ausgeuferten Diskussion vgl. nur (jeweils m.w.N.): *Böckenförde-Wunderlich* 2002, S. 113 – 146; *Giwer* 2001, S. 58 f.; *Schneider* 2002, S. 50 – 64. Allg. zu Recht und Ethik in der Präimplantationsdiagnostik erst unlängst *Gethmann-Siefert/Huster* 2005.

[198] So auch die Mehrheit der Enquete-Kommission (o. Fußn. 179), S. 111 – 115.

[199] Vgl. hierzu bereits oben II. a) bb) (4).

[200] Wie eine neuere Studie zu dieser Thematik allerdings vermuten lässt, scheint zumindest in Deutschland – anders als etwa in Indien oder Asien – insofern keine eindeutige Präferenzentscheidung zugunsten eines bestimmten Geschlechts zu bestehen. Eine willkürliche Entscheidung der prospektiven Eltern würde deshalb wahrscheinlich (aber eben nur wahrscheinlich!) zu einer statistisch gleichmäßigen Verteilung der Geschlechter führen; vgl. insoweit *Dahl* et al. 2003.

Die §§ 4 bis 7 EschG statuieren sodann eine Reihe weiterer Verbotstatbestände: So ist nach § 4 EschG die eigenmächtige Befruchtung, die eigenmächtige Embryonenübertragung und die künstliche Befruchtung nach dem Tod des Samenspenders verboten. Zudem darf gemäß § 5 Abs. 1 EschG die Erbinformation einer menschlichen *Keimbahnzelle* nicht künstlich verändert werden.[201] Ebenso wird bestraft, wer eine menschliche Keimzelle mit künstlich veränderter Erbinformation verwendet (§ 5 Abs. 2 EschG). § 5 Abs. 4 EschG sieht allerdings Ausnahmen vom Verbot der Keimbahnmanipulation vor. Erwähnenswert ist hier vor allem § 5 Abs. 4 Nr. 3 EschG, der – wie schon Art. 13 BMÜ[202] – nicht beabsichtigte Veränderungen der Erbinformation, etwa durch Impfung, strahlen-, chemotherapeutische oder andere Behandlungen, straffrei stellt.[203] Des Weiteren stellt § 6 EschG das *Klonen* menschlicher Embryonen unter Strafe und verbietet sogar die Übertragung eines solchermaßen erzeugten Klons auf eine empfangsbereite Frau. Die Regelung ist gleich unter mehreren Gesichtspunkten problematisch: Sie rekurriert zum einen auf den Embryonenbegriff des § 8 EschG, der seinerseits jedoch auf einen sexuellen Befruchtungsvorgang abstellt. Von ihrem Wortlaut her scheint die Regelung folglich nur das Klonen mittels der Technik des Embryosplittings, nicht hingegen auch ein solches mittels der Technik des Zellkerntransfers zu erfassen. Zum anderen bleibt unklar, was unter dem Begriff „gleiche Erbinformation" zu verstehen ist – Identität des Gesamtgenoms (unter Einschluss des mitochondrialen Genoms) oder bloß Identität des Kerngenoms.[204] Das Verbot der Übertragung eines dennoch erzeugten Klons auf eine empfangsbereite Frau ist ebenfalls hoch problematisch, da durch diese Regelung ein menschliches Individuum, das an sich unter dem Schutz der Würde- und Lebensgarantie des Grundgesetzes steht, der Vernichtung preisgegeben werden darf. § 6 EschG bedarf insofern einer dringenden Überarbeitung, die sich an modernen Klonverboten orientieren sollte; das Zusatzprotokoll Klonen[205] mag hier als Vorbild dienen. § 7 EschG verbietet im Übrigen die Herstellung von Hybriden und Chimären sowie deren Übertragung auf eine Frau oder ein Tier.

Zu erwähnen bleibt ferner, dass nach § 10 EschG niemand zur Vornahme einer *In-vitro*-Fertilisation und damit im Zusammenhang stehender Maßnahmen gezwungen werden darf. Des Weiteren ist zu beachten, dass die Mehrzahl der nach dem Embryonenschutz zulässigen Handlungen unter Arztvorbehalt steht (§ 9

---

[201] Zur Definition des Begriffs „Keimbahnzelle" s. § 8 Abs. 3 EschG.
[202] S. dazu bereits oben II. 1. a) bb) (4).
[203] § 5 Abs. 4 Nr. 1 u. 2 EschG enthalten daneben Ausnahmetatbestände zugunsten der Forschung.
[204] Ausführlich zu diesen Interpretationsfragen: Klonierung beim Menschen – Biologische Grundlagen und ethisch-rechtliche Bewertung (Stellungnahme der Wissenschaftlerkommission), BT-Drs. 13/7590; Bericht zur Frage eines gesetzgeberischen Handlungsbedarfs beim Embryonenschutzgesetz aufgrund der beim Klonen von Tieren angewandten Techniken und der sich abzeichnenden weiteren Entwicklung, BT-Drs. 13/11263; *Kersten* 2004, S. 30 – 48 m.w.N.
[205] Zu diesem bereits oben II. 1. b) aa).

ESchG). Hinzuweisen ist schließlich auf die Bestimmung in § 27a SGB V[206], welche die Kostenübernahme künstlicher Befruchtungsmaßnahmen durch die gesetzlichen Krankenversicherungen regelt.[207]

2. Das Stammzellgesetz

Mit dem Stammzellgesetz (StZG)[208] hat der deutsche Gesetzgeber im Jahre 2002 nach zähem politischen Ringen einen Themenbereich geregelt, der vom Embryonenschutzgesetz bis dahin nicht erfasst war – den Import und die Verwendung so genannter pluripotenter humaner Stammzellen (§ 2 StZG), die durch einen „Verbrauch" von Embryonen im Ausland gewonnen wurden.[209] Pluripotente Stammzellen zeichnen sich dadurch aus, dass aus ihnen alle Zelltypen des (menschlichen) Körpers einschließlich der Gameten, nicht aber ein ganzer Organismus hervorzugehen vermag.[210] Sie sind für die Grundlagenforschung und für die Erforschung neuer Therapieansätze, so vor allem in der Transplantationsmedizin, von herausragender Bedeutung.

Da die Vernichtung von Embryonen zur Gewinnung solcher pluripotenten Stammzellen in Deutschland strafrechtlich verboten ist[211], soll durch das Stammzellgesetz in Deutschland tätigen Wissenschaftlern zumindest die Forschung an derartigen Zellen ermöglicht werden. Fast schon symbolisch statuiert das Gesetz insofern zunächst ein Verbot der Einfuhr und Verwendung embryonaler Stammzellen (§ 4 Abs. 1 StZG), um von diesem sogleich in den nachfolgenden Regelungen nicht unerhebliche Ausnahmen zuzulassen: So bedarf die Einfuhr und Verwendung der Genehmigung durch das Robert-Koch-Institut (§ 6 Abs. 1 i.V.m. § 7 Abs. 1 StZG i.V.m. § 1 ZES-Verordnung[212]). Diese Genehmigung *ist* zu erteilen, wenn die in § 6 Abs. 4 StZG normierten Voraussetzungen erfüllt sind (so genanntes präventives Verbot mit Erlaubnisvorbehalt). Namentlich sind dies die Voraussetzungen des § 4 Abs. 2 und 3 sowie § 5 StZG: Hiernach muss zur Überzeugung der Genehmigungsbehörde feststehen, dass die embryonalen Stammzellen vor ei-

---

[206] Abgedruckt unter D. Ia.

[207] Seit 2003 sieht § 27a SGB V eine Kostenübernahme nur noch unter sehr restriktiven Voraussetzungen vor, was zu einem messbaren Rückgang „künstlicher Befruchtungen" und damit zu einem weiteren Rückgang der Geburtenrate insgesamt geführt hat.

[208] Abgedruckt unter D. II.

[209] Allg. zum Stammzellgesetz: *Arndt* 2004, Rdnr. 322 – 435; *Dederer* 2004; *Jeong* 2005; *Ronellenfitsch* 2002. Vgl. ferner die zahlreichen Beiträge in *Honnefelder/Streffer* 2003.

[210] So auch die Legaldefinition in § 3 Nr. 1 StZG. In letzterem Fall spricht man von Totipotenz, die nach derzeitigem Wissensstand wohl jenseits des Acht-Zell-Stadiums eines menschlichen Embryos endet. § 3 Nr. 4 StZG setzt die totipotente Zelle i.Ü. mit einem Embryo gleich und löst damit – entgegen § 8 Abs. 1 EschG – die Entstehung menschlicher Individuen von einem bestimmten (Er-)Zeugungsakt (etwa Vereinigung von Ei- und Samenzelle) ab.

[211] Vgl. § 2 Abs. 1 EschG. Die pluripotenten Stammzellen werden dem Embryo am vierten bis fünften Tag seiner Entwicklung, mithin im Blastozystenstadium, aus der so genannten inneren Zellmasse, dem Embryoblasten, entnommen. Bislang führt dies stets zur Zerstörung des Embryos.

[212] Abgedruckt unter D. IIa.

nem bestimmten Stichtag (1. Januar 2002) gewonnen wurden, aus einem Reproduktionskontext stammen, für die Überlassung der Embryonen kein geldwerter Vorteil gewährt wurde sowie die Einfuhr und Verwendung nicht gegen sonstige gesetzliche Bestimmungen verstößt (§ 4 Abs. 2 StZG). Zudem muss das Forschungsvorhaben hochrangigen wissenschaftlichen Erkenntniszwecken dienen und nach dem Stand der Wissenschaft erforderlich sein (§ 5 StZG). Schließlich muss eine – allerdings nicht verbindlichen – Stellungnahme der Zentralen-Ethik-Kommission für Stammzellforschung vorliegen.[213]

Das Stammzellgesetz ist alles in allem unnötig kompliziert geraten und steht mit seinen vielfältigen Import- und Verwendungsrestriktionen zudem auf verfassungsrechtlich tönernen Füßen. Letzteres resultiert zu einem Großteil aus dem Umstand, dass entgegen der gesetzgeberischen Annahme in § 1 StZG dem deutschen Gesetzgeber keine Schutzpflicht zugunsten der Würde und des Lebens von im Ausland zu Forschungszwecken vernichteten Embryonen obliegt. Der deutsche Gesetzgeber kann allenfalls – worauf § 1 Nr. 2 StZG zutreffend hinweist – bestrebt sein, zu verhindern, dass von seinem Hoheitsgebiet aus die Erzeugung und Vernichtung von Embryonen im Ausland initiiert wird. Er kann dies durch eine für jedermann erkennbare Stichtagsregelung tun. Entscheidet er sich für einen solchen Regelungsmechanismus, dann verlieren indes alle weiteren Beschränkungen (§ 4 Abs. 2 Buchst. b und c, Abs. 3 sowie § 5 StZG) der vorbehaltlos gewährleisteten Forschungsfreiheit an Überzeugungskraft, da dem in § 1 Nr. 2 StZG formulierten Anliegen bereits durch die Stichtagsregelung Genüge geleistet wird. Die weiteren Restriktionen des Stammzellgesetzes schützen deshalb lediglich moralische Überzeugungen, was jedoch für eine Beschränkung des Art. 5 Abs. 3 GG nicht ausreicht.[214]

Hinzu kommen handwerkliche Mängel des Gesetzgebers, so etwa die Frage, warum eine Import- und Verwendungsgenehmigung nur erteilt werden darf, wenn das Vorhaben zugleich „ethisch vertretbar" ist (§ 6 Abs. 4 Nr. 2 StZG). Dieses Kriterium wird dahingehend einzuschränken sein, dass es durch die *rechtlichen* Anforderungen des § 5 StZG bereits konsumiert ist, ihm also keine eigenständige Bedeutung mehr zukommt.[215]

Auf der Grundlage des Stammzellgesetzes wurden bereits mehrere Genehmigungen zum Import und zur Verwendung pluripotenter Stammzellen erteilt.[216] In wissenschaftlichen Kreisen regt sich jedoch zunehmend Unmut über die Stichtagsregelung, da Stammzelllinien vor dem 1. Januar 2002 als schlecht charakterisiert und chromosomal wie genetisch belastet gelten sowie auf nicht humanen Nährmedien gezogen wurden, was ihren späteren therapeutischen Einsatz am Menschen *a limine* ausschließt. Zudem fällt das Recht zur Verwertung von Ergebnissen, die im

---

[213] Einrichtung und Verfahren dieser Kommission werden in der ZES-Verordnung geregelt (abgedruckt unter D. IIa.).
[214] Kritisch zur Verfassungsmäßigkeit des Stammzellgesetzes denn auch *Dederer* 2003.
[215] Dies deutet der Gesetzgeber in der Einschränkung „in diesem Sinne" (vgl. § 6 Abs. 4 Nr. 2 StZG) immerhin selbst an.
[216] Vgl. hierzu den Ersten Erfahrungsbericht der Bundesregierung über die Durchführung des Stammzellgesetzes (Erster Stammzellbericht) vom 3.8.2004, BT-Drs. 15/3639.

Rahmen einer Forschung an importierten Stammzellen gewonnen werden, häufig den Stammzelllieferanten zu.[217] Eine Verschiebung der Stichtagsregelung oder ein nachlaufendes Kontrollsystem zur Sicherstellung des in § 1 Nr. 2 StZG formulierten Ziels wäre gesetzlich durchaus zulässig, dürfte politisch derzeit aber kaum durchsetzbar sein. Um die vorstehend skizzierten Probleme zu umgehen und mittelfristig Stammzellen auch in Deutschland gewinnen zu können, wird in jüngster Zeit verstärkt vorgeschlagen, embryonale Entitäten zu erzeugen, die von vornherein über kein Potenzial zur Herausbildung eines ganzen Organismus verfügen (so genannte „de-potenzierte Embryonen"), aus denen aber möglicherweise embryonale Stammzellen zu gewinnen sind.[218] Ob hierin ein (verfassungs-)rechtlich gangbarer Weg, ja gleichsam das „Ei des Kolumbus" in der Stammzelldebatte gesehen werden kann, ist allerdings noch nicht ausdiskutiert und bedarf weiterer Reflexion.

3. Das Transplantationsgesetz

Das Transplantationsgesetz von 1997[219] regelt die in einer zunehmend alternden Gesellschaft immer bedeutsamer werdende Frage der Spende, Entnahme und Übertragung menschlicher Organe, Organteile (wie etwa Herzklappen) oder Gewebe (§ 1 Abs. 1 TPG). Ausgenommen ist allerdings die Entnahme von Blut und Knochenmark sowie embryonalem und fetaler Gewebe (§ 1 Abs. 2 TPG). Die Entnahme von Blut unterfällt dem Transfusionsgesetz[220], wohingegen die Entnahme von Knochenmark sowie von embryonalem und fetalem Gewebe Gegenstand allgemeiner arztrechtlicher Regelungen über Heilversuche und Humanexperimente, unverbindlicher Richtlinien der Bundesärztekammer sowie des Embryonenschutzgesetzes sind.[221] Auch erfasst das Transplantationsgesetz nicht die Übertragung künstlich hergestellter Organe und Gewebe.

Ebenso wie das Zusatzprotokoll Transplantation[222] differenziert das deutsche Transplantationsgesetz zwischen einer Organentnahme bei toten und einer Organentnahme bei lebenden Spendern:

Hinsichtlich der Organentnahme bei *toten* Organspendern (§§ 3 – 7 TPG) regelt das Transplantationsgesetz zwei besonders strittige Themenbereiche: Nämlich erstens die Frage, welcher Art die Berechtigung zur Entnahme eines Organs sein

---

[217] Vgl. insoweit *J. Müller-Jung*, Die Lücke im Stammzellgesetz. Deutsche Forscher sehen sich zunehmend isoliert, FAZ v. 5.10.2005, S. N2; *Schneider* 2002.
[218] Vgl. zu dieser neueren Diskussion etwa: *Denker* 2003, S. 2728 f.; *Kummer* 2004, S. 470, 471. S. ferner: *D. Ganten*, Neue Entwicklungen in der Stammzellforschung, Nichtöffentliche Anhörung der Enquete-Kommission „Ethik und Recht der modernen Medizin" am 8.12.2003, S. 2, 5 f.; Wissenschaftlicher Beirat „Bio- und Gentechnologie" der CDU/CSU-Bundestagsfraktion, Biologische, rechtliche und ethische Überlegungen zu aktuellen Ergebnissen der Forschung an embryonalen Stammzellen sowie zum Begriff der „Totipotenz" v. 27.1.2004, S. 3, 6 f.
[219] Abgedruckt unter D. III. Allg. zu diesem *Höfling* 2003a.
[220] Gesetz zur Regelung des Transfusionswesens (Transfusionsgesetz – TFG) vom 1.7.1998, BGBl. I S. 1752.
[221] Vgl. insofern *Rixen* 2003, § 1 Rdnr. 38 u. 55 m.w.N.
[222] S. hierzu bereits oben II. 1. b) bb).

muss, sowie zweitens, ab wann ein Mensch als tot gelten kann. Ersteres ist in den §§ 3 und 4 TPG geregelt. Der Gesetzgeber hat sich dabei für die (eingeschränkte) *Einwilligungslösung* entschieden. Entsprechend erklärt § 3 Abs. 1 Nr. 1 TPG eine Organentnahme für zulässig, wenn der Organspender in die Entnahme zuvor eingewilligt hat.[223] Hat er der Organentnahmen hingegen ausdrücklich widersprochen, so ist sie unzulässig. Liegen dem Arzt – wie häufig – weder eine schriftliche Einwilligung noch ein schriftlicher Widerspruch vor, so sollen der nächste Angehörige oder eine vom Organspender im Vorfeld bestimmte Person befragt werden, ob ihnen eine Willenserklärung des Betroffenen zur Organspende bekannt ist. Ist eine solche Erklärung nicht bekannt, so kann der Angehörige der Organentnahme zustimmen, wobei der mutmaßliche Wille des Organspenders zu beachten sein soll (§ 4 TPG). Das Gesetz durchbricht folglich den Einwilligungsgrundsatz und nähert sich insofern der so genannten *Widerspruchslösung* an.[224] Mit dem postmortalen Würdeschutz des Spenders wäre es im Übrigen zu vereinbaren, ganz zu diesem Prinzip überzugehen.

Von großer Brisanz sind in diesem Kontext zudem die Bestimmungen zum *Todeszeitpunkt*, da eine Organentnahme bei Verstorbenen selbstverständlich erst nach dem Ableben des Organspenders durchgeführt werden darf (§ 3 Abs. 1 Nr. 2 TPG). Der Gesetzgeber hat sich insofern für das so genannte (Gesamt-)Hirntod-Kriterium als Todeszeitpunkt entschieden. Entsprechend darf der Tod eines Organspenders erst festgestellt werden, wenn der endgültige, nicht behebare Ausfall der Gesamtfunktionen des Großhirns, Kleinhirns und des Hirnstamms *lege artis* festgestellt worden ist (§ 3 Abs. 2 Nr. 2 TPG). Diese Feststellung darf im Übrigen nur von solchen Ärzten getroffen werden, die weder an der Entnahme noch an der Übertragung der Organe beteiligt sind (§ 5 TPG).

An dem Gesamthirntod-Kriterium ist immer wieder – sowohl aus medizinischer als auch aus rechtlicher Sicht – massive Kritik geäußert worden. Statt dessen wird vorgeschlagen, auf den irreversiblen Stillstand von Herz und Kreislauf (Herz-Kreislauf-Tod) als Todeskriterium abzustellen.[225] Diese komplexe Diskussion – welche vor allem unter dem Rubrum des grundrechtlichen Lebensschutzes (Art. 2 Abs. 2 S. 1 GG) geführt wird – kann an dieser Stelle nicht nachgezeichnet werden.[226] Im Ergebnis ist jedenfalls davon auszugehen, dass sich der Gesetzgeber mit guten Gründen für das Gesamthirntod-Kriterium entscheiden durfte, da ab diesem Zeitpunkt der menschliche Körper seine autonome Organisations- und Steuerungsfähigkeit irreversibel verloren hat.

---

[223] Zum Umfang und zur Form dieser Einwilligung (Stichwort: Organspendeausweis) sowie zu ihrer datenschutzrechtlichen Behandlung (Stichwort: Organregister) vgl. § 2 TPG.

[224] Bei der Widerspruchslösung dürfen die Organe des Verstorbenen zu Transplantationszwecken entnommen werden, soweit dieser zu Lebzeiten einer Entnahme nicht (ausdrücklich) widersprochen hat.

[225] Nach dem Transplantationsgesetz darf dieses Kriterium nur ausnahmsweise herangezogen werden; vgl. insoweit § 5 Abs. 1 S. 2 TPG.

[226] Vgl. insoweit etwa die Kommentierungen bei *Höfling* 2003a zu § 3 TPG nebst Anhang.

Daneben regelt das Transplantationsgesetz die Organentnahme bei *lebenden* Spendern. Wegen der mit einer solchen Entnahme verbundenen Risiken[227] ist diese nur unter sehr restriktiven Voraussetzungen zulässig: So darf gemäß § 8 Abs. 1 TPG die Entnahme nur bei einwilligungsfähigen Volljährigen und bei ausdrücklich erklärter Einwilligung vorgenommen werden. Ferner muss sie dazu geeignet sein, das Leben des Empfängers zu erhalten oder diesen von einer schwerwiegenden Krankheit zu heilen. Ferner darf kein geeignetes Organ von einem toten Organspender zu Zeiten zur Verfügung stehen.

Noch schärfere Anforderungen normiert das Gesetz im Hinblick auf solche Organe, die sich nicht wieder bilden können (wie etwa die Niere): Diese ist gemäß § 8 Abs. 1 S. 2 TPG nur zulässig, wenn die Organübertragung auf Verwandte ersten oder zweiten Grades, Ehegatten, Lebenspartner, Verlobte oder andere Personen, die dem Spender in besonderer persönlicher Verbundenheit offenkundig nahestehen, erfolgen soll. Wohl in der Absicht, die Organentnahme bei Lebenden zu erleichtern, hat das Bundessozialgericht erst unlängst das Vorliegen letztgenannter Voraussetzung auch bei verabredeten „Überkreuz-Lebendspenden" unter Ehepaaren bejaht.[228]

Die Transplantationsmedizin in Deutschland leidet seit jeher unter dem Phänomen der Organknappheit. Vor dem Hintergrund einer fortschreitenden Überalterung der Gesellschaft dürfte sich diese Problematik in den nächsten Jahren noch verschärfen. Nicht zuletzt deshalb werden in stammzellbasierte Gewebeersatztherapien große Hoffnungen gesetzt. Um das Problem der Organknappheit zu lösen, haben in den letzten Jahren zudem die Lebendspenden dramatisch zugenommen.[229] Indessen handelt es sich hierbei um eine bedauernswerte Fehlentwicklung, da diese Form der Organspende mit hohen Risiken für den Spender und gegebenenfalls hohen Folgekosten für die Versichertengemeinschaft verbunden ist.[230] Aus diesem Grunde wird schon seit längerem überlegt, wie dem Problem der Organknappheit begegnet werden könnte. Erwogen wird insofern etwa ein gesetzgeberisches Umschwenken hin zur Widerspruchslösung. Allerdings scheint es in Deutschland weniger an einer ausreichenden Zahl von Organspendern zu mangeln – eine Versorgung könnte hier vor allem über § 4 TPG sichergestellt werden –, als vielmehr an der Bereitschaft der Ärzteschaft, sich an dem zeit- und kostenintensiven Organspendeverfahren zu beteiligen. Dies hinwiederum scheint in der chronischen Arbeitsüberlastung der Klinikärzte sowie in einer Fehlallokation finanzieller Aufwandsentschädigungen für die Durchführung eines Transplantationsverfahrens begründet zu liegen.[231] Denn nach dem gegenwärtigen Prozedere werden die Kos-

---

[227] Zu nennen sind hier einerseits gesundheitliche Risiken für den Spender sowie andererseits das Risiko eines gewinnorientierten, nach dem Transplantationsgesetz allerdings verbotenen Organhandels (vgl. §§ 17, 18 TPG).
[228] BSG, NZS 2004, 531 ff.
[229] Instruktiv hierzu *R. Flöhl*, Der Körper passend zum Organ, FAZ v. 30.9.2005, S. 34.
[230] Namentlich wenn der Spender infolge der Organentnahme selbst erkrankt oder arbeitsunfähig wird.
[231] Instruktiv erneut *R. Flöhl*, Sterben auf der Warteliste. Nationaler Notstand bei der Transplantationsmedizin, FAZ v. 28.9.2005, S. N1.

ten für eine Organentnahme nicht von den Begünstigten getragen, sondern von denjenigen, die vor Ort eine Organentnahme durchführen. Diese Fehlentwicklungen könnten durch kleinere Gesetzesänderungen korrigiert werden. Der Nationale Ethikrat bereitet hierzu gegenwärtig eine Stellungnahme vor.

4. Sonstige biomedizinbezogene Regelungen

Weitere biomedizinbezogene Regelungen finden sich im Patent- und im Arzneimittelgesetz:

Mit dem Gesetz zur Umsetzung der Richtlinie über den rechtlichen Schutz biotechnologischer Erfindungen vom 21. Januar 2005[232] sind nach langem hin und her die Vorgaben der Biopatent-Richtlinie im nationalen *Patentgesetz* festgeschrieben worden.[233] Der deutsche Gesetzgeber hat sich dabei auf eine nahezu wortgleiche Übernahme der Richtlinienvorgaben beschränkt, weshalb insoweit auf die oben bereits gemachten Ausführungen verwiesen werden kann.[234] Immerhin hat der deutsche Gesetzgeber die unklaren Vorgaben der Biopatent-Richtlinie in § 2 Abs. 2 PatG (ordre public) dahin gehend präzisiert, dass für die Anwendung der in Nr. 1 bis 3 formulierten Patentierungsverbote die entsprechenden Vorschriften des Embryonenschutzgesetzes maßgeblich sind. Bedeutung erlangt deshalb vor allem die Definition des Begriffs „Embryo" (§ 8 Abs. 1 EschG), welche allerdings – wie gesehen – gerade im Hinblick auf das Klonen durch Zellkerntransfer zu Interpretationsschwierigkeiten Anlass gibt.[235]

Mit dem *Arzneimittelgesetz* (AMG) in seiner aktuellsten Fassung[236] hat der deutsche Gesetzgeber vor allem die Vorgaben der Humanarzneimittelprüfungs-Richtlinie[237] umgesetzt. Die zentralen Regelungen zum Schutz der (einwilligungs- bzw. nichteinwilligungsfähigen) Probanden finden sich in den §§ 40 ff. AMG. Auch insoweit sei auf die oben zur Richtlinie bereits gemachten Ausführungen verwiesen.

---

[232] BGBl. I S. 146.
[233] Auszugsweise abgedruckt unter D. IV.
[234] S. oben III. 3.
[235] Vgl. hierzu bereits oben unter 1.
[236] Auszugsweise abgedruckt unter D. V. Allg. zu diesem *Arndt* 2004, Rdnr. 541 – 612.
[237] Zu dieser bereits oben III. 3.

Literatur

Arndt M (2004) Biotechnologie in der Medizin, Recht und Praxis. CH Beck, München
Bodendiek F, Nowrot K (1999) Bioethik und Völkerrecht. Aktuelle Regelungen und zukünftiger Regelungsbedarf. Archiv des Völkerrechts 37: 177 – 213
Böckenförde-Wunderlich B (2002) Präimplantationsdiagnostik als Rechtsproblem. Ärztliches Standesrecht, Embryonenschutzgesetz, Verfassung. Mohr Siebeck, Tübingen
Braun K (2000), Menschenwürde und Biomedizin, Zum philosophischen Diskurs der Bioethik. Campus, Frankfurt a.M.
Brückl D (2001) Rechtsfragen zur Verwendung von genetischen Informationen über den Menschen. Weißensee, Berlin.
von Bülow D (2001) Embryonenschutzgesetz. In: Winter SF, Fenger H, Schreiber HL (Hrsg) Genmedizin und Recht. CH Beck, München, S. 127 – 154
Bundesministerium der Justiz (1998), Das Übereinkommen zum Schutz der Menschenrechte und der Menschenwürde im Hinblick auf die Anwendung von Biologie und Medizin – Übereinkommen über Menschenrechte und Biomedizin – des Europarats vom 4. April 1997. Informationen zur Entstehungsgeschichte, Zielsetzung und Inhalt
Coester-Waltjen D (2002), Reformüberlegungen unter besonderer Berücksichtigung familienrechtlicher und personenstandsrechtlicher Fragen. Reproduktionsmedizin 18: 183 – 198.
Dahl E, Beutel M, Brosig B, Hinsch KD (2003) Preconception sex selection for non-medical reasons: a representative survey from Germany. Human Reproduction 18: 2231 – 2234
Dederer HG (2003) Verfassungskonkretisierung im Verfassungsneuland: das Stammzellgesetz. Juristenzeitung 20: 986 – 994
Dederer HG (2004) Erläuterungen zum Gesetz zur Sicherstellung des Embryonenschutzes im Zusammenhang mit Einfuhr und Verwendung menschlicher embryonaler Stammzellen (Stammzellgesetz – StZG). In: Das Deutsche Bundesrecht, Teil I K 77. Nomos, Baden-Baden, S. 7 – 23
Denker HW (2003) Totipotenz oder Pluripotenz. Embryonale Stammzellen, die Alleskönner. Deutsches Ärzteblatt 100: A-2728 – 2730
Dujmovits E (2001) Die EU-Grundrechtscharta und das Medizinrecht. Recht der Medizin: 72 – 85.
Dujmovits E (2002) Reproduktionsmedizin – Gesetzgebung im Wandel? In: Kopetzki Ch, Mayer H (Hrsg) Biotechnologie und Recht. Wien, S. 15 – 66
Feiden K (2001) EWG-Verordnung Nr. 2309/93 über die Zulassung von Hochtechnologiearzneimitteln. In: Winter SF, Fenger H, Schreiber HL (Hrsg) Genmedizin und Recht. CH Beck, München, S. 87 – 92
Feige A, Gröbe H (2002) Assistierte Reproduktion. Folgen und Risiken für Mutter und Kind. Reproduktionsmedizin 18: 153 – 157.
Fugger EF, Black SH, Keyvanfar K, Schulmann JD (1998) Births of normal daughters after MicroSort sperm separation and intrauterine insemination, in-vitro fertilization, or intracytoplasmic sperm injection. Human Reproduction 13: 2367 – 2370

Fulda GF (2001) UNESCO-Deklaration über das menschliche Genom und Menschenrechte. In: Winter SF, Fenger H, Schreiber HL (Hrsg) Genmedizin und Recht. CH Beck, München, S. 195 – 201

Gethmann-Siefert A, Huster S (2005), Recht und Ethik in der Präimplantationsdiagnostik. Graue Reihe Nr. 38. Europäische Akademie zur Erforschung von Folgen wissenschaftlich-technischer Entwicklung Bad Neuenahr-Ahrweiler GmbH, Bad Neuenahr-Ahrweiler

Giwer E (2001) Rechtsfragen der Präimplantationsdiagnostik. Eine Studie zum rechtlichen Schutz des Embryos im Zusammenhang mit der Präimplantationsdiagnostik unter besonderer Berücksichtigung grundrechtlicher Schutzpflichten. Duncker & Humblot, Berlin

Grund M, Keller Ch (2004) Patentierbarkeit embryonaler Stammzellen. Mitteilungen der deutschen Patentanwälte 2: 49 – 56

Haßmann U (2003) Embryonenschutz im Spannungsfeld internationaler Menschenrechte, staatlicher Grundrechte und nationaler Regelungsmodelle zur Embryonenforschung. Springer, Berlin Heidelberg New York

Herdegen M (2000) Die Erforschung des Humangenoms als Herausforderung für das Recht. Juristenzeitung 13: 633 – 641

Herdegen M (2000a) Die Patentierbarkeit von Stammzellverfahren nach der Richtlinie 98/44/EG. Gewerblicher Rechtsschutz und Urheberrecht, Internationaler Teil 10: 859 – 863

Höfling W (2003) Biomedizinische Auflösung der Grundrechte? In: Stiftung Gesellschaft für Rechtspolitik Trier/Institut für Rechtspolitik an der Universität Trier (Hrsg) Bitburger Gespräche Jahrbuch 2002/II. CH Beck, München, S. 99 – 115

Höfling W (2003a) Transplantationsgesetz. Erich Schmidt, Berlin

Honnefelder L, Streffer Ch (2003) Jahrbuch für Wissenschaft und Ethik. Bd. 8. Walter de Gruyter, Berlin New York

Honnefelder L, Streffer Ch (2004) Jahrbuch für Wissenschaft und Ethik. Bd. 9. Walter de Gruyter, Berlin New York

Iliadou E (1999) Forschungsfreiheit und Embryonenschutz, Eine verfassungs- und europarechtliche Untersuchung der Forschung an Embryonen. Duncker & Humblot, Berlin

Isensee J (2001) Die alten Grundrechte und die biotechnische Revolution, Verfassungsperspektiven nach der Entschlüsselung des Humangenoms. In: Bohnert J, Gramm Ch, Kindhäuser U, Lege J, Rinken A, Robbers G (Hrsg.) Verfassung – Kirche – Philosophie, Festschrift für Alexander Hollerbach zum 70. Geburtstag. Duncker & Humblot, Berlin, S. 243 – 266

Jeong MS (2005) Verfassungs- und europarechtliche Probleme im Stammzellgesetz (StZG). Berliner Wissenschafts-Verlag, Berlin

Keller R, Günther HL, Kaiser P (1992) Embryonenschutzgesetz. Kohlhammer, Stuttgart Berlin Köln

Kern BR (1998) Die Bioethik-Konvention des Europarates – Bioethik versus Arztrecht? Medizinrecht 11: 485 – 490

Kersten J (2004) Das Klonen von Menschen. Eine verfassungs-, europa- und völkerrechtliche Kritik. Mohr Siebeck, Tübingen

Klein E (2003) Der entschlüsselte Mensch – Die internationalen Rahmenbedingungen. In: Stiftung Gesellschaft für Rechtspolitik Trier/Institut für Rechtspolitik an der Universität Trier (Hrsg) Bitburger Gespräche Jahrbuch 2002/II. CH Beck, München, S. 81 – 97

Koenig Ch, Müller EM (1999) EG-Rechtlicher Schutz biotechnologischer Erfindungen am Beispiel von Klonverfahren an menschlichen Stammzellen. Europäische Zeitschrift für Wirtschaftsrecht 22: 681 – 688

Koenig Ch, Müller EM (2000) 5 Jahre EMEA – Ein Zwischenruf auf die gemeinschaftlichen Zulassungsverfahren für Arzneimittel. Pharmarecht 5: 148 – 159

Kopetzki Ch (2002) Grundrechtliche Aspekte der Biotechnologie am Beispiel des „therapeutischen Klonens". In: Kopetzki Ch, Mayer H (Hrsg.) Biotechnologie und Recht. Wien, S. 15 – 66

Krauß J, Engelhard M (2003) Patente im Zusammenhang mit der menschlichen Stammzellforschung – ethische Aspekte und Übersicht über den Status der Diskussion in Europa und Deutschland. Gewerblicher Rechtsschutz und Urheberrecht 12: 985 – 993

Kraßer R (2004) Patentrecht. CH Beck, München

Krefft AR (2003)Patente auf human-genomische Erfindungen. Carl Heymanns Verlag, Köln Berlin Bonn München

Kummer Ch (2004) Zweifel an der Totipotenz. Zur Diskussion eines vom deutschen Embryonenschutzgesetz überforderten Begriffs. In: Stimmen der Zeit 222: 459 – 472

Laufs A (1997) Das Menschenrechtsübereinkommen zur Biomedizin und das deutsche Recht. Neue Juristische Wochenschrift 12: 776 – 777

Lilie H (2003) Biorecht und Politik am Beispiel der internationalen Stammzelldiskusion. In: Knut A, Beulke W, Lilie H, Rosenau H, Rüping H, Wolfslast G (Hrsg) Strafrecht Biorecht Rechtsphilosophie. Festschrift für Hans-Ludwig Schreiber zum 70. Geburtstag am 10. Mai 2003. Heidelberg, S. 729 – 740

Meyer I (2001) „Der Mensch als Datenträger?" Zur verfassungsrechtlichen Bewertung postnataler genetischer Untersuchungen. Berlin Verlag, Berlin

Mühlens P (2001) EG-Richtlinie zum Schutz biotechnologischer Erfindungen. In: Winter SF, Fenger H, Schreiber HL (Hrsg) Genmedizin und Recht. CH Beck, München, S. 109 – 115

Nationaler Ethikrat (2005) Prädiktive Gesundheitsinformationen bei Einstellungsuntersuchungen, Stellungnahme

Picker (2000) Menschenrettung durch Menschennutzung? Juristenzeitung 14: 693 – 705

Schief Ch (2003) Die Zulässigkeit postnataler prädiktiver Gentests. Lang, Frankfurt a.M.

Radau W Ch, Losch B (2000) Biomedizinische Humanexperimente mit Einwilligungsunfähigen. Archiv für Rechts- und Sozialphilosophie 86: 423 – 431

Rager G (1998) Beginn, Personalität und Würde des Menschen. Studienausgabe 2. Aufl. Alber, Freiburg i. Br, München

Rixen St (2003) § 1 Anwendungsbereich. In: Höfling W (Hrsg) Kommentar zum Transplantationsgesetz (TPG). Erich Schmidt, Berlin

Röger R (1999) Verfassungsrechtliche Probleme medizinischer Einflußnahme auf das ungeborene menschliche Leben im Lichte des technischen Fortschritts. Habilitationsschrift. Manuskript, Köln

Ronellenfitsch M (2002) Stammzellgesetz, Einleitung. In: Eberbach W, Lange P, Ronellenfitsch R (Hrsg) Recht der Gentechnik und Biomedizin (GenTR/BioMedR), Kommentar und Materialien, Bd. 4, Teil II, C. III.

Rudolff-Schäffer C (2001) Übereinkommen über Menschenrechte und Biomedizin des Europarats vom 4. April 1997. In Winter SF, Fenger H, Schreiber HL (Hrsg) Genmedizin und Recht. CH Beck, München, S 63 – 78

Schneider I (2002) Beschleunigung – Merkantilisierung – Entdemokratisierung? Zur Rolle von Patenten in der embryonalen Stammzellforschung. In: Oduncu FS, Schroth U, Vossenhuhl W (Hrsg) Stammzellenforschung und therapeutisches Klonen. Mit 19 Abbildungen und 9 Tabellen. Göttingen, S 211 – 245

Schneider S (2002) Rechtliche Aspekte der Präimplantations- und Präfertilisationsdiagnostik. Frankfurt a.M.

Schulz, SF (2002) Die Biomedizin im Europa- und Völkerrecht. Eine Einführung in internationale Instrumente, Prinzipien und Regelungen der Humangenetik. Trier

Spranger TM (2000) Prädiktive genetische Tests und genetische Diskriminierung im Versicherungswesen. Versicherungsrecht 19: 815 – 821.

Spranger TM (2004) Die Patentierbarkeit von Stammzellen und Stammzellverfahren. Europäische Umweltpraxis 4: 192 – 197

Taupitz J (2001) Die neue Deklaration von Helsinki. Vergleich mit der bisherigen Fassung. DÄBl. 98 (2001) A-2413 – 2420

Taupitz J (2002) Biomedizinische Forschung zwischen Freiheit und Verantwortung. Springer, Berlin Heidelberg New York

Taupitz J (2003) Rechtliche Regelung der Embryonenforschung im internationalen Vergleich. Springer, Berlin Heidelberg New York

Thiele F (2000) Genetische Diagnostik und Versicherungsschutz. Die Situation in Deutschland. Graue Reihe Nr. 20. Europäische Akademie zur Erforschung von Folgen wissenschaftlich-technischer Entwicklung Bad Neuenahr-Ahrweiler GmbH, Bad Neuenahr-Ahrweiler

Thomson J, Itskovitz-Eldor J, Shapiro SS, Waknitz MA, Swiergiel JJ, Marshall VS, Jones JM (1998) Embryonic Stem Cell Lines Derived from Human Blastocysts, Science 282: 1145

Tinnefeld MT (2000) Menschenwürde, Biomedizin und Datenschutz. Zeitschrift für Rechtspolitik 1: 10 – 13

Tjaden M (2001) Genanalyse als Verfassungsproblem, Zulässigkeit genanalytischer Anwendungen im Lichte von Menschenwürde und genetischem Selbstbestimmungsrecht. Lang, Frankfurt a.M.

Vollmer S (1989) Genomanalyse und Gentherapie. Hartung-Gorre, Konstanz

Voss D (2001) Rechtsfragden der Keimbahntherapie. Dr. Kovač, Hamburg

Wilmut I, Schnieke AE, McWhir J, Kind AJ, Campbell KHS (1997) Viable offspring derived from fetal and adult mammalian cells. Nature 385: 810 – 813

Winter SF (2001) Europäisches Protokoll zum Verbot des Klonens menschlicher Lebewesen. In: Winter SF, Fenger H, Schreiber HL (Hrsg) Genmedizin und Recht. CH Beck, München, S. 79 – 86

B. Internationales Recht

I. Biomedizin-Übereinkommen des Europarats

Übereinkommen zum Schutz der Menschenrechte und der
Menschenwürde im Hinblick auf die Anwendung von Biologie und
Medizin: Übereinkommen über Menschenrechte und Biomedizin vom
4. April 1997[1,2]

Präambel

Die Mitgliedstaaten des Europarats, die anderen Staaten und die Europäische Gemeinschaft, die dieses Übereinkommen unterzeichnen,
eingedenk der von der Generalversammlung der Vereinten Nationen am 10. Dezember 1948 verkündeten Allgemeinen Erklärung der Menschenrechte;
eingedenk der Konvention vom 4. November 1950 zum Schutz der Menschenrechte und Grundfreiheiten;
eingedenk der Europäischen Sozialcharta vom 18. Oktober 1961;
eingedenk des Internationalen Paktes über bürgerliche und politische Rechte und des Internationalen Paktes über wirtschaftliche, soziale und kulturelle Rechte vom 16. Dezember 1966;
eingedenk des Übereinkommens vom 28. Januar 1981 zum Schutz des Menschen bei der automatischen Verarbeitung personenbezogener Daten;
eingedenk auch des Übereinkommens vom 20. November 1989 über die Rechte des Kindes;
in der Erwägung, dass es das Ziel des Europarats ist, eine engere Verbindung zwischen seinen Mitgliedern herbeizuführen, und dass eines der Mittel zur Erreichung dieses Ziels darin besteht, die Menschenrechte und Grundfreiheiten zu wahren und fortzuentwickeln;
im Bewusstsein der raschen Entwicklung von Biologie und Medizin;
überzeugt von der Notwendigkeit, menschliche Lebewesen in ihrer Individualität und als Teil der Menschheit zu achten, und in der Erkenntnis, dass es wichtig ist, ihre Würde zu gewährleisten;
im Bewusstsein, dass der Missbrauch von Biologie und Medizin zu Handlungen führen kann, welche die Menschenwürde gefährden;
bekräftigend, dass die Fortschritte in Biologie und Medizin zum Wohl der heutigen und künftigen Generationen zu nutzen sind;

---

[1] SEV Nr. 164 – Nichtamtliche Übersetzung des Bundesjustizministeriums. Verbindlich ist nur der Wortlaut in englischer und französischer Sprache.
[2] Das Übereinkommen ist am 1.12.1999 in Kraft getreten. Es wurde bislang von 33 Mitgliedstaaten des Europarats unterzeichnet und von 19 ratifiziert (Stand: Februar 2006).

betonend, dass internationale Zusammenarbeit notwendig ist, damit die gesamte Menschheit aus Biologie und Medizin Nutzen ziehen kann;

in Anerkennung der Bedeutung, die der Förderung einer öffentlichen Diskussion über Fragen im Zusammenhang mit der Anwendung von Biologie und Medizin und über die darauf zu gebenden Antworten zukommt;

von dem Wunsch geleitet, alle Mitglieder der Gesellschaft an ihre Rechte und ihre Verantwortung zu erinnern;

unter Berücksichtigung der Arbeiten der Parlamentarischen Versammlung auf diesem Gebiet, einschließlich der Empfehlung 1160 (1991) über die Ausarbeitung eines Übereinkommens über Bioethik;

entschlossen, im Hinblick auf die Anwendung von Biologie und Medizin die notwendigen Maßnahmen zu ergreifen, um den Schutz der Menschenwürde sowie der Grundrechte und Grundfreiheiten des Menschen zu gewährleisten,

sind wie folgt übereingekommen:

Kapitel I – Allgemeine Bestimmungen

Artikel 1 – Gegenstand und Ziel

Die Vertragsparteien dieses Übereinkommens schützen die Würde und die Identität aller menschlichen Lebewesen und gewährleisten jedermann ohne Diskriminierung die Wahrung seiner Integrität sowie seiner sonstigen Grundrechte und Grundfreiheiten im Hinblick auf die Anwendung von Biologie und Medizin.

Jede Vertragspartei ergreift in ihrem internen Recht die notwendigen Maßnahmen, um diesem Übereinkommen Wirksamkeit zu verleihen.

Artikel 2 – Vorrang des menschlichen Lebewesens

Das Interesse und das Wohl des menschlichen Lebewesens haben Vorrang gegenüber dem bloßen Interesse der Gesellschaft oder der Wissenschaft.

Artikel 3 – Gleicher Zugang zur Gesundheitsversorgung

Die Vertragsparteien ergreifen unter Berücksichtigung der Gesundheitsbedürfnisse und der verfügbaren Mittel geeignete Maßnahmen, um in ihrem Zuständigkeitsbereich gleichen Zugang zu einer Gesundheitsversorgung von angemessener Qualität zu schaffen.

Artikel 4 – Berufspflichten und Verhaltensregeln

Jede Intervention im Gesundheitsbereich, einschließlich Forschung, muss nach den einschlägigen Rechtsvorschriften, Berufspflichten und Verhaltensregeln erfolgen.

Kapitel II – Einwilligung

Artikel 5 – Allgemeine Regel

Eine Intervention im Gesundheitsbereich darf erst dann erfolgen, nachdem die betroffene Person über sie aufgeklärt worden ist und frei eingewilligt hat.

Die betroffene Person ist zuvor angemessen über Zweck und Art der Intervention sowie über deren Folgen und Risiken aufzuklären.
Die betroffene Person kann ihre Einwilligung jederzeit frei widerrufen.

Artikel 6 – Schutz nicht einwilligungsfähiger Personen

(1) Bei einer nicht einwilligungsfähigen Person darf eine Intervention nur zu ihrem unmittelbaren Nutzen erfolgen; die Artikel 17 und 20 bleiben vorbehalten.

(2) Ist eine minderjährige Person von Rechts wegen nicht fähig, in eine Intervention einzuwilligen, so darf diese nur mit Einwilligung ihres gesetzlichen Vertreters oder einer von der Rechtsordnung dafür vorgesehenen Behörde, Person oder Stelle erfolgen.

Der Meinung der minderjährigen Person kommt mit zunehmendem Alter und zunehmender Reife immer mehr entscheidendes Gewicht zu.

(3) Ist eine volljährige Person aufgrund einer geistigen Behinderung, einer Krankheit oder aus ähnlichen Gründen von Rechts wegen nicht fähig, in eine Intervention einzuwilligen, so darf diese nur mit Einwilligung ihres gesetzlichen Vertreters oder einer von der Rechtsordnung dafür vorgesehenen Behörde, Person oder Stelle erfolgen.

Die betroffene Person ist soweit wie möglich in das Einwilligungsverfahren einzubeziehen.

(4) Der Vertreter, die Behörde, die Person oder die Stelle nach den Absätzen 2 und 3 ist in der in Artikel 5 vorgesehenen Weise aufzuklären.

(5) Die Einwilligung nach den Absätzen 2 und 3 kann im Interesse der betroffenen Person jederzeit widerrufen werden.

Artikel 7 – Schutz von Personen mit psychischer Störung

Bei einer Person, die an einer schweren psychischen Störung leidet, darf eine Intervention zur Behandlung der psychischen Störung nur dann ohne ihre Einwilligung erfolgen, wenn ihr ohne die Behandlung ein ernster gesundheitlicher Schaden droht und die Rechtsordnung Schutz gewährleistet, der auch Aufsichts-, Kontroll- und Rechtsmittelverfahren umfasst.

Artikel 8 – Notfallsituation

Kann die Einwilligung wegen einer Notfallsituation nicht eingeholt werden, so darf jede Intervention, die im Interesse der Gesundheit der betroffenen Person medizinisch unerlässlich ist, umgehend erfolgen.

Artikel 9 – Zu einem früheren Zeitpunkt geäußerte Wünsche

Kann ein Patient im Zeitpunkt der medizinischen Intervention seinen Willen nicht äußern, so sind die Wünsche zu berücksichtigen, die er früher im Hinblick auf eine solche Intervention geäußert hat.

Kapitel III – Privatsphäre und Recht auf Auskunft

Artikel 10 – Privatsphäre und Recht auf Auskunft

(1) Jeder hat das Recht auf Wahrung der Privatsphäre in Bezug auf Angaben über seine Gesundheit.
(2) Jeder hat das Recht auf Auskunft in Bezug auf alle über seine Gesundheit gesammelten Angaben. Will jemand jedoch keine Kenntnis erhalten, so ist dieser Wunsch zu respektieren.
(3) Die Rechtsordnung kann vorsehen, dass in Ausnahmefällen die Rechte nach Absatz 2 im Interesse des Patienten eingeschränkt werden können.

Kapitel IV – Menschliches Genom

Artikel 11 – Nichtdiskriminierung

Jede Form von Diskriminierung einer Person wegen ihres genetischen Erbes ist verboten.

Artikel 12 – Prädiktive genetische Tests

Untersuchungen, die es ermöglichen, genetisch bedingte Krankheiten vorherzusagen oder bei einer Person entweder das Vorhandensein eines für eine Krankheit verantwortlichen Gens festzustellen oder eine genetische Prädisposition oder Anfälligkeit für eine Krankheit zu erkennen, dürfen nur für Gesundheitszwecke oder für gesundheitsbezogene wissenschaftliche Forschung und nur unter der Voraussetzung einer angemessenen genetischen Beratung vorgenommen werden.

Artikel 13 – Interventionen in das menschliche Genom

Eine Intervention, die auf die Veränderung des menschlichen Genoms gerichtet ist, darf nur zu präventiven, diagnostischen oder therapeutischen Zwecken und nur dann vorgenommen werden, wenn sie nicht darauf abzielt, eine Veränderung des Genoms von Nachkommen herbeizuführen.

Artikel 14 – Verbot der Geschlechtswahl

Die Verfahren der medizinisch unterstützten Fortpflanzung dürfen nicht dazu verwendet werden, das Geschlecht des künftigen Kindes zu wählen, es sei denn, um eine schwere, erbliche geschlechtsgebundene Krankheit zu vermeiden.

Kapitel V – Wissenschaftliche Forschung

Artikel 15 – Allgemeine Regel

Vorbehaltlich dieses Übereinkommens und der sonstigen Rechtsvorschriften zum Schutz menschlicher Lebewesen ist wissenschaftliche Forschung im Bereich von Biologie und Medizin frei.

Artikel 16 – Schutz von Personen bei Forschungsvorhaben

Forschung an einer Person ist nur zulässig, wenn die folgenden Voraussetzungen erfüllt sind:
1. Es gibt keine Alternative von vergleichbarer Wirksamkeit zur Forschung am Menschen;
2. die möglichen Risiken für die Person stehen nicht im Missverhältnis zum möglichen Nutzen der Forschung;
3. die zuständige Stelle hat das Forschungsvorhaben gebilligt, nachdem eine unabhängige Prüfung seinen wissenschaftlichen Wert einschließlich der Wichtigkeit des Forschungsziels bestätigt hat und eine interdisziplinäre Prüfung ergeben hat, dass es ethisch vertretbar ist;
4. die Personen, die sich für ein Forschungsvorhaben zur Verfügung stellen, sind über ihre Rechte und die von der Rechtsordnung zu ihrem Schutz vorgesehenen Sicherheitsmaßnahmen unterrichtet worden, und
5. die nach Artikel 5 notwendige Einwilligung ist ausdrücklich und eigens für diesen Fall erteilt und urkundlich festgehalten worden. Diese Einwilligung kann jederzeit frei widerrufen werden.

Artikel 17 – Schutz nicht einwilligungsfähiger Personen bei Forschungsvorhaben

(1) Forschung an einer Person, die nicht fähig ist, die Einwilligung nach Artikel 5 zu erteilen, ist nur zulässig, wenn die folgenden Voraussetzungen erfüllt sind:
i) Die Voraussetzungen nach Artikel 16 Ziffern i bis iv sind erfüllt;
ii) die erwarteten Forschungsergebnisse sind für die Gesundheit der betroffenen Person von tatsächlichem und unmittelbarem Nutzen;
iii) Forschung von vergleichbarer Wirksamkeit ist an einwilligungsfähigen Personen nicht möglich;
iv) die nach Artikel 6 notwendige Einwilligung ist eigens für diesen Fall und schriftlich erteilt worden, und
v) die betroffene Person lehnt nicht ab.

(2) In Ausnahmefällen und nach Maßgabe der durch die Rechtsordnung vorgesehenen Schutzbestimmungen darf Forschung, deren erwartete Ergebnisse für die Gesundheit der betroffenen Person nicht von unmittelbarem Nutzen sind, zugelassen werden, wenn außer den Voraussetzungen nach Absatz 1 Ziffern i, iii, iv und v zusätzlich die folgenden Voraussetzungen erfüllt sind:
i) Die Forschung hat zum Ziel, durch eine wesentliche Erweiterung des wissenschaftlichen Verständnisses des Zustands, der Krankheit oder der Störung der Person letztlich zu Ergebnissen beizutragen, die der betroffenen Person selbst oder anderen Personen nützen können, welche derselben Altersgruppe angehören oder an derselben Krankheit oder Störung leiden oder sich in demselben Zustand befinden, und
ii) die Forschung bringt für die betroffene Person nur ein minimales Risiko und eine minimale Belastung mit sich.

Artikel 18 – Forschung an Embryonen *in vitro*

(1) Die Rechtsordnung hat einen angemessenen Schutz des Embryos zu gewährleisten, sofern sie Forschung an Embryonen *in vitro* zulässt.

(2) Die Erzeugung menschlicher Embryonen zu Forschungszwecken ist verboten.

Kapitel VI – Entnahme von Organen und Gewebe von lebenden Spendern zu Transplantationszwecken

Artikel 19 – Allgemeine Regel

(1) Einer lebenden Person darf ein Organ oder Gewebe zu Transplantationszwecken nur zum therapeutischen Nutzen des Empfängers und nur dann entnommen werden, wenn weder ein geeignetes Organ oder Gewebe einer verstorbenen Person verfügbar ist noch eine alternative therapeutische Methode von vergleichbarer Wirksamkeit besteht.

(2) Die nach Artikel 5 notwendige Einwilligung muss ausdrücklich und eigens für diesen Fall entweder in schriftlicher Form oder vor einer amtlichen Stelle erteilt worden sein.

Artikel 20 – Schutz nicht einwilligungsfähiger Personen bei Organentnahmen

(1) Einer Person, die nicht fähig ist, die Einwilligung nach Artikel 5 zu erteilen, dürfen weder Organe noch Gewebe entnommen werden.

(2) In Ausnahmefällen und nach Maßgabe der durch die Rechtsordnung vorgesehenen Schutzbestimmungen darf die Entnahme regenerierbaren Gewebes bei einer nicht einwilligungsfähigen Person zugelassen werden, wenn die folgenden Voraussetzungen erfüllt sind:

i) Ein geeigneter einwilligungsfähiger Spender steht nicht zur Verfügung;
ii) der Empfänger ist ein Bruder oder eine Schwester des Spenders;
iii) die Spende muss geeignet sein, das Leben des Empfängers zu retten;
iv) die Einwilligung nach Artikel 6 Absätze 2 und 3 ist eigens für diesen Fall und schriftlich in Übereinstimmung mit der Rechtsordnung und mit Billigung der zuständigen Stelle erteilt worden, und
v) der in Frage kommende Spender lehnt nicht ab.

Kapitel VII – Verbot finanziellen Gewinns; Verwendung eines Teils des menschlichen Körpers

Artikel 21 – Verbot finanziellen Gewinns

Der menschliche Körper und Teile davon dürfen als solche nicht zur Erzielung eines finanziellen Gewinns verwendet werden.

Artikel 22 – Verwendung eines dem menschlichen Körper entnommenen Teils

Wird bei einer Intervention ein Teil des menschlichen Körpers entnommen, so darf er nur zu dem Zweck aufbewahrt und verwendet werden, zu dem er entnommen worden ist; jede andere Verwendung setzt angemessene Informations- und Einwilligungsverfahren voraus.

Kapitel VIII – Verletzung von Bestimmungen des Übereinkommens

Artikel 23 – Verletzung von Rechten oder Grundsätzen

Die Vertragsparteien gewährleisten einen geeigneten Rechtsschutz, der darauf abzielt, eine widerrechtliche Verletzung der in diesem Übereinkommen verankerten Rechte und Grundsätze innerhalb kurzer Frist zu verhindern oder zu beenden.

Artikel 24 – Schadenersatz

Hat eine Person durch eine Intervention in ungerechtfertigter Weise Schaden erlitten, so hat sie Anspruch auf angemessenen Schadenersatz nach Maßgabe der durch die Rechtsordnung vorgesehenen Voraussetzungen und Modalitäten.

Artikel 25 – Sanktionen

Die Vertragsparteien sehen angemessene Sanktionen für Verletzungen von Bestimmungen dieses Übereinkommens vor.

Kapitel IX – Verhältnis dieses Übereinkommens zu anderen Bestimmungen

Artikel 26 – Einschränkung der Ausübung der Rechte

(1) Die Ausübung der in diesem Übereinkommen vorgesehenen Rechte und Schutzbestimmungen darf nur insoweit eingeschränkt werden, als diese Einschränkung durch die Rechtsordnung vorgesehen ist und eine Maßnahme darstellt, die in einer demokratischen Gesellschaft für die öffentliche Sicherheit, zur Verhinderung von strafbaren Handlungen, zum Schutz der öffentlichen Gesundheit oder zum Schutz der Rechte und Freiheiten anderer notwendig ist.
(2) Die nach Absatz 1 möglichen Einschränkungen dürfen sich nicht auf die Artikel 11, 13, 14, 16, 17, 19, 20 und 21 beziehen.

Artikel 27 – Weiterreichender Schutz

Dieses Übereinkommen darf nicht so ausgelegt werden, als beschränke oder beeinträchtige es die Möglichkeiten einer Vertragspartei, im Hinblick auf die Anwendung von Biologie und Medizin einen über dieses Übereinkommen hinausgehenden Schutz zu gewährleisten.

Kapitel X – Öffentliche Diskussion

Artikel 28 – Öffentliche Diskussion

Die Vertragsparteien dieses Übereinkommens sorgen dafür, dass die durch die Entwicklung in Biologie und Medizin aufgeworfenen Grundsatzfragen, insbesondere in Bezug auf ihre medizinischen, sozialen, wirtschaftlichen, ethischen und rechtlichen Auswirkungen, öffentlich diskutiert werden und zu ihren möglichen Anwendungen angemessene Konsultationen stattfinden.

Kapitel XI – Auslegung des Übereinkommens und Folgemaßnahmen

Artikel 29 – Auslegung des Übereinkommens

Der Europäische Gerichtshof für Menschenrechte kann ohne unmittelbare Bezugnahme auf ein bestimmtes, bei einem Gericht anhängiges Verfahren, Gutachten über Rechtsfragen betreffend die Auslegung dieses Übereinkommens erstatten, und zwar auf Antrag:
– der Regierung einer Vertragspartei nach Unterrichtung der anderen Vertragsparteien,
– des nach Artikel 32 vorgesehenen und auf die Vertreter der Vertragsparteien beschränkten Ausschusses, wenn der Antrag mit Zweidrittelmehrheit der abgegebenen Stimmen beschlossen worden ist.

Artikel 30 – Berichte über die Anwendung des Übereinkommens

Nach Aufforderung durch den Generalsekretär des Europarats legt jede Vertragspartei dar, in welcher Weise ihr internes Recht die wirksame Anwendung der Bestimmungen dieses Übereinkommens gewährleistet.

Kapitel XII – Protokolle

Artikel 31 – Protokolle

Zur Weiterentwicklung der Grundsätze dieses Übereinkommens in einzelnen Bereichen können Protokolle nach Artikel 32 ausgearbeitet werden.

Die Protokolle liegen für die Unterzeichner dieses Übereinkommens zur Unterzeichnung auf. Sie bedürfen der Ratifikation, Annahme oder Genehmigung. Ein Unterzeichner kann die Protokolle ohne vorherige oder gleichzeitige Ratifikation, Annahme oder Genehmigung des Übereinkommens nicht ratifizieren, annehmen oder genehmigen.

Kapitel XIII – Änderungen des Übereinkommens

Artikel 32 – Änderungen des Übereinkommens

(1) Die Aufgaben, die dieser Artikel und Artikel 29 dem „Ausschuss" übertragen, werden vom Lenkungsausschuss für Bioethik (CDBI) oder von einem anderen vom Ministerkomitee hierzu bestimmten Ausschuss wahrgenommen.

(2) Nimmt der Ausschuss Aufgaben nach diesem Übereinkommen wahr, so kann vorbehaltlich des Artikels 29, jeder Mitgliedstaat des Europarats sowie jede Vertragspartei dieses Übereinkommens, die nicht Mitglied des Europarats ist, im Ausschuss vertreten sein und über eine Stimme verfügen.

(3) Jeder in Artikel 33 bezeichnete oder nach Artikel 34 zum Beitritt zu diesem Übereinkommen eingeladene Staat, der nicht Vertragspartei des Übereinkommens

ist, kann einen Beobachter in den Ausschuss entsenden. Ist die Europäische Gemeinschaft nicht Vertragspartei, so kann sie einen Beobachter in den Ausschuss entsenden.

(4) Damit wissenschaftlichen Entwicklungen Rechnung getragen werden kann, überprüft der Ausschuss dieses Übereinkommen spätestens fünf Jahre nach seinem Inkrafttreten und danach in den von ihm bestimmten Abständen.

(5) Jeder Vorschlag zur Änderung dieses Übereinkommens und jeder Vorschlag für ein Protokoll oder zur Änderung eines Protokolls, der von einer Vertragspartei, dem Ausschuss oder dem Ministerkomitee vorgelegt wird, ist dem Generalsekretär des Europarats zu übermitteln; dieser leitet ihn an die Mitgliedstaaten des Europarats, die Europäische Gemeinschaft, jeden Unterzeichner, jede Vertragspartei, jeden nach Artikel 33 zur Unterzeichnung eingeladenen Staat und jeden nach Artikel 34 zum Beitritt eingeladenen Staat weiter.

(6) Der Ausschuss prüft den Vorschlag frühestens zwei Monate nach dem Zeitpunkt, zu dem der Generalsekretär ihn nach Absatz 5 weitergeleitet hat. Der Ausschuss unterbreitet den mit Zweidrittelmehrheit der abgegebenen Stimmen angenommenen Text dem Ministerkomitee zur Genehmigung. Nach seiner Genehmigung wird dieser Text den Vertragsparteien dieses Übereinkommens zur Ratifikation, Annahme oder Genehmigung zugeleitet.

(7) Jede Änderung tritt für die Vertragsparteien, die sie angenommen haben, am ersten Tag des Monats in Kraft, der auf einen Zeitabschnitt von einem Monat nach dem Tag folgt, an dem fünf Vertragsparteien, darunter mindestens vier Mitgliedstaaten des Europarats, dem Generalsekretär ihre Annahme der Änderung mitgeteilt haben.

Für jede Vertragspartei, welche die Änderung später annimmt, tritt sie am ersten Tag des Monats in Kraft, der auf einen Zeitabschnitt von einem Monat nach dem Tag folgt, an dem die betreffende Vertragspartei dem Generalsekretär ihre Annahme der Änderung mitgeteilt hat.

Kapitel XIV – Schlussbestimmungen

Artikel 33 – Unterzeichnung, Ratifikation und Inkrafttreten

(1) Dieses Übereinkommen liegt für die Mitgliedstaaten des Europarats, für die Nichtmitgliedstaaten, die an seiner Ausarbeitung beteiligt waren, und für die Europäische Gemeinschaft zur Unterzeichnung auf.

(2) Dieses Übereinkommen bedarf der Ratifikation, Annahme oder Genehmigung. Die Ratifikations-, Annahme- oder Genehmigungsurkunden werden beim Generalsekretär des Europarats hinterlegt.

(3) Dieses Übereinkommen tritt am ersten Tag des Monats in Kraft, der auf einen Zeitabschnitt von drei Monaten nach dem Tag folgt, an dem fünf Staaten, darunter mindestens vier Mitgliedstaaten des Europarats, nach Absatz 2 ihre Zustimmung ausgedrückt haben, durch das Übereinkommen gebunden zu sein.

(4) Für jeden Unterzeichner, der später seine Zustimmung ausdrückt, durch dieses Übereinkommen gebunden zu sein, tritt es am ersten Tag des Monats in Kraft, der

auf einen Zeitabschnitt von drei Monaten nach Hinterlegung seiner Ratifikations-, Annahme- oder Genehmigungsurkunde folgt.

Artikel 34 – Nichtmitgliedstaaten

(1) Nach Inkrafttreten dieses Übereinkommens kann das Ministerkomitee des Europarats nach Konsultation mit den Vertragsparteien durch einen Beschluss, der mit der in Artikel 20 Buchstabe d der Satzung des Europarats vorgesehenen Mehrheit und mit einhelliger Zustimmung der Vertreter der Vertragsparteien, die Anspruch auf einen Sitz im Ministerkomitee haben, gefasst worden ist, jeden Nichtmitgliedstaat des Europarats einladen, dem Übereinkommen beizutreten.
(2) Für jeden beitretenden Staat tritt dieses Übereinkommen am ersten Tag des Monats in Kraft, der auf einen Zeitabschnitt von drei Monaten nach Hinterlegung der Beitrittsurkunde beim Generalsekretär des Europarats folgt.

Artikel 35 – Hoheitsgebiete

(1) Jeder Unterzeichner kann bei der Unterzeichnung oder bei der Hinterlegung seiner Ratifikations-, Annahme- oder Genehmigungsurkunde ein Hoheitsgebiet oder mehrere Hoheitsgebiete bezeichnen, auf die dieses Übereinkommen Anwendung findet. Jeder andere Staat kann bei der Hinterlegung seiner Beitrittsurkunde dieselbe Erklärung abgeben.
(2) Jede Vertragspartei kann jederzeit danach durch eine an den Generalsekretär des Europarats gerichtete Erklärung die Anwendung dieses Übereinkommens auf jedes weitere in der Erklärung bezeichnete Hoheitsgebiet erstrecken, für dessen internationale Beziehungen sie verantwortlich ist oder für die sie befugt ist, Verpflichtungen einzugehen. Das Übereinkommen tritt für dieses Hoheitsgebiet am ersten Tag des Monats in Kraft, der auf einen Zeitabschnitt von drei Monaten nach Eingang der Erklärung beim Generalsekretär folgt.
(3) Jede nach den Absätzen 1 und 2 abgegebene Erklärung kann in Bezug auf jedes darin bezeichnete Hoheitsgebiet durch eine an den Generalsekretär gerichtete Notifikation zurückgenommen werden. Die Rücknahme wird am ersten Tag des Monats wirksam, der auf einen Zeitabschnitt von drei Monaten nach Eingang der Notifikation beim Generalsekretär folgt.

Artikel 36 – Vorbehalte

(1) Jeder Staat und die Europäische Gemeinschaft können bei der Unterzeichnung dieses Übereinkommens oder bei der Hinterlegung der Ratifikations-, Annahme-, Genehmigungs- oder Beitrittsurkunde bezüglich bestimmter Vorschriften des Übereinkommens einen Vorbehalt machen, soweit das zu dieser Zeit in ihrem Gebiet geltende Recht nicht mit der betreffenden Vorschrift übereinstimmt. Vorbehalte allgemeiner Art sind nach diesem Artikel nicht zulässig.
(2) Jeder nach diesem Artikel gemachte Vorbehalt muss mit einer kurzen Darstellung des betreffenden Rechts verbunden sein.
(3) Jede Vertragspartei, welche die Anwendung dieses Übereinkommens auf ein in der in Artikel 35 Absatz 2 aufgeführten Erklärung erwähntes Hoheitsgebiet erstreckt, kann in Bezug auf das betreffende Hoheitsgebiet einen Vorbehalt nach den Absätzen 1 und 2 machen.

(4) Jede Vertragspartei, die einen Vorbehalt nach diesem Artikel gemacht hat, kann ihn durch eine an den Generalsekretär des Europarats gerichtete Erklärung zurücknehmen. Die Rücknahme wird am ersten Tag des Monats wirksam, der auf einen Zeitabschnitt von einem Monat nach dem Eingang beim Generalsekretär folgt.

Artikel 37 – Kündigung

(1) Jede Vertragspartei kann dieses Übereinkommen jederzeit durch eine an den Generalsekretär des Europarats gerichtete Notifikation kündigen.
(2) Die Kündigung wird am ersten Tag des Monats wirksam, der auf einen Zeitabschnitt von drei Monaten nach Eingang der Notifikation beim Generalsekretär folgt.

Artikel 38 – Notifikationen

Der Generalsekretär des Europarats notifiziert den Mitgliedstaaten des Rates, der Europäischen Gemeinschaft, jedem Unterzeichner, jeder Vertragspartei und jedem anderen Staat, der zum Beitritt zu diesem Übereinkommen eingeladen worden ist:
a) jede Unterzeichnung;
b) jede Hinterlegung einer Ratifikations-, Annahme-, Genehmigungs- oder Beitrittsurkunde;
c) jeden Zeitpunkt des Inkrafttretens dieses Übereinkommens nach Artikel 33 oder 34;
d) jede Änderung und jedes Protokoll, die nach Artikel 32 angenommen worden sind, sowie das Datum des Inkrafttretens der Änderung oder des Protokolls;
e) jede nach Artikel 35 abgegebene Erklärung;
f) jeden Vorbehalt und jede Rücknahme des Vorbehalts nach Artikel 36;
g) jede andere Handlung, Notifikation oder Mitteilung im Zusammenhang mit diesem Übereinkommen.

Zu Urkund dessen haben die hierzu gehörig befugten Unterzeichneten dieses Übereinkommen unterschrieben.

Geschehen zu Oviedo (Asturien) am 4. April 1997 in englischer und französischer Sprache, wobei jeder Wortlaut gleichermaßen verbindlich ist, in einer Urschrift, die im Archiv des Europarats hinterlegt wird. Der Generalsekretär des Europarats übermittelt allen Mitgliedstaaten des Europarats, der Europäischen Gemeinschaft, den Nichtmitgliedstaaten, die an der Ausarbeitung dieses Übereinkommens beteiligt waren, und allen zum Beitritt zu diesem Übereinkommen eingeladenen Staaten beglaubigte Abschriften.

Ia. Biomedizin-Übereinkommen – Erläuternder Bericht

Erläuternder Bericht zu dem Übereinkommen zum Schutz der Menschenrechte und der Menschenwürde im Hinblick auf die Anwendung von Biologie und Medizin: Übereinkommen über Menschenrechte und Biomedizin[1][2]

Dieser Erläuternde Bericht zum Übereinkommen über Menschenrechte und Biomedizin wurde vom Generalsekretariat des Europarats auf der Grundlage eines Entwurfs erstellt, den der Vorsitzende des Lenkungsausschusses für Bioethik (CDBI), Herr Jean MICHAUD (Frankreich), auf Anforderung durch den CDBI ausgearbeitet hat. Er berücksichtigt die Erörterungen im CDBI und in der Arbeitsgruppe, die mit der Erarbeitung des Übereinkommens beauftragt war, sowie Bemerkungen und Vorschläge der Regierungsdelegationen.

Das Ministerkomitee hat die Veröffentlichung dieses Erläuternden Berichts am 17. Dezember 1996 genehmigt.

Der Erläuternde Bericht ist keine amtliche Auslegung des Übereinkommens. Er enthält vielmehr die wesentlichen Punkte der vorbereitenden Arbeiten und Informationen zum besseren Verständnis der Zielsetzung und des Gegenstands des Übereinkommens sowie zum Anwendungsbereich seiner Bestimmungen.

Einführung

1. Dank der Arbeit der Parlamentarischen Versammlung und des *Ad hoc*-Sachverständigenausschusses für Bioethik (CAHBI), der späterhin in Lenkungsausschuss für Bioethik (CDBI) umbenannt wurde, ist der Europarat seit mehreren Jahren mit Problemen befasst, denen sich die Menschheit aufgrund der Fortschritte in Medizin und Biologie gegenübersieht. Gleichzeitig sind in einer Reihe von Ländern im innerstaatlichen Bereich eigene Arbeiten zu dieser Thematik geleistet worden, die weitergeführt werden. Somit sind bisher Anstrengungen auf zwei Ebenen – auf nationaler und auf internationaler Ebene – unternommen worden.

2. Diese Arbeiten sind vor allem das Ergebnis von Beobachtungen und Besorgnissen, und zwar der Beobachtung der umwälzenden Entwicklungen in der Wissenschaft und deren Umsetzung im Bereich von Medizin und Biologie, d.h. auf Gebieten, von denen der Mensch unmittelbar betroffen ist; von Besorgnissen wegen des ambivalenten Charakters vieler dieser Fortschritte. Die Wissenschaftler und die Praktiker, die dahinter stehen, verfolgen ehrenwerte Ziele, die sie häufig auch

---

[1] Europarat DIR/JUR (97) 5.
[2] Übersetzung aus dem Französischen.

erreichen. Aber einige der bekannten oder vermuteten Entwicklungen ihrer Arbeit nehmen aufgrund einer Verfälschung ihrer ursprünglichen Zielsetzungen eine gefährliche Richtung oder bergen zumindest diese Gefahr. Die heute immer komplexere und sich auf immer weitverzweigtere Bereiche erstreckende Wissenschaft zeigt daher eine Licht- und Schattenseite, je nachdem wie sie angewandt wird.

3. Es muss daher sichergestellt werden, dass der Nutzen überwiegt, indem ein Bewusstsein dafür geschaffen wird, was auf dem Spiel steht und alle möglichen Folgen einer ständigen Prüfung unterzogen werden. Zweifellos haben sich die Ethik-Kommissionen und andere nationale Gremien und Gesetzgeber ebenso wie die internationalen Organisationen dieser Aufgabe bereits angenommen; jedoch sind ihre Bemühungen entweder auf ein bestimmtes geographisches Gebiet begrenzt oder wegen ihrer Fixierung auf einen bestimmten Gegenstand unvollständig geblieben. Andererseits berufen sich die verschiedenen Texte, Standpunkte und Empfehlungen häufig auf diesen zugrundeliegende gemeinsame Werte. Im Zusammenhang mit bestimmten Aspekten der behandelten Probleme können jedoch Unterschiede zutage treten. Selbst einfache Definitionen können Anlass für tiefgreifende Divergenzen sein.

Entwurf eines Übereinkommens

4. Somit ist die Notwendigkeit verstärkter Bemühungen um eine Harmonisierung offenkundig geworden. Auf ihrer 17. Konferenz (in Istanbul vom 5. – 7. Juni 1990) haben die europäischen Justizminister auf Vorschlag der Generalsekretärin des Europarats, Frau Catherine LALUMIÈRE, die Entschließung Nr. 3 über Bioethik angenommen, in der die Empfehlung ausgesprochen wird, das Ministerkomitee möge den CAHBI mit der Prüfung der Möglichkeit der Ausarbeitung eines Rahmenübereinkommens beauftragen, das „gemeinsame allgemeine Grundsätze zum Schutze des Menschen im Zusammenhang mit der Entwicklung auf dem Gebiet der biomedizinischen Wissenschaften festlegt". Im Juni 1991 hat die Parlamentarische Versammlung dem Ministerkomitee auf der Grundlage eines von Herrn Dr. Marcelo PALACIOS (vgl. Doc. 6449) im Namen des Ausschusses für Wissenschaft und Technologie vorgelegten Berichts in ihrer Empfehlung 1160 empfohlen, „ein Rahmenübereinkommen ins Auge zu fassen, das einen Hauptteil mit den allgemeinen Grundsätzen sowie Zusatzprotokolle zu spezifischen Aspekten" umfasst. Im September desselben Jahres beauftragte das Ministerkomitee unter dem Vorsitz von Herrn Vincent TABONE den CAHBI, „in enger Zusammenarbeit mit dem Lenkungsausschuss für Menschenrechte (CDDH) und dem Europäischen Gesundheitsausschuss (CDSP) ... ein auch Nichtmitgliedstaaten offenstehendes Rahmenübereinkommen, das gemeinsame allgemeine Grundsätze zum Schutze des Menschen im Zusammenhang mit den biomedizinischen Wissenschaften vorsieht, sowie Protokolle zu diesem Übereinkommen auszuarbeiten, und zwar zunächst für Organtransplantationen und die Verwendung von Stoffen menschlichen Ursprungs sowie für die medizinische Forschung am Menschen".

5. Im März 1992 setzte der CAHBI, nunmehr CDBI, der unter dem wechselnden Vorsitz von Frau Paula KOKKONEN (Finnland), Herrn Octavi QUINTANA (Spanien) und Frau Johanna KITS NIEUWENKAMP geb. Storm van'SGravesand (Niederlande) getagt hatte, eine Arbeitsgruppe unter dem Vorsitz von Dr. Michael ABRAMS (Vereinigtes Königreich) zur Ausarbeitung des Übereinkommensentwurfs ein. Bis zu seinem frühen Tod gehörte Herr Salvatore PUGLISI (Italien) dieser Arbeitsgruppe an, nachdem er zuvor Vorsitzender der Studiengruppe zur Prüfung der Durchführbarkeit des Übereinkommensentwurfs gewesen war.

6. Im Juli 1994 wurde eine erste Fassung des Übereinkommensentwurfs der Öffentlichkeit zur Diskussion vorgestellt und der Parlamentarischen Versammlung[3] zur Stellungnahme vorgelegt. Unter Berücksichtigung dieser Stellungnahme und verschiedener anderer vertretener Positionen hat der CDBI am 7. Juni 1996 die endgültige Fassung des Entwurfs zum Abschluss gebracht und der Parlamentarischen Versammlung zur Stellungnahme vorgelegt. Auf der Grundlage eines im Namen des Ausschusses für Wissenschaft und Technologie von Herrn Gian-Reto PLATTNER sowie im Namen des Ausschusses für Recht und Menschenrechte und für Soziales, Gesundheit und Familie jeweils von den Herren Walter SCHWIMMER und Christian DANIEL vorgelegten Berichts hat die Parlamentarische Versammlung die Stellungnahme Nr. 198[4] abgegeben.

Dieses Übereinkommen hat das Ministerkomitee am 19. November 1996[5] angenommen. Es wurde am 4. April 1997 zur Unterzeichnung aufgelegt.

Struktur des Übereinkommens

7. In dem Übereinkommen sind nur die wichtigsten Grundsätze festgelegt. Ergänzende Normen und detailliertere Fragen sollten in zusätzlichen Protokollen geregelt werden. Das Übereinkommen insgesamt bietet somit einen gemeinsamen Rahmen zum Schutze der Menschenrechte und der Menschenwürde im Hinblick auf die Anwendung von Biologie und Medizin sowohl in den seit langer Zeit bestehenden als auch den sich ständig weiterentwickelnden Bereichen.

Anmerkungen zu den einzelnen Bestimmungen des Übereinkommens

Titel

8. Der Titel der Übereinkunft lautet: „Übereinkommen zum Schutze der Menschenrechte und der Menschenwürde im Hinblick auf die Anwendung von Biologie und Medizin: Übereinkommen über Menschenrechte und Biomedizin".

---

[3] Stellungnahme Nr. 184 vom 2. Februar 1995, Dok. 7210.
[4] 26. September 1996, Dok. 7622.
[5] Deutschland und Belgien haben darum gebeten, dass ihre Stimmenthaltung bei der Annahme des Übereinkommens und der Veröffentlichung des Erläuternden Berichts eingetragen wird.

9. Der Begriff „Menschenrechte" bezieht sich auf die in der Konvention zum Schutze der Menschenrechte und Grundfreiheiten vom 4. November 1950 verankerten Prinzipien, die den Schutz dieser Rechte garantieren. Bei den Übereinkommen liegt nicht nur der gleiche Lösungsansatz zugrunde, sondern auch zahlreiche gemeinsame ethische Grundsätze und Rechtsauffassungen. Tatsächlich werden in diesem Übereinkommen einige der in der Europäischen Konvention zum Schutze der Menschenrechte und Grundfreiheiten niedergelegten Prinzipien weiterentwickelt. Der Begriff „Mensch" wurde wegen seiner allgemeinen Bedeutung gewählt. Der Begriff „Würde", der auch hervorgehoben wird, stellt einen wesentlichen Wert dar, den es zu schützen gilt. Er bildet die Grundlage, auf der die meisten Werte beruhen, für die das Übereinkommen eintritt.

10. Die Formulierung „Anwendung von Biologie und Medizin" wurde insbesondere dem Begriff „Biowissenschaften" vorgezogen, der als zu allgemein gefasst angesehen wurde. Diese Formulierung wird in Artikel 1 verwendet und beschränkt den Anwendungsbereich des Übereinkommens auf Humanmedizin und -biologie, wobei die Biologie im Bereich der Fauna und Flora insoweit ausgeschlossen ist, als diese die Humanmedizin oder -biologie nicht berührt. Das Übereinkommen umfasst somit jede Anwendung von Medizin und Biologie auf menschliche Lebewesen, einschließlich der Anwendung für präventive, diagnostische, therapeutische und Forschungs-Zwecke.

Präambel

11. Es gibt bereits zahlreiche internationale Übereinkünfte, die sowohl für den einzelnen als auch für die Gesellschaft Schutz und Garantien auf dem Gebiet der Menschenrechte bieten: die Allgemeine Erklärung der Menschenrechte, der Internationale Pakt über bürgerliche und politische Rechte, der Internationale Pakt über wirtschaftliche, soziale und kulturelle Rechte, das Übereinkommen über die Rechte des Kindes, die Konvention zum Schutze der Menschenrechte und Grundfreiheiten, die Europäische Sozial-Charta. Auch gibt es einige Übereinkünfte des Europarats mit einem mehr fachspezifischen Charakter, die hier einschlägig sind, wie das Übereinkommen zum Schutz des Menschen bei der automatischen Verarbeitung personenbezogener Daten.

12. Diese Übereinkünfte müssen nunmehr durch weitere Dokumente ergänzt werden, damit die potentiellen Auswirkungen wissenschaftlicher Tätigkeit in vollem Umfange Berücksichtigung finden.

13. Die in diesen Übereinkünften verankerten Grundsätze bilden weiterhin die Grundlage für unser Verständnis von Menschenrechten; daher sind sie am Anfang der Präambel zu dem Übereinkommen aufgeführt, deren Eckpfeiler sie bilden.

14. Bereits in der Präambel mussten jedoch die heutigen Entwicklungen in Medizin und Biologie berücksichtigt und dabei auf die Notwendigkeit hingewiesen

werden, diese alleine zum Wohl der jetzigen und der künftigen Generationen zu nutzen. Dieses Anliegen ist auf drei Ebenen bekräftigt worden:
- Erstens auf der Ebene des Individuums, das vor jeder sich aus dem Missbrauch des wissenschaftlichen Fortschritts ergebenden Bedrohung zu schützen ist. Der Wille, dem Individuum dem ihm gebührenden Vorrang zuzuerkennen, ist im Übrigen aus mehreren Artikeln des Texts ersichtlich: Schutz vor ungesetzlichen Eingriffen in den menschlichen Körper, Verbot der Verwendung des menschlichen Körpers oder von Teilen davon zur Erzielung eines finanziellen Gewinns, Einschränkung der Anwendung genetischer Tests usw.
- Zweitens auf der Ebene der Gesellschaft. In der Tat muss das Individuum in diesem speziellen Bereich in stärkerem Maße als in vielen anderen als Teil eines sozialen Gebildes angesehen werden, das eine Reihe ethischer Grundsätze teilt und Rechtsnormen unterliegt. Wann immer Entscheidungen im Hinblick auf die Anwendung bestimmter Entwicklungen anstehen, müssen diese von der Gesellschaft anerkannt und gebilligt werden. Dies ist der Grund, warum eine öffentliche Debatte so wichtig ist und Eingang in das Übereinkommen gefunden hat. Dennoch sind die Interessen, um die es hier geht, nicht gleichrangig; wie aus Artikel 2 hervorgeht, wird eine Rangordnung festgelegt, aus der ersichtlich ist, dass den Interessen des Individuums grundsätzlich Vorrang vor den alleinigen Interessen von Wissenschaft und Gesellschaft eingeräumt wird. Durch das Adjektiv „alleinig" wird klargestellt, dass darauf zu achten ist, dass letztere nicht vernachlässigt werden; sie sind unmittelbar hinter den Interessen des Individuums einzuordnen. Nur in genau festgelegten Fällen und vorbehaltlich der Einhaltung strenger Kriterien hat das Interesse der Allgemeinheit – wie es in Artikel 26 definiert ist – Vorrang.
- Drittens und letztens auf der Ebene der menschlichen Gattung. Viele der heutigen Errungenschaften und der künftigen Fortschritte beruhen auf der genetischen Forschung. Neue Erkenntnisse bei der Erforschung des Genoms eröffnen neue Möglichkeiten der Einwirkung und Eingriffe in das Genom. Diese Erkenntnisse ermöglichen bereits erhebliche Fortschritte bei der Diagnose und – bisweilen – bei der Verhütung einer wachsenden Zahl von Krankheiten. Es besteht Anlass zu der Hoffnung, dass diese Erkenntnisse auch Fortschritte auf dem Gebiet der Therapie bewirken könnten. Dabei sollten jedoch die Risiken, die mit diesem expandierenden Wissensbereich verbunden sind, nicht außer acht gelassen werden. Nicht mehr alleine nur das Individuum oder die Gesellschaft kann Risiken ausgesetzt sein, sondern die menschliche Gattung als solche. Das Übereinkommen sieht entsprechende Sicherungen vor: Dies beginnt bereits in der Präambel mit dem Hinweis auf den Nutzen für die künftigen Generationen und für die Menschheit insgesamt und setzt sich über den gesamten Text, in dem die notwendigen gesetzlichen Garantien zum Schutz der Identität des Menschen vorgesehen sind, fort.

15. Die Präambel geht auf die Fortschritte in Medizin und Biologie ein, die ausschließlich zum Wohl der jetzigen und der künftigen Generation genutzt und nicht auf eine Weise verfälscht werden sollten, die in Widerspruch zu ihren eigentlichen

Zielsetzungen steht. Sie verkündet die den Menschen als Individuum und als Mitglied der menschlichen Gattung geschuldete Achtung. Sie schließt damit, dass sich Fortschritt, das Wohl und der Schutz des Menschen miteinander in Einklang bringen lassen, wenn das Bewusstsein der Öffentlichkeit aufgrund einer vom Europarat entsprechend seinem Auftrag geschaffenen Übereinkunft geweckt wird. Dabei wird die Notwendigkeit der internationalen Zusammenarbeit hervorgehoben, damit die Errungenschaften des Fortschritts der gesamten Menschheit zugute kommen.

Kapitel I – Allgemeine Bestimmungen

Artikel 1 – Gegenstand und Ziel

16. In diesem Artikel werden Anwendungsbereich und Zielsetzung des Übereinkommens definiert.

17. Ziel des Übereinkommens ist es, jedermann die Wahrung seiner Rechte und Grundfreiheiten und insbesondere seiner Integrität [im französischen Text: im Anwendungsbereich von Biologie und Medizin] zu gewährleisten und die Würde und die Identität aller menschlichen Lebewesen in diesem Bereich zu schützen.

18. Die Begriffe „jedermann" (Englisch: "everyone", Französisch „toute personne") werden in dem Übereinkommen nicht definiert. Diese Begriffe werden gleichbedeutend in der englischen und der französischen Fassung der Europäischen Menschenrechtskonvention verwendet, die sie jedoch nicht definiert. Da ein Konsens über die Definition dieser Begriffe unter den Mitgliedstaaten des Europarats nicht zustande gekommen ist, wurde beschlossen, jeweils dem innerstaatlichen Recht die Definition dieser Begriffe zum Zwecke der Anwendung dieses Übereinkommens zu überlassen.

19. Der Begriff „menschliches Lebewesen" wird in diesem Übereinkommen auch verwendet, um die Notwendigkeit des Schutzes der Würde und der Identität aller menschlichen Lebewesen zum Ausdruck zu bringen. Es wurde anerkannt, dass die Würde und die Identität eines menschlichen Lebewesens einem allgemein anerkannten Prinzip zufolge ab dem Zeitpunkt zu achten sind, an dem das Leben beginnt.

20. Der zweite Absatz dieses Artikels bestimmt, dass jede Partei in ihrem internen Recht die notwendigen Maßnahmen zu ergreifen hat, um diesem Übereinkommen Wirksamkeit zu verleihen. Dieser Absatz weist darauf hin, dass das innerstaatliche Recht jeder Partei mit dem Übereinkommen in Einklang stehen muss. Der Einklang zwischen dem Übereinkommen und dem innerstaatlichen Recht kann durch die unmittelbare Anwendung der Bestimmungen des Übereinkommens im innerstaatlichen Recht oder die Verabschiedung von Vorschriften, die erforderlich sind, um diesen Bestimmungen Wirkung zu verleihen, herbeigeführt werden. Jede Partei legt insbesondere für jede Bestimmung die Mittel nach ihrem verfassungsmä-

ßigen Recht und unter Berücksichtigung der Art der fraglichen Bestimmung fest. In diesem Zusammenhang ist darauf hinzuweisen, dass das Übereinkommen eine Reihe von Bestimmungen enthält, die nach dem innerstaatlichen Recht zahlreicher Staaten die Voraussetzungen für eine unmittelbare Anwendung erfüllen („unmittelbar anwendbare Bestimmungen", „dispositions d'applicabilité directe" oder "self-executing provisions"). Dies ist insbesondere bei den Bestimmungen über die Rechte des Einzelnen der Fall. Andere Bestimmungen enthalten allgemeinere Grundsätze, für die, um im innerstaatlichen Recht wirksam zu sein, unter Umständen Vorschriften zu erlassen sind.

Artikel 2 – Vorrang des menschlichen Lebewesens

21. In diesem Artikel wird der Vorrang des menschlichen Lebewesens vor dem alleinigen Interesse von Wissenschaft und Gesellschaft bekräftigt. Priorität wird dem menschlichen Lebewesen eingeräumt, dem im Falle eines Interessenkonflikts grundsätzlich Vorrang vor Wissenschaft und Gesellschaft einzuräumen ist. Einer der wichtigsten Anwendungsbereiche für dieses Prinzip ist die Forschung, wie sie in den Bestimmungen von Kapitel V dieses Übereinkommens geregelt ist.

22. Das Übereinkommen insgesamt, dessen Ziel der Schutz der Menschenrechte und der Menschenwürde ist, wird von dem Grundsatz des Vorrangs des menschlichen Lebewesens geleitet; alle Artikel dieses Übereinkommens sind im Lichte dieses Grundsatzes auszulegen.

Artikel 3 – Gleicher Zugang zur Gesundheitsversorgung

23. In diesem Artikel wird ein Ziel formuliert und den Staaten wird die Verpflichtung auferlegt, alles in ihren Kräften stehende zu unternehmen, um dieses Ziel zu erreichen.

24. Das Ziel besteht darin, jedem gleichen Zugang zur Gesundheitsversorgung unter Berücksichtigung seiner medizinischen Bedürfnisse[6] zu gewährleisten. Unter dem Begriff „Gesundheitsversorgung" sind die Anbieter von diagnostischen, präventiven, therapeutischen und Rehabilitations-Leistungen, die auf die Aufrechterhaltung oder Verbesserung des Gesundheitszustandes einer Person oder auf die Linderung ihres Leidens abzielen, zu verstehen. Diese Versorgung muss von angemessener Qualität sein, die dem wissenschaftlichen Fortschritt entspricht, und einer kontinuierlichen Qualitätskontrolle unterworfen werden.

25. Der Zugang zur Gesundheitsversorgung muss für jeden gleich sein. „Gleich" bedeutet in diesem Zusammenhang zunächst und vor allem, dass es keine ungerechtfertigte Diskriminierung geben darf. Wenn die Formulierung auch kein Syn-

---

[6] Andere internationale Übereinkünfte einschließlich des Internationalen Pakts über wirtschaftliche, soziale und kulturelle Rechte (1966) sowie der Europäischen Sozialcharta (1961) legen den Vertragsstaaten in diesem Bereich Verpflichtungen auf.

onym von absoluter Gleichheit ist, so bedeutet „gleicher Zugang", dass eine Gesundheitsversorgung in einem zufriedenstellenden Umfange tatsächlich gewährt wird.

26. Die Vertragsparteien des Übereinkommens werden aufgefordert, unter Berücksichtigung der verfügbaren Mittel geeignete Maßnahmen zur Erreichung dieses Ziels zu ergreifen. Zweck dieser Bestimmung ist nicht die Schaffung eines Individualrechts, das jeder gegenüber dem Staat einklagen kann, sondern vielmehr, letzteren dazu zu veranlassen, die erforderlichen Maßnahmen als Teil seiner Sozialpolitik zu ergreifen, um gleichen Zugang zur Gesundheitsversorgung zu schaffen.

27. Obwohl die Staaten nunmehr erhebliche Anstrengungen unternehmen, um ein zufriedenstellendes Maß an Gesundheitsversorgung zu gewährleisten, hängt die Intensität dieser Bemühungen im hohen Maße vom Umfang der verfügbaren Mittel ab. Darüber hinaus können die Maßnahmen der einzelnen Staaten zur Gewährleistung des gleichen Zugangs sehr unterschiedliche Formen annehmen, und zu diesem Zweck können sehr zahlreiche Methoden angewandt werden.

Artikel 4 – Berufspflichten und Verhaltensregeln

28. Dieser Artikel betrifft Ärzte und Angehörige der Heilberufe ganz allgemein, einschließlich Psychologen, deren Interaktion mit den Patienten im klinischen Rahmen oder im Rahmen der Forschung erhebliche Auswirkungen haben kann, sowie Sozialarbeiter, die Mitglied eines Teams sind, das an Entscheidungen über medizinische Interventionen bzw. deren Durchführung beteiligt ist. Wie aus der Formulierung „Rechtsvorschriften und Berufspflichten" zu ersehen ist, geht es hier nur um Angehörige der Heilberufe, die ärztliche Handlungen vornehmen, zum Beispiel in Notfallsituationen.

29. Der Begriff „Intervention" ist hier in einem weiten Sinne zu verstehen; er umfasst alle medizinischen Maßnahmen, insbesondere die Interventionen, die aus prophylaktischen, diagnostischen, prognostischen, therapeutischen oder Rehabilitations-Gründen oder im Rahmen eines Forschungsprojekts vorgenommen werden.

30. Alle Interventionen sind im Einklang mit der Rechtsordnung im allgemeinen durchzuführen, die durch berufliche Richtlinien ergänzt und weiterentwickelt wird. In einigen Ländern handelt es sich bei diesen Richtlinien um (vom Staat oder von berufsständischen Organisationen aufgestellte) berufsethische Grundsätze, in anderen Ländern um ärztliche Verhaltensregeln, die Gesundheitsgesetzgebung, medizinische Ethik oder jede andere Regelung, welche die Rechte und Interessen des Patienten schützt und das Recht der Angehörigen der Heilberufe auf Verweigerung aus Gewissensgründen berücksichtigen kann. Der Artikel erstreckt sich auf schriftlich niedergelegte oder ungeschriebene Regelungen. Im Falle von Wider-

sprüchen zwischen unterschiedlichen Regelungen bietet die Rechtsordnung Mittel zur Lösung des Konflikts.

31. Der Inhalt der Rechtsvorschriften, Berufspflichten und Verhaltensregeln ist nicht in allen Ländern einheitlich geregelt. Die gleichen ärztlichen Pflichten können sich entsprechend der jeweiligen Gesellschaft geringfügig unterscheiden. Jedoch finden die Grundprinzipien der ärztlichen Praxis in allen Ländern Anwendung. Ärzte und generell alle Angehörige der Heilberufe, die an einer medizinischen Behandlung beteiligt sind, haben rechtliche und ethische Pflichten zu erfüllen. Sie müssen mit Sorgfalt und Sachkenntnis handeln und den Bedürfnissen eines jeden Patienten sorgsam Rechnung tragen.

32. Eine wesentliche Aufgabe des Arztes besteht nicht nur darin, Patienten zu heilen, sondern auch darin, geeignete Maßnahmen zur Förderung der Gesundheit und zur Linderung von Schmerzen unter Berücksichtigung des psychischen Wohlbefindens des Patienten zu ergreifen. Die Kompetenz des Arztes ist primär in Relation zum wissenschaftlichen Kenntnisstand und zur klinischen Erfahrung zu bestimmen, die für einen Berufsstand oder ein Fachgebiet zu einem bestimmten Zeitpunkt gegeben sind. Der derzeitige Stand der Wissenschaft bestimmt die Grundsätze der Berufsausübung und die Fähigkeiten und Kenntnisse, die von den Angehörigen der Heilberufe bei der Ausübung ihres Berufs erwartet werden können. Letztere wird von den Fortschritten in der Medizin bestimmt und ändert sich mit neuen Entwicklungen; Methoden, die nicht mehr dem aktuellen Stand der Wissenschaft entsprechen, werden aufgegeben. Gleichwohl wird anerkannt, dass die Rechtsvorschriften nicht unbedingt nur eine Handlungsalternative als die einzig mögliche vorschreiben; tatsächlich kann die anerkannte medizinische Praxis durchaus verschiedene Formen einer Intervention zulassen und so einer gewissen Wahlfreiheit hinsichtlich der Methoden oder Verfahren zulassen.

33. Außerdem muss jede einzelne Maßnahme im Lichte der besonderen Gesundheitsprobleme eines jeden Patienten beurteilt werden. Insbesondere muss sie das Kriterium der Notwendigkeit und Verhältnismäßigkeit zwischen dem angestrebten Zweck und den eingesetzten Mitteln erfüllen. Ein weiterer wichtiger Faktor für die erfolgreiche medizinische Behandlung ist das Vertrauen des Patienten zu seinem Arzt oder zu seiner Ärztin. Dieses Vertrauen bestimmt auch die Pflichten, die der Arzt gegenüber dem Patienten zu erfüllen hat. Ein wichtiger Aspekt dieser Pflichten ist die Achtung der Rechte des Patienten. Diese schafft gegenseitiges Vertrauen und fördert dieses. Durch die volle Wahrung der Rechte des Patienten wird das therapeutische Zusammenwirken gestärkt.

Kapitel II – Einwilligung

Artikel 5 – Allgemeine Regel

34. Dieser Artikel behandelt die Einwilligung und stellt auf internationaler Ebene einen Rechtsgrundsatz auf, der sich bereits bewährt hat und demzufolge bei-

spielsweise grundsätzlich niemand gezwungen werden kann, sich gegen seinen Willen einer Intervention zu unterziehen. Jeder einzelne muss daher frei entscheiden können, ob er in eine Intervention, die seine Person betrifft, einwilligen oder sie ablehnen will. Dieser Grundsatz zeigt das Selbstbestimmungsrecht des Patienten in seinem Verhältnis zu den Angehörigen der Heilberufe auf; daraus ergibt sich, dass paternalistischen Lösungsansätzen, die sich über die Wünsche des Patienten hinwegsetzen könnten, eine Absage erteilt wird. Der Begriff „Intervention" wird hier – ebenso wie in Artikel 4 – in seinem weitesten Sinne verstanden, d.h. er schließt alle Handlungen, die an einem Menschen aus Gesundheitsgründen vorgenommen werden, insbesondere Interventionen zwecks Prophylaxe, Diagnose, Therapie, Rehabilitation und Forschung ein.

35. Die Einwilligung des Patienten gilt als frei und nach entsprechender Aufklärung erteilt, wenn sie ohne Druck durch Dritte auf der Grundlage objektiver Auskünfte durch einen verantwortlichen Angehörigen der Heilberufe über die Art der geplanten Intervention und ihre möglichen Folgen oder über Behandlungsalternativen erteilt wird. In Artikel 5 Absatz 2 sind die wichtigsten Aspekte der Auskünfte aufgeführt, die vor jeder Intervention erteilt werden sollten, wobei diese Liste jedoch nicht erschöpfend ist: Entsprechend den gegebenen Umständen kann eine Einwilligung nach entsprechender Aufklärung noch zusätzliche Angaben erfordern. Die Patienten sind insbesondere über die möglicherweise durch die Behandlung erzielten Verbesserungen, die damit verbundenen Risiken (Art und Wahrscheinlichkeitsgrad) sowie über die Kosten zu informieren. [Der vorstehende Satz lautet in der englischen Fassung wie folgt: Damit eine Einwilligung rechtswirksam ist, muss die betroffene Person zuvor über alle wichtigen Einzelheiten der geplanten Intervention informiert worden sein. Diese Auskunft muss Zweck, Art und Folgen der Intervention sowie die damit verbundenen Risiken umfassen.] Die Auskünfte über die Risiken, die mit der Intervention oder einer alternativen Behandlungsmethode verbunden sind, müssen neben den Angaben über die mit Interventionen dieser Art ohnehin verbundenen Risiken auch Auskünfte über Risiken umfassen, die sich aus den spezifischen Daten jedes Patienten, wie seinem Alter oder seinen sonstigen Krankheiten, ergeben. Fragen des Patienten nach zusätzlichen Informationen sind angemessen zu beantworten.

36. Darüber hinaus muss diese Aufklärung hinreichend klar und für die Person, die sich der Intervention unterziehen soll, in einer ihr verständlichen Sprache erfolgen. Der Patient oder die Patientin muss durch die Verwendung von Begriffen, die er bzw. sie verstehen kann, in die Lage versetzt werden, die Notwendigkeit oder den Nutzen von Zweck und Methode der Intervention gegen die damit verbundenen Risiken, die Unbill oder die Schmerzen, die er verursacht, abzuwägen.

37. Die Einwilligung kann in verschiedener Form erfolgen. Sie kann ausdrücklich oder stillschweigend gegeben werden. Die ausdrückliche Einwilligung kann entweder in mündlicher oder in schriftlicher Form erteilt werden. Artikel 5, der allgemein gefasst ist und sehr unterschiedliche Situationen umfasst, schreibt keine bestimmte Form der Einwilligung vor. Letztere hängt weitgehend von der Art der

Intervention ab. Es wird anerkannt, dass für viele routinemäßige medizinische Maßnahmen eine ausdrückliche Einwilligung unangemessen wäre. Die Einwilligung ist daher häufig implizit, sofern die betroffene Person hinreichend aufgeklärt worden ist. In einigen Fällen dagegen, so z.b. bei invasiven diagnostischen Verfahren oder Behandlungen, kann eine ausdrücklich erteilte Einwilligung erforderlich sein. Darüber hinaus muss die ausdrücklich und eigens für diesen Fall erteilte Einwilligung des Patienten für die Teilnahme an Forschungsvorhaben oder für die Entnahme von Organen für Transplantationszwecke eingeholt werden (vgl. Artikel 16 und 19).

38. Eine freie Einwilligung bedeutet auch, dass diese jederzeit widerrufen werden kann und dass die Entscheidung der betroffenen Person zu respektieren ist, wenn sie über die Konsequenzen in vollem Umfange informiert wurde. Dieser Grundsatz bedeutet jedoch nicht, dass beispielsweise dem Widerruf der Einwilligung eines Patienten während einer Intervention stets Folge geleistet werden sollte. Die Rechtsvorschriften, Berufspflichten und Verhaltensregeln, die in derartigen Fällen nach Artikel 4 anzuwenden sind, können den Arzt verpflichten, die Intervention fortzusetzen, um ein schweres Gesundheitsrisiko für den Patienten zu vermeiden.

39. Darüber hinaus bestimmen Artikel 26 des Übereinkommens, Artikel 6 über den Schutz einwilligungsunfähiger Personen, Artikel 7 über den Schutz von Personen mit psychischer Störung sowie Artikel 8 über Notfallsituationen, in welchen Fällen die Ausübung von in diesem Übereinkommen vorgesehenen Rechten und damit auch die Notwendigkeit der Einwilligung eingeschränkt werden kann.

40. Der Patient hat ein Recht auf Information; nach Artikel 10 ist jedoch auch sein möglicher Wunsch, nicht informiert zu werden, zu respektieren. Die Notwendigkeit, die Einwilligung des Patienten in die geplante Intervention einzuholen, wird hiervon nicht berührt.

Artikel 6 – Schutz nicht einwilligungsfähiger Personen

41. Einige Personen sind möglicherweise nicht in der Lage, entweder aufgrund ihres Alters (Minderjährige) oder ihrer geistigen Unfähigkeit eine volle und rechtswirksame Einwilligung in eine Intervention zu erteilen. Es ist daher erforderlich, die Bedingungen festzulegen, unter denen ein Eingriff bei diesen einwilligungsunfähigen Personen vorgenommen werden kann, damit ihr Schutz sichergestellt ist.

42. Die Einwilligungsunfähigkeit im Sinne dieses Artikels ist im Zusammenhang mit einer bestimmten Intervention zu verstehen. Gleichwohl wurde die Verschiedenartigkeit der Rechtssysteme in Europa berücksichtigt: in einigen Ländern muss die Einwilligungsunfähigkeit des Patienten für jede einzelne Intervention erneut geprüft werden, während sich das System in anderen Ländern auf das Prinzip der Geschäftsunfähigkeit gründet, demzufolge eine Person für unfähig erklärt werden kann, in einem bestimmten oder in mehreren Fällen ihre Einwilligung zu geben. Da der Zweck des Übereinkommens nicht darin besteht, ein einheitliches System

für ganz Europa einzuführen, sondern einwilligungsunfähige Menschen zu schützen, scheint im Text der Hinweis auf das innerstaatliche Recht erforderlich zu sein; es muss dem innerstaatlichen Recht der einzelnen Länder überlassen bleiben, festzulegen, wann eine Person im Hinblick auf einen Eingriff einwilligungsfähig ist oder nicht, unter Berücksichtigung des Erfordernisses, Menschen nur in solchen Fällen ihrer Selbstbestimmung zu berauben, in denen dies in ihrem Interesse erforderlich ist.

43. Um jedoch die Grundrechte des Menschen zu schützen und insbesondere die Anwendung diskriminierender Kriterien zu vermeiden, werden in Absatz 3 die Gründe genannt, derentwegen ein Erwachsener nach dem innerstaatlichen Recht als einwilligungsunfähig angesehen werden kann: Es sind dies eine geistige Behinderung, eine Krankheit oder ähnliche Gründe. Die Formulierung „ähnliche Gründe" bezieht sich auf Situationen, wie z.B. Unfälle oder Koma, in denen der Patient bzw. die Patientin unfähig ist, den eigenen Wunsch zu formulieren oder diesen zu äußern (vgl. auch „Notfallsituation", Ziffer 56). Erwachsene, die für einwilligungsunfähig erklärt wurden, aber zu einem bestimmten Zeitpunkt nicht unter einer verminderten geistigen Fähigkeit leiden, (z.B. im Falle einer spürbaren Besserung ihres Gesundheitszustands), müssen nach Artikel 5 selbst einwilligen.

44. Für Personen, deren Einwilligungsunfähigkeit nachgewiesen ist, legt das Übereinkommen das Schutzprinzip fest, demzufolge eine Intervention nach Absatz 1 nur zum unmittelbaren Nutzen der betroffenen Person vorgenommen werden darf. Abweichungen von diesem Grundsatz sind nur in zwei Fällen zulässig, die in den Artikeln 17 und 20 des Übereinkommens über medizinische Forschung und die Entnahme von regenerierbarem Gewebe geregelt sind.

45. Wie oben erwähnt, bestimmen die Absätze 2 und 3, dass eine Intervention an einem einwilligungsunfähigen Minderjährigen (Absatz 2) bzw. Erwachsenen (Absatz 3) nur mit Einwilligung der Eltern, die das Sorgerecht für den Minderjährigen haben, seines gesetzlichen Vertreters oder einer von der Rechtsordnung dafür vorgesehenen [im Englischen: Person oder] Stelle vorgenommen werden darf. Zur Wahrung des Selbstbestimmungsrechts von Personen im Hinblick auf Interventionen, die sich auf ihre Gesundheit auswirken, ist im 2. Teil von Absatz 2 vorgesehen, dass der Meinung der minderjährigen Person mit zunehmendem Alter und entsprechender Reife immer mehr entscheidendes Gewicht zukommt. Dies bedeutet, dass der Meinung des Minderjährigen in bestimmten Fällen unter Berücksichtigung der Art und Schwere der Intervention, seines Alters und seiner Urteilsfähigkeit bei der endgültigen Entscheidung zunehmend Gewicht beigemessen werden sollte. Dies könnte sogar zu der Schlussfolgerung führen, dass die Einwilligung eines Minderjährigen bei bestimmten Interventionen erforderlich sein oder zumindest ausreichen sollte. Hierbei sei angemerkt, dass sich Unterabsatz 2 von Absatz 2 mit Artikel 12 des UN-Übereinkommens über die Rechte des Kindes in Einklang befindet, der folgendes bestimmt: „Die Vertragsstaaten sichern dem Kind, das fähig ist, sich eine eigene Meinung zu bilden, das Recht zu, diese Meinung in allen das Kind berührenden Angelegenheiten frei zu äußern, und berück-

sichtigen die Meinung des Kindes angemessen und entsprechend seinem Alter und seiner Reife".

46. Darüber hinaus darf die Einbeziehung von erwachsenen einwilligungsunfähigen Personen in den Entscheidungsprozess nicht gänzlich außer acht gelassen werden. Dieser Gedanke liegt auch der Verpflichtung zugrunde, den Erwachsenen so weit wie möglich in das Einwilligungsverfahren einzubeziehen. Sie müssen daher über die Bedeutung und die Umstände der Intervention aufgeklärt werden und danach muss ihre Stellungnahme eingeholt werden.

47. Absatz 4 dieses Artikels entspricht Artikel 5 über die Einwilligung im allgemeinen und besagt, dass die Person oder die Stelle, deren Einwilligung für die Intervention erforderlich ist, in angemessener Weise über die Folgen und Risiken der Intervention zu informieren ist.

48. Nach Absatz 5 kann die zuständige Person bzw. die zuständige Stelle jederzeit ihre Einwilligung widerrufen, vorausgesetzt, dass dies im Interesse der einwilligungsunfähigen Person geschieht. Ärzte oder andere Angehörige der Heilberufe sind an erster Stelle ihrem Patienten verpflichtet, und es entspricht auch den Berufspflichten (Artikel 4), im Interesse des Patienten zu handeln. Der Arzt hat nämlich die Pflicht, seinen Patienten vor Entscheidungen zu schützen, die von einer Person oder einer Stelle getroffen werden, deren Einwilligung erforderlich ist und die nicht im Interesse des Patienten sind; das innerstaatliche Recht sollte in dieser Hinsicht geeignete Rechtsbehelfe vorsehen. Die Unterordnung der Einwilligung (oder des Widerrufs der Einwilligung) unter die Interessen des Patienten entspricht dem Ziel des Schutzes der Person. Während eine einwilligungsfähige Person das Recht hat, ihre Einwilligung in eine Intervention jederzeit aus freien Stücken zu widerrufen, selbst wenn dies offensichtlich nicht in ihrem Interesse ist, darf dieses Recht nicht für eine Einwilligung in eine Intervention bei einer anderen Person gelten, die nur widerrufen werden darf, wenn dies im Interesse dieses Dritten ist.

49. Es wurde nicht für erforderlich gehalten, in Artikel 6 ein Recht auf Einlegung einer Beschwerde gegen die Entscheidung des gesetzlichen Vertreters aufzunehmen, eine Intervention zu erlauben oder abzulehnen. Nach den Bestimmungen der Absätze 2 und 3 dieses Artikels dürfen Interventionen ohnehin nur „mit Einwilligung des gesetzlichen Vertreters oder einer von der Rechtsordnung dafür vorgesehenen Behörde, Person oder Stelle erfolgen", eine Formulierung, welche die Möglichkeit einschließt, bei einer Behörde oder einer Stelle entsprechend den dafür im innerstaatlichen Recht vorgesehenen Modalitäten Beschwerde einzulegen.

Artikel 7 – Schutz von Personen mit psychischer Störung

50. In diesem Artikel geht es um die spezielle Frage der Behandlung von Personen, die an einer psychischen Störung leiden. Dieser Artikel bildet einerseits eine Ausnahme von der allgemeinen Regelung über die Einwilligung für einwilli-

gungsfähige Personen (Artikel 5)[7], deren Entscheidungsvermögen hinsichtlich einer vorgeschlagenen Behandlung durch die psychischen Störungen, an denen sie leiden, erheblich beeinträchtigt ist. Andererseits gewährleistet er den Schutz dieser Personen, indem er die Anzahl der Fälle einschränkt, in denen eine Behandlung dieser Krankheiten ohne ihre Einwilligung erfolgen kann, und indem diese Interventionen konkreten Voraussetzungen unterworfen werden. Im Übrigen sind die in Artikel 8 aufgeführten besonderen Notfallsituationen nicht Gegenstand dieses Artikels.

51. Die erste Voraussetzung nach diesem Artikel ist, dass die Person an einer psychischen Störung (im Englischen *mental disorder*/im Französischen *trouble mental*) leiden muss. Wenn der Artikel Anwendung finden soll, muss in diesen Fällen eine Beeinträchtigung der geistigen Fähigkeiten der Person festgestellt worden sein.

52. Die zweite dieser Voraussetzungen ist, dass die Intervention für die gezielte Behandlung der psychischen Störung erforderlich sein muss. Für jede weitere Intervention muss der Arzt folglich nach Möglichkeit die Einwilligung des Patienten einholen und dessen Zustimmung oder Ablehnung muss beachtet werden. Infolgedessen darf die Ablehnung der Einwilligung in eine Intervention nur unter den gesetzlich vorgesehenen Umständen sowie dann unberücksichtigt bleiben, wenn die Gesundheit des Betroffenen (oder die Gesundheit und Sicherheit Dritter) im Falle einer nicht erfolgten Intervention schwerwiegend beeinträchtigt würde. Mit anderen Worten: Wenn eine einwilligungsfähige Person eine Intervention, die nicht auf die Behandlung ihrer psychischen Störung gerichtet ist, ablehnt, so ist ihre ablehnende Haltung in der gleichen Weise zu respektieren wie die jedes anderen einwilligungsfähigen Patienten.

53. In einigen Mitgliedstaaten gibt es Gesetze für die Behandlung von Personen mit einer schweren psychischen Störung, die entweder zwangsweise eingewiesenen wurden oder wegen Lebensgefahr dringender ärztlicher Behandlung bedürfen. Sie lassen eine Intervention in gewissen schweren Fällen, wie z.B. die Behandlung einer schweren somatischen Krankheit bei einem psychotischen Patienten, oder aber in bestimmten schwerwiegenden Notfällen zu (z.B.: akute Blinddarmentzündung, Überdosis an Medikamenten, oder der Fall einer Frau, die an einer schwerwiegenden psychotischen Krankheit leidet, bei der eine Eileiterschwangerschaft abgebrochen wurde). In solchen Fällen ermöglicht das Gesetz die Behandlung, die auf die Rettung ihres Lebens abzielt, unter der Voraussetzung, dass der betroffene Arzt der Überzeugung ist, dass sein Handeln rechtmäßig ist. Dieses Verfahren fällt unter Artikel 6 (Schutz einwilligungsunfähiger Personen) oder Artikel 8 (Notfallsituationen).

---

[7] Im Falle der Personen, die einwilligungsunfähig sind, kann die Einwilligung zur Behandlung in dem Sinne, in dem sie hier verstanden wird, unter den in Artikel 6 Absatz 3 aufgeführten Bedingungen gerechtfertigt sein.

54. Die dritte Voraussetzung ist, dass ohne eine Behandlung der psychischen Störung der Person ein ernster gesundheitlicher Schaden droht. Eine solche Gefahr besteht beispielsweise, wenn eine Person suizidgefährdet ist und folglich eine Gefahr für sich selbst darstellt. Der Artikel behandelt hier nur das Risiko für die Gesundheit des Patienten selbst, während Artikel 26 des Übereinkommens im Übrigen die Behandlung gegen seinen Willen gestattet, um die Rechte und Freiheiten Dritter zu schützen (z.b. im Falle gewalttätigen Verhaltens). Der Artikel schützt daher einerseits die Gesundheit der Person (insofern als die Behandlung der psychischen Störung ohne Einwilligung zulässig ist, wenn ohne diese Behandlung ein schwerer gesundheitlicher Schaden zu erwarten wäre) und andererseits ihre Selbständigkeit (insofern als die Behandlung ohne Einwilligung dann ausgeschlossen ist, wenn ohne diese Behandlung keine schwerwiegende Gefahr für die Gesundheit entsteht).

55. Letzte Voraussetzung ist, dass die im jeweiligen innerstaatlichen Recht festgelegten Schutzregelungen eingehalten werden. Dazu gehören nach dem Wortlaut des Artikels u.a. Aufsichts-, Kontroll- und Rechtsmittelverfahren, z.B. eine vermittelnde Entscheidung durch eine Justizbehörde. Diese Forderung ist angesichts der Tatsache verständlich, dass es hier um die Möglichkeit einer Intervention bei einer Person geht, die dazu keine Einwilligung gegeben hat, so dass es Vorkehrungen für den angemessenen Schutz der Rechte dieser Person geben muss. In diesem Zusammenhang werden in der Empfehlung R (83) 2 des Ministerkomitees des Europarates zum rechtlichen Schutz von Personen, die an einer psychischen Störung leiden und gegen ihren Willen untergebracht werden, eine gewisse Anzahl von Grundsätzen formuliert, die während der psychiatrischen Behandlung und Unterbringung beachtet werden müssen. Ferner sind dazu die Hawaii-Erklärung des Weltverbandes für Psychiatrie vom 10. Juli 1983 und ihre revidierten Fassungen, die Madrider Erklärung vom 25. August 1996 sowie die Empfehlung 1235 (1994) der Parlamentarischen Versammlung über Psychiatrie und Menschenrechte zu nennen.

Artikel 8 – Notfallsituation

56. In Notfällen kann sich der Arzt mit einer Kollision seiner Pflichten konfrontiert sehen, nämlich der Pflicht zu behandeln und derjenigen, die Einwilligung der Person einzuholen. Dieser Artikel gestattet es dem Arzt, unverzüglich zu handeln, ohne abzuwarten, bis der Patient oder gegebenenfalls der gesetzliche Vertreter die Einwilligung erteilen kann. Da dies eine Abweichung von dem in den Artikeln 5 und 6 festgelegten allgemeinen Grundsatz darstellt, werden Voraussetzungen dafür genannt.

57. Erstens ist diese Möglichkeit auf Notfälle beschränkt, in denen der Arzt daran gehindert ist, die entsprechende Einwilligung einzuholen. Der Artikel bezieht sich sowohl auf Personen, die einwilligungsfähig sind, als auch auf solche, die entweder de jure oder de facto einwilligungsunfähig sind. Als Beispiel sei der Fall eines Patienten im Koma angeführt, der somit zur Abgabe seiner Einwilligung nicht in

der Lage ist (vgl. Ziffer 43), oder auch der eines Arztes, der den gesetzlichen Vertreter eines Einwilligungsunfähigen nicht erreichen kann, der normalerweise zu einem dringlichen Eingriff seine Zustimmung geben muss. Selbst in Notfallsituationen müssen die Angehörigen der Heilberufe angemessene Maßnahmen ergreifen, um die etwaigen Wünsche des Patienten festzustellen.

58. Zweitens wird diese Möglichkeit nur auf medizinisch notwendige Interventionen, die keinen Aufschub dulden, beschränkt; dies bedeutet keine Einschränkung auf lebensrettende Interventionen. Interventionen, für die ein Aufschub akzeptabel ist, bleiben ausgeschlossen.

59. Schließlich fordert der Artikel, dass die Intervention im unmittelbaren Interesse der Gesundheit des Betroffenen vorgenommen werden muss.

Artikel 9 – Zu einem früheren Zeitpunkt geäußerte Wünsche

60. Während nach Artikel 8 in Notfallsituationen auf die Einholung einer Einwilligung verzichtet werden kann, werden in diesem Artikel Fälle angesprochen, in denen Personen, die die Tragweite ihrer Entscheidung verstehen, ihre Entscheidung, d.h. Zustimmung oder Ablehnung, im Hinblick auf vorhersehbare Situationen, in denen sie ihre Meinung zu der Intervention nicht zum Ausdruck bringen können, zu einem früheren Zeitpunkt geäußert haben.

61. Der Artikel bezieht sich daher nicht allein auf die in Artikel 8 aufgeführten Notfallsituationen, sondern auch auf die Situationen, in denen Personen vorhergesehen haben, dass sie zur Erteilung ihrer rechtswirksamen Einwilligung möglicherweise nicht in der Lage sein werden, wie z.B. im Falle einer fortschreitenden Erkrankung wie einer Dementia senilis.

62. Der Artikel legt fest, dass zu einem früheren Zeitpunkt geäußerte Wünsche einer Person berücksichtigt werden müssen. Früher geäußerte Wünsche berücksichtigen heißt aber nicht, dass diesen in jedem Fall zu folgen ist. Sind die Wünsche z.B. lange vor der Intervention geäußert worden und ist die wissenschaftliche Forschung inzwischen weiter vorangeschritten, kann es gerechtfertigt sein, der Meinung des Patienten nicht zu folgen. Der Arzt sollte sich daher soweit wie möglich davon überzeugen, dass die Wünsche des Patienten auf die gegenwärtige Situation anwendbar und weiterhin gültig sind, insbesondere unter Berücksichtigung des technischen Fortschritts in der Medizin.

Kapitel III – Privatsphäre und Recht auf Auskunft

Artikel 10 – Privatsphäre und Recht auf Auskunft

63. Der erste Absatz dieses Artikels führt das Recht auf Wahrung der Privatsphäre in Bezug auf Angaben über die Gesundheit auf. Er bekräftigt somit den in Artikel 8 der Europäischen Menschenrechtskonvention aufgeführten und in dem Übereinkommen zum Schutz des Menschen bei der automatischen Verarbeitung perso-

nenbezogener Daten wieder aufgenommenen Grundsatz. Dabei sei darauf verwiesen, dass nach Artikel 6 des zuletzt genannten Übereinkommens personenbezogene Gesundheitsdaten eine besondere Kategorie von Daten darstellen und als solche speziellen Regelungen unterliegen.

64. Es sind jedoch bestimmte Einschränkungen des Rechts auf Wahrung der Privatsphäre aus einem der in Artikel 26 Absatz 1 aufgeführten Gründen und unter den darin genannten Bedingungen möglich. So kann beispielsweise eine Justizbehörde die Durchführung eines Tests zur Identifizierung eines Straftäters (Ausnahmefall zur Verhütung von Straftaten) oder zur Feststellung der Vaterschaft (Ausnahmefall zum Schutz der Rechte Dritter) anordnen.

65. Der erste Satz in Absatz 2 bestimmt, dass jeder Mensch Anspruch darauf hat, sämtliche über seine Gesundheit gesammelten Informationen zu erfahren, sofern er dies wünscht. Dieses Recht ist von fundamentaler Bedeutung an sich, bestimmt aber auch die wirksame Ausübung anderer Rechte wie des in Artikel 5 festgelegten Rechts auf Einwilligung bzw. Ablehnung.

66. Das „Recht" eines Menschen „auf Auskunft" erstreckt sich auf sämtliche über seine Gesundheit gesammelten Informationen, unabhängig davon, ob diese durch Diagnose, Prognose oder auf eine andere Weise gewonnen worden sind.

67. Das Recht auf Auskunft geht Hand in Hand mit dem „Recht auf Nicht-Wissen", das im zweiten Satz von Absatz 2 vorgesehen ist. Ein Patient hat möglicherweise eigene Gründe, warum er über bestimmte Aspekte seines Gesundheitszustandes nicht informiert werden will. Ein Wunsch dieser Art ist zu respektieren. Die Ausübung des Patientenrechts, diese oder jene Erkenntnis über die eigene Gesundheit nicht erfahren zu wollen, steht der Gültigkeit seiner Einwilligung zu einer Intervention nicht im Wege; z.B. kann der Patient rechtsgültig in die Entfernung einer Zyste einwilligen und trotzdem nichts über deren Art wissen wollen. 68. Unter bestimmten Umständen kann das Recht auf Auskunft bzw. auf Nicht-Wissen im Interesse des Patienten selbst oder auf der Grundlage von Artikel 26 Absatz 1 beispielsweise zum Schutz der Rechte eines Dritten oder der Gesellschaft eingeschränkt werden.

69. So wird im letzten Absatz des Artikels 10 aufgeführt, dass nach der innerstaatlichen Rechtsordnung in Ausnahmefällen das Recht auf Auskunft bzw. Nicht-Wissen im Interesse der Gesundheit des Patienten eingeschränkt werden kann (eine infauste Prognose z.B. kann in bestimmten Fällen, wenn sie unmittelbar an den Patienten weitergegeben wird, dessen Gesundheitszustand ernsthaft verschlechtern). In manchen Fällen kollidiert die Pflicht des Arztes zur Information, die auch in Artikel 4 verankert ist, mit den Interessen des Gesundheitszustandes des Patienten. Die Lösung dieses Konflikts ist Sache des innerstaatlichen Rechts unter Berücksichtigung des jeweiligen sozialen und kulturellen Hintergrundes. Nach der Rechtsordnung kann es dem Arzt, gegebenenfalls unter gerichtlicher Aufsicht, in manchen Fällen gestattet sein, einen Teil der Informationen entweder zu ver-

schweigen oder sie zumindest nur behutsam offenzulegen („therapeutische Notwendigkeit").

70. Darüber hinaus kann die Kenntnis bestimmter Fakten zur eigenen Gesundheit für einen Patienten, der den Wunsch zum Ausdruck gebracht hat, diese nicht zu erfahren, von entscheidender Bedeutung sein. Beispielsweise kann das Wissen des Betroffenen von einer Disposition für eine Krankheit das einzige Mittel sein, um ihn in die Lage zu versetzen, möglicherweise wirksame (vorbeugende) Maßnahmen zu ergreifen. In diesem Fall könnte es zu einem Konflikt zwischen der Pflicht eines Arztes zur Hilfeleistung, die in Artikel 4 verankert ist, und dem Recht des Patienten auf Nicht-Wissen kommen. Es könnte sich auch als vorteilhaft erweisen, eine Person über ihren Zustand zu informieren, wenn nicht nur für sie, sondern auch für Dritte irgendeine Gefahr besteht. Auch hier ist es Sache des jeweiligen innerstaatlichen Rechts festzulegen, ob der Arzt angesichts der Umstände des jeweiligen Falles ausnahmsweise entgegen dem Recht auf Nicht-Wissen handeln darf. Gleichzeitig sind möglicherweise bestimmte Fakten zum Gesundheitszustand einer Person, die den Wunsch geäußert hat, diese nicht zu erfahren, von außerordentlichem Interesse für Dritte, z.B. bei einer auf andere übertragbaren Krankheit oder besonderen Voraussetzung. In einem solchen Fall könnten das Recht des Patienten auf Wahrung der Privatsphäre nach Absatz 1 und infolgedessen das Recht auf Nicht-Wissen nach Absatz 2 auf der Grundlage von Artikel 26 gegenüber dem Recht eines Dritten je nach der Möglichkeit der Vermeidung des von dem Letztgenannten eingegangenen Risikos in den Hintergrund treten. Auf jeden Fall kann das Recht des Betroffenen auf Nicht-Wissen dem Interesse einer anderen Person auf Auskunft entgegenstehen, und ihre Interessen sollten durch das innerstaatliche Recht ins Gleichgewicht gebracht werden.

Kapitel IV – Menschliches Genom

71. Die Gentechnik hat sich in den vergangenen Jahren dramatisch verändert. In der Humanmedizin kann sie – neben dem pharmazeutischen Bereich – auf anderen Gebieten zur Anwendung gelangen, namentlich für Gentests, Gentherapie und für die wissenschaftliche Klärung der Ursachen und Abläufe von Krankheiten.

72. Bei den Gentests handelt es sich um medizinische Untersuchungen, die darauf abzielen, das Vorhandensein von oder die Veranlagung für eine Erbkrankheit durch unmittelbare oder mittelbare genetische Untersuchung des Erbguts (Chromosome, Gene) bei einer Person zu erkennen oder auszuschließen.

73. Die Gentherapie ist darauf gerichtet, Veränderungen im menschlichen Erbgut, die zu Erbkrankheiten führen können, zu korrigieren. Der Unterschied zwischen Gentherapie und Genomanalyse besteht darin, dass letztere das Erbgut nicht verändert, sondern lediglich dessen Struktur und den Zusammenhang mit den Krankheitssymptomen untersucht. Theoretisch sind zwei Arten von Gentherapien zu unterscheiden. Ziel der somatischen Gentherapie ist es, die Korrektur genetischer Defekte in somatischen Zellen zu betreiben und Wirkungen zu erzielen, die sich

auf die behandelte Person beschränken. Wäre es möglich, eine Gentherapie bei Keimzellen vorzunehmen, würde die Krankheit der Person, von der die Zellen stammen, nicht behandelt; in diesem Fall würde die Korrektur an Zellen vorgenommen, deren einzige Aufgabe es ist, den genetischen Code an nachfolgende Generationen weiterzugeben.

Artikel 11 – Nichtdiskriminierung

74. Der rasche Fortschritt bei der Kartierung des menschlichen Genoms und die damit einhergehende Entwicklung von Gentests können bei der Vorbeugung und Behandlung von Krankheiten große Fortschritte mit sich bringen. Gentests lösen aber auch erhebliche Befürchtungen aus. Am verbreitetsten ist wohl die Sorge, dass Gentests, mit denen eine genetische Krankheit, eine entsprechende Prädisposition oder Anfälligkeit für genetische Krankheiten festgestellt werden kann, als Mittel der Selektion und Diskriminierung verwendet werden.

75. Artikel 11 legt den wesentlichen Grundsatz fest, dass jede Form von Diskriminierung einer Person aufgrund ihres genetischen Erbes verboten ist.

76. Nach Artikel 14 der Europäischen Menschenrechtskonvention ist der Genuss der darin festgelegten Rechte und Freiheiten ohne Unterschied des Geschlechts, der Rasse, Hautfarbe, Sprache, Religion, politischen oder sonstigen Anschauungen, nationaler oder sozialer Herkunft, Zugehörigkeit zu einer nationalen Minderheit, des Vermögens, der Geburt oder des sonstigen Status' zu gewährleisten. Artikel 11 ergänzt diese Aufzählung noch um das genetische Erbe einer Person. Das darin angeführte Diskriminierungsverbot erstreckt sich auf alle Gebiete, die in den Geltungsbereich dieses Übereinkommens fallen. Es schließt auch das Diskriminierungsverbot aufgrund der Zugehörigkeit zu einer Rasse im Sinne des Übereinkommens der Vereinten Nationen von 1966 zur Beseitigung jeder Form von Rassendiskriminierung ein, wie es auch von dem im Rahmen des Übereinkommens errichteten Ausschuss (CERD) ausgelegt wird.

77. Obwohl der Begriff „discrimination" im Französischen eine negative Konnotation hat, dies aber nicht unbedingt für das Englische gilt (hier müsste es "unfair discrimination" heißen), wurde beschlossen, ebenso wie zuvor bei der Europäischen Menschenrechtskonvention und der Rechtsprechung des Gerichtshofs in beiden Sprachen denselben Begriff beizubehalten. Im vorliegenden Fall ist die Diskriminierung demnach sowohl im Französischen als auch im Englischen als ungerechtfertigte Benachteiligung zu verstehen. Sie schließt insbesondere wünschenswerte Maßnahmen nicht aus, die zugunsten von Personen, die aufgrund ihres genetischen Erbes benachteiligt sind, mit dem Ziel der Wiederherstellung eines bestimmten Gleichgewichts durchgeführt werden können.

Artikel 12 – Prädiktive genetische Tests

78. In den vergangenen zehn Jahren ist die Humangenetik sehr rasch fortgeschritten. Aufgrund der Entwicklungen ist es heute möglich, sehr viel genauer als früher zu erkennen, wer Träger eines bestimmten einzelnen Gens, auf das schwerwiegende Erkrankungen (wie z.b. Mukoviscidose, Hämophilie, Huntington Chorea, Retinitis pigmentosa, usw.) zurückzuführen sind, oder von Genen ist, die das Risiko für später einsetzende schwere Krankheiten (Herzleiden, Krebs oder die Alzheimer Erkrankung) erhöhen können. Es ist inzwischen möglich, auf der Grundlage der Mendelschen Vererbungsgesetze oder durch Feststellung der phänotypischen Eigenschaften (durch klinische Beobachtung oder herkömmliche biochemische Labortests), aufgrund deren der Ausbruch einer Krankheit vorhersehbar ist, Personen zu erkennen, die eine Prädisposition oder Anfälligkeit für bestimmte monogenetische Leiden haben. Durch die Fortschritte in der Genetik können wesentlich ausgefeiltere und genauere Verfahren zur Feststellung bestimmter Leiden zur Anwendung gelangen. Die Identifizierung eines bestimmten anomalen Gens lässt jedoch keine sicheren Rückschlüsse auf die Art und Schwere der Krankheit zu.

79. Aufgrund der modernen Verfahren ist es auch möglich, Gene zu identifizieren, die im späteren Leben möglicherweise zur Entstehung schwerer Krankheiten führen, zu der andere Gene, Umwelteinflüsse und Lebensstil gleichfalls beitragen können. Es ist ferner gelungen, durch Feststellung der phänotypischen Merkmale einige dieser genetisch bedingten Risikofaktoren zu erfassen. Die Wahrscheinlichkeit, dass jemand später erkrankt, ist jedoch sehr viel geringer als bei einer monogenetischen Krankheit, weil deren Ausbruch von Faktoren abhängt, die sich der Kontrolle des Betroffenen entziehen (wie z.B. andere genetische Eigenschaften), sowie von Faktoren, auf die er Einfluss nehmen kann (Ernährung, Rauchen, Lebensstil usw.), so dass sich die Gefahr zu erkranken modifiziert.

80. Prädiktive Tests für bestimmte genetische Krankheiten können für die Gesundheit von großem Nutzen sein, weil dann die Möglichkeit besteht, rechtzeitig eine vorbeugende Behandlung vorzunehmen oder die Risiken durch Veränderung des Verhaltens, des Lebensstils oder der Umwelteinflüsse des Betroffenen zu verringern. Bei etlichen genetisch bedingten Krankheiten besteht diese Möglichkeit jedoch noch nicht. Das Recht auf Information sowie das Recht auf Nicht-Wissen und die Einwilligung nach Aufklärung sind in diesem Bereich demnach von besonderer Bedeutung; denn Tests zur Prognose genetischer Krankheiten, für die es derzeit noch keine wirksame Therapie gibt, können natürlich Probleme aufwerfen.

Ein komplizierender Faktor hierbei ist, dass Tests zur Prognose genetisch bedingter Krankheiten sich auch auf Familienangehörige und Nachkommen des Betroffenen auswirken können. Daher ist es von besonderer Bedeutung, auf diesem Gebiet geeignete Grundsätze der Berufsausübung und Verhaltenskodizes zu entwickeln[8].

---

[8] Das Ministerkomitee des Europarats hat zwei Empfehlungen für Screening-Tests angenommen, und zwar die Empfehlung R (90) 13 über das pränatale genetische Screening,

81. Der Fall ist noch komplizierter, wenn es um prädiktive Tests für schwere im späteren Leben einsetzende Krankheiten geht, für die es derzeit keine Therapie gibt. Bei solchen Krankheiten sollte ein Screening die Ausnahme bleiben, selbst wenn es zu Zwecken wissenschaftlicher Forschung vorgenommen wird; der Grundsatz der freiwilligen Teilnahme und die Wahrung der Privatsphäre des Menschen dürften dadurch nämlich in zu starkem Maße beeinträchtigt werden.

82. Wegen der besonderen Probleme im Zusammenhang mit prädiktiven Tests ist es erforderlich, die Möglichkeiten ihrer Anwendung streng auf den gesundheitlichen Nutzen für den Betroffenen zu beschränken. Auch die wissenschaftliche Forschung sollte im Zusammenhang mit der Entwicklung einer medizinischen Therapie durchgeführt werden und unsere Fähigkeit zur Vorbeugung der Krankheit verstärken.

83. Artikel 12 als solcher schränkt das Recht auf Vornahme diagnostischer Tests an einem Embryo, um festzustellen, ob er Träger von Erbanlagen ist, die bei dem Kind zu einer schweren Krankheit führen würden, in keiner Weise ein.

84. Da offenkundig die Gefahr besteht, dass die Möglichkeiten genetischer Tests außerhalb des Gesundheitswesens genutzt werden (z. B. bei einer ärztlichen Untersuchung vor Abschluss eines Arbeits- oder Versicherungsvertrags), muss eindeutig zwischen gesundheitlichen Zwecken zum Wohl des Menschen einerseits und den Interessen Dritter, die möglicherweise kommerzieller Art sind, unterschieden werden.

85. Artikel 12 untersagt die Durchführung eines prädiktiven Tests zu anderen als gesundheitlichen Zwecken oder Zwecken gesundheitsbezogener Forschung, selbst wenn die Zustimmung des Betroffenen vorliegt. Demnach ist die Vornahme prädiktiver genetischer Tests im Rahmen von medizinischen Einstellungsuntersuchungen – sofern sie nicht einem gesundheitlichen Zweck bezüglich der betroffenen Person dienen – ausgeschlossen. Dies bedeutet, dass unter bestimmten Voraussetzungen, wenn das Arbeitsumfeld wegen einer genetischen Disposition einer Person negative Auswirkungen auf deren Gesundheit haben könnte, prädiktive genetische Tests im Arbeitsbereich allerdings angeboten werden dürfen vorbehaltlich der Zielsetzung zur Verbesserung der Arbeitsbedingungen. Diese Tests müssen eindeutig im Interesse der Gesundheit des Betroffenen sein und das Recht auf Nicht-Wissen sollte respektiert werden.

86. Soweit prädiktive Tests bei Arbeits- oder privaten Versicherungsverträgen keinem gesundheitlichen Zweck dienen, stellen sie eine unverhältnismäßige Beeinträchtigung der Rechte des Menschen auf Wahrung seiner Privatsphäre dar. Ein Versicherungsunternehmen darf den Abschluss oder die Änderung eines Versiche-

---

die pränatale genetische Diagnostik und damit zusammenhängende genetische Beratung sowie die Empfehlung R (92) 3 über genetische Tests und genetisches Screening zu gesundheitlichen Zwecken.

rungsvertrags nicht von der Vornahme eines prädiktiven genetischen Tests abhängig machen. Auch darf es den Abschluss oder die Änderung einer solchen Police nicht deshalb ablehnen, weil sich der Antragsteller keinem Test unterzogen hat, da die Vornahme einer rechtswidrigen Handlung nicht die rechtsgültige Voraussetzung für den Abschluss eines Vertrags darstellen kann.

87. Allerdings kann die Durchführung eines Tests zur Prognose einer genetischen Krankheit außerhalb des Gesundheitsbereichs aus einem der in Artikel 26 Absatz 1 aufgeführten Gründe unter Beachtung der darin gesetzten Bedingungen nach dem innerstaatlichen Recht zulässig sein.

88. Aufgrund von Artikel 5 darf ein genetischer Test nur vorgenommen werden, wenn der Betroffene seine Einwilligung erteilt hat. In Artikel 12 wird eine weitere Bedingung erwähnt, die darin besteht, dass prädiktive Tests mit einer angemessenen genetischen Beratung einhergehen müssen.

Artikel 13 – Interventionen in das menschliche Genom

89. Die Fortschritte in der wissenschaftlichen Forschung, insbesondere in Bezug auf Erkenntnisse über das menschliche Genom und die sich daraus ergebenden Anwendungen, haben sehr positive Perspektiven entstehen aber auch Fragen aufgeworfen und sogar große Befürchtungen aufkommen lassen. Während die Fortschritte auf diesem Gebiet einen bedeutenden Nutzen für die Menschheit bewirken können, könnte der Missbrauch dieser Entwicklungen nicht mehr nur das Individuum, sondern auch die Spezies als Ganzes gefährden. Die eigentliche Sorge besteht darin, dass es irgendwann gelingt, das menschliche Genom mit Absicht so zu verändern, dass Individuen oder ganze Gruppen gezüchtet werden, die mit ganz bestimmten Merkmalen und gewünschten Eigenschaften ausgestattet sind. Die Antwort auf diese Ängste, die das Übereinkommen in Artikel 13 anbietet, enthält verschiedene Gesichtspunkte.

90. Jegliche Interventionen, die auf die Veränderung des menschlichen Genoms gerichtet sind, dürfen immer nur zu präventiven, diagnostischen oder therapeutischen Zwecken vorgenommen werden. Interventionen, die auf die Veränderung der genetischen Eigenschaften gerichtet sind, welche nicht mit einer Krankheit oder einem Leiden in Zusammenhang stehen, sind untersagt. Solange die somatische Gentherapie derzeit noch erforscht wird, ist ihre Anwendung nur vorbehaltlich der Einhaltung der Schutzbestimmungen nach Artikel 15 ff. zulässig ist.

91. Interventionen, die darauf abzielen, die genetischen Eigenschaften der nachfolgenden Generationen zu verändern, sind untersagt. Daher sind insbesondere genetische Veränderungen an für die Befruchtung bestimmten Spermatozoen oder Eizellen untersagt. Medizinische Forschung, die auf genetische Veränderungen an Spermatozoen oder Eizellen abzielt, die nicht für die Befruchtung vorgesehen sind, ist nur zulässig, wenn sie *in vitro* und mit Genehmigung einer Ethik-Kommission oder anderen zuständigen Stelle erfolgt.

92. Andererseits schließt der Artikel Interventionen aus somatischen Gründen, die unerwünschte Nebenwirkungen auf die Keimbahn haben dürften, nicht aus. Dies kann zum Beispiel auf bestimmte Krebstherapien im Wege der Strahlenbehandlung oder Chemotherapie zutreffen, die sich auf das Reproduktionssystem desjenigen, der sich dieser Behandlung unterzieht, nachteilig auswirken können.

Artikel 14 – Verbot der Geschlechtswahl

93. Die Reproduktionsmedizin besteht in der künstlichen Insemination, der *In-Vitro*-Fertilisation sowie jedem Verfahren mit der gleichen Wirkung, das die Zeugung außerhalb des natürlichen Ablaufs ermöglicht. Nach diesem Artikel ist es untersagt, eine Technik der medizinisch unterstützten Fortpflanzung zur Auswahl des Geschlechts eines Kindes anzuwenden, sofern es nicht darum geht, eine schwerwiegende geschlechtsgebundene Erbkrankheit zu verhindern.

94. Die Schwere einer geschlechtsgebundenen Erbkrankheit wird in jedem Staat gemäß dem innerstaatlichen Recht nach den dort geltenden Verfahren bestimmt. In einigen Ländern haben politische Einrichtungen, Verwaltungsbehörden, innerstaatliche Ethik-Kommissionen, *ad hoc* gebildete Kommissionen, Kammern, usw. entsprechende Kriterien aufgestellt. Es bedarf in allen Fällen einer angemessenen humangenetischen Beratung der Betroffenen.

Kapitel V – Wissenschaftliche Forschung

Artikel 15 – Allgemeine Regel

95. Die Freiheit der wissenschaftlichen Forschung im Bereich von Biologie und Medizin wird nicht nur durch das Recht der Menschheit auf Erkenntnis, sondern auch durch die beträchtlichen Fortschritte gerechtfertigt, die deren Ergebnisse für die Gesundheit und das Wohlbefinden der Patienten mit sich bringen können.

96. Dennoch handelt es sich hier nicht um eine absolute Freiheit. In der medizinischen Forschung wird sie durch die Grundrechte des Menschen, insbesondere durch die Bestimmungen des Übereinkommens und durch andere Rechtsvorschriften zum Schutz des Menschen, begrenzt. In diesem Zusammenhang sei darauf verwiesen, dass in Artikel 1 des Übereinkommens festgelegt ist, dass sie auf den Schutz der Würde und Identität des Menschen gerichtet ist und darauf abzielt, jedem ohne Unterschied die Wahrung seiner Integrität sowie anderer Rechte und Grundfreiheiten zu garantieren. Diese Grundsätze sind daher in der Forschung stets zu beachten.

Artikel 16 – Schutz von Personen bei Forschungsvorhaben

97. Dieser Artikel legt die Voraussetzungen für jegliche Forschung am Menschen fest. Diese Voraussetzungen lassen sich weitgehend von der Empfehlung R (90) 3 des Ministerkomitees an die Mitgliedstaaten über die medizinische Forschung am Menschen leiten.

98. Die erste Voraussetzung lautet, dass es keine Alternative von vergleichbarer Wirksamkeit zur Forschung am Menschen geben darf. Demzufolge ist eine Forschung dann nicht erlaubt, wenn gleichartige Ergebnisse mit anderen Mitteln erzielt werden können. Schließlich darf auf eine invasive Methode nicht zurückgegriffen werden, wenn eine weniger oder nicht invasive Methode von vergleichbarer Wirksamkeit zur Verfügung steht.

99. Die zweite Voraussetzung lautet, dass die möglichen Risiken für die Person nicht im Missverhältnis zum möglichen Nutzen der Forschung stehen.

100. Die dritte Voraussetzung betrifft die Notwendigkeit einer unabhängigen Prüfung des wissenschaftlichen Wertes sowie der ethischen, rechtlichen, sozialen und wirtschaftlichen Vertretbarkeit des Forschungsvorhabens. Die Prüfung der letztgenannten Gesichtspunkte hat durch unabhängige interdisziplinäre Ethik-Kommissionen zu erfolgen.

101. Ziffer iv) betont die Verpflichtung zu einer vorherigen Unterrichtung der Person über ihre Rechte und von der Rechtsordnung vorgesehenen Sicherheitsmaßnahmen, zum Beispiel ihr Recht, ihre Einwilligung jederzeit frei zu widerrufen.

102. Ziffer v) verstärkt die in Artikel 5 aufgestellten Voraussetzungen in Bezug auf die Einwilligung. Für Forschungsvorhaben genügt eine nicht ausdrücklich erteilte Einwilligung nicht. Daher verlangt dieser Artikel nicht nur, dass die Person ihre Einwilligung nach entsprechender Aufklärung frei erteilt, sondern die Einwilligung muss zudem ausdrücklich und eigens für diesen Fall erteilt und urkundlich festgehalten werden. Unter „eigens für diesen Fall erteilte Einwilligung" ist hier die Einwilligung zu verstehen, die für eine bestimmte Intervention erteilt wird, die im Rahmen eines Forschungsvorhabens erfolgt.

Artikel 17 – Schutz nicht einwilligungsfähiger Personen bei Forschungsvorhaben

Absatz 1

103. Dieser Artikel stellt in Absatz 1 einen Grundsatz in Bezug auf die Forschung an einer einwilligungsunfähigen Person auf: die Forschung muss zum Nutzen der Person erfolgen. Der Nutzen muss tatsächlich sein und aus den potentiellen Ergebnissen der Forschung folgen, dabei darf das Risiko nicht im Missverhältnis zu dem erwarteten Nutzen stehen.

104. Zudem darf für eine Zulassung solcher Forschung nicht die Möglichkeit bestehen, auf einwilligungsfähige Personen zurückzugreifen. Es reicht nicht aus, wenn es keine geschäftsfähigen Freiwilligen gibt. Der Rückgriff auf einwilligungsunfähige Personen muss aus wissenschaftlicher Sicht die einzige Möglichkeit darstellen. Dies ist beispielsweise der Fall einer Forschung mit dem Ziel der Verbesserung des Kenntnisstandes der Entwicklungsbedingungen von Kindern

oder eine Verbesserung des Kenntnisstandes in Bezug auf Krankheiten, die für diese Personengruppe spezifisch ist, beispielsweise Kinderkrankheiten oder bestimmte psychiatrische Störungen wie Dementia bei Erwachsenen. Solche Forschungen können nur an den betroffenen Kindern bzw. Erwachsenen vorgenommen werden.

105. Der Schutz einer einwilligungsunfähigen Person wird ebenfalls verstärkt, wenn vorgesehen ist, dass die aufgrund von Artikel 6 erforderliche Einwilligung eigens für diesen Fall und schriftlich zu erteilen ist. Ebenfalls ist festgelegt, dass die Einwilligung jederzeit frei widerrufen werden kann.

106. Zudem darf die Forschung nicht vorgenommen werden, wenn die betroffene Person sich weigert. Bei einem Säugling oder sehr jungen Kind ist dessen Verhalten unter Berücksichtigung seines Alters und Reifegrades zu bewerten. Die Bestimmung, mit der die Vornahme einer Forschung gegen den Willen der Person unterbunden wird, zeugt auf dem Gebiet von Forschungsvorhaben von dem Bestreben, die Autonomie und Würde der Person unter allen Umständen zu achten, selbst wenn die betroffene Person juristisch nicht einwilligungsfähig ist. Diese Bestimmung ermöglicht es ebenfalls, sich Gewissheit darüber zu verschaffen, dass die Belastung durch die Forschung jederzeit von der Person akzeptiert werden kann.

Absatz 2

107. Nach Maßgabe der durch die innerstaatliche Rechtordnung vorgesehenen Schutzbestimmungen sieht Absatz 2 in Ausnahmefällen vor, dass von der Regel des unmittelbaren Nutzens unter bestimmten strikten Voraussetzungen abgewichen werden kann. Wenn alle Forschungsvorhaben völlig verboten wären, würde jeder Fortschritt im Kampf für die Bewahrung und Verbesserung der Gesundheit sowie gegen Krankheiten, von denen lediglich Kinder, psychisch Kranke oder unter Altersdementia leidende Personen betroffen wären, unmöglich gemacht. Die Ausnahme zugunsten dieser Forschungsvorhaben hat mithin kein anderes Ziel als dieser Personengruppe im Endeffekt Nutzen zu bringen.

108. Neben diesen allgemeinen Voraussetzungen für die Forschung an einwilligungsunfähigen Personen sind bestimmte zusätzliche Voraussetzungen zu beachten. Auf diese Weise ermöglicht es das Übereinkommen diesen Personen aus dem Beitrag der Wissenschaft im Kampf gegen die Krankheiten Nutzen zu ziehen, wobei der individuelle Schutz der Person, die sich dem Forschungsvorhaben unterzieht, gewährleistet ist. Die erforderlichen Voraussetzungen beinhalten, dass:
– es zur Erlangung der für die betroffene Patientengruppe erforderlichen Ergebnisse zur Forschung am Menschen weder eine Alternative mit vergleichbarer Wirksamkeit noch eine Forschung an einwilligungsfähigen Personen mit vergleichbarer Wirksamkeit gibt;
– die Forschung zum Ziel hat, durch eine wesentliche Erweiterung des wissenschaftlichen Verständnisses des Zustands, der Krankheit oder der Stö-

rung der Person letztlich zu Ergebnissen beizutragen, die der betroffenen Person selbst oder anderen Personen nützen können, welche derselben Altersgruppe angehören oder an derselben Krankheit oder Störung leiden oder sich in demselben Zustand befinden;
- die Forschung für die betroffene Person nur ein minimales Risiko und eine minimale Belastung mit sich bringt (z. B. Blutprobe – siehe Ziffer 111 und 113);
- das Forschungsvorhaben nicht nur wissenschaftlich sachdienlich ist, sondern auch ethisch und rechtlich vertretbar und zuvor von den zuständigen Stellen gebilligt wurde;
- der gesetzliche Vertreter des Betroffenen, eine von der Rechtsordnung dafür vorgesehene Behörde, Person oder Stelle die Einwilligung erteilt hat (angemessene Vertretung der Patienteninteressen);
- die betroffene Person sich nicht weigert (der Wunsch des Betroffenen hat Vorrang und ist stets ausschlaggebend);
- die Einwilligung in jeder Phase der Forschung widerrufen werden kann.

109. Eine zusätzliche Voraussetzung ist, dass diese Forschung zum Ziel hat, zu einer wesentlichen Erweiterung des wissenschaftlichen Verständnisses des Gesundheitszustandes einer Person, einer Krankheit oder einer Störung, an der sie leidet, beizutragen und letztlich Ergebnisse zu erzielen, die entweder für die Gesundheit der an der Forschung beteiligten Person oder für das gesundheitliche Befinden der gleichen Personengruppe von Nutzen sind. So könnte beispielsweise ein Minderjähriger an einem Forschungsvorhaben zu einer Krankheit teilnehmen, an der er leidet, selbst dann, wenn er aus den Ergebnissen der Forschung keinen Nutzen ziehen kann, sofern der Nutzen für die von der gleichen Krankheit betroffenen Kinder bedeutsam ist. In Fällen, in denen gesunde Minderjährige an einem Forschungsvorhaben teilnehmen, werden selbstverständlich Ergebnisse erwartet, die für andere Kinder von Nutzen sind; dies schließt jedoch nicht aus, dass ein solches Forschungsvorhaben später für gesunde Kinder, die an dieser Forschung teilnehmen, von Nutzen sein kann.

110. Diese Forschungen zum „Zustand der Person" können bei Forschungen an Kindern nicht nur kinderspezifische Krankheiten oder Anomalien oder kinderspezifische Aspekte allgemeiner Krankheiten betreffen, sondern ebenfalls die normale Entwicklung des Kindes, deren Kenntnis für das Verständnis dieser Krankheiten und Anomalien erforderlich ist.

111. Während Artikel 16 Ziffer ii) für allgemeine Forschungsvorhaben das Kriterium der Verhältnismäßigkeit von Risiko und Nutzen verwendet, legt Artikel 17 bei Forschungsvorhaben ohne unmittelbaren Nutzen für die einwilligungsunfähige Person ein strengeres Kriterium an, und zwar das minimale Risiko und die minimale Belastung für den Betroffenen. In der Tat darf eine solche Forschung nur unter Beachtung dieser Voraussetzung vorgenommen werden, ohne dass insoweit eine Instrumentalisierung der Person vorläge, die ihrer Würde entgegensteht.

Beispielsweise weist eine einzige Blutprobe bei einem älteren Kind im Allgemeinen nur ein minimales Risiko auf und könnte mithin als vertretbar angesehen.

112. Die diagnostischen und therapeutischen Fortschritte zum Nutzen kranker Kinder hängen in hohem Maße von neuen Erkenntnissen und Einsichten über den normalen biologischen Zustand des menschlichen Körpers ab und erfordern Forschungen über die jedem Altersabschnitt eigenen Funktionen sowie zur Entwicklung normaler Kinder, bevor sie auf die Behandlung von kranken Kindern Anwendung finden können. Zudem beschränkt sich die pädiatrische Forschung nicht auf Diagnose und Behandlung ernsthafter pathologischer Zustände, sondern sie betrifft ebenfalls den Schutz und die Verbesserung des gesundheitlichen Befindens von Kindern, die nicht oder nicht schwer krank sind. Hier sind prophylaktische Maßnahmen anzuführen wie Impfungen oder Immunisierungen, auf besondere Bedürfnisse abgestimmte Ernährungsweisen oder vorbeugende Behandlungen, deren Wirksamkeit namentlich in Bezug auf Kosten und Risiken eine sofortige Bewertung anhand von Studien erfordert, die unter wissenschaftlicher Kontrolle durchgeführt werden. Jede Beschränkung, die sich auf das Erfordernis eines „unmittelbaren möglichen Nutzens" für die Person gründet, die sich dem Test unterzieht, würde solche Studien zukünftig unmöglich machen.

113. Als Beispiel können die folgenden Forschungsbereiche genannt werden, unter dem Vorbehalt, dass alle vorstehend genannten Voraussetzungen erfüllt sind (einschließlich der Voraussetzung, dass es unmöglich sein darf, das gleiche Ergebnis anhand einer Forschung zu erzielen, die an einwilligungsfähigen Personen vorgenommen wurde, sowie der Voraussetzung des minimalen Risikos und der minimalen Belastung:
- in Bezug auf Kinder: Ersatz von Röntgenuntersuchungen oder invasiven diagnostischen Maßnahmen durch Ultraschalldiagnostik; Analyse der etwaigen Blutproben, die bei Neugeborenen ohne Atembeschwerden entnommen werden, um die für Frühgeborene erforderliche Sauerstoffmenge festzustellen; Entdeckung der Ursachen und verbesserte Behandlung von Leukämie bei Kindern (z. B. durch eine Blutprobe);
- in Bezug auf einwilligungsunfähige Erwachsene: Forschungen mit Patienten in Intensivbehandlung oder mit Komapatienten zwecks Verbesserung des Verständnisses der Komaursachen oder der Pflege mittels Intensivbehandlung.

114. Die vorstehend genannten Beispiele für medizinische Forschung können nicht als Routinebehandlungen bezeichnet werden. Sie haben für den Patienten/die Patientin grundsätzlich keinen unmittelbaren therapeutischen Nutzen. Gleichwohl können sie vom ethischen Standpunkt aus akzeptiert werden, wenn die o.a. Voraussetzungen, die ein hohes Maß an Schutz gewähren und sich aus der kombinierten Wirkung der Artikel 6, 7, 16 und 17 ergeben, erfüllt sind.

Artikel 18 – Forschung an Embryonen *in vitro*

115. Artikel 18 Abs. 1 betont die Notwendigkeit eines Schutzes des Embryos im Rahmen einer Forschung: Die innerstaatliche Rechtsordnung hat einen angemessenen Schutz des Embryos zu gewährleisten, sofern sie Forschung an Embryonen *in vitro* zulässt.

116. Der Artikel bezieht keine Stellung zu der Zulässigkeit des Prinzips der Forschung an Embryonen *in vitro*. Gleichwohl untersagt Absatz 2 dieses Artikels die Erzeugung menschlicher Embryonen mit dem Ziel, eine Forschung an ihnen vorzunehmen.

Kapitel VI – Entnahme von Organen und Gewebe von lebenden Spendern zu Transplantationszwecken

Artikel 19 – Allgemeine Regel

117. Die Transplantation von Organen ist derzeit eine der medizinischen Techniken, die es ermöglichen, das Leben von Menschen mit bestimmten schweren Leiden zu retten, zu verlängern oder in hohem Maße zu erleichtern. Es ist Ziel dieses Kapitels, einen Rahmen zum Schutze von lebenden Spendern im Bereich der Entnahme von Organen (insbesondere Leber, Nieren, Lunge, Bauchspeicheldrüse) oder Gewebe (Beispiel: Haut) aufzustellen[9]. Die Bestimmungen dieses Kapitels finden nicht auf Bluttransfusionen Anwendung.

118. Gemäß dem ersten Grundsatz des Textes sollte die Entnahme von Organen oder Geweben eher von verstorbenen Spendern als von lebenden Spendern erfolgen. In der Tat stellt die Entnahme eines Organs oder Gewebes von einer lebenden Person ein Risiko für sie dar, und sei es nur aufgrund der Narkose, der sich der Spender bisweilen zu unterziehen hat. Das bedeutet, dass eine Organentnahme von einer lebenden Person untersagt ist, wenn ein passendes Organ eines Verstorbenen zur Verfügung steht.

119. Die zweite Voraussetzung bei der Organentnahme von lebenden Spendern lautet, dass keine alternative therapeutische Methode von vergleichbarer Wirksamkeit zur Verfügung steht. Angesichts des Risikos, das jede Organentnahme mit sich bringt, wäre eine Inanspruchnahme dieser Methode nicht gerechtfertigt, wenn eine andere Methode dem Empfänger gleichartigen Nutzen bringt. Daher muss die Transplantation in dem Sinne erforderlich sein, dass eine andere Lösung, mit der ähnliche Ergebnisse erzielt werden können, beispielsweise eine „herkömmliche" Behandlung oder Tiergewebe, Gewebekulturen oder vom Empfänger selbst transplantierte Gewebe nicht zur Verfügung steht. Diesbezüglich gilt, dass mit einer Dialysebehandlung keine Ergebnisse erzielt werden können, die für die Lebens-

---

[9] Das Ministerkomitee hat den Lenkungsausschuß für Bioethik (CDBI) mit der Erarbeitung eines Protokolls über die Organtrans plantationen beauftragt, das insbesondere die in diesem Kapitel enthaltenen Grundsätze entwickeln wird.

qualität des Patienten/der Patientin mit denen einer Nierentransplantation vergleichbar sind.

120. Für eine Organentnahme ist es ebenfalls erforderlich, dass gemäß Artikel 5 des Übereinkommens die Einwilligung des Spenders ausdrücklich und eigens für diesen Fall erteilt wurde. Zudem sieht Artikel 19 Absatz 2 vor, dass die Einwilligung eigens für diesen Fall und ausdrücklich entweder in schriftlicher Form oder vor einer amtlichen Stelle erteilt worden ist, wodurch die Anforderungen von Artikel 5 für diese besondere Intervention verstärkt werden. Bei der genannten amtlichen Stelle kann es sich zum Beispiel um ein Gericht oder einen Notar handeln.

121. Die Organentnahme darf nur zum therapeutischen Nutzen des Empfängers erfolgen, dessen Bedarf vor der Entnahme bekannt ist. Gewebe ihrerseits können im Hinblick auf zukünftige Bedürfnisse in Gewebebanken gelagert werden (es ist zu betonen, dass in den meisten Fällen nicht verwendete Gewebe betroffen sind, zum Beispiel Gewebe, die im Nachgang zu einer Intervention entnommen wurden – siehe Artikel 22); die Bestimmungen der Empfehlung R (94) 1 des Ministerkomitees an die Mitgliedstaaten über die menschlichen Gewebebanken finden somit auf sie Anwendung.

Artikel 20 – Schutz nicht einwilligungsfähiger Personen bei Organentnahmen

122. Artikel 20 behandelt spezifisch die Frage der Entnahme von Organen oder Gewebe an einer Person, die nicht fähig ist, die Einwilligung zu erteilen. Hier herrscht der Grundsatz, dass eine solche Entnahme verboten ist.

123. Von dieser Regel darf nur in Ausnahmefällen und für die Entnahme regenerierbaren Gewebes abgewichen werden. Zu den Zwecken dieses Artikels bedeutet regenerierbares Gewebe ein Gewebe, das in der Lage ist, die Gewebemasse sowie ihre Funktionen nach einer teilweisen Entnahme wiederherzustellen. Diese Ausnahme wird durch die Tatsache gerechtfertigt, dass für regenerierbares Gewebe, insbesondere Knochenmark nur eine Transplantation unter genetisch passenden Personen, zumeist Geschwistern, möglich ist.

124. Wenn derzeit Knochenmarktransplantationen unter Geschwistern den wesentlichsten Fall darstellen, der Voraussetzungen dieses Artikels erfüllt, so berücksichtigt die Wahl des Ausdrucks „regenerierbares Gewebe" die zukünftigen Fortschritte der Medizin.

125. Absatz 2 ermöglicht somit die Entnahme von Knochenmark an einem Minderjährigen zum Nutzen seines Bruders oder seiner Schwester. Es ist das Prinzip der gegenseitigen Hilfe unter nahen Angehörigen derselben Familie, die unter dem Vorbehalt bestimmter Voraussetzungen eine Ausnahme von dem zum Schutze einwilligungsunfähiger Personen vorgesehenen Entnahmeverbot rechtfertigen kann. Das Abweichen von dieser Regel ist mit einer bestimmten Zahl von in Artikel 20 aufgezählten Voraussetzungen verbunden, die den Schutz der einwilli-

gungsunfähigen Person betreffen und von der innerstaatlichen Rechtsordnung vervollständigt werden können. Die Voraussetzungen der allgemeinen Bestimmung nach Artikel 19 Absatz 1 finden ebenfalls Anwendung.

126. Die erste Voraussetzung ist das Fehlen – in vernünftigen Grenzen – eines einwilligungsfähigen Spenders.

127. Zudem ist die Entnahme nur unter der Voraussetzung erlaubt, dass angesichts einer fehlenden Spende das Leben des Empfängers in Gefahr ist. Es ist selbstverständlich, dass die Risiken für den Spender annehmbar sein müssen: die in Artikel 4 angeführten Grundsätze der Berufsausübung finden Anwendung, insbesondere die Verhältnismäßigkeit zwischen Risiko und Nutzen.

128. Zudem ist erforderlich, dass der Empfänger ein Bruder oder eine Schwester ist. Diese Beschränkung wird mit dem Bestreben erklärt, eine gewisse Hartnäckigkeit sowohl von seiten der Familie als auch der Ärzte zu vermeiden, um jeden Preis einen Spender zu finden, auch dann, wenn es sich um einen entfernten Verwandten handelt und die Erfolgsaussichten aufgrund der Unvereinbarkeiten der Gewebe nicht sehr hoch sind.

129. Ferner ist es gemäß Artikel 6 vor der Durchführung der Entnahme erforderlich, die Einwilligung des gesetzlichen Vertreters der einwilligungsunfähigen Person oder einer von der Rechtsordnung vorgesehenen Stelle zu erlangen (siehe Ziffer 38 betr. den Widerruf). Die Billigung der in Artikel 20 Ziffer iv) genannten zuständigen Stelle ist ebenfalls erforderlich; diese Stelle, deren Einschaltung die Unparteilichkeit der zu treffenden Entscheidung gewährleisten soll, könnte ein Gericht, eine berufsmäßig qualifizierte Instanz oder ein Ethikkomitee sein.

130. Schließlich kann die Entnahme nicht erfolgen, wenn der in Frage kommende Spender sie in irgendeiner Weise ablehnt. Wie im Falle der Forschungsvorhaben ist der Widerspruch ausschlaggebend und stets zu beachten.

Kapitel VII – Verbot finanziellen Gewinns; Verwendung eines Teils des menschlichen Körpers

Artikel 21 – Verbot finanziellen Gewinns

131. Dieser Artikel stellt eine Anwendung des in der Präambel sowie in Artikel 1 postulierten Grundsatzes der Menschenwürde dar.

132. Er legt vor allem fest, dass der menschliche Körper und Teile davon als solche nicht zur Erzielung finanziellen Gewinns verwendet werden dürfen. Nach dieser Bestimmung sollten Organe und Gewebe als solche, darunter auch Blut, weder gekauft noch verkauft werden, noch der Person, der sie entnommen worden sind, noch einem Dritten, gleich ob es sich um eine natürliche oder juristische Person (z. B. ein Krankenhaus) handelt, zu finanziellen Gewinnen verhelfen können. Da-

gegen können technische Handlungen (wie Probenahme, Durchführung von Tests, Konservierung, Ansatz von Kulturen, Transport ... etc.), die mit diesen Körperteilen vorgenommen werden, rechtmäßigerweise Gegenstand einer angemessenen Vergütung sein. So untersagt dieser Artikel z. B. nicht den Verkauf von Gewebeteilen, die Bestandteil einer medizinischen Vorrichtung sind oder Herstellungsprozessen unterlagen, solange das Gewebe nicht als solches verkauft wird. Auch hindert dieser Artikel niemanden, dem ein Organ oder Gewebe entnommen worden ist, an der Entgegennahme einer Entschädigung, die zwar keine Entlohnung darstellt, ihn aber gerecht für entstandene Kosten oder Einkommensverluste (z. B. als Folge eines Krankenhausaufenthalts) entschädigt.

133. Diese Bestimmung findet keine Anwendung auf solche Gewebe wie Haare und Finger- oder Fußnägel, die als abgestoßene Gewebe gelten und deren Verkauf keinen Verstoß gegen die Menschenwürde darstellt.

134. Die Frage der Patente wurde von dieser Bestimmung nicht berücksichtigt. Die Bestimmung betrifft somit nicht die Patentierbarkeit von Erfindungen im Bereich der Biotechnologie. Es handelt sich in der Tat um ein so komplexes Problem, das vor der Erarbeitung jedweder Regelung eine eingehende Prüfung erforderlich macht[10]. Wenn im Nachgang zu einer solchen Prüfung die Zweckmäßigkeit einer Regelung geschlussfolgert werden sollte, müsste diese Grundsätze und Regeln enthalten, die der spezifischen Natur des Themas angepasst sein müssten. Hierzu wurde bemerkt, dass die Europäische Gemeinschaft einen Richtlinienvorschlag[11] veröffentlicht hat, der den Grundsatz enthält, demzufolge „der menschliche Körper und seine Teile in ihrem natürlichen Zustand nicht als patentierbare Erfindungen angesehen werden."

Artikel 22 – Verwendung eines dem menschlichen Körper entnommenen Teils

135. Im Verlauf von Interventionen, z.B. in der Chirurgie, werden häufig Teile des menschlichen Körpers entnommen. Ziel dieses Artikels ist es, den Schutz des Menschen im Hinblick auf so entnommene Teile seines Körpers, deren Konservierung oder Verwendung für einen anderen Zweck als den ursprünglich vorgesehenen zu sichern. Eine solche Bestimmung ist vor allem deshalb notwendig, weil eine Vielzahl von Informationen über den Menschen aus jedem seiner Körperbestandteile abgeleitet werden können, so klein dieser auch sein mag (Blut, Haare, Knochen, Haut, Organ beispielsweise). Die Analyse kann Angaben zur Identität des/der Betreffenden selbst bei anonymen Proben erbringen.

---

[10] Siehe dazu die vorläufige Antwort des Ministerkomitees auf die Empfehlung 1213 der Parlamentarischen Beratenden Versammlung zu den Entwicklungen der Biotechnologie und den Folgen für die Landwirtschaft, die sich auf die Patentierbarkeit von biotechnologischen Erfindungen bezieht.

[11] Vorschlag einer Richtlinie des Europäischen Parlaments und des Rates über den Rechtsschutz von biotechnologischen Erfindungen, COM (95) 661 final.

136. Bei dieser Bestimmung handelt es sich um eine Regelung, die mit dem allgemeinen Grundsatz nach Artikel 5 über die Einwilligung vereinbar ist, d.h. Körperteile, die im Verlauf einer Intervention zu einem bestimmten Zweck entnommen wurden, dürfen nicht zu einem anderen Zweck konserviert oder verwertet werden, es sei denn, dass die entsprechenden Bedingungen im Hinblick auf Aufklärung und Einwilligung erfüllt worden sind.

137. Die Modalitäten im Hinblick auf Aufklärung und Einwilligung können je nach den gegebenen Umständen unterschiedlich sein und so Spielraum für Flexibilität lassen, da nicht grundsätzlich die explizite Einwilligung einer Person zur Verwendung von Teilen ihres Körpers gefordert wird. So dürfte es manchmal nicht möglich oder äußerst schwierig sein, die Betreffenden ausfindig zu machen mit dem Ziel, um ihre Einwilligung nachzusuchen. In einer Reihe von Fällen ist es ausreichend, wenn ein Patient/eine Patientin oder dessen/deren gesetzlicher Vertreter nach gebührender Aufklärung (z.B. durch Aushändigung von Informationsblättern an die Betroffenen im Krankenhaus) keinen Widerspruch äußert. In anderen Fällen ist in Abhängigkeit von der Art und Weise der Verwendung, der die entfernten Körperteile zugeführt werden sollen, eine explizite und spezielle Einwilligung erforderlich, vor allem in Fällen, in denen sensible Daten über identifizierbare Personen gesammelt werden.

138. Dieser Artikel ist nicht so zu verstehen, dass eine Ausnahme von dem Grundsatz nach Artikel 19 gestattet ist, wonach die Entnahme von Organen für Transplantationszwecke nur zum Nutzen des Empfängers vorgenommen werden darf. Sollte sich jedoch herausstellen, dass das Organ aufgrund seines Zustands nicht transplantierfähig ist, könnte es ausnahmsweise für Forschungszwecke auf dem Gebiet eben dieses Organtyps verwendet werden.

Kapitel VIII – Verletzung von Bestimmungen des Übereinkommens

Artikel 23 – Verletzung von Rechten oder Grundsätzen

139. Dieser Artikel fordert die Parteien auf, die Möglichkeit rechtlicher Schritte zur Verhinderung oder Beendigung einer Verletzung der in dem Übereinkommen verankerten Grundsätze vorzusehen. Er nimmt damit Bezug nicht nur auf Verletzungen, die bereits eingesetzt haben und andauern, sondern auch auf die Gefahr einer Verletzung.

140. Der geforderte Rechtsschutz muss in geeigneter Form erfolgen und die Verhältnismäßigkeit zur bereits eingetretenen oder drohenden Verletzung der Grundsätze wahren. Als Beispiel sei ein Verfahren genannt, das von einem Staatsanwalt bei Verletzungen angestrengt wird, die mehrere Personen betreffen, die sich selbst nicht verteidigen können mit dem Ziel, der Verletzung ihrer Rechte Einhalt zu gebieten.

141. Nach dem Übereinkommen muss das geeignete Instrumentarium für den rechtlichen Schutz ein schnelles Handeln ermöglichen, da die kurzfristige Verhinderung oder Beendigung einer Verletzung gefordert wird. Diese Forderung lässt sich daraus erklären, dass es in zahlreichen Fällen um den Schutz von nichts Geringerem als der Integrität einer Person geht und eine Verletzung dieses Rechts irreversible Folgen haben könnte.

142. Der auf diese Weise von dem Übereinkommen gewährte Rechtsschutz gilt allein für widerrechtliche Verletzungen oder die Drohung solcher Verletzungen. Der Grund für dieses qualifizierende Adjektiv liegt in dem Übereinkommen selbst, das in Artikel 26 Absatz 1 Einschränkungen der freien Ausübung der von ihm anerkannten Rechte zulässt.

Artikel 24 – Schadensersatz

143. In diesem Artikel ist der Grundsatz verankert, wonach eine Person, die durch eine Intervention in ungerechtfertigter Weise Schaden erlitten hat, Anspruch auf angemessenen Schadensersatz hat. Das Übereinkommen verwendet den Begriff „in ungerechtfertigter Weise erlittener Schaden", weil in der Medizin bestimmte Schädigungen wie z.B. eine Amputation unweigerlich mit der therapeutischen Intervention verbunden sind.

144. Die gerechtfertigte oder ungerechtfertigte Natur des Schadens ist anhand der Umstände des Einzelfalles zu berücksichtigen. Ursache des Schadens muss eine Intervention im weitesten Sinne sein; dabei kann der Schaden ursächlich entweder durch ein Handeln oder durch ein Unterlassen bedingt sein. Die Intervention kann, muss aber nicht den Tatbestand einer Straftat erfüllen. Um den Anspruch auf Entschädigung zu rechtfertigen, muss der Schaden aus der Intervention resultieren.

145. Die Voraussetzungen und Modalitäten für eine Entschädigung werden in der innerstaatlichen Rechtsordnung bestimmt. In zahlreichen Fällen begründet diese ein System der Individualhaftung, das entweder auf Fehlleistungen oder auf dem Begriff der Risiko- oder Verschuldenshaftung beruht. In anderen Fällen kann das Recht ein kollektives Entschädigungssystem unabhängig von einer Individualhaftung vorsehen.

146. Zur Frage einer angemessenen Entschädigung kann auf Artikel 50 der Europäischen Menschenrechtskonvention Bezug genommen werden, die es dem Gerichtshof erlaubt, dem Geschädigten eine angemessene Entschädigung zuzuerkennen.

Artikel 25 – Sanktionen

147. Bei den in Artikel 25 niedergelegten Sanktionen mit dem Ziel, die Achtung der Konventionsbestimmungen sicherzustellen, sind insbesondere die Kriterien der Notwendigkeit und der Verhältnismäßigkeit zu beachten. Bei der Würdigung

der Zweckmäßigkeit und Bestimmung der Art und Tragweite der Sanktion sind infolgedessen in dem innerstaatlichen Recht insbesondere das Wesen und die Bedeutung der zu beachtenden Bestimmung zu berücksichtigen, ferner die Schwere des Verstoßes und das Ausmaß der etwaigen individuellen und gesellschaftlichen Auswirkungen.

Kapitel IX – Verhältnis dieses Übereinkommens zu anderen Bestimmungen

Artikel 26 – Einschränkungen der Ausübung der Rechte

Absatz 1

148. In diesem Artikel sind die einzig möglichen Ausnahmen von den in den einzelnen Bestimmungen des Übereinkommens niedergelegten Rechten und Schutzbestimmungen unbeschadet spezieller Einschränkungen, die der eine oder andere Artikel möglicherweise enthält, aufgelistet.

149. Übernommen wurden hier einige der in Artikel 8 (2) der Europäischen Menschenrechtskonvention bezeichneten Einschränkungen. Die Ausnahmen nach Artikel 8 (2) der Europäischen Menschenrechtskonvention sind zu den Zwecken des vorliegenden Übereinkommens jedoch nicht in vollem Umfang als sachdienlich erachtet worden. Die Ausnahmen im Sinne des Artikels beruhen auf dem Schutz kollektiver Interessen (öffentliche Sicherheit, Verbrechensverhütung, Schutz der öffentlichen Gesundheit) beziehungsweise der Rechte und Freiheiten anderer.

150. Ein typisches Beispiel für eine Ausnahme aus Gründen der öffentlichen Gesundheit und ihes Schutzes wäre nötigenfalls die Zwangsisolierung eines Patienten mit einer schweren Infektionskrankheit.

151. Eine Person, die wegen einer psychischen Störung eine mögliche Quelle für eine schwere Beeinträchtigung der Sicherheit anderer darstellt, kann nach dem Gesetz gegen ihren Willen untergebracht oder behandelt werden. Hier kann über die in Artikel 7 bezeichneten Fälle hinaus die auf Gründen des Schutzes der Rechte und Freiheiten anderer beruhende Einschränkung zur Anwendung gelangen.

152. Der Schutz der Rechte anderer kann z.B. auch die Anordnung einer gerichtlichen Feststellung der Abstammung eines Kindes rechtfertigen.

153. Zwecks Identifizierung von Personen im Zuge eines Strafverfahrens kann es ebenfalls gerechtfertigt sein, auf die Genomanalyse zurückzugreifen (DNA-Analyse).

154. In einigen Rechtsordnungen ist vorgesehen, dass von Gerichts wegen bei einem Angeklagten eine psychiatrische Behandlung angeordnet werden kann, der ohne eine solche Behandlung einem Strafverfahren nicht standhalten würde, um ihn insbesondere in die Lage zu versetzen, seine Verteidigung in angemessener Weise zu regeln. Eine solche Zwangsbehandlung auf der Grundlage angemessener

Garantien dürfte dem Geltungsbereich des Artikels 26 Absatz 1 zuzurechnen sein, in dem insbesondere die erforderlichen Maßnahmen im Hinblick auf eine faire Strafrechtspflege („Verbrechensverhütung") angedeutet werden, zu der in einer demokratischen Gesellschaft namentlich die Verteidigung des Angeklagten zählt.

155. Allerdings erscheint der Schutz der Gesundheit des Patienten nicht in diesem Artikel als einer der Faktoren, die eine Ausnahme von den Bestimmungen des Übereinkommens als Ganzes rechtfertigen. Um den Anwendungsbereich des Übereinkommens klar zu bezeichnen, schien eine gesonderte Definition dieser Ausnahme bei allen einschlägigen Einzelbestimmungen der bessere Weg zu sein. So werden z.B. die Voraussetzungen, unter denen eine Person, die an einer psychischen Störung leidet, ohne ihre Einwilligung behandelt werden kann, wenn ihre Gesundheit ohne eine solche Behandlung Schaden nehmen könnte, in Artikel 7 genannt.

156. Im Unterschied zu Artikel 8 der Europäischen Menschenrechtskonvention fehlen im ersten Absatz dieses Artikels unter den hier genannten allgemeinen Ausnahmen Hinweise auf das wirtschaftliche Wohl des Landes, die öffentliche Ruhe und Ordnung und die nationale Sicherheit. Im Kontext dieses Übereinkommens erschien es nicht wünschenswert, die Ausübung der Grundrechte in ihrem vorrangigen Bezug auf den Schutz der Rechte eines Menschen im Bereich Gesundheit vom Wohl des Landes, der öffentlichen Ruhe und Ordnung oder der nationalen Sicherheit abhängig zu machen.

157. Bezug auf den wirtschaftlichen Aspekt wird gleichwohl in Artikel 3 genommen, der von den „verfügbaren Mitteln" spricht; im Kontext dieses Artikels stellt dieser Begriff aber keinen Grund dar, eine Ausnahme von den in anderen Bestimmungen des Übereinkommens genannten Rechten zuzulassen.

158. Als Rechtfertigungsgründe im Hinblick auf Ausnahmen sind ebenfalls der Krieg und der bewaffnete Konflikt ausgeklammert worden. Dies sollte jedoch nicht so verstanden werden, dass es gesetzlich untersagt ist, spezifische Maßnahmen zu ergreifen mit dem Ziel eines Schutzes der öffentlichen Gesundheit in dem besonderen Rahmen des Militärs.

159. Die in Artikel 26 Absatz 1 genannten Gründe sollen nicht als Rechtfertigung für eine absolute Ausnahme von den durch das Übereinkommen gesicherten Rechte betrachtet werden. Um zulässig zu sein, müssen Einschränkungen gesetzlich vorgesehen und in einer demokratischen Gesellschaft zum Schutz der jeweiligen kollektiven Interesses oder zum Schutz der persönlichen Interessen, d.h. der Rechte und Freiheiten anderer, notwendig sein. Diese Voraussetzungen sind im Lichte der Kriterien zu interpretieren, die im Hinblick auf die gleichen Begriffe durch Einzelfallentscheidungen des Europäischen Gerichtshofs für Menschenrechte festgelegt worden sind. Insbesondere müssen die Einschränkungen den Kriterien von Erfordernis und Verhältnismäßigkeit sowie der Subsidiarität unter Berücksichtigung der gesellschaftlichen und kulturellen Bedingungen des jeweiligen Landes

genügen. Der Ausdruck „gesetzlich vorgesehen" soll in Übereinstimmung mit der Bedeutung interpretiert werden, die ihm üblicherweise vom Europäischen Gerichtshof für Menschenrechte gegeben wird, d.h. es wird kein formales Gesetz benötigt, und jeder Staat ist frei, die Form des nationalen Rechts in Anwendung zu bringen, die er am geeignetsten erachtet.

Absatz 2

160. Die in Absatz 1 des Artikels genannten Einschränkungen sind nicht anwendbar auf die in Absatz 2 bezeichneten Bestimmungen des Übereinkommens. Es handelt sich hierbei um folgende Bestimmungen: Artikel 11 (Nichtdiskriminierung), Artikel 13 (Interventionen in das menschliche Genom), Artikel 14 (Verbot der Geschlechtswahl), Artikel 16 (Schutz von Personen bei Forschungsvorhaben), Artikel 17 (Schutz einwilligungsunfähiger Personen bei Forschungsvorhaben), Artikel 19 und 20 (Entnahme von Organen und Gewebe von lebenden Spendern zu Transplantationszwecken) sowie Artikel 21 (Verbot der Erzielung eines finanziellen Gewinns).

Artikel 27 – Weiterreichender Schutz

161. In Anwendung dieses Artikels können die Vertragsparteien Bestimmungen anwenden, die im Ausmaß des gewährten Schutzes über die Festlegungen dieses Übereinkommens hinausgehen. Mit anderen Worten: der Text legt einen gemeinsamen Bestand an Grundsätzen fest, an den die Staaten gebunden sind, erlaubt ihnen aber zugleich, für den Schutz des Menschen und der Menschenrechte im Hinblick auf die Anwendung von Biologie und Medizin strengere Bestimmungen vorzusehen.

162. Zwischen den verschiedenen in dem Übereinkommen festgelegten Rechten können sich Konflikte entwickeln, z.B. zwischen dem Recht eines Wissenschaftlers auf freie Forschung und den Rechten einer Versuchsperson. Der Begriff „weiterreichender Schutz" ist jedoch im Licht der Zielsetzung des Übereinkommens entsprechend der Definition in Artikel 1, nämlich dem Schutz des Menschen im Hinblick auf die Anwendung von Biologie und Medizin, zu interpretieren.

In dem erwähnten Beispiel kann jeder zusätzliche gesetzlich vorgeschriebene Schutz nur größeren Schutz für die Versuchsperson bedeuten.

Kapitel X – Öffentliche Diskussion

Artikel 28 – Öffentliche Diskussion

163. Zweck dieses Artikels ist es, die Vertragsparteien dazu zu veranlassen, für die durch die Anwendung von Biologie und Medizin aufgeworfenen Grundsatzfragen ein größeres Problembewusstsein zu schaffen. Dabei sind die Ansichten der Gesellschaft zu Problemen, die ihre Mitglieder in ihrer Gesamtheit betreffen, so weit wie möglich zu erkunden. Dazu werden öffentliche Diskussionen und Konsultationen empfohlen. Das Wort „angemessen" überlässt den Parteien die Wahl

der geeignetsten Verfahren. Die Staaten können z.B. Ethik-Komitees einsetzen und – sollte dies angemessen erscheinen – auf eine Schulung im Fach Bioethik zugunsten der Angehörigen der Heilberufe, der Lehrerschaft und der Öffentlichkeit zurückgreifen.

Kapitel XI – Auslegung des Übereinkommens und Folgemaßnahmen

Artikel 29 – Auslegung des Übereinkommens

164. In diesem Artikel ist die Möglichkeit vorgesehen, den Europäischen Gerichtshof für Menschenrechte zu ersuchen, Gutachten über Rechtsfragen in Bezug auf die Auslegung des Übereinkommens zu erstatten. Die Stellungnahme erfolgt ohne unmittelbare Bezugnahme auf bestimmte anhängige Gerichtsverfahren.

165. Das vorliegende Übereinkommen selbst sieht keine Individualanrufung des Europäischen Gerichtshofs für Menschenrechte vor. Gleichwohl können Handlungen, die eine Beeinträchtigung der in diesem Übereinkommen niedergelegten Rechte darstellen, Gegenstand des in der Europäischen Menschenrechtskonvention vorgesehenen Beschwerdeverfahrens bilden, wenn sie ebenfalls eine Verletzung eines der darin anerkannten Rechte darstellen.

Artikel 30 – Berichte über die Anwendung des Übereinkommens

166. Nach dem Muster von Artikel 57 der Europäischen Menschenrechtskonvention sieht dieser Artikel vor, dass jede Vertragspartei nach Empfang einer entsprechenden Aufforderung des Generalsekretärs des Europarats die erforderlichen Erklärungen abgibt, in welcher Weise ihr internes Recht die wirksame Anwendung aller Bestimmungen des Übereinkommens gewährleistet.

Kapitel XII – Protokolle

Artikel 31 – Protokolle

167. Das Übereinkommen legt Grundsätze fest, die für alle Anwendungen von Biologie und Medizin gelten. Dieser Artikel sieht die unverzügliche Erarbeitung von Protokollen mit Regelungen für spezielle Bereiche vor. Da der Zweck der Protokolle in der Weiterentwicklung der in dem Übereinkommen enthaltenen Grundsätze besteht, sollten deren Bestimmungen nicht von diesen Grundsätzen abweichen. Insbesondere können sie keine Regelungen enthalten, die dem Menschen weniger Schutz gewähren als denjenigen, der aus den Grundsätzen des Übereinkommens resultiert.

168. Ein Staat, der eines der Protokolle unterzeichnen oder ratifizieren will, muss zugleich oder zuvor das Übereinkommen unterzeichnen oder ratifizieren bzw. unterzeichnet oder ratifiziert haben. Andererseits sind Staaten, die das Übereinkommen unterzeichnet oder ratifiziert haben, nicht zur Unterzeichnung oder Ratifizierung eines der Protokolle verpflichtet.

Kapitel XIII – Änderungen des Übereinkommens

Artikel 32 – Änderungen des Übereinkommens

169. Die Änderungen des vorliegenden Übereinkommens sind vom Lenkungsausschuss für Bioethik (CDBI) oder von einem anderen vom Ministerkomitee hierzu bestimmten Ausschuss zu prüfen. Somit verfügt jeder Mitgliedstaat des Europarats sowie jede Vertragspartei dieses Übereinkommens, die kein Mitglied des Europarats ist, über das Stimmrecht in Bezug auf die vorgeschlagenen Änderungen.

170. Der Artikel sieht eine erneute Prüfung des Übereinkommens spätestens fünf Jahre nach dem Datum des Inkrafttretens und danach in Zeitabschnitten vor, die von dem mit der Neuprüfung befassten Ausschuss festzulegen sind.

Kapitel XIV – Schlussbestimmungen

Artikel 33 – Unterzeichnung, Ratifikation und Inkrafttreten

171. Abgesehen von den Mitgliedstaaten des Europarats und der Europäischen Gemeinschaft können die folgenden Staaten, die an der Ausarbeitung des Übereinkommens mitgewirkt haben, dieses unterzeichnen: Australien, der Heilige Stuhl, Japan, Kanada und die Vereinigten Staaten von Amerika.

Artikel 35 – Hoheitsgebiete

172. Da diese Bestimmung im Wesen Überseegebiete betrifft, ist man übereingekommen, dass es dem Geist des Übereinkommens offenkundig widersprechen würde, wenn eine Partei Teile ihres Mutterlandes von der Anwendung dieses Instruments ausschließt, und dass es demnach nicht erforderlich sei, auf diesen Punkt in dem Übereinkommen ausdrücklich einzugehen.

Artikel 36 – Vorbehalte

173. Dieser nach dem Muster des Artikels 64 der Europäischen Menschenrechtskonvention gestaltete Artikel gestattet es, bezüglich bestimmter Vorschriften des Übereinkommens Vorbehalte zu machen, soweit ein geltendes Gesetz nicht mit der betreffenden Vorschrift übereinstimmt.

174. Die Bezeichnung „Gesetz" setzt nicht notwendigerweise das Vorhandensein eines förmlichen Gesetzestextes voraus (so stellen in einigen Ländern berufliche Einrichtungen ihre eigenen Standesregeln auf, die auf ihre Angehörigen anwendbar sind, insoweit sie den staatlichen Normen nicht widersprechen). Gemäß Absatz 1 sind gleichwohl Vorbehalte allgemeiner Art – d.h. solche, die allzu vage und weitläufig formuliert sind, um den genauen Sinn und Geltungsbereich würdigen zu können – nicht gestattet.

175. Gemäß Absatz 2 ist im Übrigen jeder Vorbehalt mit einer kurzen Darstellung des betreffenden Gesetzes zu versehen; diese stellt ein Beweismittel dar und ist

gleichzeitig ein Faktor der Rechtssicherheit; er steht also nicht ein für ein reines Formerfordernis, sondern gebietet ein materielles Erfordernis (s. RS Belilos vor dem Europäischen Gerichtshof für Menschenrechte, Nr. 55 u. 59).

176. Es wurde übereingekommen, dass jede von einem Staat (oder der Europäischen Gemeinschaft) abgegebene Erklärung, selbst wenn sie die Frage der Auslegung berührt, mit dem Ziel einer Änderung der sich aus dieser Bestimmung für diesen Staat ergebenden Verpflichtungen, den Erfordernissen nach Artikel 36 entsprechen muss, um Gültigkeit zu besitzen.

II. Zusatzprotokoll Klonen

Zusatzprotokoll zum Übereinkommen zum Schutz der Menschenrechte und der Menschenwürde im Hinblick auf die Anwendung von Biologie und Medizin über das Verbot des Klonens von menschlichen Lebewesen vom 12. Januar 1998[1,2]

Die Mitgliedstaaten des Europarats, die anderen Staaten und die Europäische Gemeinschaft, die dieses Zusatzprotokoll zu dem Übereinkommen zum Schutz der Menschenrechte und der Menschenwürde im Hinblick auf die Anwendung von Biologie und Medizin unterzeichnen,

in Anbetracht wissenschaftlicher Entwicklungen auf dem Gebiet des Klonens von Säugetieren, insbesondere durch Embryoteilung und Kerntransfer;

eingedenk des Fortschritts, den manche Klonierungstechniken an sich für den wissenschaftlichen Kenntnisstand und seine medizinischen Anwendungen bringen können;

in der Erwägung, dass das Klonen von menschlichen Lebewesen technisch möglich werden kann;

in der Erkenntnis, dass eine Embryoteilung auf natürliche Weise zustande kommen und manchmal zur Geburt genetisch identischer Zwillinge führen kann;

in der Erwägung, dass jedoch die Instrumentalisierung menschlicher Lebewesen durch die bewusste Erzeugung genetisch identischer menschlicher Lebewesen gegen die Menschenwürde verstößt und somit einen Missbrauch von Biologie und Medizin darstellt;

in Anbetracht der ernsten Schwierigkeiten medizinischer, psychologischer und sozialer Art, die eine solche bewusste biomedizinische Praxis für alle Beteiligten mit sich bringen könnte;

in Anbetracht des Zwecks des Übereinkommens über Menschenrechte und Biomedizin, insbesondere des Grundsatzes in Artikel 1, der den Schutz der Würde und der Identität aller menschlichen Lebewesen zum Ziel hat,

sind wie folgt übereingekommen:

Artikel 1 – Verbot des Klonens menschlicher Lebewesen

(1) Verboten ist jede Intervention, die darauf gerichtet ist, ein menschliches Lebewesen zu erzeugen, das mit einem anderen lebenden oder toten menschlichen Lebewesen genetisch identisch ist.

---

[1] SEV Nr. 168 – Nichtamtliche Übersetzung des Bundesjustizministeriums. Verbindlich ist nur der Wortlaut in englischer und französischer Sprache. Artikel-Überschriften vom Verf. ergänzt.

[2] Das Zusatzprotokoll ist am 1.3.2001 in Kraft getreten. Es wurde bislang von 30 Mitgliedstaaten des Europarats unterzeichnet und von 15 ratifiziert (Stand: Februar 2006).

(2) Im Sinne dieses Artikels bedeutet der Ausdruck „menschliches Lebewesen, das mit einem anderen menschlichen Lebewesen 'genetisch identisch' ist" ein menschliches Lebewesen, das mit einem anderen menschlichen Lebewesen dasselbe Kerngenom gemeinsam hat.

Artikel 2 – Zwingender Charakter des Protokolls

Von den Bestimmungen dieses Protokolls darf nicht nach Artikel 26 Absatz 1 des Übereinkommens abgewichen werden.

Artikel 3 – Verhältnis dieses Protokolls zum Übereinkommen

Die Vertragsparteien betrachten die Artikel 1 und 2 dieses Protokolls als Zusatzartikel zu dem Übereinkommen; alle Bestimmungen des Übereinkommens sind entsprechend anzuwenden.

Artikel 4 – Unterzeichnung und Ratifikation

Dieses Protokoll liegt für die Unterzeichner des Übereinkommens zur Unterzeichnung auf. Es bedarf der Ratifikation, Annahme oder Genehmigung. Ein Unterzeichner kann dieses Protokoll nicht ratifizieren, annehmen oder genehmigen, wenn er nicht zuvor oder gleichzeitig das Übereinkommen ratifiziert, angenommen oder genehmigt hat. Die Ratifikations-, Annahme- oder Genehmigungsurkunden werden beim Generalsekretär des Europarats hinterlegt.

Artikel 5 – Inkrafttreten

(1) Dieses Protokoll tritt am ersten Tag des Monats in Kraft, der auf einen Zeitabschnitt von drei Monaten nach dem Tag folgt, an dem fünf Staaten, darunter mindestens vier Mitgliedstaaten des Europarats, nach Artikel 4 ihre Zustimmung ausgedrückt haben, durch das Protokoll gebunden zu sein.
(2) Für jeden Unterzeichner, der später seine Zustimmung ausdrückt, durch das Protokoll gebunden zu sein, tritt es am ersten Tag des Monats in Kraft, der auf einen Zeitabschnitt von drei Monaten nach Hinterlegung der Ratifikations-, Annahme- oder Genehmigungsurkunde folgt.

Artikel 6 – Beitritt

(1) Nach Inkrafttreten dieses Protokolls kann jeder Staat, welcher dem Übereinkommen beigetreten ist, auch diesem Protokoll beitreten.
(2) Der Beitritt erfolgt durch Hinterlegung einer Beitrittsurkunde beim Generalsekretär des Europarats und wird am ersten Tag des Monats wirksam, der auf einen Zeitabschnitt von drei Monaten nach ihrer Hinterlegung folgt.

Artikel 7 – Kündigung

(1) Jede Vertragspartei kann dieses Protokoll jederzeit durch eine an den Generalsekretär des Europarats gerichtete Notifikation kündigen.
(2) Die Kündigung wird am ersten Tag des Monats wirksam, der auf einen Zeitabschnitt von drei Monaten nach Eingang der Notifikation beim Generalsekretär folgt.

Artikel 8 – Notifikation

Der Generalsekretär des Europarats notifiziert den Mitgliedstaaten des Europarats, der Europäischen Gemeinschaft, jedem Unterzeichner, jeder Vertragspartei und jedem anderen Staat, der zum Beitritt zu dem Übereinkommen eingeladen worden ist,

a. jede Unterzeichnung;
b. jede Hinterlegung einer Ratifikations-, Annahme-, Genehmigungs- oder Beitrittsurkunde;
c. jeden Zeitpunkt des Inkrafttretens dieses Protokolls nach den Artikeln 5 und 6;
d. jede andere Handlung, Notifikation oder Mitteilung im Zusammenhang mit diesem Protokoll.

Zu Urkund dessen haben die hierzu gehörig befugten Unterzeichneten dieses Protokoll unterschrieben.

Geschehen zu Paris am 12. Januar 1998 in englischer und französischer Sprache, wobei jeder Wortlaut gleichermaßen verbindlich ist, in einer Urschrift, die im Archiv des Europarats hinterlegt wird. Der Generalsekretär des Europarats übermittelt allen Mitgliedstaaten des Europarats, den Nichtmitgliedstaaten, die an der Erarbeitung dieses Protokolls teilgenommen haben, jedem zum Beitritt zu dem Übereinkommen eingeladenen Staat und der Europäischen Gemeinschaft beglaubigte Abschriften.

IIa. Zusatzprotokoll Klonen – Erläuternder Bericht

Additional Protocol to the Convention on Human Rights and Biomedicine on the Prohibition of Cloning Human Beings – Explanatory Report

I. The Additional Protocol to the Convention on Human Rights and Biomedicine on the Prohibition of Cloning Human Beings was opened to signature by Signatories to the Convention, in Paris, on 12 January 1998.

II. The text of the Explanatory Report does not constitute an instrument providing an authoritative interpretation of the text of the Protocol, although it might be of such nature as to facilitate the understanding of the provisions contained therein.

Commentary

1. This Protocol builds on certain provisions of the Convention on Human Rights and Biomedicine, in particular the following: Article 1 provides that Parties to this Convention shall protect the dignity and identity of all human beings and guarantee everyone, without discrimination, respect for their integrity and other rights and fundamental freedoms with regard to the application of biology and medicine; Article 13, which provides that an intervention seeking to modify the human genome may only be undertaken for preventive, diagnostic or therapeutic purposes and only if its aim is not to introduce any modification in the genome of any descendants; Article 18.1, which ensures the protection of the embryo *in vitro* in the framework of research and Article 18.2 which prohibits the creation of embryos for research purposes.

2. Cloning of cells and tissue is considered worldwide to be an ethically acceptable valuable biomedical technique. However, there are different views about the ethical acceptability of cloning undifferentiated cells of embryonic origin. Whatever attitudes towards such cloning techniques exist, the standards set forth in the Convention on Human Rights and Biomedicine as mentioned above form clear barriers against the misuse of human embryos, as their adequate protection is guaranteed and their creation for research purposes is prohibited by Article 18 of the Convention. Therefore, one has to distinguish between three situations: cloning of cells as a technique, use of embryonic cells in cloning techniques, and cloning of human beings, for example by utilising the techniques of embryo splitting or nuclear transfer. Whereas the first situation is fully acceptable ethically, the second should be examined in the protocol on embryo protection. The conse-

quences of the third situation, that is the prohibition of cloning human beings, are within the scope of this Protocol.

3. Deliberately cloning humans is a threat to human identity, as it would give up the indispensable protection against the predetermination of the human genetic constitution by a third party. Further ethical reasoning for a prohibition to clone human beings is based first and foremost on human dignity which is endangered by instrumentalisation through artificial human cloning. Even if in the future, in theory, a situation could be conceived, which might seem to exclude the instrumentalisation of artificially cloned human offspring, this is not considered a sufficient ethical justification for the cloning of human beings. As naturally occurring genetic recombination is likely to create more freedom for the human being than a predetermined genetic make up, it is in the interest of all persons to keep the essentially random nature of the composition of their own genes.

4. This Protocol does not take a specific stand on the admissibility of cloning cells and tissue for research purposes resulting in medical applications. However, it can be said that cloning as a biomedical technique is an important tool for the development of medicine, especially for the development of new therapies. The provisions in this Protocol shall not be understood as prohibiting cloning techniques in cell biology.

5. However, the Protocol does enshrine clear barriers against any attempt artificially to produce genetically identical human beings. The Protocol is not concerned with hormone stimulation to treat infertility in women and which might result in the birth of twins. It explicitly restricts genetic identity to sharing the same nuclear gene set, meaning that any intervention by embryo splitting or nuclear transfer techniques seeking to create a human being genetically identical to another human being, whether living or dead, is prohibited.

6. In conformity with the approach followed in the preparation of the Convention on Human Rights and Biomedicine, it was decided to leave it to domestic law to define the scope of the expression "human being" for the purposes of the application of the present Protocol.

7. The term "nuclear" means that only genes of the nucleus – not the mitochondrial genes – are looked at with respect to identity, which is why the prohibition of cloning human beings also covers all nuclear transfer methods seeking to create identical human beings. The term "the same nuclear gene set" takes into account the fact that during development some genes may undergo somatic mutation. Thus monozygotic twins developed from a single fertilised egg will share the same nuclear gene set, but may not be 100% identical with respect to all their genes. It is important to note that the Protocol does not intend to discriminate in any fashion against natural monozygotic twins.

8. This Protocol is an important step in drawing up clear ethical and legal provisions in the area of reproductive medicine. Together with the provisions in Articles 1, 13, 14 and 18 of the Convention, it enshrines important ethical principles which should form the basis for further developments of biology and medicine in this field not only today but also in the future.

III. Zusatzprotokoll Transplantation

Zusatzprotokoll über die Transplantation von Organen und Geweben menschlichen Ursprungs zum Übereinkommen über Menschenrechte und Biomedizin vom 24. Januar 2002[1][2]

Präambel

Die Mitgliedstaaten des Europarats, die anderen Staaten und die Europäische Gemeinschaft, die dieses Zusatzprotokoll zu dem Übereinkommen zum Schutz der Menschenrechte und der Menschenwürde im Hinblick auf die Anwendung von Biologie und Medizin (nachfolgend als „Übereinkommen über Menschenrechte und Biomedizin" bezeichnet) unterzeichnen,

in der Erwägung, dass es das Ziel des Europarats ist, eine engere Verbindung zwischen seinen Mitgliedern herbeizuführen, und dass eines der Mittel zur Erreichung dieses Zieles darin besteht, die Menschenrechte und Grundfreiheiten zu wahren und fortzuentwickeln;

in der Erwägung, dass es das Ziel des Übereinkommens über Menschenrechte und Biomedizin gemäß der Bestimmung in Artikel 1 ist, die Würde und die Identität aller menschlichen Lebewesen zu schützen und jedermann ohne Diskriminierung die Wahrung seiner Integrität sowie seiner sonstigen Grundrechte und Grundfreiheiten im Hinblick auf die Anwendung von Biologie und Medizin zu gewährleisten;

in der Erwägung, dass die Fortschritte in der medizinischen Wissenschaft, insbesondere auf dem Gebiet der Organ- und Gewebetransplantation dazu beitragen, Leben zu retten oder die Lebensqualität erheblich zu verbessern;

in der Erwägung, dass die Transplantation von Organen und Geweben fester Bestandteil der gesundheitlichen Versorgung der Bevölkerung ist;

in der Erwägung, dass angesichts des Mangels an Organen und Geweben geeignete Schritte unternommen werden sollten, um die Zahl der Organ- und Gewebespenden zu erhöhen, insbesondere durch Aufklärung der Bevölkerung über die Bedeutung der Organ- und Gewebetransplantation und durch die Förderung der europäischen Zusammenarbeit auf diesem Gebiet;

in der Erwägung der mit der Transplantation von Organen und Geweben verbundenen ethischen, psychischen und soziokulturellen Probleme;

---

[1] SEV Nr. 186 – Nichtamtliche Übersetzung des Bundesjustizministeriums. Verbindlich ist nur der Wortlaut in englischer und französischer Sprache.

[2] Das Zusatzprotokoll ist am 5.1.2006 in Kraft getreten. Es wurde bislang von 15 Mitgliedstaaten des Europarats unterzeichnet und von 5 ratifiziert (Stand: Februar 2006).

in der Erwägung, dass der Missbrauch der Organ- oder Gewebetransplantation zu Handlungen führen kann, welche das menschliche Leben, das menschliche Wohlbefinden oder die Menschenwürde gefährden könnte;

in der Erwägung, dass die Organ- und Gewebetransplantation unter Bedingungen erfolgen soll, die die Rechte und Freiheiten der Spender, der potenziellen Spender und der Empfänger von Organen und Geweben wahren, und dass die Einrichtungen dazu beitragen müssen, die Beachtung dieser Bedingungen sicherzustellen;

in der Erkenntnis, dass durch die Erleichterung der Transplantation von Organen und Geweben im Interesse der Patienten in Europa die Notwendigkeit besteht, die persönlichen Rechte und Freiheiten des Einzelnen zu wahren und die Kommerzialisierung von Teilen des menschlichen Körpers bei der Gewinnung, dem Austausch und der Zuteilung von Organen und Geweben zu verhindern;

unter Berücksichtigung der früheren Arbeiten des Ministerkomitees und der Parlamentarischen Versammlung des Europarats auf diesem Gebiet;

entschlossen, im Bereich der Organ- und Gewebetransplantation die notwendigen Maßnahmen zu ergreifen, um den Schutz der Menschenwürde sowie der Grundrechte und Grundfreiheiten des Menschen zu gewährleisten,

sind wie folgt übereingekommen:

Kapitel I – Gegenstand und Anwendungsbereich

Artikel 1 – Gegenstand

Die Vertragsparteien dieses Protokolls schützen die Würde und die Identität jeder Person und gewährleisten ohne Diskriminierung die Wahrung ihrer Integrität sowie ihrer sonstigen Grundrechte und Grundfreiheiten im Bereich der Transplantation von Organen und Geweben menschlichen Ursprungs.

Artikel 2 – Anwendungsbereich und Definitionen

(1) Dieses Protokoll findet auf die Transplantation von Organen und Geweben menschlichen Ursprungs zu therapeutischen Zwecken Anwendung.
(2) Die auf Gewebe anwendbaren Bestimmungen dieses Protokolls finden auch auf Zellen einschließlich hämatopoietischer Stammzellen Anwendung.
(3) Dieses Protokoll findet keine Anwendung:
a) auf Fortpflanzungsorgane und -gewebe;
b) auf embryonale oder fetale Organe und Gewebe;
c) auf Blut und Blutbestandteile.
(4) Im Sinne dieses Protokolls
– bezeichnet der Begriff „Transplantation" das gesamte Verfahren der Entnahme eines Organs oder Gewebes bei einer Person und der Übertragung dieses Organs oder Gewebes auf eine andere Person einschließlich sämtlicher Maßnahmen zur Aufbereitung, Konservierung und Aufbewahrung;
– bezeichnet der Begriff „Entnahme" vorbehaltlich der Bestimmungen des Artikels 20 die Entnahme zu Übertragungszwecken.

Kapitel II – Allgemeine Bestimmungen

Artikel 3 – Transplantationssystem

Die Vertragsparteien gewährleisten, dass ein System vorhanden ist, das den Patienten gleichen Zugang zu Transplantationsleistungen ermöglicht.

Vorbehaltlich der Bestimmungen des Kapitels III werden die Organe und gegebenenfalls die Gewebe nach transparenten, objektiven und nach Maßgabe medizinischer Kriterien gebührend begründeten Regeln allein den Patienten zugeteilt, die in eine offizielle Warteliste eingetragen sind. Die für die Zuteilungsentscheidung verantwortlichen Personen oder Stellen werden in diesem Rahmen bezeichnet.

Im Falle internationaler Vereinbarungen über den Austausch von Organen müssen die Verfahren gleichfalls eine gerechtfertigte und effektive Verteilung unter allen teilnehmenden Ländern in einer Weise sicherstellen, die dem Grundsatz der Solidarität innerhalb eines jeden Landes Rechnung trägt.

Das Transplantationssystem stellt die Sammlung und Aufzeichnung der erforderlichen Informationen sicher, um die Rückverfolgbarkeit von Organen und Geweben zu gewährleisten.

Artikel 4 – Berufspflichten und Verhaltensregeln

Jede Intervention im Bereich der Transplantation von Organen oder Geweben ist unter Beachtung der einschlägigen Berufspflichten und Verhaltensregeln durchzuführen.

Artikel 5 – Aufklärung des Empfängers

Der Empfänger und gegebenenfalls die Person oder Stelle, die die Einwilligung zur Übertragung erteilt, sind zuvor in geeigneter Weise über den Zweck und die Art der Übertragung, ihre Folgen und Risiken sowie über Alternativen zu der Intervention aufzuklären.

Artikel 6 – Gesundheit und Sicherheit

Die an der Transplantation von Organen oder Geweben beteiligten Angehörigen der Heilberufe haben jede angemessene Maßnahme zu ergreifen, um die Risiken der Übertragung von Krankheiten auf den Empfänger auf ein Minimum zu beschränken, und jede Handlung zu vermeiden, die die Eignung eines Organs oder Gewebes für die Übertragung beeinträchtigen könnte.

Artikel 7 – Medizinische Nachsorge

Den lebenden Spendern und den Empfängern ist eine geeignete medizinische Nachsorge nach der Transplantation anzubieten.

Artikel 8 – Aufklärung der Angehörigen der Heilberufe und der Öffentlichkeit

Die Vertragsparteien stellen den Angehörigen der Heilberufe und der breiten Öffentlichkeit Informationen über den Bedarf an Organen und Geweben zur Verfügung. Ebenso informieren sie über die Bedingungen für die Entnahme und Übertragung von Organen und Geweben einschließlich der Fragen der Einwilligung oder Genehmigung, insbesondere im Hinblick auf die Entnahme bei verstorbenen Personen.

Kapitel III – Entnahme von Organen und Geweben bei lebenden Personen

Artikel 9 – Allgemeine Regel

Einer lebenden Person darf ein Organ oder Gewebe nur zum therapeutischen Nutzen des Empfängers und nur dann entnommen werden, wenn weder ein geeignetes Organ oder Gewebe einer verstorbenen Person verfügbar ist noch eine alternative therapeutische Methode von vergleichbarer Wirksamkeit besteht.

Artikel 10 – Potenzielle Organspender

Einem lebenden Spender darf ein Organ zu Gunsten eines Empfängers entnommen werden, zu dem der Spender eine von der Rechtsordnung bestimmte enge persönliche Beziehung hat oder, wenn eine solche Beziehung nicht besteht, allein unter den von der Rechtsordnung bestimmten Bedingungen und nach Billigung durch eine geeignete unabhängige Stelle.

Artikel 11 – Bewertung der Risiken für den Spender

Vor der Organ- und Gewebeentnahme sind geeignete medizinische Untersuchungen und Interventionen durchzuführen, um die körperlichen und psychischen Risiken für die Gesundheit des Spenders zu bewerten und zu verringern.

Die Entnahme darf nicht erfolgen, wenn für das Leben oder die Gesundheit des Spenders ein ernsthaftes Risiko besteht.

Artikel 12 – Aufklärung des Spenders

Der Spender und gegebenenfalls die Person oder Stelle, die die Einwilligung gemäß Artikel 14 Absatz 2 dieses Protokolls erteilt, sind zuvor in geeigneter Weise über den Zweck und die Art der Entnahme sowie deren Folgen und Risiken aufzuklären.

Sie sind auch über die Rechte und die Sicherheitsmaßnahmen aufzuklären, die von der Rechtsordnung zum Schutz des Spenders vorgesehen sind. Insbesondere sind sie über das Recht auf unabhängige medizinische Beratung über die Risiken der Entnahme durch einen Angehörigen der Heilberufe mit geeigneter Erfahrung aufzuklären, der weder an der Organ- oder Gewebeentnahme noch an den nachfolgenden Transplantationsmaßnahmen beteiligt ist.

Artikel 13 – Einwilligung des lebenden Spenders

Vorbehaltlich der Artikel 14 und 15 dieses Protokolls darf ein Organ oder Gewebe bei einem lebenden Spender nur entnommen werden, nachdem die betroffene Person ihre freie Einwilligung nach Aufklärung und eigens für diesen Fall entweder in schriftlicher Form oder vor einer amtlichen Stelle erteilt hat.

Die betroffene Person kann ihre Einwilligung jederzeit frei widerrufen.

Artikel 14 – Schutz nicht einwilligungsfähiger Personen bei Organ- oder Gewebeentnahme

(1) Einer Person, die nicht fähig ist, die Einwilligung nach Artikel 13 dieses Protokolls zu erteilen, dürfen weder Organe noch Gewebe entnommen werden.

(2) In Ausnahmefällen und nach Maßgabe der durch die Rechtsordnung vorgesehenen Schutzbestimmungen darf die Entnahme regenerierbaren Gewebes bei einer nicht einwilligungsfähigen Person zugelassen werden, wenn die folgenden Voraussetzungen erfüllt sind:

i) Ein geeigneter einwilligungsfähiger Spender steht nicht zur Verfügung;
ii) der Empfänger ist ein Bruder oder eine Schwester des Spenders;
iii) die Spende muss geeignet sein, das Leben des Empfängers zu retten;
iv) die Einwilligung des gesetzlichen Vertreters oder einer von der Rechtsordnung dafür vorgesehenen Behörde, Person oder Stelle ist eigens für diesen Fall und schriftlich sowie mit Billigung der zuständigen Stelle erteilt worden;
v) der in Frage kommende Spender lehnt nicht ab.

Artikel 15 – Entnahme von Zellen bei einem lebenden Spender

Die Rechtsordnung kann vorsehen, dass die Bestimmungen des Artikels 14 Absatz 2 Ziffern ii und iii nicht auf Zellen anzuwenden sind, soweit feststeht, dass ihre Entnahme für den Spender nur ein minimales Risiko birgt und eine minimale Belastung bedeutet.

Kapitel IV – Entnahme von Organen und Geweben bei verstorbenen Personen

Artikel 16 – Feststellung des Todes

Organe oder Gewebe dürfen dem Körper einer verstorbenen Person nur entnommen werden, wenn der Tod dieser Person in Übereinstimmung mit der Rechtsordnung festgestellt worden ist.

Die Ärzte, die den Tod einer Person feststellen, dürfen nicht an der Entnahme von Organen oder Geweben einer verstorbenen Person oder an den nachfolgenden Transplantationsmaßnahmen unmittelbar beteiligt oder für die Betreuung in Frage kommender Organ- oder Gewebeempfänger verantwortlich sein.

Artikel 17 – Einwilligung und Genehmigung

Organe oder Gewebe dürfen dem Körper einer verstorbenen Person nur entnommen werden, wenn die nach der Rechtsordnung erforderliche Einwilligung oder Genehmigung erteilt worden ist.

Die Entnahme darf nicht erfolgen, wenn die verstorbene Person ihr widersprochen hatte.

Artikel 18 – Achtung des menschlichen Körpers

Bei der Entnahme ist der menschliche Körper mit Achtung zu behandeln und jede angemessene Maßnahme zu ergreifen, um das äußere Erscheinungsbild des Leichnams wiederherzustellen.

Artikel 19 – Förderung der Organspende

Die Vertragsparteien ergreifen alle geeigneten Maßnahmen, um die Organ- und Gewebespende zu fördern.

Kapitel V – Übertragung eines zu anderen Zwecken als zur Spende für eine Übertragung entnommenen Organs oder Gewebes

Artikel 20 – Übertragung eines zu anderen Zwecken als zur Spende für eine Übertragung entnommenen Organs oder Gewebes

(1) Wird ein Organ oder Gewebe bei einer Person zu anderen Zwecken als zur Spende für eine Übertragung entnommen, so darf es nur übertragen werden, wenn diese Person über die Folgen und möglichen Risiken aufgeklärt worden ist und ihre Einwilligung nach Aufklärung erteilt hat oder wenn im Falle einer nicht einwilligungsfähigen Person die entsprechende Genehmigung eingeholt worden ist.

(2) Alle Bestimmungen dieses Protokolls mit Ausnahme Kapitel III und IV finden auf die in Absatz 1 genannten Situationen Anwendung.

Kapitel VI – Verbot finanziellen Gewinns

Artikel 21 – Verbot finanziellen Gewinns

(1) Der menschliche Körper und Teile davon dürfen als solche nicht zur Erzielung eines finanziellen Gewinns oder vergleichbaren Vorteils verwendet werden.

Die vorstehende Bestimmung verbietet solche Zahlungen nicht, die keinen finanziellen Gewinn oder vergleichbaren Vorteil darstellen, insbesondere:
- die Entschädigung lebender Spender für Verdienstausfall und für alle sonstigen berechtigten Ausgaben, die durch die Entnahme oder die damit verbundenen medizinischen Untersuchungen verursacht wurden;
- die Zahlung einer berechtigten Gebühr für rechtmäßige medizinische oder damit verbundene technische Leistungen, die im Rahmen der Transplantation erbracht wurden;
- die Entschädigung im Falle eines in ungerechtfertigter Weise erlittenen Schadens infolge der Entnahme von Organen und Gewebe bei lebenden Personen.

(2) Werbung hinsichtlich des Bedarfs an Organen oder Geweben oder deren Verfügbarkeit, um einen finanziellen Gewinn oder vergleichbaren Vorteil anzubieten oder zu erlangen, ist verboten.

Artikel 22 – Verbot des Organ- und Gewebehandels

Der Handel mit Organen und Geweben ist verboten.

Kapitel VII – *Vertraulichkeit*

Artikel 23 – Vertraulichkeit

(1) Alle personenbezogenen Daten der Person, bei der Organe oder Gewebe entnommen wurden, sowie die personenbezogenen Daten des Empfängers sind als vertraulich zu betrachten. Sie dürfen nur nach den Regeln des Berufsgeheimnisses und den Vorschriften zum Schutz personenbezogener Daten gesammelt, verarbeitet und weitergegeben werden.

(2) Die Auslegung der Bestimmungen von Absatz 1 lässt die Bestimmungen unberührt, die vorbehaltlich geeigneter Sicherheitsmaßnahmen das Sammeln, die Verarbeitung und Weitergabe der erforderlichen Angaben über die Person, bei der Organe oder Gewebe entnommen wurden, oder über den (die) Empfänger der Organe oder Gewebe erlauben, soweit dies zu medizinischen Zwecken einschließlich der in Artikel 3 dieses Protokolls vorgesehenen Rückverfolgbarkeit erforderlich ist.

Kapitel VIII – *Verletzung von Bestimmungen des Protokolls*

Artikel 24 – Verletzung von Rechten oder Grundsätzen

Die Vertragsparteien gewährleisten einen geeigneten Rechtsschutz, der darauf abzielt, eine widerrechtliche Verletzung der in diesem Protokoll verankerten Rechte und Grundsätze innerhalb kurzer Frist zu verhindern oder zu beenden.

Artikel 25 – Schadensersatz

Hat eine Person durch Transplantationsmaßnahmen in ungerechtfertigter Weise Schaden erlitten hat, so hat sie Anspruch auf angemessenen Schadensersatz nach Maßgabe der durch die Rechtsordnung vorgesehenen Voraussetzungen und Modalitäten.

Artikel 26 – Sanktionen

Die Vertragsparteien sehen angemessene Sanktionen für Verletzungen von Bestimmungen dieses Protokolls vor.

Kapitel IX – *Zusammenarbeit zwischen den Vertragsparteien*

Artikel 27 – Zusammenarbeit zwischen den Vertragsparteien

Die Vertragsparteien ergreifen geeignete Maßnahmen, um eine wirksame Zusammenarbeit im Bereich der Organ- und Gewebetransplantation, unter anderem durch den Austausch von Informationen, sicherzustellen.

Sie ergreifen insbesondere geeignete Maßnahmen, um die rasche und sichere Beförderung von Organen und Geweben in ihr Hoheitsgebiet oder aus ihrem Hoheitsgebiet heraus zu ermöglichen.

Kapitel X – Verhältnis dieses Protokolls zum Übereinkommen und Überprüfung des Protokolls

Artikel 28 – Verhältnis dieses Protokolls zum Übereinkommen

Die Vertragsparteien betrachten die Artikel 1 bis 27 dieses Protokolls als Zusatzartikel zu dem Übereinkommen über Menschenrechte und Biomedizin; alle Bestimmungen des Übereinkommens sind dementsprechend anzuwenden.

Artikel 29 – Überprüfung des Protokolls

Um der wissenschaftlichen Entwicklung Rechnung zu tragen, wird dieses Protokoll von dem in Artikel 32 des Übereinkommens über Menschenrechte und Biomedizin genannten Ausschuss innerhalb einer Frist von höchstens fünf Jahren nach dem Inkrafttreten des Protokolls und anschließend in Zeitabständen, die der Ausschuss bestimmen kann, überprüft.

Kapitel XI – Schlussbestimmungen

Artikel 30 – Unterzeichnung und Ratifikation

Dieses Protokoll liegt für die Unterzeichner des Übereinkommens zur Unterzeichnung auf. Es bedarf der Ratifikation, Annahme oder Genehmigung. Ein Unterzeichner kann dieses Protokoll ohne vorherige oder gleichzeitige Ratifikation, Annahme oder Genehmigung des Übereinkommens nicht ratifizieren, annehmen oder genehmigen. Die Ratifikations-, Annahme- oder Genehmigungsurkunden werden beim Generalsekretär des Europarats hinterlegt.

Artikel 31 – Inkrafttreten

(1) Dieses Protokoll tritt am ersten Tag des Monats in Kraft, der auf einen Zeitabschnitt von drei Monaten nach dem Tag folgt, an dem fünf Staaten, darunter mindestens vier Mitgliedstaaten des Europarats, nach Artikel 30 ihre Zustimmung ausgedrückt haben, durch dieses Protokoll gebunden zu sein.

(2) Für jeden Unterzeichner, der später seine Zustimmung ausdrückt, durch dieses Protokoll gebunden zu sein, tritt es am ersten Tag des Monats in Kraft, der auf einen Zeitabschnitt von drei Monaten nach Hinterlegung seiner Ratifikations-, Annahme- oder Genehmigungsurkunde folgt.

Artikel 32 – Beitritt

(1) Nach Inkrafttreten dieses Protokolls kann jeder Staat, der dem Übereinkommen beigetreten ist, auch diesem Protokoll beitreten.

(2) Der Beitritt erfolgt durch Hinterlegung einer Beitrittsurkunde beim Generalsekretär des Europarats und wird am ersten Tag des Monats wirksam, der auf einen Zeitabschnitt von drei Monaten nach ihrer Hinterlegung folgt.

Artikel 33 – Kündigung

(1) Jede Vertragspartei kann dieses Protokoll jederzeit durch eine an den Generalsekretär des Europarats gerichtete Notifikation kündigen.

(2) Die Kündigung wird am ersten Tag des Monats wirksam, der auf einen Zeitabschnitt von drei Monaten nach Eingang der Notifikation beim Generalsekretär folgt.

Artikel 34 – Notifikation

Der Generalsekretär des Europarats notifiziert den Mitgliedstaaten des Europarats, der Europäischen Gemeinschaft, jedem Unterzeichner, jeder Vertragspartei und jedem anderen Staat, der zum Beitritt zu dem Übereinkommen eingeladen worden ist,
a) jede Unterzeichnung;
b) jede Hinterlegung einer Ratifikations-, Annahme-, Genehmigungs- oder Beitrittsurkunde;
c) jeden Zeitpunkt des Inkrafttretens dieses Protokolls nach den Artikeln 31 und 32;
d) jede andere Handlung, Notifikation oder Mitteilung im Zusammenhang mit diesem Protokoll.

Zu Urkund dessen haben die hierzu gehörig befugten Unterzeichneten dieses Protokoll unterschrieben.

Geschehen zu Straßburg am 24. Januar 2002 in englischer und französischer Sprache, wobei jeder Wortlaut gleichermaßen verbindlich ist, in einer Urschrift, die im Archiv des Europarats hinterlegt wird. Der Generalsekretär des Europarats übermittelt allen Mitgliedstaaten des Europarats, den Nichtmitgliedstaaten, die an der Ausarbeitung dieses Protokolls beteiligt waren, allen zum Beitritt zu dem Übereinkommen eingeladenen Staaten und der Europäischen Gemeinschaft beglaubigte Abschriften.

IIIa. Zusatzprotokoll Transplantation – Erläuternder Bericht

Additional Protocol to the Convention on Human Rights and Biomedicine concerning Transplantation of Organs and Tissues of Human Origin – Explanatory Report

I. This Explanatory Report to the Additional Protocol to the Convention on Human Rights and Biomedicine, concerning Transplantation of Organs and Tissues of Human Origin, was drawn up under the responsibility of the Secretary General of the Council of Europe, on the basis of a draft prepared, at the request of the Working Party, by Dr. Peter DOLYE (United Kingdom), member of the Working Party.

II. The Committee of Ministers has authorised the publication of this Explanatory Report on 8 November 2001.

III. The Explanatory Report is not an authoritative interpretation of the Protocol. Nevertheless it covers the main issues of the preparatory work and provides information to clarify the object and purpose of the Protocol and to better understand the scope of its provisions.

Introduction

1. This Additional Protocol to the Convention on Human Rights and Biomedicine on the Transplantation of Organs and Tissues of Human Origin amplifies the principles embodied in the Convention, with a view to ensuring protection of people in the specific field of transplantation of organs and tissues of human origin.

2. The purpose of the Protocol is to define and safeguard the rights of organ and tissue donors, whether living or deceased, and those of persons receiving implants of organs and tissues of human origin.

Drafting of the Protocol

3. In 1991 in its Recommendation 1160, the Council of Europe Parliamentary Assembly recommended that the Committee of Ministers "envisage a framework convention comprising a main text with general principles and additional protocols on specific aspects". The same year, the Committee of Ministers instructed the CAHBI (*ad hoc* Committee of Experts on Bioethics), re-designated the CDBI (Steering Committee on Bioethics) "to prepare, ... Protocols to this Convention,

relating to, in a preliminary phase: organ transplants and the use of substances of human origin; medical research on human beings".

4. At its 14th meeting (Strasbourg, 5-8 November 1991), the CAHBI appointed the Working Party on Organ Transplantation, responsible for preparing the draft Protocol[1]. The CAHBI-CO-GT1, later the CDBI-CO-GT1, chaired by Mr. Peter THOMPSON (United Kingdom), held its first meeting in January 1992 and began its activities concurrently with the CDBI's work on the Convention.

5. At the second meeting of the CDBI in April 1993 the Working Party submitted a draft Protocol on Organ Transplantation and in June 1994, the Ministers' Representatives agreed to declassify this document. However, as CDBI focused its efforts on the preparation of the Convention, the work on the draft Protocol was postponed until January 1997.

6. The Convention on Human Rights and Biomedicine was adopted by the Committee of Ministers on 19 November 1996 and was opened for signature on the 4 April 1997 in Oviedo (Spain). The CDBI, at its 11th meeting in June 1996, decided to give the CDBI-CO-GT1[2], chaired by Dr. Örn BJARNASON (Iceland), extended terms of reference to examine the draft Protocol on transplantation in the light of the Convention provisions.

7. This Protocol extends the provisions of the Convention on Human Rights and Biomedicine in the field of transplantation of organs, tissues and cells of human origin. The provisions of the Convention are to be applied to the Protocol. For ease of consultation by its users, the Protocol has been drafted in such a way that they need not keep referring to the Convention in order to understand the scope of the Protocol's provisions. However, the Convention contains principles which the Protocol is intended to develop. Accordingly, systematic examination of both texts may prove helpful and sometimes indispensable.

8. The draft Protocol, which was examined by the CDBI at its 15th meeting (7-10 December 1998), was declassified by the Committee of Ministers at its 658th meeting (2-3 February 1999, item 10.1) for the purposes of consultation. Those consulted, including member States, relevant European non-governmental organisations and particularly the Parliamentary Assembly (specifically the Social, Health and Family Affairs Committee, the Committee on Science and Technology

---

[1] Membership of the CAHBI-CO-GT1: Dr. Örn BJARNASON (Iceland), Dr. Radkin HONZÁK (Czechoslovakia), Ms. Sophie JACQUOT-DAVID (France), Dr. Jaman ÖRS (Turkey), Dr. Daniel SERRÃO (Portugal) and Mr. Peter THOMPSON (United Kingdom).

[2] Membership of the CDBI-CO-GT1: Dr. Christiane BARDOUX (European Commission), Dr. Örn BJARNASON (Iceland), Dr. Peter DOYLE (United Kingdom), Ms. Isabelle ERNY (France), Dr. Radkin HONZÁK (Czech Republic), Dr. Blanca MIRANDA (Spain), Dr. Lars-Christoph NICKEL (Germany) and Mr. Ergün ÖZSUNAY (Turkey).

and the Committee on Legal Affairs and Human Rights) have contributed to the development of the text. After re-examination, the CDBI finalised the text of the Protocol during its meeting from 5 to 8 June 2000.

9. The Protocol was approved by the CDBI on 8 June 2000 under the chairmanship of Dr. Elaine GADD (United Kingdom). The Parliamentary Assembly gave an opinion on the Protocol, Opinion N° 227 (2001) of 25 April 2001, Professor Jean-François MATTEI being the Rapporteur. The Protocol was adopted by the Committee of Ministers on 8 November 2001.

10. The Protocol is accompanied by this explanatory report, drawn up under the responsibility of the Secretary General of the Council of Europe on the basis of a draft prepared, at the request of the Working Party, by its member Dr. Peter DOYLE (United Kingdom). It takes into account the discussions held in the CDBI and its Working Party entrusted with the drafting of the Protocol; it also takes into account the remarks and proposals made by Delegations. The Committee of Ministers has authorised its publication on 8 November 2001. The explanatory report is not an authoritative interpretation of the Protocol. Nevertheless it covers the main issues of the preparatory work and provides information to clarify the object and purpose of the Protocol and make the scope of its provisions more comprehensible.

Comments on the provisions of the Protocol

Title

11. The title identifies this instrument as the "Additional Protocol to the Convention for the Protection of Human Rights and Dignity of the Human Being with regard to the Application of Biology and Medicine, concerning Transplantation of Organs and Tissues of Human Origin".

12. The expression "of human origin" underlines the exclusion of xenotransplantation from the scope of the Protocol.

Preamble

13. The Preamble highlights the fact that Article 1 of the Convention on Human Rights and Biomedicine protecting the dignity and the identity of all human beings and guaranteeing everyone respect for their integrity, forms a suitable basis on which to formulate additional standards for safeguarding the rights and freedoms of donors, potential donors and recipients of organs and tissues.

14. In November 1987 the Third Conference of European Health Ministers convened in Paris dealt with organ transplantation, and a number of guidelines on the subject were adopted as a result. This Preamble echoes the main introductory paragraphs of their Final Declaration: while the transplantation of organs and tis-

sues is an established part of the health services offered to the population, helping to save lives or improve their quality, emphasis is placed on the need to take specific measures to promote organ and tissue donation but also to prevent misuse of transplantation and the risk of commercialisation.

15. In addition, the Preamble stresses that it is important to take into account previous work of the Committee of Ministers and the Parliamentary Assembly of the Council of Europe on transplantation of organs and tissues, in particular Committee of Ministers Resolution (78) 29 on harmonisation of legislation of member States relating to removal, grafting and transplantation of human substances and on the management of organ transplant waiting lists and waiting times, Recommendation no. REC (2001)5.

Chapter I – Object and scope

Article 1 – Object

16. This article specifies that the object of the Protocol is to protect the dignity and identity of everyone and guarantee, without discrimination, respect for his or her integrity and other rights and fundamental freedoms with regard to transplantation of organs and tissues of human origin.

17. The term "everyone" is used in Article 1 because it is seen as the most concordant with the exclusion of embryonic and foetal organs or tissues from the scope of the Protocol as stated in Article 2 (see paragraph 24 below). The Protocol solely concerns removal of organs and tissues from someone who has been born, whether now living or dead, and the implantation of organs and tissues of human origin into someone else who has likewise been born.

Article 2 – Scope and definitions

18. This article sets out the scope of the Protocol and defines the main terms used.

Scope

19. The Protocol applies solely to the transplantation of organs, tissues and cells of human origin (see paragraph 22 below). Organs, tissues and cells used for implantation are normally obtained from any one of the following three sets of circumstances:
a. a living person may, under certain conditions, consent to the removal of an organ or tissue for the purpose of implantation into another person; Chapter III was therefore drafted with the aim of protecting living donors from the psychological and physical risks and the consequences of implantation, particularly with regard to confidentiality and burdens arising from the requirements of traceability;
b. organs or tissues may be removed from a deceased person and implanted into another person; Chapter IV was designed to regulate the various stages of re-

moval from deceased persons and to guarantee in particular that no removal is carried out if the deceased person had objected to it;
c. a person who is undergoing a procedure for his/her own medical benefit may consent to any removed organ or tissue being implanted into another person; Chapter V was designed to specify the conditions under which such organs or tissues may be implanted, in particular by stipulating that specific information must be provided and informed consent or appropriate authorisation obtained.

20. The second paragraph of Article 2 states that the provisions of this Protocol applicable to tissues shall also apply to cells. Indeed Chapter VI of the Convention enunciates the fundamental principles with regard to removal of organs and tissues from living donors for the purpose of transplantation, but none of these provisions mention the term "cells". However, in many respects, transplantation of cells poses problems, particularly the consequences of testing and traceability, which are the same as those relating to the transplantation of tissues. Therefore, subject to Article 15, the Protocol applies the same regulations to the transplantation of cells as it does to the transplantation of tissues. In particular, the provisions concerning informed consent or authorisation by or on behalf of the donor, confidentiality, health and safety, and the prohibition of profit apply as for tissues.

21. The transplantation of haematopoietic stem cells, whatever their origin, comes within the scope of the Protocol, as does the transplantation of any kind of cells other than those that have been specifically excluded (see paragraphs 23 to 25 below). It should be emphasised that Recommendation No. R (98) 2 of the Committee of Ministers to member States on provision of haematopoietic progenitor cells is also relevant.

22. This Protocol does not apply to organs or tissues, whether genetically modified or not, removed from animals. These types of treatment are largely theoretical or at best experimental in the present state of scientific knowledge, and raise particular ethical problems. One should note that it is moreover foreseen that the issue of xenotransplantation will be addressed in another instrument presently under preparation. Thus it was agreed to place xenotransplantation outside the Protocol's scope.

23. Reproductive organs and tissues (comprising ova, sperm and their precursors) are excluded from the scope of the Protocol because organ and tissue transplantation is deemed to have different implications from those of medically assisted procreation and therefore should not be governed by the same rules. Therefore ovaries and testes are excluded but the uterus is not.

24. Transplantation of embryonic and foetal organs and tissue, including embryonic stem cells are also excluded from the scope of this Protocol. It is foreseen that these subjects will be addressed in another Protocol now being prepared on protection of the human embryo and foetus.

25. Blood and its derivatives covers blood and the products derived from blood for use in transfusion medicine. Blood and such products are thus subject to specific regulations, or specific standards, such as Recommendation R(95) 15 on the Preparation, use and quality assurance of blood components. Blood and its derivatives are therefore excluded from the scope of the Protocol. However, haematopoietic stem cells, whatever their origin, are within the scope of this Protocol as noted in paragraphs 21 and 109.

26. Implantation, in its traditional sense, does not include utilisation of tissues of human origin in the form of medical devices or pharmaceuticals; nevertheless, it was agreed that professional standards imply that the principles contained in this Protocol regarding namely safety, traceability, information and consent for such uses should be applicable *mutatis mutandis*.

Definitions

27. It is not a simple matter to decide what terms to use to signify the grafting or implantation of organs and tissues. In normal usage organs are "grafted" and tissues "implanted", or we refer to the "implantation of a graft". For the purposes of this Protocol it was agreed that in English "implantation" best described the surgical procedures involved.

28. There is also difficulty in agreeing on a scientifically precise definition of "organ" and "tissue". Traditionally an "organ" has been described as part of a human body consisting of a structured arrangement of tissues which, if wholly removed, cannot be replicated by the body. In 1994 the Committee of Ministers adopted a definition of tissues as being "All constituent parts of the human body, including surgical residues, but excluding organs, blood, blood products as well as reproductive tissue such as sperm, eggs and embryos. Hair, nails, placentas and body waste products also excluded" (Recommendation No. R (94) 1 of the Committee of Ministers to member States on human tissue banks). These were useful definitions in the early days of transplantation when only a few solid organs were transplanted e.g. kidney, heart and liver. However, developments in transplantation have given rise to difficulties of definition. For example, only a part of an adult liver may be removed and transplanted into a child and the residual liver will re-grow and the transplant will grow to adult size. This is a liver transplant but is clearly not an "organ" transplant according to the traditional definitions. Conversely, if a whole bone is removed and transplanted, the body cannot replicate the bone, but bone is normally considered to be a tissue not an organ.

29. The Protocol sets out to overcome this difficulty by using the terms "organs" and "tissues" throughout the text, except in Article 10 (see paragraphs 30 to 32 below), so that all provisions apply to all parts of the body. The distinction between the removal of "tissues" and "cells" is also difficult. In effect, more than one cell may be considered to be a tissue. Similarly, the Protocol sets out to overcome this difficulty by stating that the provisions applicable to tissues shall also apply to

cells. In the same way, unless specifically stated, explanations relating to tissues in this explanatory report also apply to cells.

30. It is nevertheless possible to distinguish between vascularised grafts that is organs or parts of organs which need re-connection of their blood supply, e.g. heart, lungs, liver, kidney, pancreas, bowel, from non vascularised tissue grafts and cells. The former, once removed from the body, normally only remain viable for relatively short periods and need to be transplanted within a few hours. Thus they cannot currently be processed and stored as can most tissues and cells. For this reason the rules relating to transplantation of vascularised "organs" may differ from those applying to tissues and cells.

31. Live organ donation is currently confined primarily to kidneys, lobes of either liver or lung, and isolated sections of small bowel. Their removal is a major procedure which carries a high risk. On the other hand, removal of tissues from a living donor generally carries a low risk of harm, and removal of cells might in certain cases involve an even smaller risk (see paragraph 90 below). These differences justify different rules; for this reason Article 10 deals with the specific case of organ removal from a living person and Article 15 with the case of cell removal from a living person.

32. For the purposes of this Protocol, the term "organ" is accordingly applied to vascularised organs or parts of organs which require a major surgical procedure for removal and which need to be transplanted rapidly. The terms "tissues" and "cells" cover all other parts of the body except those specifically excluded.

33. Transplantation is defined as the whole process starting with removal of an organ or tissue from one person and ending with implantation of that organ or tissue into a different person. The person from whom the material is removed is generally designated by the word donor and the person into whom the material is implanted by the word recipient. Furthermore tissues such as bone may be processed and the resulting products implanted into more than one recipient. Similarly, cells may be cultured to supply more than one recipient. Increasingly livers removed from a deceased person are split so that even in the case of organ transplantation there may be more than one recipient. The safeguards in the Protocol apply to all possible steps in the transplant process and to all possible recipients. Moreover, they apply to the entire process of each step in transplantation; for example the word "removal" refers to all the medical interventions necessary for the removal, including investigation and preparation of the donor.

34. The provisions of this Protocol concerning removal apply if its purpose is transplantation. Removal of tissue carried out for any other purpose is not covered by the Protocol. Nevertheless, as stated in Article 20, when in the course of an intervention an organ or tissue is removed for a purpose other than donation for implantation, it may be suitable for implantation but may only be so used if the consequences and possible risks have been explained to that person and informed

consent or, in the case of a person who is not able to consent, appropriate authorisation, has been obtained (see paragraphs 108 to 111 below). Besides, the protection afforded to recipients by this Protocol applies to all transplanted human material irrespective of why it was removed.

Chapter II – General provisions

Article 3 – Transplantation system

35. Parties to the Protocol undertake to ensure that a transplant system exists in their State within which transplant services operate. The nature or organisation of the system is not defined in this Protocol; it rests with individual States to decide whether to use local, regional, national or international organisations to meet the requirements of this article. As indicated in the 9th paragraph of the Preamble, institutions must be instrumental in ensuring that conditions protecting the rights and freedoms of donors, potential donors and recipients are observed.

36. The requirements of this article are that access to a transplant service is equitable – that is, all people, whatever their condition or background, must be equally able to be assessed by whatever transplant services are available. The concern is to ensure that there is no unjustified discrimination against any person within the jurisdiction of the Party who might benefit from a transplant. It has to be emphasised that there is a severe shortage of most organs and some of the tissues which can be transplanted. Scarce organs and tissues should be allocated so as to maximise the benefit of transplantation. The State-recognised system will be responsible for ensuring equitable access to assessment for transplantation and to transplant waiting lists.

37. The criteria by which organs and tissues are allocated should be determined in advance but be capable of amendment, be evaluated regularly and modified if or when circumstances change. The system governing transplantation may lay down different criteria according to the type of graft because of the particular characteristics and availability of the different organs and tissues.

Organs and tissues should be allocated according to medical criteria. This notion should be understood in its broadest sense, in the light of the relevant professional standards and obligations, extending to any circumstance capable of influencing the state of the patient's health, the quality of the transplanted material or the outcome of the transplant. Examples would be the compatibility of the organ or tissue with the recipient, medical urgency, the transportation time for the organ, the time spent on the waiting list, particular difficulty in finding an appropriate organ for certain patients (e.g. patients with a high degree of immunisation or rare tissue characteristics) and the expected transplantation result.

It should be noted that the transplantation of organs removed from a living donor takes place generally between persons having a close personal relationship; for this reason, the general provision in Article 3 is subject to the specific provisions contained in Chapter III, Articles 10 (Potential organ donors) and 14, paragraph 2, subparagraph ii (Protection of persons not able to consent to organ or tissue removal).

Organs removed from deceased persons should only be allocated to patients registered on an official waiting list. As to the tissues, there may be or there may not be an official waiting list.

Patients may be registered only on one official transplant list, be it regional, national or international so as not to prejudice the chances of others. However this principle does not preclude a system where a patient is registered on a local waiting which is part of a national waiting list (see Recommendation Rec (2001) 5 of the Committee of Ministers to Member States on the management of organ transplant waiting lists and waiting times).

The most important factor is to maximise equality of opportunity for patients and to do so by taking into account objective medical criteria. The allocation system should be as far as possible patient-oriented.

In case of international organ exchange arrangement, the procedures for distribution across participating countries should take into account the principle of solidarity within each country.

38. In order to ensure the allocation rules are transparent and well founded, they should state clearly who, within the system recognised by the member State, has the responsibility for the determination and the application of these rules. The person(s) or body(ies) responsible for organ and tissue allocation should be accountable for their decisions. Parties should bear in mind the provisions of Recommendation Rec (2001)5 on the management of organ transplant waiting lists and waiting times.

39. Traceability means being able to track all organs or tissues from donor to recipient and vice versa. It is required because it is impossible to eliminate entirely the risks of transmission of disease from donor to recipient and contamination of preserved material. Furthermore, new diseases or disease risks may emerge. Therefore for both public health reasons and the need to inform donors or recipients of potential problems that come to light following transplantation, it is important that any transplant material can be traced forward to recipients and back to the donor. For example, bone may be processed and turned into a variety of products with a long storage life available to treat multiple recipients. If a transmissible disease had been detected not at the outset but later in a recipient, donors would have to be traced to identify the one who transmitted the disease and unused products withdrawn. When seeking consent, both donors and recipients should be warned of such long-term consequences of transplantation and the possible need for prolonged surveillance. In addition, it may be necessary to analyse how organs and tissues were used to detect illegal or unethical use of such material, prevent organ and tissue trafficking and to validate allocation systems. For these reasons the transplant system must ensure a comprehensive system to enable all transplant material to be traced, without prejudice to the provisions on confidentiality set out in Article 23 (see paragraphs 122 and 123).

40. The question of methods for verifying the effectiveness with which the Parties implement systems for applying the various principles set out in article 3 is related to the general issue of Parties' honouring of the obligations in the Convention on Human Rights and Biomedicine, or any of its Protocols. In this context, reference should be made to i) the second paragraph of Article 1 of the Convention, which stipulates that "Each Party shall take in its internal law the necessary measures to give effect to the provisions of this Convention", ii) Article 28 of this Protocol, according to which Articles 1 to 27 are regarded as additional articles to the Convention, and iii) Article 30 of the Convention, which empowers the Secretary General to request any Party to "furnish an explanation of the manner in which its internal law ensures the effective implementation of any of the provisions of the Convention".

Article 4 – Professional standards

41. The provisions here use the wording of Article 4 of the Convention and apply to all health care professionals whether involved in the decision-making process or in performing a transplant. The text of the explanatory report of the Convention also applies in general, but some further explanation is required for the purposes of this Protocol.

42. The term "intervention" must be understood here in a broad sense. It covers all medical acts performed in connection with transplantation of organs or tissue for purposes of treating a patient. An intervention carried out in connection with experimental transplantation must furthermore comply with the rules governing research.

43. The relevant professional obligations and standards in accordance with which all interventions must be performed, are those laws, specific or general and any codes of practice or rules of conduct in force in the member State. Such codes or rules may take various forms such as health legislation, a code of professional practice or accepted medical ethical principles. Specifically, transplants should only be performed in accordance with the agreed allocation criteria. The rules and criteria may differ somewhat between countries but the fundamental principles of medical practice apply in all countries.

44. The competence of a doctor or other health care worker to take part in a transplant procedure must be determined in relation to the scientific knowledge and clinical experience appropriate to transplantation of organs or tissue at a given time. However, it is accepted that medical knowledge is rarely absolute and while acting according to the highest professional standards more than one therapeutic option may be perfectly justified. Recognised medical practice may therefore allow several alternative forms of intervention leaving some justified clinical freedom in the choice of methods or techniques. However, the choice of technique may affect the risk of inducing disease in the recipient, e.g. lymphoma or graft

versus host disease, and such considerations should also be taken into account and the safest transplantation technique used.

45. Professional standards also require that organ and tissue implantation is only performed in accordance with a clear and specific medical indication for the recipient and not for any other reason such as a perceived social benefit. The recipient must have a defined medical problem which should be improved by a successful transplant before a transplant can be performed. The potential benefit of the procedure to the recipient must outweigh any risk. At all times, a decision to transplant must be taken only in the best interests of the patient.

46. Professional standards related to live transplantation require that, even if there is only one transplant team, different clinicians take responsibility for the care of the donor and the recipient, to ensure that the clinical needs of each party are properly and independently managed. In addition, it may be advisable to offer donors systematic long-term follow-up.

Article 5 – Information for the recipient

47. This article sets forth the recipient's right to be properly informed prior to implantation. Even though a transplant is intended to improve the health or even save the life of the recipient, the fact remains that the recipient shall be informed beforehand of the purpose and nature of the implantation, its consequences and risks, as well as on the alternatives to the intervention. This information must be as exact as possible and couched in terms which the recipient can understand. Information should be provided in a format appropriate to the needs of the recipient. In addition to proper discussion, written information which the recipient can study when there is adequate time may be particularly helpful. When the recipient is too ill to be able to give informed consent, in particular in emergency cases, the information shall also be given to the person or body providing the authorisation to the implantation, as foreseen by Article 6 of the Convention of Human Rights and Biomedicine.

Article 6 – Health and safety

48. This article deals with the health and safety aspects of the transplant process. It places an obligation on all those involved in the transplant process of organ and tissue to do everything that can be reasonably expected of them to ensure that organs and tissues are healthy and undamaged, that they are handled, transported and where appropriate preserved and stored by means that maximise their viability and minimise the risk of contamination. These measures will ensure that when grafted into a recipient, the risk to the health of the recipient has been minimised. However, it recognises that the risk of transmission of disease cannot be entirely eliminated. Exceptionally, circumstances may arise when some risk of transmission of disease to the recipient, or of failure of the organ or tissue graft, is acceptable if the consequence of not grafting is more serious, in particular, if the alterna-

tive is certain death. An assessment of the risks and benefits should be made on a case-by-case basis.

49. The expression "transmission of any disease" covers also the transmission of a pathology to the recipient which may or may not later develop into the disease (for instance, in the case of hepatitis C virus, the recipient might be infected but never develop overt disease).

50. The ultimate responsibility for deciding whether to use a particular graft lies with the recipient's implant team. However, it is essential that, in deciding whether to proceed with a graft, the practitioner has access to all the relevant information pertaining to the likely viability of the graft and the risk of transmission of disease. It is the responsibility of everyone involved to ensure that accurate information about the donor and the graft are collected, recorded and accompany the graft. The practitioners responsible for the removal of an organ or tissue have a duty to ensure that the donor is properly screened for transmissible diseases, both infectious and malignant. They are responsible for ensuring that a proper medical history has been obtained and that appropriate tests have either been performed or the necessary samples collected for testing.

51. However, organ transplantation sometimes has to be carried out in difficult circumstances as a matter of extreme urgency without having all the necessary information or knowing whether there is a risk for the recipient. In such circumstances, the doctor in charge should balance the risks and benefits and consequently, the implant should only be performed if the benefits to the recipient outweigh the risks and consent or authorisation has been given after information appropriate to the circumstances has been provided.

52. Moreover, because of the shortage of organs and some tissues, even when a disease risk is detected, it may not be appropriate to reject the donor without first checking whether there is a suitable recipient. The more urgent the type of transplant, the more essential it is to assess the risk and check whether there is any recipient who could benefit. For example in fulminant liver failure, the patient may only have a few hours to live and even a high risk organ may be considered preferable to almost certain death. In the case of tissue transplants which, except for bone marrow, are rarely if ever life saving, donor screening and testing should be more rigorous and disease transmission as far as possible prevented. Consequently, it may still be reasonable to bank tissues, i.e. keep them in quarantine, awaiting the outcome of further investigations such as a post mortem or retesting of a living donor.

53. It is the responsibility of the persons involved in the removal of organs and tissues to use the highest standards of removal, preservation and, where appropriate, storage. They shall also take reasonable steps to ensure the continued quality and safety of the organs and tissues to minimise the risk of damage to the graft and to

maximise its viability. In the case of organs this also means ensuring transport is available to minimise delays.

54. Those involved in the transport, preservation and storage of grafts are also responsible for ensuring that all relevant information has been obtained, checked, and accompanies the graft to the recipient, albeit nothing in this provision overrides the obligation of confidentiality as stated in Article 23.

55. Parties should also take account of other relevant national or international instruments in the field of health and safety, for example, guidance on the avoidance of transmission of infectious or malignant diseases during transplantation produced under the auspices of the European Health Committee[3].

Article 7 – Medical follow-up

56. Article 7 of the Protocol states that a medical follow-up must be offered to living donors and recipients after transplantation. This is also a further specification of a principle of professional standards. The nature and duration of such follow-up should depend on the nature of the intervention and its potential impact on the individual's health. Short term follow up is essential to ensure recovery from the procedure. Life long follow up is essential for recipients requiring immunosupressive therapy. Such follow-up is also desirable for living organ donors to enable any long term effects of the donation to be identified. However, living donors and even recipients cannot be forced to accept long term follow up.

Article 8 – Information for health professionals and the public

57. It is for Parties to the Protocol to ensure that appropriate information about organ and tissue transplantation is made available to health professionals and to the general public. The information should cover all the relevant medical, legal, social, ethical and other issues concerned, particularly sensitive issues such as the means of certifying death. In view of the organ shortage it is seen as advisable to inform all health care workers about the success and benefits of transplantation because of their ability to inform the general public. Parties should also use every opportunity to inform the general public directly of those same benefits and successes. Informing the general public is important in promoting organ and tissue donation but it is also important that people make up their minds on the issues in full knowledge of the facts. Information for the public should be available on donation both from the living and the deceased (however, the provision of this general information should be without prejudice to that which is given to living donors in accordance with Article 12). The information should include the consequences and risks of organs or tissues being implanted into another person. Testing may reveal unrecognised diseases which may have implications for any

---

[3] A draft text on health and safety from the medical point of view is being prepared by the European Health Committee.

living donor and possibly for the relatives of deceased persons from whom organs and tissues are removed. The need to ensure traceability should also be explained as the consequences may not be realised until some time in the future. It is particularly important that such information is made available for people who may opt to become organ donors.

58. There is a very specific duty for the Parties, that is to ensure that the rules on consent and/or authorisation for organ or tissue retrieval and transplantation are well known and acceptable to the society. It is important to establish a relationship of trust between potential donors and the transplantation system. Transplant issues are constantly changing so the provision of information is an ongoing responsibility, not just an occasional one.

Chapter III – Organ and tissue removal from living persons

Article 9 – General rule

59. According to the first principle set out in the text, organs or tissues should be removed from deceased persons rather than from living donors whenever possible. Removing organs or tissues from living donors for implantation purposes always has consequences and may carry some risk for that donor. This implies that organs and tissues from living persons should not be used where an appropriate organ or tissue from a deceased person is available.

60. The second condition in the case of living donors is that there exists no alternative therapeutic method of comparable effectiveness. In view of the risk involved in any organ and tissue removal, there is indeed no justification for resorting to this if there is another way of bringing the same benefit to the recipient, such as the use of artificial skin for instance. The transplant must therefore be necessary in the sense that there is no other treatment that would produce similar results. In this respect dialysis treatment is not considered to provide results in terms of the patient's quality of life comparable with those obtained by a kidney transplant.

61. However, if the results of a living donor transplantation are expected to be significantly better than those expected utilising a graft removed from a deceased person, live donation may be the preferred therapeutic option for a particular recipient.

Article 10 – Potential organ donors

62. This article is specific to the removal of organs as defined in Article 2. It does not apply to the removal of tissues or cells. It defines the conditions under which, in addition of those of Article 9, living donation of an organ may be performed.

63. Those conditions would normally require that a close personal relationship, based on the principle of mutual aid, exists between the donor and recipient. The exact nature of the relationship is a matter for national law to determine and may

depend on cultural or other local factors. Those with a close personal relationship with the recipient may include for instance members of the recipient's immediate family, parents, brothers, sisters, spouses or long-standing partners, godparents or close personal friends. Most countries have laws defining the nature of the relationship which is required to exist between donor and recipient and which makes live donation acceptable. The intention of such laws and this Article is to prevent undue pressure to donate being brought to bear on people without a strong emotional relationship with the recipient.

64. However, not all national laws define close personal relationship, and where relationships are defined, the question of donation by a person not in such a relationship may be proposed. As there is some evidence that, despite the risks incurred, there may be perceptible long-term psychological benefit to organ donors who, even if not closely related, have helped improve the health or even save the life of a recipient, this Article allows such circumstances to be taken into account. But they may only be considered when the national law sets out the conditions under which such circumstances may be considered. Those conditions include the provision of an appropriate independent body, for example an ethics committee, to consider each case. The body is responsible for ensuring that the other conditions required by law have been met, and that, for example, no coercion or inducement is involved. These provisions are thus an important safeguard against potential organ trafficking or the use of inducements.

65. The independent body required under this Article is not the same as the official body identified in Article 13 before which the living donor can give his/her consent. However, the law may provide for the independent body provided for by Article 10 to be the same as the competent body identified in Article 14, even if their responsibilities are different (see paragraph 87 below).

66. The reason for excluding tissues from this Article is that the therapeutic interests of a recipient who may not be known at the time of removal have to be taken into account. Here, the principles of Recommendation No. R (94) 1 of the Committee of Ministers to member States on human tissue banks are relevant.

Article 11 – Evaluation of risks for the donor

67. This article deals with evaluation of risk to the donor, which must be kept to a minimum. The health care professional's role here is twofold: to carry out whatever investigations may be required to evaluate the donor's state of health and therefore the potential risk of donation and, second, to take all reasonable measures to limit the risks to the donor without compromising the quality or viability of the organ or tissue removed for transplantation. The principal risks for the donor are the physical risks arising for the surgical procedure. However, there are also short and long-term psychological risks that also need to be fully assessed.

68. Whereas the word "investigation" covers all the examinations or tests to be performed, the word "intervention" is to be understood in a broad sense as covering all relevant medical acts.

69. The article places a ban on removal from a living donor where there is serious risk to the donor's life or health. This raises questions as to what a serious risk to the donor is and who judges the risk to be a serious one. Essentially there are three possible parties who may deem it a serious risk, the donor, the recipient or the medical team. For the purposes of this article, the decision about the risk is a matter for the transplant medical team looking after the donor or the body authorising the donation. The medical team should not propose a removal which they think presents an unacceptable risk even if the donor (for example, because he/she is a relative of the recipient) is ready to consent. In judging the risks involved, the donor's interests must take precedence, although in some circumstances the balance of risk to the donor compared to potential benefit to the recipient may be taken into consideration. The donation being acceptable or not depends not just on the physical risk associated with the procedure but must include psychological factors. Thus, the donor's emotional status should be independently assessed. An example of psychological harm is if the donor develops an undue sense of ownership towards the recipient or the recipient feels unduly obligated to the donor. If, following full assessment, the medical team looking after the donor judge there to be a significant risk of death or long term severe disability to the donor, the donation procedure should not go ahead.

Article 12 – Information for the donor

70. This article sets out the donor's right to be given appropriate information. In the case of donation of regenerative tissue, the most common instance is bone marrow transplantation between brothers and sisters, where the donor may be a minor. It is specifically to cater for this type of donation that the article requires the supply of information also to the representative, authority, person or body providing authorisation according to Article 14.2 of this Protocol.

71. There are two main requirements in the first part of the article. The information should be appropriate to explain the purpose and nature of the proposed removal as well as its consequences and risks, and the need for appropriate testing prior to the removal. It must be given prior to consent or authorisation and removal. Thus the information has to be as accurate as possible and given in terms the donor can understand, e.g. comparing the risks of a complication with other risks encountered in everyday life. In particular, in cases where the donor is a very young child, the content and form of the information presented must be adapted to his or her age and capacity for understanding. The donor must be given adequate time to fully consider the information provided and discuss it with friends and/or relatives. In addition to proper discussion, written information which the donor can study when there is adequate time may be particularly helpful. If the donation

requires an authorising party under Article 14.2 those discussions will normally include the potential donor.

72. The second paragraph defines a more specific right for the donor in that it requires all concerned to inform the potential donor of his/her rights and safeguards under domestic and international law. In particular, it states that the donor shall be informed of the right to have access to a source of independent advice about the risks of the removal procedure. This source of information, who may be a doctor or other suitably qualified health care worker, must be independent of the team or teams involved in the transplant. However, that person must have appropriate experience of the risks associated with donation and transplantation to be able to give proper advice. This advice can be requested by the donor if he/she wishes. An authorising party under Article 14.2 should have the same access to independent advice.

Article 13 – Consent of the living donor

73. This article is based on Article 5 of the Convention and requires that interventions in the field of organ and tissue transplantation can only be performed after a person has given free and informed consent which can be freely withdrawn at any time. In order to avoid undue pressure on the donor, he/she should be assured that he/she can refuse to donate or withdraw his/her consent at any time in complete confidence. To that end, the donor should be interviewed in private and helped to cope with the consequences of his/her decision.

74. In seeking the consent of the donor it is essential to discuss what should happen if for any reason the proposed recipient can not accept the donation. Any possible alternative use for the donated organ or tissue should be considered prior to the donation.

75. This article does not apply to persons who do not have capacity to consent to the removal of an organ, such persons being protected by the provisions of Article 14 and 15 of this Protocol.

76. The first paragraph of this article is more stringent than Article 5 of the Convention in that, for organ or tissue removal, the donor's consent must also be specific and given in written form or before an official body, a court, a judge or an official notary for example. The responsibility of this body is to ensure that consent is adequate and informed.

77. The second paragraph provides the freedom to withdraw consent to the removal at any time. There is no requirement for withdrawal of consent to be in writing or to follow any particular form. The donor need simply say no to the removal at any time, even if a procedure performed under local anaesthetic has commenced. Article 14 affords the same protection to donors of regenerative tissue lacking capacity to consent to their removal. However, professional standards

and obligations may require that the team continue with the procedure if not to do so would seriously endanger the health of the donor.

78. This article concerning consent of the living donor is included in Chapter III "Organ and tissue removal from living persons". The consent, as well as withdrawal of consent, therefore only applies to the removal process. If, exceptionally, the donor seeks to withdraw consent to the agreed implantation after removal, national law or professional standards should provide a means of resolving such problems.

Article 14 – Protection of persons not able to consent to organ or tissue removal

79. Provisions relating to consent to organ or tissue removal for implantation apply in the case of live donors having the capacity to consent. Those relating to authorisation apply where a potential donor cannot formally give consent on account of incapacity.

80. Article 14 deals specifically with the question of the removal of organs or tissues from a living person not having the capacity to give consent. The principle is that this practice is prohibited. Article 14 follows the wording of Article 20 of the Convention.

81. Only in very exceptional circumstances may derogations be made to this rule and only for the removal of regenerative tissues. Within the meaning of this article, regenerative tissue is that capable of reconstituting its tissue mass and function after partial removal. These exceptions are justified by the fact that regenerative tissue, in particular bone marrow, can only be transplanted between genetically compatible persons, often brothers and sisters. Furthermore, Article 15 provides that Article 14, paragraph 2, indents ii. and iii. might not be applied, only in cases in which cell removal implies minimal risk and minimal burden for the donor.

82. If at the present time bone marrow transplants among brothers and sisters is the most important situation which meets the condition of this article, the formula "regenerative tissue" takes into account future developments in medicine.

83. Paragraph 2 therefore permits removal of bone marrow from a minor for the benefit of his or her brother or sister. The principle of mutual aid between very close members of a family and the possibility for psychological benefits to the donor arising from donation can justify, subject to certain conditions, an exception to the prohibition of removal which is intended to protect the persons who are not able to give their consent. This exception to the general rule is qualified by a number of conditions designed to protect the person who is incapable of giving consent, and these may be supplemented by national law. The conditions stated in the general rule of Article 9 also apply.

84. The first condition is the absence, within reasonable limits, of a compatible donor who is able to consent.

85. It is also required that the beneficiary be a brother or sister. This restriction is intended to avoid both family and doctors going to extreme lengths to find a donor at any price, even if kinship is distant and the chances for a successful transplant are not very likely because of tissue incompatibility.

86. Moreover, removal is only authorised on the condition that, in the absence of the donation, the life of the recipient is in danger. It goes without saying that the risks to the donor should be acceptable; the professional standards of Article 4 naturally apply, in particular as regards the balance between risk and benefit.

87. Furthermore, in keeping with Article 6 of the Convention, the authorisation of the representative of the person not able to consent or the authorisation of the authority or person or body provided for by law is needed before the removal can be carried out.

88. The agreement of the competent body is also required. The intervention of such a body (which might be a court, a professionally qualified body, an ethics committee, etc.) aims to guarantee that the decision to be taken is impartial. When the donor is an adopted person, it is for this body to verify that there has not been any misuse of the adoption process to enable a removal which would otherwise be forbidden. In this respect, it is important to note the important guarantees established in Article 14 for the protection of incapable persons and reinstated in the above paragraphs 80 to 86.

89. Finally, the removal may not be carried out if the potential donor objects in any way. This opposition, in whatever form, is decisive and must always be observed.

Article 15 – Cell removal from a living donor

90. Although transplantation procedures for cells generally pose problems similar to those related to the transplantation of tissues, there may however be a significant difference with regard to the risks arising from the removal of cells in comparison with removal of tissues. In certain cases such as obtaining a limited number of cells from the skin, the procedure itself may not involve more than minimal risk and minimal burden for the donor. In such cases, and only in such cases, it is foreseen that the Parties to the Protocol can choose not to apply the provisions of Article 14, paragraph 2, indents ii. and iii. The purpose of those provisions is to protect the donor from physical risks and from instrumentalisation contrary to their dignity, but where the risks and burdens are minimal it may not be appropriate to prohibit, for example, a minor donating cells to a family member other than a sibling.

91. One should also emphasise that the requirements of Article 14, paragraph 2, indents i., iv. and v. remain applicable. If compatibility is not medically required, it will always be possible to obtain a donor with capacity to consent. It is therefore not envisaged that cell removal be carried out on persons not able to consent outside of the immediate family circle.

92. This provision is an option for States, not an obligation; States can make use of this option at the time of ratification of the Protocol or at a later stage, depending on scientific and technical developments. Moreover, having in mind that technical developments in the future could permit the reconstitution of tissue in the laboratory from a limited number of cells, the inclusion of this option in the Protocol alleviates the potential need to amend it later if these foreseeable developments become reality.

93. Moreover, in recognition of the need to monitor the appropriate use of this provision, it was decided during the adoption of the draft Protocol by the CDBI that the States utilising this option would be requested to inform the other Parties by a notification addressed to the Secretary General.

Chapter IV – Organ and tissue removal from deceased persons

Article 16 – Certification of death

94. According to the first paragraph, a person's death must have been established before organs or tissues may be removed "in accordance with the law". It is the responsibility of the States to legally define the specific procedure for the declaration of death while the essential functions are still artificially maintained. In this respect, it can be noted that in most countries, the law defines the concept and the conditions of brain death.

95. The death is confirmed by doctors following an agreed procedure and only this form of death certification can permit the transplantation to go ahead. The retrieval team must satisfy themselves that the required procedure has been completed before any retrieval operation is started. In some States, this procedure for certification of death is separate from the formal issuance of the death certificate.

96. The second paragraph of Article 16 provides an important safeguard for the deceased person by ensuring the impartiality of the certification of death, by requiring that the medical team which certifies death should not be the same one that is involved in any stage of the transplant process. It is important that the interests of any such deceased person and the subsequent certification of death are, and are seen to be, the responsibility of a medical team entirely separate from those involved in transplantation. Failure to keep the two functions separate would jeopardise the public's trust in the transplantation system and might have an adverse effect on donation.

97. For the purposes of this Protocol, neonates including anencephalic neonates receive the same protection as any person and the rules on certification of death are applicable to them.

Article 17 – Consent and authorisation

98. Article 17 bars the removal of any organ or tissue unless the consent or authorisation required by national law has been obtained by the person proposing to remove the organ or tissue. This requires member States to have a legally recognised system specifying the conditions under which removal of organs or tissues is authorised. Furthermore, by virtue of Article 8, the Parties should take appropriate measures to inform the public, namely about matters relating to consent or authorisation with regard to removal from deceased persons (see paragraph 58 above).

99. If a person has made known their wishes for giving or denying consent during their lifetime, these wishes should be respected after his/her death. If there is an official facility for recording these wishes and a person has registered consent to donation, such consent should prevail: removal should go ahead if it is possible. By the same token, it may not proceed if the person is known to have objected. Nonetheless, consultation of an official register of last wishes is valid only in respect of the persons entered in it. Nor may it be considered the only way of ascertaining the deceased person's wishes unless their registration is compulsory.

100. The removal of organs or tissues can be carried out on a deceased person who has not had, during his/her life, the capacity to consent if all the authorisations required by law have been obtained. The authorisation may equally be required to carry out a removal on a deceased person who, during his/her life, was capable of giving consent but did not make known his wishes regarding an eventual removal post-mortem.

101. Without anticipating the system to be introduced, the Article accordingly provides that if the deceased person's wishes are at all in doubt, it must be possible to rely on national law for guidance as to the appropriate procedure. In some States the law permits that if there is no explicit or implicit objection to donation, removal can be carried out. In that case, the law provides means of expressing intention, such as drawing up a register of objections. In other countries, the law does not prejudge the wishes of those concerned and prescribes enquiries among relatives and friends to establish whether or not the deceased person was in favour of organ donation.

102. Whatever the system, if the wishes of the deceased are not sufficiently established, the team in charge of the removal of organs must beforehand endeavour to obtain testimony from relatives of the deceased. Unless national law otherwise provides, such authorisation should not depend on the preferences of the close relatives themselves for or against organ and tissue donation. Close relatives

should be asked only about the deceased persons expressed or presumed wishes. It is the expressed views of the potential donor which are paramount in deciding whether organs or tissue may be retrieved. Parties should make clear whether organ or tissue retrieval can take place if a deceased person's wishes are not known and cannot be ascertained from relatives or friends.

103. When a person dies in a country in which he/she is not normally resident, the retrieval team shall take all reasonable measures to ascertain the wishes of the deceased. In case of doubt, the retrieval team should respect the relevant applicable laws in the country in which the deceased is normally resident or, by default, the law of the country of which the deceased person is a national.

Article 18 – Respect for the human body

104. A dead body is not legally regarded as a person, but nonetheless should be treated with respect. This article accordingly provides that during removal the human body must be treated with respect and after removal the body should be restored as far as possible to its original appearance.

Article 19 – Promotion of donation

105. Because of the shortage of available organs, this article makes a provision for Parties to take all appropriate measures to promote the donation of organs and tissues.

106. The "appropriate" measures are not defined but will include the provisions on information to be provided to health professionals and to the public (Article 8), the need to set up a transplant system (Article 3) and to have recognised means of giving consent or authorisation (Article 17).

107. It is also appropriate to remember that organ and tissue removal from deceased persons has to be given priority if living donation is to be minimised, in conformity with Article 9. However, organ and tissue removal from deceased persons must itself carry safeguards and these are set out in Chapter IV.

Chapter V – Implantation of an organ or tissue removed for a purpose other than donation for implantation

Article 20 – Implantation of an organ or tissue removed for a purpose other than donation for implantation

108. In principle, this Protocol applies to the removal of organs or tissues for transplantation purposes. There are particular circumstances, however, in which those organs or tissues are removed for another purpose than donation for implantation but will nevertheless be donated at a later stage. The classic situation is the so-called "domino" transplant. When for instance a person needs a heart, or more often a lung transplant, it may be technically easier to remove their heart and lungs

en bloc and replace them with a donor heart/lung block. Depending on the reason for the transplant, it is possible that the explanted heart, or at least the heart valves, will be in good condition and suitable for transplantation into another recipient. In this way the first recipient becomes a live donor for the second recipient. In the case of a "domino" heart transplant, the heart valves might be harvested from the second recipient's heart and be transplanted into a third person.

109. This article is also applicable where, in the course of a medical intervention, tissues are removed then processed and re-implanted into someone else, even if they are regarded as discarded tissues at the time of the intervention. In this respect, one could mention the following examples: the use of bone from femoral heads removed during hip replacement; the implant of a kidney removed for medical reasons; the use of vessels obtained from placentae or haematopoietic stem cells from cord blood.

110. The first paragraph of the article stresses the need to inform a person from whom organ or tissue have been removed for a purpose other than donation for implantation of the consequences associated with implantation of the organ or tissue into another person, namely the need for appropriate testing and recording of information which ensures the traceability of the organs or tissues; the information must include potential risks, for instance any modification, even minor, of the surgical procedure needed to retrieve the organ or tissue in the best possible condition for implantation. The first paragraph also stresses the need to obtain the informed consent of the person from whom organ or tissue have been removed or appropriate authorisation for the use of the organ or tissue for implantation. The first recipient of a heart can for instance be a child. In turn his/her heart or the valves which are removed can be implanted in another child, if the persons providing authorisation have agreed after being duly informed.

111. As indicated in Article 2, the second paragraph of Article 20 provides that all the provisions of this Protocol, except for those in Chapters III and IV, which concern issues relating to removal for implantation purposes, apply to the situations referred to in paragraph 1. Indeed, the general provisions of the Protocol that guarantee fundamental rights (with regard namely to safety, confidentiality, non-commercialisation) will apply to the cases referred to in this article.

Chapter VI – Prohibition of financial gain

Article 21 – Prohibition of financial gain

112. This article applies the principle of human dignity as laid down in Article 1 of this Protocol.

113. It states in particular that the human body and its parts must not, as such, give rise to financial gain or comparable advantage. Under this provision, organs and tissues should not be bought or sold or give rise to direct financial gain for the per-

son from whom they have been removed for a third party. Nor should the person from whom they have been removed, or a third party, gain any other advantage whatsoever comparable to a financial gain such as benefits in kind or promotion for example. A third party involved in the transplant process such as a health professional or a tissue bank may not make a profit from organs or tissues or any products developed from them (but see paragraph 115 below).

114. However, Article 21 states that certain payments that a donor may receive are not to be treated as financial gain within the meaning of this article. Essentially, apart from the last indent, these provide examples of expenses that may be incurred during or as a result of donation or other parts of the transplant process. This paragraph does not make exceptions to the principle laid down but gives examples of compensation to avoid possible financial disadvantage which may otherwise occur. In the case of the donor it allows for compensation for loss of earnings and other justifiable expenses.

115. The second indent of the first paragraph refers to payment of a justifiable fee for medical or technical services performed as part of the transplant process. Such acts might include the cost of retrieval, transport, preparation, preservation and storage of organs or tissues, which may legitimately give rise to reasonable remuneration.

116. The third indent allows donors to receive compensation for undue damage resulting from the removal. By undue damage is meant any harm whose occurrence is not a normal consequence of a transplant procedure. This provision refers to the compensation provided for in Article 25.

117. The second paragraph of this article makes it clear that any attempt to advertise anything to do with organ or tissue transplantation with a view to financial or equivalent gain for any party is prohibited.

118. This article refers solely to organs and tissues covered by the Protocol. The provision does not refer to such products as hair and nails for example, which are discarded tissues, and the sale of which is not an affront to human dignity.

Article 22 – Prohibition of organ and tissue trafficking

119. As stated by Article 21 of the Convention, the human body and its parts shall not, as such, give rise to financial gain. Any trade in organs and tissues for direct or indirect financial gain, as defined by Article 21 of this Protocol is prohibited. Organ trafficking and tissue trafficking are important examples of such illegal trading and of direct financial gain. Organ or tissue traffickers may also use coercion either in addition to or as an alternative to offering inducements. Such practices cause particular concern because they exploit vulnerable people and may undermine people's faith in the transplant system. This is why the prohibition of trafficking in organs and tissues is specifically referred to in Article 22.

120. This does not in any way reduce either the seriousness of infringements of other rights and principles enshrined in the Protocol, or the force of the prohibition of infringements of these rights and principles, as laid down in Articles 24 and 26.

121. In conformity with Article 26 of this Protocol, Parties shall provide for appropriate sanctions to deter organ and tissue trafficking or any attempt at commercial trade in organs or tissues.

Chapter VII – Confidentiality

Article 23 – Confidentiality

122. Article 23 lays down the principle of confidentiality. Preserving the anonymity of the person from whom organs or tissues have been removed may be impossible in certain circumstances, for example because of the requirement of an appropriate relation between the latter and the recipient in the case of living organ donation. However, personal data concerning persons from whom organs or tissues have been removed and recipients must nonetheless be treated as confidential and handled in accordance with the rules on professional confidentiality[4] and personal data protection. Here, the principles laid down in the Convention for the Protection of Individuals with regard to Automatic Processing of Personal Data of 28 January 1981 (ETS 108) must be observed. In particular, Article 5.b of Convention 108 provides that personal data are "*stored for specified and legitimate purposes and not used in a way incompatible with those purposes*". Parties should take account of other national or international instruments, such as Recommendation (97) 5 of the Committee of Ministers to the member States on the protection of medical data and, where applicable, Directive 95/46/EC of the European Parliament and of the Council of 24 October 1995 on the protection of individuals with regard to the processing of personal data and on free movement of such data.

123. In transplantation, it is nevertheless essential that the principle of confidentiality should not prevent the medical team involved in any transplant process from obtaining the necessary information on the person from whom organs or tissues have been removed and the recipient, and keeping track of the exchange of organs or tissues between them, subject to appropriate safeguards to ensure adequate data protection. One such person may in fact supply several organs or tissues to be implanted in more than one recipient. If a disease is subsequently detected in that person, the recipients must be traceable. Equally, if a recipient of a transplant develops a disease which may have been transmitted, the person from whom organs or tissues had been removed must be identified, again to trace any other recipients. The rules applicable to traceability of organs and tissues are as set out in Article 3 paragraph 3 of this Protocol.

---

[4] In this respect, it has been agreed that the wording "professional confidentiality" in English conveys the same meaning as the wording "*secret professionnel*" in French.

Chapter VIII – Infringements of the provisions of the Protocol

Article 24 – Infringements of rights or principles

124. This article requires the Parties to make available a judicial procedure to prevent or put a stop to an infringement of the principles set forth in the Protocol. It therefore covers not only infringements which have already begun and are ongoing but also the threat of an infringement.

125. The requisite judicial protection must be appropriate and proportionate to the infringement or the threats of infringement of the principles. Such is the case, for example, with proceedings initiated by a public prosecutor in cases of infringements affecting several persons unable to defend themselves, in order to put an end to the violation of their rights.

126. Under the Protocol, the appropriate protective machinery must be capable of operating rapidly as it must ensure that an infringement is prevented or halted at short notice. This requirement can be explained by the fact that, in many cases, the very integrity of an individual has to be protected and an infringement of this right might have irreversible consequences.

127. The judicial protection thus provided by the Protocol applies only to unlawful infringements or to threats thereof.

Article 25 – Compensation for undue damage

128. This article sets forth the principle that the person who has suffered undue damage resulting from a transplantation is entitled to fair compensation. Like the Convention, the Protocol uses the expression "undue damage" because there can be damage which is inherent in the transplantation itself.

129. The due or undue nature of the damage will have to be determined in the light of the circumstances of each case. The cause of the damage must be either an act or an omission during the transplantation procedure. In order to give entitlement to compensation, the damage must result from the transplantation. Potential donors might be wronged during investigations to determine their suitability, as might recipients. In view of the altruistic nature of live organ donation, particular attention should be paid to the rights of donors and potential donors to an adequate compensation for damage resulting from transplantation.

130. Compensation conditions and procedures are not prescribed in this Article. In many cases, the national law establishes a system of individual liability based either on fault or on the notion of risk or strict liability. In other cases, the law may provide for a collective system of compensation irrespective of individual liability.

131. On the subject of fair compensation, reference can be made to Article 41 of the European Convention on Human Rights, which allows the Court to afford just satisfaction to the injured party.

132. Article 21 of this Protocol makes reference to the aforementioned compensation in such terms as to exclude it from any payments constituting a financial gain or a comparable advantage.

Article 26 – Sanctions

133. Since the aim of the sanctions provided for in Article 26 is to guarantee compliance with the provisions of the Protocol, they must be in keeping with certain criteria, particularly those of necessity and proportionality. As a result, in order to measure the expediency and determine the nature and scope of the sanction, domestic law must pay special attention to the content and importance of the provision to be complied with, the seriousness of the offence and the extent of its possible repercussions for the individual and for society.

Chapter IX – Co-operation between Parties

Article 27 – Co-operation between Parties

134. International co-operation in transplantation matters is important for two main reasons. The first is that information about the organisation and effectiveness of services, successful methods of e.g. informing and educating the public or procuring organs, success rates and new developments should all be freely exchanged to help all States achieve the most effective transplant services possible within the resources available.

135. Secondly, difficulties of tissue matching or the urgency of the clinical condition may require access to a large or very large population if the transplant is to be successful. For example, matching for unrelated bone marrow transplants requires a very large pool of donors. People with fulminant liver failure may need a suitable organ within a few hours if they are to survive. If an organ becomes available in a country which has no suitable patient on its waiting list, there must be arrangements in place to allow that organ to be offered rapidly to patients on other transplant waiting lists if the organ is not to be wasted. States Party to this Protocol are expected to set up transborder links so as to facilitate the exchange of information and the transportation of organs and tissues between States but without prejudice to public safety as specified in Article 6 and the need for confidentiality as specified in Article 23.

Chapter X – Relation between this Protocol and the Convention, and re-examination of the Protocol

Article 28 – Relation between this Protocol and the Convention

136. As a legal instrument, the Protocol supplements the Convention. Once in force, the Protocol is subsumed into the Convention vis-à-vis Parties having ratified the Protocol. The provisions of the Convention are therefore to be applied to the Protocol.

137. Thus, Article 36 of the Convention, which sets out the conditions under which a State may make a reservation in respect of any particular provision of the Convention, will also apply to the Protocol. Using this provision States may, under the conditions set out in Article 36 of the Convention, make a reservation in respect of any particular provision of this Protocol.

Article 29 – Re-examination of the Protocol

138. This article provides that the Protocol shall be re-examined no later than five years from its entry into force and thereafter at such intervals as the Committee in charge of the re-examination may determine. Article 32 of the Convention identifies this Committee as the Steering Committee on Bioethics (CDBI), or any other Committee so designated by the Committee of Ministers. The provisions of the Protocol to be re-examined would especially concern aspects of transplantation where scientific developments would give rise to particular ethical or legal issues; for example, it is conceivable that the question of removing cells from a living person will need to be reconsidered after a few years.

Chapter XI – Final clauses

Article 30 – Signature and ratification

139. Only States which have signed or ratified the Convention may sign this Protocol. Ratification of the Protocol is subject to prior or simultaneous ratification of the Convention. Under the provisions of Article 31 of the Convention, a State which has signed or ratified the Convention is not obliged to sign the Protocol or, if applicable, to ratify it.

IV. Zusatzprotokoll Biomedizinische Forschung

Zusatzprotokoll zum Übereinkommen über Menschenrechte und
Biomedizin über biomedizinische Forschung vom 25. Januar 2005[1][2]

Präambel

Die Mitgliedstaaten des Europarats, die anderen Staaten und die Europäische Gemeinschaft, die dieses Zusatzprotokoll zum Übereinkommen zum Schutz der Menschenrechte und der Menschenwürde im Hinblick auf die Anwendung von Biologie und Medizin (im Folgenden als „Übereinkommen" bezeichnet) unterzeichnen,

in der Erwägung, dass es das Ziel des Europarats ist, eine größere Einheit unter seinen Mitgliedern herbeizuführen, und dass eines der Mittel zur Erreichung dieses Ziels darin besteht, die Menschenrechte und Grundfreiheiten zu wahren und fortzuentwickeln;

in der Erwägung, dass das Übereinkommen gemäß Artikel 1 zum Ziel hat, die Würde und Identität aller menschlichen Lebewesen zu schützen und jedermann ohne Diskriminierung die Wahrung seiner Integrität sowie seiner sonstigen Grundrechte und Grundfreiheiten im Hinblick auf die Anwendung von Biologie und Medizin zu gewährleisten;

in der Erwägung, dass der Fortschritt in den medizinischen und biologischen Wissenschaften, insbesondere die durch die biomedizinische Forschung erzielten Weiterentwicklungen, dazu beitragen, Leben zu retten und die Lebensqualität zu verbessern;

in dem Bewusstsein, dass die Weiterentwicklung der biomedizinischen Wissenschaft und Praxis von Erkenntnissen und Entdeckungen abhängt, für die Forschung an menschlichen Lebewesen notwendig ist;

unter Hinweis darauf, dass diese Forschung oft fächerübergreifend und international ist;

unter Berücksichtigung nationaler und internationaler beruflicher Verhaltensregeln auf dem Gebiet der biomedizinischen Forschung und der Vorarbeiten des Ministerkomitees und der Parlamentarischen Versammlung des Europarats auf diesem Gebiet;

---

[1] SEV Nr. 195 – Nichtamtliche Übersetzung des Bundesjustizministeriums. Verbindlich ist nur der Wortlaut in englischer und französischer Sprache.

[2] Das Zusatzprotokoll ist noch nicht in Kraft getreten. Es wurde bislang von 18 Mitgliedstaaten des Europarats unterzeichnet und von zweien ratifiziert (Stand: Februar 2006). Für ein Inkrafttreten sind fünf Ratifikationen erforderlich.

in der Überzeugung, dass biomedizinische Forschung, die gegen Menschenwürde und Menschenrechte verstößt, nie durchgeführt werden darf;

unter besonderem Hinweis darauf, dass der Schutz des menschlichen Lebewesens, das an Forschung teilnimmt, an erster Stelle steht;

im Bekenntnis dazu, dass menschliche Lebewesen, die im Zusammenhang mit Forschung schutzbedürftig sein können, besonders zu schützen sind;

in der Erkenntnis, dass jede Person ein Recht hat, sich für oder gegen die Teilnahme an biomedizinischer Forschung zu entscheiden, und dass niemand zur Teilnahme an derartiger Forschung gezwungen werden darf;

entschlossen, die notwendigen Maßnahmen zu ergreifen, um im Hinblick auf die biomedizinische Forschung den Schutz der Menschenwürde sowie der Grundrechte und Grundfreiheiten des Einzelnen zu gewährleisten,

sind wie folgt übereingekommen:

Kapitel I – Gegenstand und Anwendungsbereich

Artikel 1 – Gegenstand und Ziel

Die Vertragsparteien dieses Protokolls schützen die Würde und die Identität aller menschlichen Lebewesen und gewährleisten jedermann ohne Diskriminierung die Wahrung seiner Integrität sowie seiner sonstigen Grundrechte und Grundfreiheiten im Hinblick auf jegliche mit Interventionen an menschlichen Lebewesen verbundene Forschung im Bereich der Biomedizin.

Artikel 2 – Anwendungsbereich

(1) Dieses Protokoll umfasst das gesamte Spektrum der mit Interventionen an menschlichen Lebewesen verbundenen Forschungsaktivitäten im Gesundheitsbereich.

(2) Dieses Protokoll findet keine Anwendung auf Forschung an Embryonen *in vitro*. Auf Forschung an Föten und Embryonen *in vivo* hingegen ist es anzuwenden.

(3) Im Sinne dieses Protokolls umfasst der Ausdruck „Intervention"
i)   eine körperliche Intervention und
ii) jede andere Intervention, soweit sie mit einer Gefahr für die psychische Gesundheit der betroffenen Person verbunden ist.

Kapitel II – Allgemeine Bestimmungen

Artikel 3 – Vorrang des menschlichen Lebewesens

Das Interesse und das Wohl des an Forschung teilnehmenden menschlichen Lebewesens haben Vorrang gegenüber dem bloßen Interesse der Gesellschaft oder der Wissenschaft.

Artikel 4 – Allgemeine Regel

Vorbehaltlich dieses Protokolls und der sonstigen Rechtsvorschriften zum Schutz des menschlichen Lebewesens ist Forschung frei.

Artikel 5 – Fehlende Alternativen

Forschung an menschlichen Lebewesen ist nur zulässig, wenn es keine Alternative von vergleichbarer Wirksamkeit gibt.

Artikel 6 – Risiken und Nutzen

(1) Forschung darf für das menschliche Lebewesen nicht mit Risiken und Belastungen verbunden sein, die im Missverhältnis zum möglichen Nutzen der Forschung stehen.

(2) Forschung, deren erwartete Ergebnisse für die Gesundheit des Forschungsteilnehmers nicht von unmittelbarem Nutzen sind, ist zudem nur zulässig, wenn sie für den Forschungsteilnehmer höchstens ein vertretbares Risiko und eine vertretbare Belastung mit sich bringt. Die Bestimmung in Artikel 15 Absatz 2 Ziffer ii über den Schutz von Personen, die nicht fähig sind, in die Forschung einzuwilligen, bleibt unberührt.

Artikel 7 – Billigung

Forschung ist nur zulässig, wenn das Forschungsvorhaben von der zuständigen Stelle nach einer unabhängigen Prüfung seines wissenschaftlichen Werts einschließlich einer Bewertung der Wichtigkeit des Forschungsziels und einer interdisziplinären Prüfung seiner ethischen Vertretbarkeit gebilligt worden ist.

Artikel 8 – Wissenschaftliche Qualität

Jede Forschung muss wissenschaftlich gerechtfertigt sein, allgemein anerkannte wissenschaftliche Qualitätskriterien erfüllen und in Übereinstimmung mit den einschlägigen Berufspflichten und Verhaltensregeln unter der Aufsicht eines angemessen qualifizierten Forschers durchgeführt werden.

Kapitel III – Ethikkommission

Artikel 9 – Unabhängige Prüfung durch eine Ethikkommission

(1) Jedes Forschungsvorhaben ist zur unabhängigen Prüfung seiner ethischen Vertretbarkeit einer Ethikkommission vorzulegen. Solche Vorhaben sind in jedem Land, in welchem eine Forschungstätigkeit stattfinden soll, zur unabhängigen Prüfung vorzulegen.

(2) Die interdisziplinäre Prüfung der ethischen Vertretbarkeit des Forschungsvorhabens hat zum Ziel, die Würde, die Rechte, die Sicherheit und das Wohlergehen der Forschungsteilnehmer zu schützen. Zur Bewertung der ethischen Vertretbarkeit ist ein geeignetes Spektrum an Sachverstand und Erfahrung heranzuziehen, das fachliche und nichtfachliche Sichtweisen angemessen widerspiegelt.

(3) Die Ethikkommission gibt eine Stellungnahme ab, die eine Begründung ihrer Schlussfolgerung enthält.

Artikel 10 – Unabhängigkeit der Ethikkommission

(1) Die Vertragsparteien dieses Protokolls treffen Maßnahmen zur Gewährleistung der Unabhängigkeit der Ethikkommission. Diese Stelle darf keiner ungebührlichen Einflussnahme von außen ausgesetzt sein.

(2) Die Mitglieder der Ethikkommission zeigen alle Umstände an, die zu einem Interessenkonflikt führen könnten. Sollten solche Konflikte entstehen, so nehmen die Betroffenen nicht an der betreffenden Prüfung teil.

Artikel 11 – Informationen für die Ethikkommission

(1) Alle zur ethischen Bewertung des Forschungsvorhabens erforderlichen Informationen sind der Ethikkommission schriftlich vorzulegen.

(2) Insbesondere sind Informationen zu den im Anhang zu diesem Protokoll aufgeführten Punkten zur Verfügung zu stellen, soweit sie für das Forschungsvorhaben von Belang sind. Der Anhang kann von dem nach Artikel 32 des Übereinkommens gebildeten Ausschuss mit Zweidrittelmehrheit der abgegebenen Stimmen geändert werden.

Artikel 12 – Ungebührliche Einflussnahme

Die Ethikkommission muss überzeugt sein, dass kein ungebührlicher Einfluss, auch nicht in finanzieller Hinsicht, auf Personen ausgeübt wird, um sie zur Teilnahme an der Forschung zu bewegen. Besondere Aufmerksamkeit muss insoweit schutzbedürftigen oder abhängigen Personen zukommen.

Kapitel IV – Aufklärung und Einwilligung

Artikel 13 – Aufklärung der Forschungsteilnehmer

(1) Die um Teilnahme an einem Forschungsvorhaben gebetenen Personen sind in verständlicher Form angemessen aufzuklären. Diese Aufklärung ist zu dokumentieren.

(2) Die Aufklärung erstreckt sich auf das Ziel, den Gesamtplan sowie die möglichen Risiken und den möglichen Nutzen des Forschungsvorhabens und schließt die Stellungnahme der Ethikkommission ein. Bevor die betroffenen Personen um ihre Einwilligung, an einem Forschungsvorhaben teilzunehmen, gebeten werden, sind sie hinsichtlich der Art und dem Ziel der Forschung insbesondere über Folgendes aufzuklären:

i) Art, Ausmaß und Dauer der damit verbundenen Verfahren, insbesondere mit näheren Angaben über gegebenenfalls durch das Forschungsvorhaben entstehende Belastungen;
ii) zur Verfügung stehende präventive, diagnostische und therapeutische Verfahren;
iii) Vorkehrungen, um nachteiligen Ereignissen oder Bedenken der Forschungsteilnehmer zu begegnen;
iv) Vorkehrungen, um die Achtung der Privatsphäre sicherzustellen und die Vertraulichkeit personenbezogener Daten zu gewährleisten;
v) Regelungen für den Zugang zu Informationen, die sich bei der Forschung ergeben und für den Teilnehmer von Bedeutung sind, sowie zu den Gesamtergebnissen der Forschung;
vi) Regelungen für eine angemessene Entschädigung im Schadensfall;

vii) alle vorgesehenen möglichen weiteren Verwendungen, einschließlich kommerzieller Verwendungen, der Forschungsergebnisse, Daten oder biologischen Materialien;
viii) Herkunft der Mittel zur Finanzierung des Forschungsvorhabens.

(3) Die um Teilnahme an einem Forschungsvorhaben gebetenen Personen sind ferner über die nach der Rechtsordnung zu ihrem Schutz vorgesehenen Rechte und Sicherheitsrnaßnahmen und insbesondere darüber aufzuklären, dass sie das Recht haben, die Einwilligung zu verweigern oder jederzeit zu widerrufen, ohne dass sie in irgendeiner Form, insbesondere im Hinblick auf ihr Recht auf medizinische Versorgung, diskriminiert werden dürfen.

Artikel 14 – Einwilligung

(1) Forschung an einer Person ist vorbehaltlich der Bestimmungen in Kapitel V und in Artikel 19 nicht ohne die nach Aufklärung und eigens für diesen Fall frei und ausdrücklich erteilte und dokumentierte Einwilligung der betroffenen Person zulässig. Diese Einwilligung kann von der betroffenen Person in jedem Stadium der Forschung frei widerrufen werden

(2) Die Verweigerung oder der Widerruf der Einwilligung, an der Forschung teilzunehmen, darf nicht dazu führen, dass die betroffene Person in irgendeiner Form, insbesondere im Hinblick auf ihr Recht auf medizinische Versorgung, diskriminiert wird.

(3) Bestehen Zweifel daran, dass die Person zur Einwilligung nach Aufklärung fähig ist, so müssen Vorkehrungen dafür vorgesehen sein, dass nachgeprüft werden kann, ob die Person dazu fähig ist oder nicht.

Kapitel V – Schutz von Personen, die nicht fähig sind, in die Forschung einzuwilligen

Artikel 15 – Schutz von Personen, die nicht fähig sind, in die Forschung einzuwilligen

(1) Forschung an einer Person, die nicht fähig ist, in die Forschung einzuwilligen, ist nur zulässig, wenn alle folgenden besonderen Bedingungen erfüllt sind:
i) Die erwarteten Forschungsergebnisse sind für die Gesundheit der betroffenen Person von tatsächlichem und unmittelbarem Nutzen,
ii) Forschung von vergleichbarer Wirksamkeit ist an einwilligungsfähigen Personen nicht möglich;
iii) die Person, die sich für ein Forschungsvorhaben zur Verfügung stellt, ist über ihre Rechte und die nach der Rechtsordnung zu ihrem Schutz vorgesehenen Sicherheitsmaßnahmen unterrichtet worden, es sei denn, ihr Zustand lässt die Unterrichtung nicht zu,
iv) die notwendige Genehmigung ist eigens für diesen Fall und schriftlich durch den gesetzlichen Vertreter oder eine nach der Rechtsordnung dafür vorgesehene Behörde, Person oder Stelle nach der in Artikel 16 vorgeschriebenen Aufklärung und unter Berücksichtigung früher geäußerter Wünsche oder Ablehnungen der Person erteilt worden. Eine volljährige nicht einwilligungsfä-

hige Person ist soweit wie möglich an dem Genehmigungsverfahren zu beteiligen. Der Meinung einer minderjährigen Person kommt mit zunehmendem Alter und zunehmender Reife immer mehr entscheidendes Gewicht zu.
v) die betroffene Person lehnt nicht ab.
(2) In Ausnahmefällen und nach Maßgabe der durch die Rechtsordnung vorgesehenen Schutzbestimmungen darf Forschung, deren erwartete Ergebnisse für die Gesundheit der betroffenen Person nicht von unmittelbarem Nutzen sind, genehmigt werden, wenn außer den in Absatz 1 Ziffern ii, iii, iv und v genannten Bedingungen zusätzlich die folgenden Bedingungen erfüllt sind:
i) Die Forschung hat zum Ziel, durch eine wesentliche Erweiterung des wissenschaftlichen Verständnisses des Zustands, der Krankheit oder der Störung der Person letztlich zu Ergebnissen beizutragen, die der betroffenen Person selbst oder anderen Personen nützen können, welche derselben Altersgruppe angehören oder an derselben Krankheit oder Störung leiden oder sich in demselben Zustand befinden;
ii) die Forschung bringt für die betroffene Person nur ein minimales Risiko und eine minimale Belastung mit sich; Erwägungen im Hinblick auf einen möglichen weiteren Nutzen der Forschung dürfen nicht herangezogen werden, um ein höheres Maß an Risiken oder Belastungen zu rechtfertigen.
(3) Wird die Teilnahme an der Forschung abgelehnt oder die Genehmigung der Teilnahme daran verweigert oder widerrufen, so darf dies nicht dazu führen, dass die betroffene Person in irgendeiner Form, insbesondere im Hinblick auf ihr Recht auf medizinische Versorgung, diskriminiert wird.

Artikel 16 – Aufklärung vor Genehmigung

(1) Wer die Teilnahme einer Person an einem Forschungsvorhaben genehmigen soll, ist in verständlicher Form angemessen aufzuklären. Diese Aufklärung ist zu dokumentieren.
(2) Die Aufklärung erstreckt sich auf das Ziel, den Gesamtplan sowie die möglichen Risiken und den möglichen Nutzen des Forschungsvorhabens und schließt die Stellungnahme der Ethikkommission ein. Der Betreffende ist ferner über die nach der Rechtsordnung vorgesehenen Rechte und Sicherheitsmaßnahmen zum Schutz von Personen, die nicht fähig sind, in die Forschung einzuwilligen, und insbesondere darüber aufzuklären, dass er das Recht hat, die Genehmigung zu verweigern oder jederzeit zu widerrufen, ohne dass die betroffene Person in irgendeiner Form, insbesondere im Hinblick auf ihr Recht auf medizinische Versorgung, diskriminiert werden darf. Er ist entsprechend der Art und dem Ziel der Forschung besonders über die in Artikel 13 aufgeführten Punkte aufzuklären.
(3) Die Informationen zu diesen Punkten werden auch der betroffenen Person zur Verfügung gestellt, es sei denn, der Zustand dieser Person lässt ihre Unterrichtung nicht zu.

Artikel 17 – Interventionen mit minimalem Risiko und minimaler Belastung

(1) Im Sinne dieses Protokolls weist die Forschung ein minimales Risiko auf, wenn nach Art und Umfang der Intervention zu erwarten ist, dass sie allenfalls zu

einer sehr geringfügigen und vorübergehenden Beeinträchtigung der Gesundheit der betroffenen Person führen wird.

(2) Sie weist eine minimale Belastung auf, wenn zu erwarten ist, dass die Unannehmlichkeiten für die betroffene Person allenfalls vorübergehend auftreten und sehr geringfügig sein werden. Zur individuellen Beurteilung der Belastung wird gegebenenfalls eine Person herangezogen, die das besondere Vertrauen der betroffenen Person genießt.

Kapitel VI – Besondere Situationen

Artikel 18 – Forschung während der Schwangerschaft oder Stillzeit

(1) Forschung an einer Schwangeren, deren erwartete Ergebnisse für ihre Gesundheit oder für die Gesundheit ihres Embryos, ihres Fötus oder ihres Kindes nach der Geburt nicht von unmittelbarem Nutzen sind, ist nur zulässig, wenn die folgenden zusätzlichen Bedingungen erfüllt sind:
i) Die Forschung hat zum Ziel, letztlich zu Ergebnissen beizutragen, die anderen Frauen in Zusammenhang mit der Fortpflanzung oder anderen Embryonen, Föten oder Kindern nützen können,
ii) Forschung von vergleichbarer Wirksamkeit kann an Frauen, die nicht schwanger sind, nicht vorgenommen werden,
iii) die Forschung bringt nur ein minimales Risiko und eine minimale Belastung mit sich.

(2) Wird Forschung an einer Stillenden vorgenommen, so ist besonders darauf zu achten, dass nachteilige Auswirkungen für die Gesundheit des Kindes vermieden werden.

Artikel 19 – Forschung an Personen in klinischen Notfallsituationen

(1) Die Rechtsordnung bestimmt, ob und unter welchen zusätzlichen Schutzbestimmungen Forschung in Notfallsituationen stattfinden darf, wenn
i) eine Person nicht in einem Zustand ist, in dem sie einwilligen kann, und
ii) es wegen der Dringlichkeit der Lage nicht möglich ist, rechtzeitig die Genehmigung ihres Vertreters oder einer Behörde, Person oder Stelle einzuholen, bei der, läge keine Notfallsituation vor, um Genehmigung nachgesucht würde.

(2) Die Rechtsordnung sieht unter anderem die folgenden besonderen Bedingungen vor:
i) Forschung von vergleichbarer Wirksamkeit ist an Personen, die sich nicht in einer Notfallsituation befinden, nicht möglich;
ii) das Forschungsvorhaben darf nur durchgeführt werden, wenn es von der zuständigen Stelle eigens für Notfallsituationen gebilligt worden ist;
iii) jede maßgebliche von der Person früher geäußerte Ablehnung, die dem Forscher bekannt ist, ist zu respektieren;
iv) die Forschung, deren erwartete Ergebnisse für die Gesundheit der betroffenen Person nicht von unmittelbarem Nutzen sind, hat zum Ziel, durch eine wesentliche Erweiterung des wissenschaftlichen Verständnisses des Zustands, der Krankheit oder der Störung der Person letztlich zu Ergebnissen beizutra-

gen, die der betroffenen Person oder anderen Personen nützen können, die derselben Gruppe angehören oder an derselben Krankheit oder Störung leiden oder sich in demselben Zustand befinden, und sie bringt nur ein minimales Risiko und eine minimale Belastung mit sich.

(3) Personen, die an dem Notfallforschungsvorhaben teilnehmen, oder gegebenenfalls ihre Vertreter erhalten so bald wie möglich alle einschlägigen Informationen über ihre Teilnahme an dem Forschungsvorhaben. Um die Einwilligung oder Genehmigung zur weiteren Teilnahme wird nachgesucht, sobald dies vernünftigerweise möglich ist.

Artikel 20 – Forschung an Personen, denen die Freiheit entzogen ist

Ist nach der Rechtsordnung Forschung an Personen, denen die Freiheit entzogen ist, zulässig, so dürfen sie an einer Forschung, deren erwartete Ergebnisse für ihre Gesundheit nicht von unmittelbarem Nutzen sind, nur teilnehmen, wenn die folgenden zusätzlichen Bedingungen erfüllt sind:

i) Forschung von vergleichbarer Wirksamkeit kann ohne Beteiligung von Personen, denen die Freiheit entzogen ist, nicht durchgeführt werden;

ii) die Forschung hat zum Ziel, letztlich zu Ergebnissen beizutragen, die Personen, denen die Freiheit entzogen ist, nützen können;

iii) die Forschung bringt nur ein minimales Risiko und eine minimale Belastung mit sich.

Kapitel VII – Sicherheit und Aufsicht

Artikel 21 – Minimierung des Risikos und der Belastung

(1) Es werden alle angemessenen Maßnahmen getroffen, um für die Forschungsteilnehmer Sicherheit zu gewährleisten und ihr Risiko und ihre Belastung zu minimieren.

(2) Forschung ist nur unter Aufsicht eines klinischen Experten zulässig, der über die erforderlichen Befähigungen und die nötige Erfahrung verfügt.

Artikel 22 – Beurteilung des Gesundheitszustands

(1) Der Forscher trifft alle erforderlichen Maßnahmen, um den Gesundheitszustand der menschlichen Lebewesen vor ihrer Einbeziehung in die Forschung zu beurteilen, damit sichergestellt ist, dass diejenigen mit einem erhöhten Risiko im Zusammenhang mit der Teilnahme an einem bestimmten Forschungsvorhaben ausgeschlossen werden.

(2) Wird Forschung an Personen im fortpflanzungsfähigen Alter vorgenommen, so muss die mögliche nachteilige Auswirkung auf eine bestehende oder zukünftige Schwangerschaft und die Gesundheit eines Embryos, Fötus oder Kindes besonders beachtet werden.

Artikel 23 – Nichtbeeinträchtigung von notwendigen klinischen Interventionen

(1) Durch die Forschung dürfen medizinisch notwendige präventive, diagnostische oder therapeutische Verfahren nicht verzögert oder dem Teilnehmer vorenthalten werden.
(2) Bei Forschung in Verbindung mit Prävention, Diagnose oder Behandlung sind den einer Kontrollgruppe zugewiesenen Teilnehmern bewährte Methoden der Prävention, Diagnose oder Behandlung zuzusichern.
(3) Der Einsatz von Placebos ist zulässig, wenn es keine erwiesenermaßen wirksamen Methoden gibt oder wenn die Beendigung oder Aussetzung solcher Methoden keine unannehmbaren Risiken oder Belastungen darstellt.

Artikel 24 – Neue Entwicklungen

(1) Die Vertragsparteien dieses Protokolls treffen Maßnahmen, um sicherzustellen, dass das Forschungsvorhaben erneut geprüft wird, wenn dies in Anbetracht wissenschaftlicher Entwicklungen oder Ereignisse, die im Verlauf der Forschung eintreten, gerechtfertigt ist.
(2) Zweck der erneuten Prüfung ist es, festzustellen, ob
i) die Forschung abzubrechen ist oder das Forschungsvorhaben verändert werden muss, damit die Forschung fortgesetzt werden kann,
ii) die Forschungsteilnehmer oder gegebenenfalls deren Vertreter von den Entwicklungen oder Ereignissen in Kenntnis zu setzen sind,
iii) eine zusätzliche Einwilligung oder Genehmigung für die Teilnahme erforderlich ist.
(3) Neue Informationen, die für ihre Teilnahme von Bedeutung sind, sind den Forschungsteilnehmern oder gegebenenfalls ihren Vertretern rechtzeitig zu übermitteln.
(4) Die zuständige Stelle ist über die Gründe für jede vorzeitige Beendigung eines Forschungsvorhabens zu unterrichten.

Kapitel VIII – Vertraulichkeit und Recht auf Auskunft

Artikel 25 – Vertraulichkeit

(1) Alle im Verlauf biomedizinischer Forschung gesammelten Informationen persönlicher Art sind als vertraulich anzusehen und nach den Regeln zum Schutz der Privatsphäre zu behandeln.
(2) Die Rechtsordnung schützt vor unangemessener Bekanntgabe aller anderen auf ein Forschungsvorhaben bezogenen Informationen, die einer Ethikkommission in Übereinstimmung mit diesem Protokoll vorgelegt worden sind.

Artikel 26 – Recht auf Auskunft

(1) In Übereinstimmung mit Artikel 10 des Übereinkommens haben Forschungsteilnehmer das Recht auf Auskunft in Bezug auf alle über ihre Gesundheit gesammelten Angaben.

(2) Zugang zu anderen personenbezogenen Angaben, die für ein Forschungsvorhaben gesammelt worden sind, erhalten sie in Übereinstimmung mit den Rechtsvorschriften über den Schutz natürlicher Personen bei der Verarbeitung personenbezogener Daten.

Artikel 27 – Sorgfaltspflicht

Ergeben sich bei der Forschung Informationen, die für die gegenwärtige oder zukünftige Gesundheit oder die Lebensqualität von Forschungsteilnehmern von Bedeutung sind, so müssen ihnen diese Informationen angeboten werden. Dies geschieht im Rahmen der Gesundheitsversorgung oder einer Beratung. Bei der Bekanntgabe dieser Informationen ist mit gebührender Sorgfalt vorzugehen, damit die Vertraulichkeit gewahrt und der Wunsch eines Teilnehmers, solche Informationen nicht zu erhalten, respektiert wird.

Artikel 28 – Verfügbarkeit der Ergebnisse

(1) Nach Abschluss der Forschung wird der Ethikkommission oder der zuständigen Stelle ein Bericht oder eine Zusammenfassung vorgelegt.
(2) Die Forschungsergebnisse werden den Teilnehmern auf Anfrage innerhalb einer angemessenen Frist zur Verfügung gestellt.
(3) Der Forscher trifft geeignete Maßnahmen, um die Forschungsergebnisse innerhalb einer angemessenen Frist zu veröffentlichen.

Kapitel IX – Forschung in Staaten, die nicht Vertragspartei dieses Protokolls sind

Artikel 29 – Forschung in Staaten, die nicht Vertragspartei dieses Protokolls sind

Sponsoren oder Forscher, die der Hoheitsgewalt einer Vertragspartei dieses Protokolls unterstehen und die ein Forschungsvorhaben in einem Staat durchführen oder leiten wollen, der nicht Vertragspartei dieses Protokolls ist, haben sicherzustellen, dass das Forschungsvorhaben unbeschadet der anzuwendenden Bestimmungen jenes Staates den Grundsätzen entspricht, die diesem Protokoll zugrunde liegen. Erforderlichenfalls trifft die Vertragspartei geeignete Maßnahmen zu diesem Zweck.

Kapitel X – Verletzung der Bestimmungen des Protokolls

Artikel 30 – Verletzung der Rechte oder Grundsätze

Die Vertragsparteien gewährleisten einen geeigneten Rechtsschutz, der darauf abzielt, eine widerrechtliche Verletzung der in diesem Protokoll verankerten Rechte oder Grundsätze innerhalb kurzer Frist zu verhindern oder zu beenden.

Artikel 31 – Entschädigung im Schadensfall

Hat eine Person aufgrund der Teilnahme an Forschung einen Schaden erlitten, so hat sie Anspruch auf angemessene Entschädigung nach Maßgabe der durch die Rechtsordnung vorgesehenen Voraussetzungen und Modalitäten.

Artikel 32 – Sanktionen

Die Vertragsparteien sehen für Verletzungen der Bestimmungen dieses Protokolls angemessene Sanktionen vor.

Kapitel XI – Verhältnis dieses Protokolls zu anderen Bestimmungen und Überprüfung des Protokolls

Artikel 33 – Verhältnis dieses Protokolls zum Übereinkommen

Die Vertragsparteien betrachten die Artikel 1 bis 32 dieses Protokolls als Zusatzartikel zum Übereinkommen; alle Bestimmungen des Übereinkommens sind entsprechend anzuwenden.

Artikel 34 – Weiterreichender Schutz

Dieses Protokoll darf nicht so ausgelegt werden, als beschränke oder beeinträchtige es die Möglichkeit einer Vertragspartei, Forschungsteilnehmern einen über dieses Protokoll hinausgehenden Schutz zu gewähren.

Artikel 35 – Überprüfung des Protokolls

Damit wissenschaftlichen Entwicklungen Rechnung getragen werden kann, überprüft der in Artikel 32 des Übereinkommens bezeichnete Ausschuss dieses Protokoll spätestens fünf Jahre nach seinem Inkrafttreten und danach in den von ihm bestimmten Abständen.

Kapitel XII – Schlussbestimmungen

Artikel 36 – Unterzeichnung und Ratifikation

Dieses Protokoll liegt für Unterzeichnerstaaten des Übereinkommens zur Unterzeichnung auf. Es bedarf der Ratifikation, Annahme oder Genehmigung. Ein Unterzeichnerstaat kann dieses Protokoll nur ratifizieren, annehmen oder genehmigen, wenn er das Übereinkommen gleichzeitig ratifiziert, annimmt oder genehmigt oder es früher ratifiziert, angenommen oder genehmigt hat. Die Ratifikations-, Annahme- oder Genehmigungsurkunden werden beim Generalsekretär des Europarats hinterlegt.

Artikel 37 – Inkrafttreten

(1) Dieses Protokoll tritt am ersten Tag des Monats in Kraft, der auf einen Zeitabschnitt von drei Monaten nach dem Tag folgt, an dem fünf Staaten, darunter mindestens vier Mitgliedstaaten des Europarats, nach Artikel 36 ihre Zustimmung ausgedrückt haben, durch das Protokoll gebunden zu sein.

(2) Für jeden Staat, der später seine Zustimmung ausdrückt, durch dieses Protokoll gebunden zu sein, tritt es am ersten Tag des Monats in Kraft, der auf einen Zeitabschnitt von drei Monaten nach Hinterlegung der Ratifikations-, Annahme- oder Genehmigungsurkunde folgt.

Artikel 38 – Beitritt

(1) Nach Inkrafttreten dieses Protokolls kann jeder Staat, der dem Übereinkommen beigetreten ist, auch diesem Protokoll beitreten.

(2) Der Beitritt erfolgt durch Hinterlegung einer Beitrittsurkunde beim Generalsekretär des Europarats; der Beitritt wird am ersten Tag des Monats wirksam, der auf einen Zeitabschnitt von drei Monaten nach der Hinterlegung der Beitrittsurkunde folgt.

Artikel 39 – Kündigung

(1) Jede Vertragspartei kann dieses Protokoll jederzeit durch eine an den Generalsekretär des Europarats gerichtete Notifikation kündigen.

(2) Die Kündigung wird am ersten Tag des Monats wirksam, der auf einen Zeitabschnitt von drei Monaten nach Eingang der Notifikation beim Generalsekretär folgt.

Artikel 40 – Notifikationen

Der Generalsekretär des Europarats notifiziert den Mitgliedstaaten des Europarats, der Europäischen Gemeinschaft, jedem Unterzeichner, jeder Vertragspartei und jedem anderen Staat, der zum Beitritt zu dem Protokoll eingeladen worden ist,
a) jede Unterzeichnung,
b) jede Hinterlegung einer Ratifikations-, Annahme-, Genehmigungs- oder Beitrittsurkunde,
c) jeden Zeitpunkt des Inkrafttretens dieses Protokolls nach den Artikeln 37 und 38;
d) jede andere Handlung, Notifikation oder Mitteilung im Zusammenhang mit diesem Protokoll.

Zu Urkund dessen haben die hierzu gehörig befugten Unterzeichneten dieses Protokoll unterschrieben.

Geschehen zu Straßburg am 25. Januar 2005 in englischer und französischer Sprache, wobei jeder Wortlaut gleichermaßen verbindlich ist, in einer Urschrift, die im Archiv des Europarats hinterlegt wird. Der Generalsekretär des Europarats übermittelt allen Mitgliedstaaten des Europarats, den Nichtmitgliedstaaten, die an der Ausarbeitung dieses Protokolls beteiligt waren, allen zum Beitritt zu dem Übereinkommen eingeladenen Staaten und der Europäischen Gemeinschaft beglaubigte Abschriften.

ANHANG ZUM PROTOKOLL ÜBER BIOMEDIZINISCHE FORSCHUNG

Informationen, die der Ethikkommission vorzulegen sind

Der Ethikkommission sind Informationen zu den folgenden Punkten vorzulegen, soweit sie für das Forschungsvorhaben von Belang sind:

Beschreibung des Vorhabens

i) Name des leitenden Forschers, Befähigungen und Erfahrung der Forscher und gegebenenfalls der klinisch verantwortlichen Person sowie Finanzierungsregelungen;

ii) Zielsetzung und Begründung der Forschung nach dem letzten Stand der wissenschaftlichen Erkenntnisse;

iii) vorgesehene Methoden und Verfahren einschließlich statistischer und anderer analytischer Verfahren;

iv) eine umfassende Zusammenfassung des Forschungsvorhabens in allgemein verständlicher Sprache;

v) eine Erklärung darüber, ob das Forschungsvorhaben zur Bewertung oder Billigung bereits früher vorgelegt worden ist oder gleichzeitig vorgelegt wird und mit welchem Ergebnis;

Teilnehmer, Einwilligung und Aufklärung

vi) Begründung für die Beteiligung menschlicher Lebewesen an dem Forschungsvorhaben;

vii) Kriterien für die Einbeziehung oder Ausklammerung von Personengruppen in Bezug auf die Teilnahme an dem Forschungsvorhaben und die Modalitäten ihrer Auswahl und Rekrutierung;

viii) Gründe für den Einsatz von Kontrollgruppen oder das Fehlen solcher Gruppen;

ix) eine Beschreibung der Art und des Ausmaßes vorhersehbarer Risiken, die mit der Teilnahme an der Forschung verbunden sein können;

x) Art, Ausmaß und Dauer der Interventionen, die an den Forschungsteilnehmern vorgenommen werden sollen, sowie nähere Angaben über gegebenenfalls durch das Forschungsvorhaben entstehende Belastungen;

xi) Vorkehrungen, um unvorhergesehene Ereignisse, die für die gegenwärtige oder zukünftige Gesundheit von Forschungsteilnehmern Folgen haben können, zu kontrollieren, zu bewerten und ihnen zu begegnen;

xii) Zeitplan und Einzelheiten der Aufklärung der Personen, die an dem Forschungsvorhaben teilnehmen würden, und die vorgesehenen Mittel für diese Aufklärung;

xiii) Unterlagen, die verwendet werden sollen, um die Einwilligung oder – bei nicht einwilligungsfähigen Personen – die Genehmigung zur Teilnahme an dem Forschungsvorhaben einzuholen;

xiv) Vorkehrungen, um sicherzustellen, dass die Privatsphäre der Personen, die an der Forschung teilnehmen würden, geachtet wird und personenbezogene Daten vertraulich behandelt werden;

xv) vorgesehene Regelungen in Bezug auf Informationen, die möglicherweise gewonnen werden und die für die gegenwärtige oder die zukünftige Gesundheit der Personen, die an dem Forschungsvorhaben teilnehmen würden, und ihrer Familienangehörigen von Bedeutung sein können;

Sonstige Angaben

xvi) nähere Angaben über alle Zahlungen und sonstigen geldwerten Vergünstigungen, die im Rahmen des Forschungsvorhabens vorgesehen sind;

xvii) nähere Angaben über alle Umstände, die zu Interessenkonflikten führen könnten, die das unabhängige Urteil der Forscher beeinträchtigen können;

xviii) nähere Angaben über alle vorgesehenen möglichen weiteren Verwendungen, einschließlich kommerzieller Verwendungen, der Forschungsergebnisse, Daten oder biologischen Materialien;

xix) nähere Angaben über alle sonstigen ethischen Fragen aus Sicht des Forschers;

xx) nähere Angaben über eine Versicherung oder Deckungszusage für Schäden in Zusammenhang mit dem Forschungsvorhaben.

Die Ethikkommission kann um weitere zur Evaluierung des Forschungsvorhabens erforderliche Auskünfte ersuchen.

IVa. Zusatzprotokoll Biomedizinische Forschung – Erläuternder Bericht

Additional Protocol to the Convention on Human Rights and Biomedicine, concerning Biomedical Research – Explanatory Report

Introduction

1. This Additional Protocol to the Convention on Human Rights and Biomedicine on Biomedical Research builds on the principles embodied in the Convention, with a view to protecting human rights and dignity in the specific field of biomedical research. The benefits for human health of the acquisition of knowledge from research utilising systematic methodologies in the sphere of biomedicine are widely acknowledged. The distinction between medical research and innovative medical practice derives from the intent behind the intervention. In medical practice the sole intention is to benefit the individual patient, not to gain knowledge of general benefit, though such knowledge may emerge from the clinical experience gained. In an intervention for the purpose of biomedical research the primary intention is to advance knowledge so that patients in general may benefit. An individual research participant may or may not benefit directly.

2. The purpose of the Protocol is to define and safeguard fundamental rights in the field of biomedical research, in particular of those participating in research. Biomedical research is a powerful tool to improve human health. Freedom of research is important in and of itself, but also because of the practical benefits it brings to the healthcare field. At the same time, it is always necessary to protect human beings participating in research. Research participants are contributing their time to the research and may be subjecting themselves to risks and burdens. Particular attention must be paid to ensuring that their human rights are always protected and their altruism is not exploited.

Drafting of the Protocol

3. In Recommendation 1160 in 1991, the Council of Europe Parliamentary Assembly recommended that the Committee of Ministers "envisage a framework convention comprising a main text with general principles and additional protocols on specific aspects." Also in 1991, the Committee of Ministers instructed the CAHBI (*ad hoc* Committee of Experts on Bioethics), re-designated the CDBI in 1992 (Steering Committee on Bioethics) "to prepare, …..Protocols to this Convention, relating to, in a preliminary phase: organ transplants and the use of sub-

stances of human origin; medical research on human beings." The Additional Protocol was drafted with the inclusion of the relevant provisions of the Convention concerning biomedical research. This was done to facilitate its use by practitioners in the field of biomedical research, avoiding the need for them to consult a number of interlinked legal instruments.

4. At its 14th meeting (Strasbourg, 5-8 November 1991) the CAHBI appointed the Working Party on Medical Research, responsible for preparing the draft Additional Protocol. The CAHBI-CO-GT2 chaired by Ms. Paula KOKKONEN (Finland), held its first meeting from 22 to 24 January 1992 beginning its activities concurrently with the CDBI's work on the Convention. It was later re-designated as the CDBI-CO-GT2.

5. However, as the CDBI focused its efforts on the preparation of the Convention itself, work on the draft Protocol was suspended after its second meeting from September 1992 until April 1997.

6. The Convention on Human Rights and Biomedicine was adopted by the Committee of Ministers on 19 November 1996 and was opened for signature on 4 April 1997 in Oviedo, Spain. The CDBI decided, at its 11th meeting in June 1996, to renew the terms of reference of the CDBI-CO-GT2 asking it to take into account the newest advances in the field. The Working Party was then chaired by Dr. Rosemary BOOTHMAN (Ireland).

7. The draft Protocol was examined by the CDBI at its December 2000 and June 2001 meetings, and was declassified by the CDBI at its June 2001 meeting under the Chairmanship of Dr. Elaine GADD (United Kingdom) for the purposes of consultation. Those consulted, including member States and relevant European non-governmental organisations have contributed to the development of the text. After re-examination, the CDBI finalised the text of the Protocol during its meeting from 17 to 20 June 2003. The Protocol was approved by the CDBI on 20 June 2003 under the chairmanship of Ms. Ruth REUSSER (Switzerland). The Parliamentary Assembly gave an opinion on the Protocol, Opinion No. 252 (2004) on 30 April 2004, Ms. Majléne Westerlund PANKE being the rapporteur for the Committee on Culture, Science and Education, and Mr. Claude EVIN and Mr. József GEDEI being the co-rapporteurs for the Committee on Social, Health and Family Affairs, and the Committee on Legal Affairs and Human Rights, respectively. The Protocol was adopted by the Committee of Ministers on 30 June 2004.

The Protocol is accompanied by this Explanatory Report, drawn up under the responsibility of the Secretary General of the Council of Europe. It takes into account the discussions held in the CDBI and its Working Party entrusted with the drafting of the Protocol; it also takes into account the remarks and proposals made by delegations. The Committee of Ministers has authorised its publication on 30 June 2004. The Explanatory Report is not an authoritative interpretation of the Protocol. Nevertheless it covers the main issues of the preparatory work and provides information to clarify the object and purpose of the Protocol and make the scope of its provisions more comprehensible.

Comments on the provisions of the Protocol

Title

8. The title identifies this instrument as the "Additional Protocol to the Convention on Human Rights and Biomedicine, on Biomedical Research."

9. The term "biomedical research" is used in order to be consistent with the Convention (Convention for the Protection of Human Rights and Dignity of the Human Being with regard to the Application of Biology and Medicine) and in order to stress that the Protocol covers all areas of research involving interventions on human beings in the field of biomedicine, which may also be carried out by biologists and other professionals such as psychologists.

Preamble

10. Protection and guarantees in the fields of biology and medicine, including biomedical research, are provided by the Convention for the Protection of Human Rights and Dignity of the Human Being with Regard to the Application of Biology and Medicine (Convention on Human Rights and Biomedicine), hereafter the "Convention".

11. After the Protocol on the prohibition of cloning human beings and the Protocol concerning transplantation of organs and tissues of human origin, this Additional Protocol on biomedical research supplements further the provisions of the Convention. The Protocols are designed to address the ethical and legal issues raised by present or future scientific advances through the further development, in specific fields such as biomedical research, of the principles contained in the Convention. The preamble to this Protocol reaffirms the aims of the Council of Europe and the Convention. It recognises the role of progress in medical and biological sciences and the contribution that it has made to reducing morbidity and mortality and improving the quality of life. It also takes due regard of the previous work of the Committee of Ministers and the Parliamentary Assembly concerning biomedical research and this has been taken into account in the preparation of this Additional Protocol.

12. The preamble affirms the commitment of the Parties to take necessary measures to safeguard human dignity and the fundamental rights and freedoms of human beings with regard to biomedical research. It highlights some of the fundamental principles that underlie that commitment:
- biomedical research shall never be carried out contrary to human dignity;
- the protection of the human being must always be of paramount concern;

- every person has a right to accept or refuse to undergo biomedical research and no one shall be forced to participate; and
- particular protection shall be given to human beings vulnerable in the context of biomedical research.

Chapter I – Object and scope

Article 1 – Object and purpose

13. This article specifies that the object of the Protocol is to protect the dignity and identity of all human beings and guarantee everyone, without discrimination, respect for their integrity and other fundamental rights and freedoms with regard to any research in the field of biomedicine involving interventions on human beings. Research should not be carried out in a manner, which, owing to its aim, nature or realisation, would infringe human dignity. It closely follows the approach of Article 1 in the Convention, narrowing its application to a research context. The Convention does not define the term "everyone" (in French "toute personne"). These two terms are equivalent and found in the English and French versions of the European Convention on Human Rights, which however does not define them. In the absence of a unanimous agreement on the definition of these terms among member States of the Council of Europe, it was decided to allow domestic law to define them for the purposes of the application of the Convention on Human Rights and Biomedicine. The Convention also uses the expression "human being" to state the necessity to protect the dignity and identity of all human beings. It was acknowledged that it was a generally accepted principle that human dignity and the identity of the human being had to be respected as soon as life began.

Article 2 – Scope

14. The scope of the Protocol is set out in this article.

15. In paragraph 1, it states that the Protocol covers the full range of research activities in the health field involving interventions on human beings. This includes all aspects of the research project from start to finish, including selection and recruitment of the participants. It lays out the principles for all types of biomedical research involving interventions on human beings. It is difficult to exactly delimit the health field. The Protocol covers research into molecular, cellular and other mechanisms in health, disorders and disease; and diagnostic, therapeutic, preventive and epidemiological studies involving interventions. This list is not meant to be exhaustive. Insofar as a human being is involved in research, this Protocol applies, not withstanding the fact that provisions of other protocols could apply to research in specific spheres.

16. The scope of the Protocol does not extend to studies whose purpose is not to gain new scientific knowledge but to collect or to process information for purely statistical purposes such as for audits or monitoring of the healthcare system.

17. Paragraph 3 states that, for the purposes of this Protocol, the term "intervention" covers physical interventions. It covers other interventions in so far as they involve a risk to the psychological health of the person concerned. The term "intervention" must be understood here in a broad sense; in the context of this Protocol it includes all medical acts and interactions relating to the health or well being of persons in the framework of health care systems or any other setting for scientific research purposes. The Protocol covers all interventions performed for the purposes of research in the fields of preventive care, diagnosis, treatment, or rehabilitation. The Protocol merely follows the definition of intervention used by the Convention, applying it here to the specific field of biomedical research. Questionnaires, interviews and observational research taking place in the context of a biomedical research protocol constitute interventions when they involve a risk to the psychological health of the person concerned. Questionnaires or interviews could carry a risk to the psychological health of the research participant, if they include questions of an intimate nature capable of resulting in psychological harm. In this context, slight and temporary emotional distress would not be regarded as psychological harm. However, such questionnaires could be related to enquiries into sexual history or to certain psychiatric disorders. Studies in the field of genetics that involve probing into past and family medical histories are another example of sensitive areas of research. Small groups of patients with rare genetic diseases or patients with discernible, and sometimes sensitive, social markers in an individual or group context could be particularly at risk of discrimination or stigmatisation. Such risk may exist even if the data is anonymised because the group to which the source belongs to is still identifiable. This potential would have to be evaluated. Member States would be able to choose the criteria for making this distinction. A possible method of doing so would be by the development of guidelines as to the type of questionnaires, interviews and observations which have this potential. It should not be forgotten that even observation, questions or interviews could be profoundly troubling to a patient if they address a sensitive sphere of that person's private life, such as a previous or current illness. One ramification of defining such research as coming within the scope of this Protocol is that it would be reviewed by an ethics committee, which could point out any potential problems in the research project. The Protocol does not address established medical interventions independent of a research project, even if they result in biological materials or personal data that might later be used in biomedical research. However, research interventions designed to procure biological materials or data are covered under this Protocol.

18. This Protocol does not address research on the body or body parts of deceased persons.

19. Research on foetuses and embryos *in vivo*, and pregnant women is covered by the Protocol. As women should not be excluded from the protections envisaged by the Protocol by virtue of the fact they are pregnant, and the impact on the embryo or foetus must always be considered when research is undertaken on such women, it is therefore necessary for both to be covered by this Protocol. However, research

on embryos *in vitro* is excluded, this type of research being covered by Article 18 of the Convention. The CAHBI decided at its 15th meeting (24-27 March 1992, Madrid) to exclude the embryo from the draft Protocol on Medical Research. It was foreseen that this type of research would be addressed in another Protocol on the protection of the human embryo and foetus. This Protocol does not address research on archived biological materials or personal data. However, this does not necessarily exclude biomedical research based on archived personal data or biological materials from submission to an ethics committee. The Protocol was not prepared with the intention of regulating interventions to collect biological materials which would be stored for future research, for instance in biobanks.

Chapter II – General provisions

Article 3 – Primacy of the human being

20. This article affirms the primacy of the human being participating in research over the sole interest of science or society. Priority is given to the former and this must as a matter of principle take precedence over the latter in the event of a conflict between them.

21. The whole Additional Protocol, the aim of which is to protect human rights and dignity, is inspired by the principle of the primacy of the human being, and all its Articles must be interpreted in this light.

Article 4 – General rule

22. Freedom of biomedical research is justified not only by humanity's right to knowledge, but also by the considerable progress its results may bring in terms of the health and well-being of patients and the general population.

23. Nevertheless, such freedom is not absolute. In biomedical research it is limited by the fundamental rights of individuals expressed, in particular, by the provisions of the Additional Protocol and the Convention and by other legal provisions that protect the human being. In this regard, it should be noted that the first Article of the Protocol specifies that its aim is to protect the dignity and identity of all human beings and guarantee everyone, without discrimination, respect for their integrity as well as for other fundamental rights and freedoms with regard to any research involving interventions on human beings in the field of biomedicine.

Article 5 – Absence of alternatives

24. The Article sets out the requirement that research on human beings can only be undertaken if there is no alternative of comparable effectiveness. Comparable effectiveness refers to the foreseen results of the research, not to individual benefits for a participant. Invasive methods will not be authorised if other less invasive or non-invasive methods can be used with comparable effect. Consequently, research on human beings will not be allowed if comparable results can be obtained

by other means unless this is clearly unreasonable. Such alternatives include computer modelling or research on animals. This does not imply that the Protocol authorises using alternatives that are unethical. The Protocol does not evaluate the ethical acceptability of research on animals or other alternatives. These matters are addressed by other legal instruments, such as the Council of Europe Convention for the Protection of Vertebrate Animals used for Experimental and Other Scientific Purposes (ETS No. 123), national law and professional obligations and standards.

Article 6 – Risks and benefits

25. The principle that research shall not involve risk and burden disproportionate to its potential benefits is set out in this article. When medical research may be of direct benefit to the health of the person undergoing research, a higher degree of risk and burden may be acceptable provided that it is in proportion to the possible benefit. For example, a higher degree of risk and burden may be acceptable on a new treatment for advanced cancer, whereas the same risk and burden would be quite unacceptable where the aim is to improve the treatment of a mild infection. The notions of risk and burden include not only physical risks and burdens but also social or psychological risks to the participant. A direct benefit to a person's health signifies not only treatment to cure the patient but also treatment that may alleviate his/her suffering thus improving his/her quality of life. However, it must be noted that benefits referred to in this article include not only direct benefits but also the benefits of the research to science or society. This is particularly relevant in the case of research that has not the potential to produce results of direct benefit for the health of the person concerned. It should be recalled that such research may entail, for a person able to consent, only acceptable risk and acceptable burden for the person concerned.

26. An individual may choose to take part in research a number of times or regularly, provided that continued participation in research does not endanger the participant's health.

27. The Article also addresses the participation in research of persons who are able to consent but who would gain no potential direct benefit from the research. This category includes all non-therapeutic research, including that on the so-called "healthy volunteers." The Article sets out the additional preconditions for this type of research. Whether or not the risk and burden are acceptable will be considered carefully by the ethics committee and competent body that approves the research project. The final decision on whether or not the risk and burden are acceptable will be made by the persons concerned when they decide to give or withhold consent. Because these participants are able to consent to research, the level of risk and burden permitted (acceptable) is higher than that allowed for persons not able to consent (minimal risk and minimal burden).

Article 7 – Approval

28. Article 16 of the Convention sets out the conditions that must be met before research on a person may be undertaken, and includes the condition that the research project has been approved by the competent body after independent examination of its scientific merit, including assessment of the importance of the aim of the research, and multidisciplinary review of its ethical acceptability. This article of the Protocol sets out the requirements for such approval. It is acknowledged that in some countries, the ethics committee could also act as the competent body while in other cases or in other countries, the competent body might be a Ministry or a regulatory agency (for pharmaceuticals, for instance), which would take the opinion of the ethics committee into account. Research must comply with the relevant legal requirements. The Article does not set out a specific procedure or sequence for the submission of research projects to the relevant bodies.

29. This provision does not contradict the principle of freedom of research. In fact, Article 4 of this Protocol states that biomedical research shall be carried out freely. However, this freedom is not absolute. It is qualified by the legal provisions ensuring the protection of the human being. Independent examination of the ethical acceptability of the research project by an ethics committee, and the approval of that project is one such protective provisions. Allowing unethical research to utilise human beings would contravene their fundamental rights. It is the responsibility of Parties to designate within the framework of their legal system the ethics committee or a different competent body as the decision making organ in order to protect the participants taking part in the research.

30. The relevance of the research to the health needs of the local community may be relevant to the ethical assessment of a research project. In most cases, such relevance, along with the fulfilment of the other conditions, will be a factor in a positive opinion on the research project by an ethics committee and approval by the competent body. However, this does not mean that only research that is relevant to local health needs can be approved. The example may be given of a phase of research undertaken in an urban European setting where the results may be of relevance to a cure for a tropical disease; especially where the research would involve volunteers capable of giving consent, there should be no strict prohibition on participating in such research out of solidarity. However, the aim of considering this issue is to prevent the "export" of research in order to avoid stringent ethical standards or in order to find volunteers in another country when they cannot be found in the country where the research would be relevant to local health needs.

Article 8 – Scientific quality

31. This article applies to all researchers in the biomedical field, including doctors and other healthcare professionals. It is understood that researchers engaging in biomedical research may also be biologists, psychologists, computer experts, medical students or members of other professions outside of the health care field (sociologists, educationalists etc.). The requirement of supervision by an appropri-

ately qualified researcher makes it clear that the suitability of the person supervising must be assessed in relation to the particular project concerned. It is intended not to foreclose on the possibility of students, for example, being part of a biomedical research team as long as their work is supervised by an appropriately qualified researcher.

32. The term "research" must be understood here as corresponding to the scope set out in Article 2.

33. All research must be carried out in accordance with the law in general, as supplemented and developed by professional standards.

34. The current state of the art of scientific knowledge and clinical experience determines the professional standards and skill to be expected of professionals in the performance of research. In following the progress of biology and medicine, it changes with new developments and eliminates methods that do not reflect the state of the Art. Nevertheless, it is accepted that professional standards do not necessarily prescribe one line of action as being the only one possible or foreclose research seeking to improve or replace an intervention.

35. Furthermore, in cases where the research has the possibility of producing a real and direct benefit for the health of a research participant, a particular course of action must be judged in the light of the participant's specific health problem.

36. In particular, an intervention must meet criteria of relevance and proportionality between the aim pursued and the means employed. This is particularly relevant in the case of research that does not have the potential of producing a real and direct benefit for the health of a research participant. The issue of proportionality is addressed specifically in Article 6 of this Protocol.

37. The Article states that research must be scientifically justified and meet generally accepted criteria of scientific quality. This would ordinarily be done by independent peer review or scientific advisors. The assessment of scientific quality will in particular take into account the appropriateness of the research design, the objectives of the research, the technical feasibility, statistical methods (including sample size calculation where relevant), and the potential for reaching valid conclusions with the smallest possible number of research participants. It has to be recognised that there may be different types of research projects requiring their own kind of assessment, e.g. a study to develop new methods or a pilot study proving the suitability of a project, which may include tools such as questionnaires. The scientific design of such a study has to be appropriate in respect to its limited aim, e.g. only to derive a statistically based tendency or probability, so that a subsequent study to prove or refute a scientific hypothesis could be justified. However, for a study to be able to reach valid conclusions, there must be a sufficient number of participants to demonstrate, for example, that there is a statistically significant difference between the outcome for the group of patients who re-

ceived a new drug treatment compared to those who received standard treatment. It is considered that research that does not meet these criteria is, by definition, unethical and should not be approved by the ethics committee or competent body reviewing the research. The participation of persons in research of sub-standard scientific quality is not considered permissible. Scientific quality must be present in the project before its approval and throughout the implementation of the research.

Chapter III – Ethics committee

Article 9 – Independent examination by an ethics committee

38. The Article requires that all research projects within the scope of this Protocol be submitted for independent examination of their scientific merit and ethical acceptability in each State in which any research activity is to take place. This may include States from which research participants are to be recruited for research physically carried out in another State. Best practice is to also submit research projects to an ethics committee in every research location within each State. Although each committee will reach an independent view on the appropriateness of carrying out the research in that particular location, it is acceptable for such committees to endorse the conclusions of one "lead" ethics committee within that State on the science and ethics of the research project.

39. Due to the differing systems in use in various States, the Article refers to ethics committees. It is considered that this term covers ethics committees or other bodies authorised to review biomedical research involving interventions on human beings. In many States this would refer to a multidisciplinary ethics committee but review by a scientific committee might also be required. The Article does not require a positive assessment by the ethics committee being that the role of such bodies or committees in many States is advisory. The conclusion of this assessment may have legal force in some jurisdictions while in others it serves to advise the competent body (for example, a regulatory body) which will rule on the commencement of the research project.

40. The second paragraph sets out the purpose of the multidisciplinary examination after the precondition of scientific quality has been met. This purpose, in accordance with the aim of the Convention and Protocol to protect the dignity and identity of all human beings, is to protect the dignity, rights, safety and well being of the research participants. If participants are to be included during the reproductive stage of their lives, care should be taken, within the framework of the ethics committee opinion, that if the research project could have an impact on reproductive health or on a future child (for example, in a project concerning the use of a new drug, the effect of which on an unborn child is not known) the duty of the researcher to provide birth control advice, is fulfilled. Both paragraphs 1 and 2 of this article refer to the examination of the "ethical acceptability" of the research project. The requirement for multidisciplinary review of the ethical acceptability of research projects was first set out in the Convention's Article 16, indent iii, and

a number of the provisions of this Protocol develop this principle by establishing more precise rules.

41. Further, the second paragraph of the Article states that the assessment of the ethical acceptability shall draw on an appropriate range of expertise and experience adequately reflecting professional and lay views. This combination of different types of expertise, experience, and viewpoints gives an ethics committee its multidisciplinary character, though the specific competences to be included may differ, for example in accordance with the type of research to be reviewed. The existence of an independent ethics committee ensures that the interests and concerns of the community are represented, and the participation of laypersons is important in ensuring that the public can have confidence in the system for oversight of biomedical research. Such laypersons will be neither healthcare professionals nor have experience in carrying out biomedical research. The fact that a person is an expert in an unrelated field, such as engineering or accountancy, does not preclude a person from being able to express lay views within the meaning of this article. Thus this paragraph further details what is meant by the term "multidisciplinary" In order to satisfy the spirit of the requirement of multidisciplinarity, thought should also be given to gender and cultural balance in the bodies carrying out the assessment. In creating this body, the nature of the projects that are likely to be presented for review should also be taken into account. The ethics committee may need to invite experts to assist it in evaluating a project from a specific sphere of biomedicine. It may be appropriate for ethics committees to consult with patients' organisations familiar with a particular condition and/or situation.

42. Paragraph 3 requires that after the multidisciplinary review of the ethical acceptability of a research project, the ethics committee give clearly stated reasons for its positive or negative conclusions. This is a general principle of administrative law. Whether the reasoning and conclusions are further considered by the competent body in granting or denying approval, or they are regarded as the final say on the research project, the basis for the conclusion should be clearly comprehensible both to specialists in the field and to laypersons. Clear reasoning and conclusions are also necessary if an appeals process is provided for.

Article 10 – Independence of the ethics committee

43. The Article first addresses the independence of the ethics committee on the group level. Parties to the Protocol shall take measures to assure the operational independence of their ethics committees, ensuring that they are not subject to undue external influences to come to a specific conclusion.

44. Next, in the second paragraph, the article addresses the independence of the individuals making up the ethics committee. It requires members to declare any direct or indirect conflicts of interest related to submitted research projects and requires that members with such conflicts shall not participate in the discussion and decision making related to the project in question. A conflict arises when a per-

son's judgement concerning a primary interest, such as scientific knowledge, could be unduly influenced by secondary interests, which may include financial gain, personal advancement, or personal, family, academic or political interests. It is not inherently unethical to find oneself in a position of conflict of interest; what is required is to recognise the fact and deal with it appropriately. Potential conflicts of interest, as well as the perception of the existence of such conflicts, may be as important as actual conflicts, to the point that they may affect the credibility of ethical review.

45. The independence of the ethics committee as a whole and its individual members may be reinforced by provision of insurance for the ethics committee and its members for civil liability. Such insurance could be particularly important for lay members, who would not be covered by insurance that might already cover the participation of employees of universities or research institutes or medical professionals.

Article 11 – Information for the ethics committee

46. The Article requires that all information that is necessary to the ethical assessment of the research project must be submitted in written form to the ethics committee. This information is necessary for the proper evaluation of biomedical research projects by the entrusted committee in order to protect the dignity, rights, safety and well-being of those participating.

47. The Article states that, in so far as it is relevant for the research project, the information listed in the Appendix shall be provided. The Appendix is an integral part of the Protocol. It is noted that, in conformity with paragraph 2 of this article, amendments to the items of information found in the Appendix can be made if adopted by a two-thirds majority of the Committee foreseen by Article 32 of the Convention. These amendments will enter into force following their adoption.

Appendix

48. *Indent i* of the Appendix to this article requires submission of the name of the principal researcher. In the case of there being a single researcher, that person is logically the principal researcher. In cases of multiple researchers being involved, this would be the responsible researcher to whom the collaborators report. The other researchers should provide information on issues related to the research project to the principal researcher, who will usually maintain contacts with the ethics committee regarding the project. However, all the researchers are responsible for the implementation of the research project, particularly concerning safety and ethical issues.

49. The information required in *indent ii* is necessary in order to prevent the unethical utilisation of human beings in research that unnecessarily duplicates research or which is otherwise scientifically inadequate. The latest state of scientific

knowledge may include the results of any previous relevant studies on human beings or animals, meta-analyses and systematic reviews.

50. *Indent iii* requires that information on the methods and procedures envisaged be provided to the ethics committee. Chemical substances to be used in a research project are one example of an item of information that could be relevant to the review of the project.

51. *Indent iv*, which requires the submission of a comprehensive summary of the research project in lay language, underscores the trend in member States to have more and more lay representation in their ethics committees. If the lay representatives are to be able to effectively fulfil their role on the committee, they require sufficient information in a form that is comprehensible to them to enable them to reach an informed opinion. Lay language will also contribute to the transparency concerning the project.

52. *Indent v* requires the submission of a statement of previous and concurrent submissions of the research project to one or more ethics committees and, if any, the outcome of those submissions as known at the time of the submission of this project. Nevertheless, if after submission of the research project relevant and important points arise in another ethical review, they should be communicated to the ethics committee. The ethics committee reviewing the research project may then seek further information if any doubts are or have been raised about the ethical acceptability of the research project. This might include concerns that the proponents of the project might be engaging in "forum shopping" (i.e. looking for a venue to accept a research project considered unethical in other jurisdictions). At the same time, the possibility of appeal or a different review should not be discounted entirely, as a previous or concurrent decision might be based on local conditions or culture, or even have been capricious. Such appeals should take place within a previously agreed framework for appeals.

53. *Indent vii* requires that the ethics committee be informed of the criteria for inclusion or exclusion of any categories of persons and how they are to be selected and recruited. This is both to protect against the inappropriate inclusion of categories of persons in research, such as carrying out research on persons unable to consent which could be carried out on persons able to consent, as well as to protect against the deliberate exclusion of categories of persons from research to whom the research itself or the end product could be beneficial. Examples could be exclusion due to gender or age. Particular care should be taken with respect to persons during the reproductive stage of their lives, and to the possible negative impact on an embryo or foetus.

54. *Indent viii* asks for the reasons for the use or absence of control groups. This is often essential to ensure the scientific validity of the research project, particularly in most therapeutic research. Treatment is considered to include preventive and diagnostic procedures. As required by Article 23, those in control groups should

receive a proven method of prevention, diagnosis or treatment. The use of a placebo is justified if there is no method of proven effectiveness or where withdrawal or withholding of such methods will not expose participants to unacceptable risk or burden.

55. *Indent xii* refers to timing of the information in the sense of it being essential that the information be provided prior to the consent procedure, as well as to a period of time for reflection that should be given to the potential participant in order to take his/her decision on whether to give consent.

56. *Indent xiii* specifies that documentation to be used to seek consent or authorisation be submitted. The ethics committee should also be informed of the procedure to be used to obtain consent. This would include information on procedures to seek authorisation in emergency situations in order to ensure protection of persons in such a situation.

57. *Indent xv* requires researchers to inform the ethics committee of arrangements foreseen for information that might be relevant to the present or future health of potential research participants and their family members. Research may uncover information that would warn participants of a health risk or otherwise be of assistance to them in planning their healthcare or lifestyles. Article 27 of this Protocol sets out the requirement that conclusions of research of relevance to the current or future health or quality of life of participants must be offered to them. The ethics committee should be informed if foreseen anonymisation of data would prevent the transmission of such relevant information. Individuals have the right not to receive such communications if they so wish. Best practice requires that the wish of the participant to know or not to know should be established prior to commencement of the research. Because proper counselling and other healthcare assistance may be necessary to explain the nature of the results and the options available to the participant, the foreseen provision of such assistance should also be described to the ethics committee.

58. *Indent xvi* addresses payments and rewards to be made to participants, researchers or institutions in the context of the research project. Such information is important to ethics committees in the interests of transparency and for proper evaluation of the research project. For example, unusually large payments or rewards might influence decisions on the risks that participants are willing to undertake, and could influence the behaviour of researchers in regard to such risks.

59. *Indent xviii* addresses two sets of issues: further potential uses of research results that are already foreseen by the researchers, and foreseen further uses that may be based on biological materials or personal data from a research intervention being archived after the intervention and then utilised later.

60. *Indent xx* requires the submission of information on any insurance or indemnity to cover damage arising in the context of the research project. This provision

does not require that such arrangements exist but that the ethics committee be informed whether such insurance or indemnity exists or not. Many jurisdictions require the existence of such arrangements while some ethics committees will not approve certain types of research without arrangements for insurance and compensation.

61. The final paragraph of the Appendix makes clear that even if all the other information required by the article has been provided the ethics committee is not precluded from requesting additional information if it regards it as necessary for proper evaluation of the research project.

Article 12 – Undue influence

62. The first sentence of this article requires the ethics committee assessing the ethical acceptability of a research project to satisfy themselves that no undue influence, including that of a financial nature, will be exerted on persons to encourage participation in research. The usual legal concept of undue influence involves coercion. The coercion need not involve confinement or violence. It may be exerted in particular on a person in a weak or feeble condition, so that very little pressure will overbear the person's will, and make the individual feel that he or she must agree, although it is not the individual's wish to do so. Payments made to research participants are not prohibited by the Protocol but are subject to the scrutiny of the ethics committee.

63. This understanding of undue influence may also be relevant to situations where one party is in a position of trust toward another and may therefore exercise influence on the latter. Such situations may occur where there is a doctor/patient relationship and the doctor is also the researcher. In such cases, having a neutral third person ask for consent or receive the answer regarding participation in the research has been identified as best practice.

64. If any compensation to the research participants, and where appropriate their representatives, is provided, it would not be considered undue influence if it is appropriate to the burden and inconvenience. However, compensation should not be provided at a level that might encourage participants to take risks that they would not otherwise find acceptable. This should be evaluated by the ethics committee. Reimbursement for any expenses or financial loss shall not be regarded as undue influence. While it is permissible to compensate research participants for expenses or lost time, it is not permissible to pay them to accept a higher level of risk than would otherwise be the case. While financial gain is mentioned, the Article does not exclude consideration of other types of undue influence. For example, it would be inappropriate to suggest to potential employees that their promotion prospects or continued employment depended on participating in research; or that the grades a university student might receive could depend on whether or not they participated in research. Other types of undue influence could include limiting or increasing access to medical care.

65. If the ethics committee is not satisfied that undue influence, broadly defined to include inducements such as those mentioned above, is not being exerted on potential participants of a research project then the project should not receive a positive assessment unless changes are made to address the problem.

66. The second sentence lays out the principle that particular attention must be given to dependent persons and vulnerable persons to ensure that they will not be subjected to undue influence.

67. Dependent persons are those whose decision on participation in a research project may be influenced by their reliance on those who may be offering them the possibility of participation in the research. Such persons could be those deprived of their liberty, recipients of health care dependent on their health care provider for continued care, medical or other students, those in military service, health care workers (particularly those in junior positions) or employees to give just a few examples.

68. It can be said that all human beings enrolled in research are vulnerable to harm, since research, by definition, involves uncertainty and the utilisation of human beings in order to further the goal of gathering knowledge. However, some human beings may be more vulnerable than others to the risk of being treated unethically in the context of biomedical research. This can be true even in the case of participants who have given their informed consent to taking part in the research project.

69. Human beings asked to take part in research can be classified as being vulnerable due to cognitive, situational, institutional, deferential, medical, economic, and social factors. Persons with cognitive vulnerability may not have the capacity to come to an informed decision on whether to give consent or not. Such persons might be minors or persons suffering from dementia. Persons with situational vulnerability may have the capacity to make a decision, but are deprived of their ability to exercise their capacity by the situation at hand (for example during an emergency or due to a lack of fluency in the language being used to inform and request the consent). Persons subject to institutional vulnerability could be individuals with full cognitive capacity to consent, but who find themselves subject to the authority of persons or bodies who could have their own, and possibly conflicting, interests in relation to a research project. Examples of those subject to this type of vulnerability could be persons fulfilling their service in the military or other uniformed services, prisoners or medical students. Persons subject to institutional vulnerability could also be described as being dependent. Deferential vulnerability is similar to institutional vulnerability, but in contrast to institutional vulnerability, it is characterised by informal, rather than formal, hierarchies. These hierarchies can be based on social frameworks or on subjective deference to the opinion of a family member. It could also be the deference of a patient to the wishes (perceived or real) of his/her physician. Medical vulnerability affects those suffering from ailments for which there is no satisfactory standard treatment. This type of patient

may be vulnerable to exploitation by someone promising him/her a "miracle cure." Economic vulnerability affects those with the cognitive ability to consent to participation but who might easily be induced to take part in research in order to obtain a financial gain or in order not to lose access to some benefits, even if they would not otherwise participate in the research. Social vulnerability arises from the position of certain groups in a given society. Such groups may be stereotyped, may have been historically discriminated against, may have recently arrived in the community, may not speak the language, and may be economically disadvantaged (like the economically vulnerable). Economic, social and educational disadvantage may be more prevalent in some regions or States than in others. In this respect, attention shall be paid to the requirements of Article 29 regarding research in States not party to this Protocol. As the last example shows, membership of these groups can be overlapping.

70. Other examples of undue influence could be in the form of veiled threats to deny access to services to which the person would otherwise be entitled, the insinuation of looking favourably on academic work to be submitted in the future, veiled threats of punishment that the person would otherwise receive or that refusal will diminish the likelihood of career advancement, or the offer of amounts of money large enough to influence the giving or denial of consent.

Chapter IV – Information and consent

Article 13 – Information for research participants

71. This article states that persons being asked to participate in a research project shall be given adequate information in a comprehensible form on the purpose, the overall plan and the possible risks and benefits. The opinion of the ethics committee shall be included. The specific information that potential participants in research are to receive where it is relevant is listed in this article. Information on the risks involved in the intervention or in alternative courses of action must cover not only the risks inherent in the type of intervention contemplated, but also any risks related to the individual characteristics of each participant, such as age or the presence of other disorders or conditions. Requests for additional information made by potential participants must be answered as fully as possible. The Article does not require that the information be given to the research participant by a specific person. This should be determined by the nature of the research, the needs of the potential participant, national practice and/or law.

72. Moreover, this information must be sufficiently clear and comprehensible to the person who is to take part in the research. The potential participant must be put in a position, through the use of terms he or she can understand, to reach a valid judgement on the necessity and usefulness of the aim and methods of the research intervention, both in relation to the individual and in relation to others who might benefit, weighing these against any risks or burden it may impose. The information should be provided in a way to make it understandable taking into account the

level of knowledge, education and psychological state of the potential participant, be this a patient or a healthy volunteer. Additionally, the information given must be documented, meaning it must be recorded. Whenever possible, the information should be given to the potential participant in its documented form, such as in writing or in the form of a video, a tape, or CD-ROM. Where necessary, the information should be provided in a different language appropriate to a participant/group of participants or in a form appropriate to those with sensory disabilities. It may sometimes be impossible to provide the participant with comprehensible written information because he or she is illiterate. In such cases, the information should be explained to the potential participant and be documented for record keeping purposes and in order to provide it to the potential participant if he/she so wishes. The use of audio tapes and videos can be helpful in imparting information to people who are illiterate. The potential participant should be given sufficient time to review the information, consider his/her participation, and consult with others. Although information listed in the article should be offered to all participants, if the person concerned wishes not to receive detailed information on any area this should be respected so long as he or she has received sufficient information to enable informed consent to be given. The wish of a participant not to receive certain information should be recorded.

73. The second paragraph of the article refers to the "opinion" of the ethics committee. While the conclusion of the ethics committee is referred to as an opinion because it is advisory in many countries, it is considered that this term also includes positive or negative opinions (or decisions) of a binding nature in those countries whose law envisions this. In those States that allow for an appeal of an ethics committee opinion, "opinion" refers to both the initial opinion rendered and the opinion resulting from the appeal.

74. *Indent vii* requires the researcher to disclose to the potential participant any foreseen commercial use of data, research results or biological materials to be obtained from the potential participant during, or prior to, the research. The requirement in this indent does not reflect any endorsement or condemnation of research conducted with commercial applications in mind. Rather, it acknowledges the fact that the motivation for participation in biomedical research for many persons may be out of solidarity, and information on foreseen commercial uses of their contribution to the research may be important to them in making a decision on whether to take part or not. Additionally, recital 26 of Directive 98/44/EC of the European Parliament and of the Council of 6 July 1998 on the legal protection of biotechnological inventions states that, "whereas if an invention is based on biological material of human origin or if it uses such material, where a patent application is filed, the person from whose body the material is taken must have had an opportunity of expressing free and informed consent thereto, in accordance with national law."

75. The third paragraph requires that in addition, the persons being asked to participate in a research project shall be informed of the rights and safeguards prescribed by law for their protection, and specifically of their right to refuse consent

or to withdraw consent at any time without being subject to any form of discrimination, in particular regarding the right to medical care.

Article 14 – Consent

76. The Article lays out the requirements for consent to participation in research involving interventions on persons. It affirms at the international level an already well-established rule, which is that no one may, as a matter of principle, be forced to participate in research involving an intervention on him or her without his or her consent. This rule emphasises the autonomy of research participants in their relationship with researchers and health care professionals and states that paternalistic approaches that might ignore their wishes are unacceptable.

77. The person's consent is considered to be free and informed if it is given on the basis of objective information from the responsible researcher or other responsible person as to the nature and potential consequences of the planned intervention or its alternatives, in the absence of pressure from anyone which is of such a degree that the patient is no longer able to make an independent choice. As well as the information that must be provided to the participant about the particular research project, it is also good practice to inform the person of any possible alternatives. The second paragraph states that refusal to participate in research shall not prejudice the right of the individual to receive medical care. Any downgrading of the medical care offered to an individual because of his/her refusal to participate in research would constitute undue influence on the decision of whether to consent.

78. For their consent to be valid, the persons in question must have been informed about the relevant facts regarding the intervention being contemplated. This information must include the purpose, nature and consequences of the intervention and the possible risks involved. Although the research use of biological materials which have been previously removed in the course of a clinical intervention are beyond the scope of this Protocol, it should be noted that if there is an intention to utilise biological materials or personal data obtained during a medical intervention for research purposes after the medical intervention, it is good practice for specific consent to be obtained for such research uses not related to the medical intervention.

79. This article requires consent to be informed, free, express, specific and documented. Express consent may be either verbal or written as long as it is documented. Best practice demands that written consent be obtained, except in exceptional circumstances.

80. Freedom of consent implies that consent may be withdrawn at any time and that the decision of the person concerned shall be respected once he or she has been fully informed of the consequences. This principle is laid out in sentence 2 of paragraph 1. Paragraph 2 adds that such a decision shall not lead to any form of discrimination against the person concerned, in particular regarding the right to

medical care. The participant cannot be held liable for any consequences of withdrawal, particularly of a financial nature. The participant should not be required to give a reason for withdrawal. Any obligation arising out of the mere fact of withdrawal would be contrary to the right to withdraw consent. This principle does not mean that the withdrawal of a patient's consent must be acted on immediately if, for example, the abrupt discontinuation of a course of therapy could be hazardous to the patient. In such cases, the doctor or other healthcare professional has an obligation to explain to the participant the risks of discontinuing the study concerned, and to seek consent to continue in the study or for treatment as explained in paragraph 38 of the Explanatory Report to the Convention.

81. Paragraph 3 of this article requires arrangements to be put into place to verify whether a potential research participant has the capacity to give informed consent, if the capacity of the person is in doubt. Such persons may be those who have not been declared incapable of giving consent by a legal body, but whose capacity to give consent may be questionable due to an accident or due to a persistent or worsening condition, for instance. The aim of this paragraph is not to set out any particular arrangement for verification, but to require that such procedures exist. The arrangements would not necessarily be in the framework of the courts; they could be developed and implemented through professional standards. In such cases, the researcher is responsible for verifying that the participants from whom he obtains consent have the capacity to give the consent. Information on arrangements for such verification in the context of a specific research project should be submitted to the ethics committee reviewing the project.

Chapter V – Protection of persons not able to consent to research

Article 15 – Protection of persons not able to consent to research

Paragraph 1

82. The Article sets out the requirements governing the participation in research of persons not able to consent. Paragraph 1, indent i establishes a principle with regard to research on a person who is not able to consent: that the research must be potentially beneficial to the health of the person concerned. The benefit must be real and follow from the potential results of the research, and the risk must not be disproportionate to the potential benefit.

83. Moreover, to allow such research, indent ii sets out the principle that there should be no alternative individual with full capacity. It is not sufficient that there should be no volunteers with the capacity to consent. Recourse to research on persons not able to consent must be, scientifically, the sole possibility. This will apply, for instance, to research aimed at improving the understanding of development in children or improving the understanding of diseases affecting these people specifically, such as infant diseases or certain psychiatric disorders such as dementia in adults. Such research can only be carried out, respectively, on children or the adults concerned.

84. *Indent iii* sets out the requirement that the persons have been informed of their rights and the safeguards prescribed by law for their protection, unless the person is not in a state to receive the information. The indent uses the term "not in a state to receive the information" because there may be cases where a person cannot perceive or comprehend the information because of his/her condition. An example would be the case of someone in a coma.

85. Protection of the person not able to consent is also strengthened by the requirement that the necessary authorisation as provided for under indent iv of this article (and Article 6 of the Convention) be given specifically and in writing. Indent iv further states that previously expressed wishes or objections shall be taken into account. Advance directives are not referred to in the Article, but are recognised as a possible way of clarifying a person's wishes. As specified in Article 6, paragraph 5 of the Convention, such authorisation may be freely withdrawn at any time.

86. *Indent v* sets out the requirement that the research must not be carried out if the person concerned objects. In the case of infants or very young children, it is necessary to evaluate their attitude taking account of their age and maturity. The rule prohibiting the carrying out of the research against the wish of the person reflects concern, in research, for the autonomy and dignity of the person in all circumstances, even if the person is considered legally incapable of giving consent. Objections may be expressed by non-verbal means. The opinion of the caregiver, when there is one, should be taken into account in interpreting the wishes of those unable to express themselves. This provision is also a means of guaranteeing that the burden of the research is acceptable to the person at all times.

Paragraph 2

87. Paragraph 2 provides exceptionally, under the protective conditions prescribed by domestic law, for the possibility of waiving the direct benefit rule on certain very strict conditions. Were such research to be banned altogether, progress in the battles to maintain and improve health and to combat diseases only afflicting children, mentally disabled persons or persons suffering from senile dementia would become impossible. It is the aim of such research to benefit persons in those groups through a better understanding of the factors which will help to maintain and improve health and well being or through a better understanding of disease processes.

88. As well as the general conditions applicable to research on persons not able to consent, a certain number of supplementary conditions must be fulfilled. In this way the Protocol and Convention enable persons in these categories to enjoy the benefits of science in the fight against disease, while guaranteeing the individual protection of the person who undergoes the research. The required conditions imply that:

- in order to obtain the necessary results for the patient group concerned, there is neither an alternative method of comparable effectiveness to research on humans, nor the possibility of research of comparable effectiveness on individuals capable of giving informed consent;
- the research has the aim of contributing to the ultimate attainment of results capable of conferring a benefit to the person concerned or to other persons in the same age category, or afflicted with the same disease or disorder or having the same condition, through significant improvements in the scientific understanding of the individual's condition, disease or disorder;
- the research entails only minimal risk and minimal burden for the individual concerned (addressed by Article 17 – Interventions with minimal risk and minimal burden);
- the research project not only has scientific merit but is also ethically and legally acceptable and has been given prior approval by the competent bodies;
- the person's representative or an authority or a person or body provided for by law has given authorisation (adequate representation of the interests of the patient);
- the person concerned does not object (the wish of the person concerned prevails and is always decisive);
- authorisation for this research may be withdrawn at any phase of the research.

89. One of the two supplementary conditions is that this research should have the aim of contributing, through significant improvement in the scientific understanding of a person's health condition, disease or disorder, to the ultimate attainment of results capable of conferring benefit to the health of the person undergoing research or the health of persons in the same category. This means, for example, that a minor may participate in research on a condition from which he or she suffers even if the minor would not benefit by the results of the research, provided that the research might be of benefit to other children suffering from the same condition. In the case of healthy minors undergoing research it is obvious that the result of the research might be of benefit only to other children; however such research may well be of ultimate benefit to healthy children taking part in this research. While this article allows research on minors for the benefit of other minors, it would be ethically inappropriate to undertake research on minors who may also be vulnerable for other reasons, if the research could be conducted on those without such additional vulnerabilities.

90. The research on "the individual's condition" might include, with regard to research on children, not only diseases or abnormalities peculiar to childhood or certain aspects of common diseases that are specific to childhood, but also the normal development of the child where knowledge is necessary for the understanding of these diseases or abnormalities.

91. While Article 6 restricts research in general by establishing a criterion of risk/benefit proportionality, this article lays down a more stringent requirement for research without direct benefit to persons incapable of giving consent, namely

only minimal risk and minimal burden for the individual concerned. Minimal risk and minimal burden are addressed further in Article 17 of this Protocol.

92. Diagnostic and therapeutic progress for the benefit of sick children depends to a large extent on new knowledge and insight regarding the normal biology of the human organism and calls for research on the age-related functions and development of normal children before it can be applied in the treatment of sick children. Moreover, research on children concerns not only the diagnosis and treatment of serious pathological conditions but also the maintenance and improvement of the state of health of children who are not ill, or who are only slightly ill. In this connection mention should be made of prophylaxis through vaccination or immunisation, dietary measures or preventive treatments whose effectiveness, especially in terms of costs and possible risks, urgently requires evaluation by means of scientifically controlled studies. Any restriction based on the requirement of "potential direct benefit" for the person undergoing the test would make such studies impossible in the future.

93. As examples, the following fields of research can be mentioned, provided all conditions outlined above are met (including the condition that it is impossible to obtain the same results through research carried out on capable persons and the condition of minimal risk and minimal burden):
- in respect of children: replacing X-ray examinations or invasive diagnostic measures for children by ultrasonic scanning; removal of blood samples from newborn infants without respiratory problems in order to establish the necessary oxygen content for premature infants; discovering the causes and improving treatment of leukaemia in children (for example by taking a blood sample), research on diet and nutrition, immunisation studies;
- in respect of adults not able to consent: research on patients in intensive care, with Alzheimer's disease and other types of dementia or in a coma to improve the understanding of the causes of coma, Alzheimer's disease and other types of dementia or the treatment in intensive care.
- The above-mentioned examples of medical research cannot be described as routine treatment. They are in principle without direct therapeutic benefit for the patient. However, they may be ethically acceptable if the above highly protective conditions are fulfilled.

Paragraph 3

94. The third paragraph requires that bjection to participation, refusal to give authorisation or the withdrawal of authorisation to participate in research shall not lead to any form of discrimination against the person concerned, in particular regarding the right to medical care.

Article 16 – Information prior to authorisation

95. This article sets out the requirements for the information that must be submitted prior to authorisation being given for participation in research. The information shall be provided to the individual concerned, unless the person is not in a state to receive the information. This information should also be provided to a caregiver or member of the family, when appropriate. In all cases, this is the same information that must be given to those able to consent in Article 13.

Article 17 – Research with minimal risk and minimal burden

96. The Article defines minimal risk and minimal burden, which is a precondition of Article 15, paragraph 2, for research on persons unable to consent that is not potentially of direct benefit to their health. It is only in respecting this and the other preconditions of Article 15 that such research may be carried out. To act otherwise would be to exploit these persons contrary to their dignity. For example, taking a single blood sample from a child would generally only present a minimal risk, and might therefore be regarded as acceptable. However, it must be noted that minimal risk and minimal burden depend on the current state of knowledge and availability of procedures, and less invasive procedures should be utilised once they become available. Professional bodies, including professional associations in fields such as internal medicine or surgery, may provide guidance on the current state of knowledge in their fields. The risk for such participants cannot be increased beyond minimal even if the research promises a higher level of benefit.

97. The first paragraph defines research bearing minimal risk as that which, in terms of the nature and scale of the intervention(s), would result in an individual case at the most in a very slightly detrimental and temporary impact on the health of the person concerned.

98. The second paragraph defines minimal burden as that for which the expected discomfort, which might be associated with the research, will be at most temporary and very slight for the individual.

99. Furthermore, it states that, where appropriate, a person enjoying the special confidence of the person concerned shall assess the burden. A person enjoying the special confidence of the person could be a family member, a caregiver, partner or close friend.

100. Examples of research with minimal risk and minimal burden may include:
– obtaining bodily fluids without invasive intervention, e.g. taking saliva or urine samples or cheek swab,
– at the time when tissues samples are being taken, for example during a surgical operation, taking small additional tissue samples,
– taking a blood sample from a peripheral vein or taking a sample of capillary blood,

- minor extensions to non-invasive diagnostic measures using technical equipment, such as sonographic examinations, taking an electrocardiogram following rest, one X-ray exposure, carrying out one computer tomographic exposure or one exposure using magnetic resonance imaging without a contrast medium.

However, for certain participants, even these procedures might entail risk or burden which cannot be considered minimal. Assessment on an individual basis must therefore be carried out.

Chapter VI – Specific situations

Article 18 – Research during pregnancy or breastfeeding

101. This article covers the woman, foetus, and the embryo *in vivo* during pregnancy. Further, in its paragraph 2, it covers women breastfeeding during research. The Article does not presuppose that States must permit research with no potential benefit for the woman, the embryo, the foetus, or the child after birth.

102. Paragraph 1 of this article requires that if the results of the research do not have potential direct benefit for the health of the woman, embryo, foetus, or child after birth, there must be no more than minimal risk and minimal burden. The rule is applicable to all those for whom the research may result in risk or burden. Consequently, particular care shall be taken to ensure that the research only entails minimal risk for the woman, the embryo, the foetus, or the child after birth. Minimal risk and minimal burden are addressed in Article 17 and in paragraphs 96 to 100 of this Explanatory Report.

103. *Indent i* requires that the research be aimed at benefiting other women in relation to reproduction, or other embryos, foetuses or children. The wording "in relation to reproduction" should be understood broadly; for example it would include research relevant to the health of women following pregnancy, or research relevant to women's choice on whether or not to become pregnant. *Indent ii* requires that research of comparable effectiveness cannot be carried out on women who are not pregnant. Recourse to research on pregnant women, embryos or foetuses must be, scientifically, the sole possibility if it does not produce a significant direct benefit for the participant or her embryo, foetus or child. This provision should not be considered discrimination against the pregnant woman, but protection of her health and that of her embryo, foetus or child. The notion of discrimination has been interpreted consistently by the European Court of Human Rights in its case law regarding Article 14 of the Convention on Human Rights. In particular, this case law has made it clear that not every distinction or difference of treatment amounts to discrimination. As the Court has stated, for example, in the judgement in the case of Abdulaziz, Cabales and Balkandali v. the United Kingdom: "a difference of treatment is discriminatory if it 'has no objective and reasonable justification', that is, if it does not pursue a 'legitimate aim' or if there is not a 'reasonable relationship of proportionality between the means employed and the aim

sought to be realised" (judgement of 28 May 1985, Series A, no. 94, paragraph 72).

104. Paragraph 2 of the Article requires that when research is undertaken on a breastfeeding woman, particular care should be taken to avoid any adverse impact on the health of the child.

Article 19 – Research on persons in emergency clinical situations

105. The Article addresses research that can only be undertaken in emergency situations and which is intended to improve emergency response or care. A recognised emergency situation is one that is unforeseen and which requires prompt action. Present medical treatment for some conditions giving rise to a clinical emergency situation, for example severe head injury, is still limited, and the risk of death is high. If the person does survive, they may develop serious disability. It is therefore important that research is undertaken both into new treatments for these conditions, and in some cases into the underlying mechanisms that lead to the damage. However, any treatment or research intervention may need to be started rapidly if there is to be any chance of it being effective. Without research, the outcome for patients in a clinical emergency situation, particularly situations in which the risk of death or serious disability is high, is unlikely to improve. There are many examples of research that may be of potential direct benefit to the person that may be covered by this article. They may include new drug treatments, or they may concern the use of devices, such as defibrillators used to restart the heart after a cardiac arrest.

106. Research in which the results do not have the potential to be of direct benefit to the person concerned includes discovering more, for example, about the mechanisms of head injury. Of course, the person will also be receiving standard medical treatment at the same time; but if the research itself, for example performing computed tomography scans, is not of direct benefit to the person concerned it must be of minimal risk and minimal burden. It is for the law of the Parties to determine whether, and under which conditions, this research can take place. Paragraph 1, indent i states that this article is applicable if the person in question is "not in a state to give consent." This takes account of the fact that in some legal systems a distinction may be made between those who are, legally, unable to consent and those who may be de facto unable to consent, but for whom the relevant legal process to declare them unable to consent has not been completed. This article addresses the emergency situation of those who are factually unable to consent as well as those minors or adults who may, according to law, be considered unable to consent. In this respect, paragraph 3 of Article 14 is also relevant because there may be persons who have been involved in an emergency, a car accident for instance, but who are not unconscious. However, because of the shock of the emergency situation, any consent obtained from them would not be acceptable.

107. The reference to "additional" conditions signifies that these conditions are supplementary to the protective conditions of the Protocol otherwise applicable. It was felt that, in addition to the general conditions applicable to other types of research, persons finding themselves in emergency situations should benefit from specific protection. The law must include the conditions that research of comparable effectiveness cannot be carried out on persons in non-emergency situations and that the research project has been approved specifically for emergency situations. Research without the potential to produce results of direct benefit shall entail only minimal risk and minimal burden. Any relevant previously expressed objections of the person known to the researcher shall be respected. It must be remembered that emergency research must commence very rapidly and a researcher cannot undertake a search of archives, for instance, to establish whether someone has registered an objection. "Known to the researcher" in this context would mean that the potential participant has a card on his person registering such an objection or someone accompanying the potential participant informs the researcher.

108. Paragraph 3 requires that the patient be informed as soon as it becomes possible of his/her participation in the research. Additionally, if and when the research participant recovers full understanding while still undergoing research, the participant must be asked for consent to continue. If the research participant does not recover full understanding but there is enough time available to obtain the relevant authorisation, such authorisation must be obtained for participation to continue. If the person dies before authorisation or consent is obtained, it is best practice to inform relatives of the research participation.

Article 20 – Research on persons deprived of liberty

109. The Article sets out the additional conditions pertaining to research on persons deprived of their liberty in which the results do not have the potential to produce direct benefit to their health. Those who are deprived of their liberty are in a position of constant dependence on those who provide them with food, health care and the other amenities of life.

110. Persons may be deprived of their liberty for a variety of reasons, for example within the context of the criminal justice system as a consequence of an offence or under mental health legislation. The term "deprived of liberty" comes from Article 5 of the European Convention on Human Rights. In this article, it states that, "No one shall be deprived of his liberty save in the following cases and in accordance with a procedure prescribed by law:
a) the lawful detention of a person after conviction by a competent court;
b) the lawful arrest or detention of a person for non-compliance with the lawful order of a court or in order to secure the fulfilment of any obligation prescribed by law;
c) the lawful arrest or detention of a person effected for the purpose of bringing him before the competent legal authority on reasonable suspicion of having

committed an offence or when it is reasonably considered necessary to prevent his committing an offence or fleeing after having done so;
d) the detention of a minor by lawful order for the purpose of educational supervision or his lawful detention for the purpose of bringing him before the competent legal authority;
e) the lawful detention of persons for the prevention of the spreading of infectious diseases, of persons of unsound mind, alcoholics or drug addicts or vagrants;
f) the lawful arrest or detention of a person to prevent his effecting an unauthorised entry into the country or of a person against whom action is being taken with a view to deportation or extradition."

111. Accordingly, deprivation of liberty applies not only to those detained for security reasons but also to those confined for health reasons. The provisions of Article 20 would apply to all persons deprived of liberty irrespective of the lawfulness of their detention. These provisions set out the following conditions.

112. *Indent i* specifies that it must not be possible for research of comparable effectiveness to be carried out without the participation of persons deprived of liberty. *Indent ii* specifies that the research must have the aim of contributing to the ultimate attainment of results capable of conferring benefit to persons deprived of liberty. It was agreed that this article should not be interpreted as impeding the possibility, for a Party, to allow participation in research concerning specific situations, such as family genetic studies, if that research could not be carried out without the participation of that specific person, coincidentally deprived of liberty, because of his or her health condition or genetic characteristics. It was considered that, because of its rarity, this exception, noted in the Explanatory Report, did not need to be reflected in the text of the Protocol itself.

113. *Indent iii* specifies that the research must entail only minimal risk and minimal burden. Any consideration of additional potential benefits of the research shall not be used to justify an increased level of risk or burden above the level of minimal risk and minimal burden.

114. The provisions of Article 20 are additional to the protective conditions of the Protocol otherwise applicable. Particular care must be taken to ensure that the requirements of Article 23 (Non-interference with necessary clinical interventions) addressing the use of placebos in research are fulfilled when persons deprived of liberty are to participate in the research. Good practice requires that particular attention be paid to the fulfilment of the requirement of Article 12 (Undue influence) in regard to persons deprived of their liberty.

Chapter VII – Safety and Supervision

Article 21 – Minimisation of risk and burden

115. The Article requires that all reasonable measures be taken to ensure safety and to minimise risk and burden for research participants. These must include appropriate arrangements for monitoring the health of participants and promptly recording and assessing adverse events. Article 8 (Scientific quality) also applies here. Best practice recommends, especially in research involving particular risk, the establishment of a safety monitoring board to follow the conduct of a trial. In the course of formulating an opinion on the proposed research project, the ethics committee shall consider the arrangements for monitoring adverse events, including the intention to establish (or not) a safety monitoring board.

116. The second paragraph sets out the requirement that research involving interventions on persons shall be carried out under the supervision of a clinical professional who possesses the necessary qualifications and experience. While acknowledging that students and non-health care professionals may be members of a biomedical research team, the Article requires for the protection of the research participants that any research involving interventions on persons be under the supervision of such a professional. Such supervision would not be constant in most cases, but the participants must always have access to the professional. The professional should be prepared to respond to their health concerns.

Article 22 – Assessment of health status

117. The Article requires that researchers take all necessary steps to assess the state of health of potential research participants if the research involves interventions on persons, to ensure that those at increased risk in relation to a specific project be excluded. The necessary steps may include a clinical examination but this might not always be necessary. For instance, when patients are invited to take part in research by departments caring for them, a formal clinical examination could serve merely as a formality and provide no new information. In other cases when the research involves only an interaction such as an interview, a full clinical examination could also be excessive and not serve to protect the individual in the context of the research.

118. Paragraph 2 requires when research is undertaken on persons in the reproductive stage of their lives that particular consideration be given to the possible adverse impact on a current or future pregnancy and the health of the embryo, foetus or child. However, this protection should not lead to the automatic exclusion of women, or men, in the reproductive stage of their lives from research projects that could be of benefit to them or to others in their position. The necessary conditions for research involving pregnant or breastfeeding women in which the results do not have the potential to produce direct benefit to the woman's health or that of the embryo, foetus or child are found in Article 18 on research during pregnancy or breastfeeding.

Article 23 – Non-interference with necessary clinical interventions

119. Paragraph 1 of this article lays down the principle that research on human beings shall not delay nor deprive them of medically necessary preventive, diagnostic or therapeutic procedures. "Delay" in this article should be understood as any delay that would be detrimental to the medical care of a patient. The treatment of a patient should not be altered in a detrimental manner in order to facilitate research.

120. Paragraph 2 requires that in research associated with prevention, diagnosis or treatment, participants assigned to control groups be assured of a proven method of prevention, diagnosis, or treatment. It is expected that a proven method of treatment that is available in the country or region concerned be utilised. "Region" may signify several neighbouring countries or an even wider area, to take into account multicentre studies that may cross national boundaries and to recognise the fact that Europeans may often utilise healthcare available in a neighbouring country.

121. The third paragraph permits the use of placebo only where there is no method of proven effectiveness or where withdrawal or withholding of such methods does not present unacceptable risk or burden to the participant. Whether risk or burden is acceptable or not is to be assessed by the ethics committee and competent body, who should pay particular attention to such projects and assess each specific project individually. If placebo is used in research on persons not able to consent to research, Article 15 also applies.

Article 24 – New developments

122. The Article foresees that scientific developments or events arising in the course of the research may justify the re-examination of the research project. Such scientific developments or events could be, for example, publication of results by other researchers that raise questions concerning the relevance of the research project, or unforeseen complications affecting one or more participants.

123. The Article requires Parties to this Protocol to take measures to ensure that the research project is re-examined if this is justified in the light of scientific developments or events arising in the course of the research. In that regard, national law may provide guidance on the nature of the developments or events that would justify a re-examination. The Article does not set out which person or body shall carry out the re-examination, leaving this to national law or practice. However, if scientific developments or events justify such a re-examination, this may be done by the competent body or ethics committee and where relevant the data and safety monitoring board. Parties may provide further guidance about the nature of the developments or events that should lead to a re-examination, and should clarify the person or body responsible for conducting the re-examination. It is also the duty of the researcher to review the research project him/herself if developments or events seem to undermine its ethical acceptability even if the official bodies have not yet commenced a re-examination.

124. The purpose of the re-examination is to establish whether, in the light of the developments or events, the research needs to be discontinued or if changes to the research project are necessary. Further, its purpose is to establish whether research participants, or if applicable their representatives, need to be informed of the developments or events. Finally, it shall establish whether additional consent or authorisation for participation is required. The consent form presented to future participants may need to be modified in the event of changes to the research project. An example of when it would be appropriate to seek a renewed consent or authorisation for participation would be if the implications for the participants have changed.

125. The third paragraph of the article requires participants, or if applicable their representatives, be made aware of any new information relevant to the person's participation in research. This is in addition to the duty of the researchers to inform the potential participants of foreseeable risks before they consent to participation in the research project.

126. The fourth paragraph of this article addresses permissible premature termination of research. The Article seeks to prevent inappropriate premature termination of the research, for example to prevent an adverse commercial outcome if a statistically significant negative result was reached which would, according to Article 28, need to be made public. Such actions could lead to the research being repeated by other researchers, needlessly involving human participants and possibly exposing them to risk. The ethics committee must be informed of the reasons for such premature termination and may require that such a termination be justified, but it is not responsible for the termination itself.

127. An example of an acceptable reason for termination of a research project is when it becomes statistically clear that the research treatment is significantly worse than standard treatment, and hence it would be ethically unacceptable to continue the research project. Another example would be the publication of results by other researchers from studies that may either negate the original justification for the study (although it must be remembered that verification is an essential element of the process of validation in science) or that raises questions about the safety of the research in question.

Chapter VIII – Confidentiality and right to information

Article 25 – Confidentiality

128. Article 25 sets out the principle of confidentiality. The first paragraph establishes the right to privacy of information in the field of biomedical research, thereby reaffirming the principle introduced in Article 8 of the European Convention on Human Rights and reiterated in the Convention for the Protection of Individuals with regard to Automatic Processing of Personal Data. It should be pointed out that, under Article 6 of the latter Convention, personal data concerning

health constitute a special category of data and are as such subject to special rules. This principle was also reiterated in Article 10 of the Convention on Human Rights and Biomedicine.

129. The second paragraph states that the law shall protect against inappropriate disclosure of information related to a research project that has been submitted in compliance with the Protocol. Failure to provide such protection could lead researchers to submit information to ethics committees lacking in detail, making it more difficult for the proper evaluation of the research project. Therefore, as the primary goal of this Protocol is to protect research participants, such protection against inappropriate disclosure to competitors or rivals serves also to enable the ethics committees to better protect human beings in research.

Article 26 – Right to information

130. This article states that research participants shall be entitled to know any information collected on their health in conformity with Article 10 of the Convention. It adds that all other personal information collected for a research project will be accessible to them in conformity with law on the protection of individuals with regard to processing of personal data.

Article 27 – Duty of care

131. This article sets out the requirement that information arising from research of relevance to the current or future health or quality of life of participants must be made accessible to those persons. This information could be the conclusions of the research or incidental information collected during the research. In principle, the researcher must evaluate whether such information is of relevance to the current or future health or quality of life of research participants. The researcher may seek the advice of the ethics committee as to the potential relevance of the information in question to research participants. This requirement also applies to anonymised data if it has been coded in such a manner that it can be relinked to the personal identifiers of the participants. The term "offered" was used in order to acknowledge that individuals have the right not to receive such conclusions if they so wish. Best practice requires that the wish of the participant to know or not to know should be established prior to commencement of the research.

132. The second sentence requires, for the protection of these persons, that this information be made accessible within a framework of healthcare or counselling. This is because proper counselling or other healthcare assistance may be necessary to explain the nature of the results and the options available to react to the participant.

133. The third sentence sets out the requirement for due care for the protection of confidentiality and respect for the right not to know in the communication of the conclusions. Patients may have their own reasons for not wishing to know about

certain aspects of their health. Participants may only wish to exercise their right to know under certain circumstances and such wishes must also be observed.

134. In some circumstances, the right to know or not to know may be restricted in the patient's own interest or else on the basis of Article 26.1 of the Convention, for example, in order to protect the rights of a third party or one of the specified public interests. Additionally, the last paragraph of Article 10 of the Convention sets out that in exceptional cases domestic law may place restrictions on the right to know or not to know in the interests of the patient's health.

Article 28 – Availability of results

135. Accountability is implicit in the relationship between the researcher and the participant. For this reason, this article requires that the conclusions of the research be made available on request to research participants in a form comprehensible to them.

136. The Article requires researchers to submit a summary or report of the research to the ethics committee or competent body, and to make public the results of their research even if the outcome is negative. Such results must be published or made otherwise available in a manner accessible to other researchers. The aim of the Article is to prevent the needless repetition of research using persons due to the non-publication of previous results, and to prevent the suppression of negative or positive results for commercial or other non-scientific reasons. It is stated that this be done "in reasonable time" so as to not prejudice a patent application or scientific publication. This obligation to publish cannot be restricted by contractual obligations. However, under the terms of Article 26 paragraph 1 of the Convention, the obligation to publish research results would be waived if publication would potentially compromise, for example, public health or safety or the rights and freedoms of others. An example of such research could be that concerning counter-measures to the use of biological weapons, the publication of which could compromise public safety.

Chapter IX – Research in States not party to this Protocol

Article 29 – Research in States not party to this Protocol

137. At present, considerable numbers of research projects are conducted on a multinational basis. Teams of researchers based in different States may participate in a single project. Further, internationally-based organisations may be able to choose the country in which a particular research project that they are conducting or funding is carried out. This has led to concerns being expressed about the possibility of fundamentally different standards of protection for participants being applied in different countries. In particular, concern has been expressed about the possibility of research that might be widely viewed as ethically unacceptable being carried out in another State where systems for the protection of research participants are less well established.

138. The Article sets out the conditions for sponsors and researchers within the territory of a Party to this Protocol who plan to undertake or direct a research project in a State not party to this Protocol. In addition to complying with all the conditions applicable in the State in the territory of which the research is to be undertaken, the principles on which the provisions of this Protocol are based must be complied with. The term "principles" implies that while it may be impracticable to implement all the detailed provisions contained in this Protocol when a research project is carried out in a State that is not party to the Protocol, it is nevertheless mandatory to observe the principles that those provisions develop. For example, there may not be a body capable of undertaking appropriate independent scientific and ethical evaluation of research in the country, but the principle of the research project being submitted to an independent body for review must be observed. Examples of these principles are informed consent, the protection of those unable to consent, confidentiality, the balance between risks and benefits, and ethical review of research projects. This does not imply that a body in the State Party to the Protocol has the authority to approve research in the non-Party State if that State does not approve the research, or to override its regulations. However, researchers from the Party State may be required to observe additional conditions, in accordance with the principles on which the provisions of this Protocol are based, to those applicable in non-Party States. The Article is not intended to discourage otherwise ethical research in less developed countries that might utilise less expensive treatment than that routinely utilised in wealthier countries.

139. The wording "sponsors and researchers within the jurisdiction of a Party to this Protocol" signifies those who fall under the authority of the State concerned. In practice, in conformity with the law of that State, such cases could be those of sponsors having their head office on its territory, or of those established on its territory for the exercise of activities insofar as they plan to undertake or direct the conduct of the research in question; further, such cases could be, in conformity with the law of the Party concerned, of researchers residing on the territory of the Party, or who are established there professionally, or who are its nationals, insofar as they are involved in directing the conduct of the research in question.

140. It is up to each Party to take appropriate measures with a view to assuring that the research project respect the principles on which the provisions of this Protocol are based. These measures could consist of adoption of norms setting out the obligation, for the relevant sponsors and researchers, of respecting these principles. In the case where the research must be undertaken in States not having well established systems of protection, the provisions could foresee the obligation to submit the research project to an ethics committee of the Party concerned.

Chapter X – Infringement of the provisions of the Protocol

Article 30 – Infringement of the rights or principles

141. This article requires the Parties to make available a judicial procedure to prevent or put a stop to an infringement of the principles set forth in the Protocol. It therefore covers not only infringements that have already begun and are ongoing but also the threat of an infringement.

142. The judicial protection requested must be appropriate and proportionate to the infringement or the threats of infringement of the principles. Such is the case, for example, with proceedings initiated by a public prosecutor in cases of infringements affecting several persons unable to defend themselves, in order to put an end to the violation of their rights.

143. Under the Protocol, the appropriate protective mechanisms must be capable of operating rapidly as it has to allow an infringement to be prevented or halted at short notice. This requirement can be explained by the fact that, in many cases, the very integrity of an individual has to be protected and an infringement of this right might have irreversible consequences.

144. The judicial protection provided by the Protocol applies only to unlawful infringements or to threats thereof. The reason for this qualifying adjective is that the Convention, in Article 26.1, permits restrictions to the free exercise of the rights it recognises.

Article 31 – Compensation for damage

145. This article sets forth the principle that persons who have suffered damage resulting from their participation in research shall be fairly compensated according to the conditions and procedures prescribed by law. The wording "damage" takes in to account the different contexts in which research is undertaken, ranging from studies on healthy volunteers to research on people suffering a very serious terminal illness. Whether or not compensation was fair would need to take in to account these different contexts, and may need to involve an assessment of the extent to which a given effect can be attributed to the research or may reflect a progression of the patient's existing health condition. On the subject of fair compensation, reference can be made to Article 41 of the European Convention on Human Rights, which allows the Court to afford just satisfaction to the injured party.

146. Compensation conditions and procedures are prescribed by national law. In many cases, this establishes a system of individual liability based either on fault or on the notion of risk. In other cases, the law may provide for a collective system of compensation irrespective of individual liability.

Article 32 – Sanctions

147. Since the aim of the sanctions provided for in Article 32 is to guarantee compliance with the provisions of the Protocol, they must be in keeping with certain criteria, particularly those of necessity and proportionality. As a result, in order to measure the expediency and determine the nature and scope of the sanction, the domestic law must pay special attention to the content and importance of the provision to be complied with, the seriousness of the offence and the extent of its possible repercussions for the individual and society.

Chapter XI – Relation between this Protocol and other provisions and re-examination of the Protocol

Article 33 – Relation between this Protocol and the Convention

148. As a legal instrument, the Protocol supplements the Convention. Once in force, the Protocol is subsumed into the Convention for those Parties having ratified the Protocol. The provisions of the Convention are therefore to be applied to the Protocol.

149. Thus, Article 36 of the Convention, which sets out the conditions under which a State may make a reservation in respect of any particular provision of the Convention, will also apply to the Protocol. Using this provision States may, under the conditions set out in Article 36 of the Convention, make a reservation in respect of any particular provision of this Protocol.

Article 34 – Wider protection

150. In pursuance of this article, the Parties may apply rules of a more protective nature than those contained in the Protocol. In other words, the text lays down common standards with which States must comply, while allowing them to provide greater protection of the human being and of human rights with regard to biomedical research.

151. A conflict may arise between the various rights established by the Protocol, for example between a scientist's right of freedom of research and the rights of a person submitting to the research. However, the expression "wider protection" must be interpreted in the light of the purpose of the Protocol, as defined in Article 1, namely the protection of the human being with regard to any research in the field of biomedicine involving interventions on human beings. In the example quoted, any additional statutory protection can only mean greater protection for a person participating in research.

Article 35 – Re-examination of the Protocol

152. This article provides that the Protocol shall be re-examined no later than five years from its entry into force and thereafter at such intervals as the designated

Committee may determine. Article 32 of the Convention identifies this Committee as the Steering Committee on Bioethics (CDBI), or any other Committee so designated by the Committee of Ministers.

Chapter XII – Final clauses

Article 36 – Signature and ratification

153. Under the provisions of Article 31 of the Convention, only States that have signed or ratified the Convention may sign this Protocol. Ratification of the Protocol is subject to prior or simultaneous ratification of the Convention. A State which has signed or ratified the Convention is not obliged to sign the Protocol or, if applicable, to ratify it.

V. UNESCO-Erklärung über das menschliche Genom

Allgemeine Erklärung über das menschliche Genom und Menschenrechte vom 11. November 1997[1][2]

Die Generalkonferenz,
unter Hinweis darauf, dass sich die Präambel der Satzung der UNESCO auf die „demokratischen Grundsätze der Würde, Gleichheit und gegenseitigen Achtung der Menschen" bezieht, die „Lehre eines unterschiedlichen Wertes von Menschen und Rassen" grundsätzlich ablehnt, ferner niederlegt, dass „die weite Verbreitung der Kultur und die Erziehung des Menschengeschlechts zur Gerechtigkeit, zur Freiheit und zum Frieden für die Würde des Menschen unerläßlich sind und eine heilige Verpflichtung darstellen, die alle Völker im Geiste gegenseitiger Hilfsbereitschaft und Anteilnahme erfüllen müssen", verkündet, dass „Friede auf der Grundlage der geistigen und moralischen Verbundenheit der Menschheit errichtet werden muss" und erklärt, dass die Organisation bestrebt ist, „durch die Zusammenarbeit der Völker der Erde" auf den Gebieten Erziehung, Wissenschaft und Kultur „den Weltfrieden und den allgemeinen Wohlstand der Menschheit zu fördern – Ziele, um derentwillen die Vereinten Nationen gegründet wurden und die in deren Charta verkündet sind",
unter nachdrücklichem Hinweis auf ihr Bekenntnis zu den allgemeinen Grundsätzen der Menschenrechte, die insbesondere in der Allgemeinen Erklärung der Menschenrechte vom 10. Dezember 1948 sowie in den beiden Internationalen Pakten der Vereinten Nationen vom 19. Dezember 1966 über wirtschaftliche, soziale und kulturelle Rechte und über bürgerliche und politische Rechte, der Konvention der Vereinten Nationen vom 9. Dezember 1948 über die Verhütung und Bestrafung des Völkermordes, dem Internationalen Übereinkommen der Vereinten Nationen vom 21. Dezember 1965 zur Beseitigung jeder Form von Rassendiskriminierung, der Erklärung der Vereinten Nationen vom 20. Dezember 1971 über die Rechte der geistig Zurückgebliebenen, der Erklärung der Vereinten Nationen vom 9. Dezember 1975 über die Rechte der Behinderten, dem Übereinkommen der Vereinten Nationen vom 18. Dezember 1979 zur Beseitigung jeder Form von Diskriminierung der Frau, der Erklärung der Vereinten Nationen vom 29. November 1985 über Grundprinzipien der rechtmäßigen Behandlung von Verbrechensopfern und Opfern von Machtmissbrauch, dem Übereinkommen der Vereinten Nationen vom 20. November 1989 über die Rechte des Kindes, den Rahmenbestimmungen der Vereinten Nationen vom 20. Dezember 1993 für die Herstellung der Chancengleichheit für Behinderte, dem Übereinkommen vom 16. Dezember

---

[1] Originaltext in englischer und französischer Sprache.
[2] Artikel-Überschriften vom Verf. ergänzt.

1971 über das Verbot der Entwicklung, Herstellung und Lagerung bakteriologischer (biologischer) Waffen und von Toxinwaffen sowie über die Vernichtung solcher Waffen, dem Übereinkommen der UNESCO vom 14. Dezember 1960 gegen Diskriminierung im Unterrichtswesen, der Erklärung der UNESCO vom 4. November 1966 der Grundsätze der internationalen kulturellen Zusammenarbeit, der Empfehlung der UNESCO vom 20. November 1974 zur Stellung der wissenschaftlichen Forscher, der Erklärung der UNESCO vom 27. November 1978 über Rasse und Rassenvorurteile, dem Übereinkommen Nr. 111 der Internationalen Arbeitsorganisation vom 25. Juni 1958 über die Diskriminierung in Beschäftigung und Beruf und dem Übereinkommen Nr. 169 der Internationalen Arbeitsorganisation vom 27. Juni 1989 über eingeborene und in Stämmen lebende Völker in unabhängigen Ländern bekräftigt werden,

eingedenk und unbeschadet der völkerrechtlichen Übereinkünfte, die in Fragen des geistigen Eigentums Einfluss auf die Anwendung der Genetik haben könnten, unter anderem der Berner Übereinkunft vom 9. September 1886 zum Schutz von Werken der Literatur und Kunst und des Welturheberrechtsabkommens der UNESCO vom 6. September 1952 in der zuletzt am 24. Juli 1971 in Paris geänderten Fassung, der Pariser Verbandsübereinkunft vom 20. März 1883 zum Schutz des gewerblichen Eigentums in der zuletzt am 14. Juli 1967 in Stockholm geänderten Fassung, des Budapester Vertrags der Weltorganisation für geistiges Eigentum vom 28. April 1977 über die internationale Anerkennung der Hinterlegung von Mikroorganismen für die Zwecke von Patentverfahren und des Übereinkommens über handelsbezogene Aspekte der Rechte des geistigen Eigentums (TRIPS), das dem am 1. Januar 1995 in Kraft getretenen Übereinkommen zur Errichtung der Welthandelsorganisation als Anlage beigefügt ist,

ferner eingedenk des Übereinkommens der Vereinten Nationen vom 5. Juni 1992 über die biologische Vielfalt und in diesem Zusammenhang unter Betonung der Tatsache, dass die Anerkennung der genetischen Vielfalt der Menschheit keine Auslegung sozialer oder politischer Art zur Folge haben darf, die die „allen Mitgliedern der menschlichen Gesellschaft innewohnende Würde und ihre gleichen und unveräußerlichen Rechte" im Einklang mit der Präambel der Allgemeinen Erklärung der Menschenrechte in Frage stellen könnte,

unter Hinweis auf die Resolutionen 22 C/13.1, 23 C/ 13.1, 24 C/13.1, 25 C/5.2 und 7.3, 27 C/5.15 und 28 C/0.12, 2.1 und 2.2, mit denen die UNESCO nachdrücklich aufgefordert wird, ethische Untersuchungen über die Folgen des wissenschaftlichen und technischen Fortschritts auf dem Gebiet der Biologie und der Genetik sowie die aus diesen Untersuchungen erwachsenden Maßnahmen im Rahmen der Achtung der Menschenrechte und Grundfreiheiten zu fördern und zu entwickeln,

in Anerkennung dessen, dass die Forschung am menschlichen Genom und die sich daraus ergebenden Anwendungsbereiche weit reichende Aussichten auf Fortschritte bei der Verbesserung der Gesundheit des einzelnen und der gesamten Menschheit eröffnen, jedoch unter gleichzeitiger Betonung dessen, dass diese Forschung die Menschenwürde, die Freiheit des Menschen und die Menschenrechte uneingeschränkt achten soll, sowie unter Betonung des Verbots jeder Form von Diskriminierung aufgrund genetischer Eigenschaften, verkündet die folgenden Grundsätze und verabschiedet die vorliegende Erklärung.

A. Menschenwürde und menschliches Genom

Artikel 1 – Menschliches Genom als Erbe der Menschheit

Das menschliche Genom liegt der grundlegenden Einheit aller Mitglieder der menschlichen Gesellschaft sowie der Anerkennung der ihnen innewohnenden Würde und Vielfalt zugrunde. In einem symbolischen Sinne ist es das Erbe der Menschheit.

Artikel 2 – Achtung der Menschenwürde und Menschenrechte

a) Jeder Mensch hat das Recht auf Achtung seiner Würde und Rechte, unabhängig von seinen genetischen Eigenschaften.

b) Diese Würde gebietet es, den Menschen nicht auf seine genetischen Eigenschaften zu reduzieren und seine Einzigartigkeit und Vielfalt zu achten.

Artikel 3 – Mutationen des menschlichen Genoms

Das menschliche Genom, das sich seiner Natur gemäß fortentwickelt, unterliegt Mutationen. Es birgt Möglichkeiten, die je nach der natürlichen und sozialen Umgebung des einzelnen, einschließlich seines Gesundheitszustands, seiner Lebensbedingungen, Ernährung und Erziehung auf unterschiedliche Weise zum Ausdruck kommen.

Artikel 4 – Verbot finanziellen Gewinns

Das menschliche Genom in seinem natürlichen Zustand darf keinen finanziellen Gewinn eintragen.

B. Rechte der betroffenen Personen

Artikel 5 – Risiko-Nutzen-Abwägung, informierte Einwilligung und Recht auf Nicht-Wissen

a) Forschung, Behandlung und Diagnose, die das Genom eines Menschen betreffen, dürfen nur nach vorheriger strenger Abwägung des damit verbundenen möglichen Risikos und Nutzens und im Einklang mit allen sonstigen Anforderungen innerstaatlichen Rechts durchgeführt werden.

b) In allen Fällen muss die vorherige, aus freien Stücken nach fachgerechter Aufklärung erteilte Einwilligung der betroffenen Person eingeholt werden. Ist sie nicht in der Lage, ihre Einwilligung zu erteilen, so sind die Zustimmung oder Ermächtigung in der gesetzlich vorgeschriebenen Weise einzuholen, geleitet von dem Bestreben, zum Besten der Person zu handeln.

c) Das Recht jedes einzelnen, darüber zu entscheiden, ob er von den Ergebnissen der genetischen Untersuchung und den sich daraus ergebenden Folgen unterrichtet werden will, soll geachtet werden.

d) Im Fall der Forschung sind zusätzlich Protokolle zu vorheriger Prüfung vorzulegen, entsprechend den einschlägigen, die Forschung betreffenden nationalen und internationalen Normen und Richtlinien.
e) Ist eine Person von Rechts wegen unfähig, ihre Einwilligung zu erteilen, so darf Forschung, die ihr Genom betrifft, nur betrieben werden, um der Person einen unmittelbaren gesundheitlichen Nutzen zu verschaffen, vorbehaltlich der gesetzlich vorgeschriebenen Ermächtigung und der gesetzlich vorgesehenen Schutzbestimmungen. Forschung, die keinen unmittelbaren gesundheitlichen Nutzen erwarten läßt, darf nur in Ausnahmefällen durchgeführt werden und dies auch nur unter allergrößter Zurückhaltung, wobei die betroffene Person nur einem minimalen Risiko und einer minimalen Belastung ausgesetzt werden darf, und wenn damit anderen Personen der gleichen Altersstufe oder mit der gleichen genetischen Veranlagung ein gesundheitlicher Nutzen verschafft werden soll, entsprechend den gesetzlich vorgeschriebenen Bedingungen und unter der Voraussetzung, dass solche Forschung mit dem Schutz der Menschenrechte des einzelnen vereinbar ist.

Artikel 6 – Diskriminierungsverbot

Niemand darf einer Diskriminierung aufgrund genetischer Eigenschaften ausgesetzt werden, die darauf abzielt, Menschenrechte, Grundfreiheiten oder die Menschenwürde zu verletzen, oder dies zur Folge hat.

Artikel 7 – Vertraulichkeit genetischer Daten

Genetische Daten, die einer bestimmten Person zugeordnet werden können und zu Forschungs- oder anderen Zwecken gespeichert oder verarbeitet werden, sind im Einklang mit den gesetzlich vorgeschriebenen Bestimmungen vertraulich zu behandeln.

Artikel 8 – Schadensersatz bei Eingriffen in das Genom

Jeder einzelne hat in Übereinstimmung mit internationalem und innerstaatlichem Recht einen Anspruch auf angemessene Wiedergutmachung für Schäden, die er als unmittelbare und zwangsläufige Folge eines Eingriffs erlitten hat, die sein oder ihr Genom betreffen.

Artikel 9 – Einschränkungen

Zum Schutz der Menschenrechte und Grundfreiheiten dürfen Einschränkungen der Grundsätze der Einwilligung und Vertraulichkeit nur durch Gesetz vorgeschrieben werden, und zwar aus zwingenden Gründen und im Rahmen des Völkerrechts und der internationalen Menschenrechtsnormen.

C. Forschung am menschlichen Genom

Artikel 10 – Vorrang des Individuums

Forschung oder deren Anwendung betreffend das menschliche Genom, insbesondere in den Bereichen Biologie, Genetik und Medizin, soll nicht Vorrang vor der

Achtung der Menschenrechte, Grundfreiheiten und Menschenwürde einzelner Personen oder gegebenenfalls von Personengruppen haben.

Artikel 11 – Verbot menschenwürdewidriger Praktiken

Praktiken, die der Menschenwürde widersprechen, wie reproduktives Klonen von Menschen, sind nicht erlaubt. Die Staaten und zuständigen internationalen Organisationen werden aufgefordert, gemeinsam daran zu arbeiten, derartige Praktiken zu benennen und auf nationaler oder internationaler Ebene die erforderlichen Maßnahmen zu ergreifen, um die Achtung der in dieser Erklärung niedergelegten Grundsätze sicherzustellen.

Artikel 12 – Zugänglichkeit und Ziel der Genomforschung

a) Unter gebührender Achtung der Würde und der Menschenrechte jedes einzelnen muss der aus Fortschritten in der Biologie, Genetik und Medizin erwachsene, das menschliche Genom betreffende Nutzen allen zugänglich gemacht werden.
b) Die Freiheit der Forschung, die für die Erweiterung des Wissens notwendig ist, ist Teil der Gedankenfreiheit. Die Anwendung der Forschung, auch ihre Anwendung in der Biologie, der Genetik und der Medizin, die das menschliche Genom betrifft, ist darauf auszurichten, Leiden zu lindern und die Gesundheit des einzelnen und der gesamten Menschheit zu verbessern.

D. Bedingungen für die Ausübung wissenschaftlicher Tätigkeiten

Artikel 13 – Verpflichtungen und Verantwortung der Forschung

Die mit der Tätigkeit von Forschern verbundenen Verpflichtungen, einschließlich größter Sorgfalt, Vorsicht, intellektueller Ehrlichkeit und Integrität bei der Durchführung der Forschungsarbeit sowie bei der Vorstellung und Nutzung der Erkenntnisse sollen im Rahmen der Forschung am menschlichen Genom aufgrund der ethischen und sozialen Auswirkungen besondere Beachtung finden. Öffentlichen und privaten politischen Entscheidungsträgern im Bereich der Wissenschaft kommt in dieser Hinsicht ebenfalls eine besondere Verantwortung zu.

Artikel 14 – Schaffung geeigneter Rahmenbedingungen für eine Forschung am menschlichen Genom

Die Staaten sollen geeignete Maßnahmen zur Förderung der geistigen und materiellen Rahmenbedingungen, die die Freiheit der Forschung am Genom des Menschen begünstigen, und zur Berücksichtigung der ethischen, rechtlichen, sozialen und wirtschaftlichen Auswirkungen dieser Forschung, auf der Grundlage der in dieser Erklärung niedergelegten Grundsätze treffen.

Artikel 15 – Schaffung geeigneter Rahmenbedingungen für die Achtung der Menschenrechte, Grundfreiheiten und Menschenwürde

Um die Achtung der Menschenrechte, Grundfreiheiten und der Menschenwürde zu gewährleisten und die Volksgesundheit zu schützen, sollen die Staaten geeignete Schritte zur Schaffung der Rahmenbedingungen für die freie Ausübung der Forschung am menschlichen Genom unter gebührender Berücksichtigung der in dieser Erklärung niedergelegten Grundsätze unternehmen. Sie sollen bestrebt sein sicherzustellen, dass Forschungsergebnisse nicht für nichtfriedliche Zwecke genutzt werden.

Artikel 16 – Ethikausschüsse

Die Staaten sollen die Bedeutung der gegebenenfalls auf verschiedenen Ebenen erfolgenden Förderung der Einrichtung von unabhängigen, fachübergreifenden und pluralistischen Ethikausschüsse anerkennen, welche die ethischen, rechtlichen und sozialen Fragen prüfen, die durch die Forschung am menschlichen Genom und ihre Anwendung aufgeworfen werden.

E. Solidarität und internationale Zusammenarbeit

Artikel 17 – Solidarität gegenüber Individuen und Bevölkerungsgruppen

Die Staaten sollen die Ausübung von Solidarität gegenüber einzelnen, Familien und Bevölkerungsgruppen, die besonders anfällig für Krankheiten oder Behinderungen genetischer Natur oder von diesen betroffen sind, achten und fördern. Sie sollen unter anderem Forschungsarbeiten fördern, die dem Erkennen, der Vorbeugung und der Behandlung genetisch bedingter und genetisch beeinflußter Krankheiten dienen, insbesondere sowohl seltener als auch endemischer Krankheiten, die große Teile der Weltbevölkerung betreffen.

Artikel 18 – Förderung der Verbreitung wissenschaftlicher Erkenntnisse

Die Staaten sollen unter gebührender und angemessener Berücksichtigung der in dieser Erklärung niedergelegten Grundsätze alles in ihren Kräften Stehende tun, um weiterhin die internationale Verbreitung wissenschaftlicher Erkenntnisse über das menschliche Genom, die menschliche Vielfalt und die Genforschung zu fördern und in diesem Sinne wissenschaftliche und kulturelle Zusammenarbeit, insbesondere zwischen Industrie- und Entwicklungsländern zu fördern.

Artikel 19 – Zusammenarbeit mit Entwicklungsländern

a) Im Rahmen der internationalen Zusammenarbeit mit Entwicklungsländern sollen die Staaten bestrebt sein, Maßnahmen zu fördern, die folgendes ermöglichen:
   i) Risiko und Nutzen im Zusammenhang mit der Forschung am menschlichen Genom abzuwägen und Missbrauch zu verhindern;
   ii) die Fähigkeit von Entwicklungsländern, Forschung in der Humanbiologie und Genetik zu betreiben, und unter Berücksichtigung ihrer spezifischen Probleme zu entwickeln und zu stärken;
   iii) Entwicklungsländer in die Lage zu versetzen, von den Errungenschaften der wissenschaftlichen und technologischen Forschung zu profitieren, damit deren Nutzung für den wirtschaftlichen und sozialen Fortschritt zugunsten aller erfolgen kann;
   iv) den freien Austausch von wissenschaftlichen Erkenntnissen und Informationen in den Bereichen Biologie, Genetik und Medizin zu fördern.

b) Die zuständigen internationalen Organisationen sollen die von den Staaten für die vorstehenden Zwecke unternommenen Initiativen unterstützen und fördern.

F. Förderung der in der Erklärung niedergelegten Grundsätze

Artikel 20 – Erziehung in Bioethik

Die Staaten sollen geeignete Maßnahmen treffen, um die in der Erklärung niedergelegten Grundsätze durch Erziehung und zweckdienliche Mittel zu fördern, unter anderem durch die Durchführung von Forschung und Ausbildung in interdisziplinären Bereichen und durch die Förderung von Erziehung in der Bioethik auf allen Ebenen, insbesondere für die Verantwortungsträger im Bereich der Wissenschaftspolitik.

Artikel 21 – Stärkung des gesellschaftlichen Bewußtseins für Fragen der Genomforschung

Die Staaten sollen geeignete Maßnahmen ergreifen, um andere Formen der Forschung, Ausbildung und Informationsverbreitung zu fördern, die dazu beitragen, das Bewusstsein der Gesellschaft und aller ihrer Mitglieder für ihre Verantwortung hinsichtlich der Grundfragen im Zusammenhang mit der Verteidigung der Menschenwürde zu stärken, die durch die Forschung in Biologie, Genetik und Medizin und durch ihre Anwendung aufgeworfen werden können. Sie sollen es sich ferner zur Aufgabe machen, eine offene, internationale Diskussion über dieses Thema zu erleichtern, wobei sie die freie Äußerung unterschiedlicher soziokultureller, religiöser und philosophischer Meinungen sicherstellen.

G. Umsetzung der Erklärung

Artikel 22 – Umsetzung der Erklärung durch die Staaten

Die Staaten sollen alle Anstrengungen unternehmen, um die in dieser Erklärung niedergelegten Grundsätze zu fördern, und sollen mit Hilfe aller geeigneten Maßnahmen ihre Umsetzung fördern.

Artikel 23 – Erziehung, Ausbildung und Informationsverbreitung

Die Staaten sollen geeignete Maßnahmen ergreifen, um durch Erziehung, Ausbildung und Informationsverbreitung die Achtung der vorstehenden Grundsätze zu fördern und ihre Anerkennung und wirksame Anwendung zu unterstützen. Die Staaten sollen ferner zum Austausch sowie zur Einrichtung von Netzen zwischen unabhängigen Ethikausschüssen ermutigen, sobald diese gegründet sind, um eine uneingeschränkte Zusammenarbeit zu unterstützen.

Artikel 24 – Internationales Bioethik-Komitee der UNESCO

Das Internationale Bioethik-Komitee der UNESCO soll zur Verbreitung der in dieser Erklärung niedergelegten Grundsätze und zur weiteren Untersuchung der Fragen beitragen, die durch deren Anwendung und die Weiterentwicklung der entsprechenden Techniken aufgeworfen werden. Es soll in geeigneter Weise Gespräche mit betroffenen Parteien, wie z.b. Gruppen von persönlich Betroffenen, organisieren. Es soll Empfehlungen entsprechend den satzungsgemäßen Verfahren der UNESCO an die Generalkonferenz abgeben und beratend hinsichtlich der Folgemaßnahmen zu dieser Erklärung tätig sein, insbesondere in Bezug auf das Aufzeigen von Verfahren, die der Menschenwürde widersprechen könnten, wie Eingriffe in die menschliche Keimbahn.

Artikel 25 – Auslegung der Erklärung

Aus dieser Erklärung darf kein Anspruch eines Staates, einer Gruppe oder einer Einzelperson abgeleitet werden, Tätigkeiten auszuüben oder Handlungen vorzunehmen, die den Menschenrechten und Grundfreiheiten, einschließlich der in dieser Erklärung niedergelegten Grundsätze, widersprechen.

VI. UNESCO-Erklärung zum Schutz genetischer Daten

International Declaration on Human Genetic Data of 16 October 2003[1]

The General Conference,

Recalling the Universal Declaration of Human Rights of 10 December 1948, the two United Nations International Covenants on Economic, Social and Cultural Rights and on Civil and Political Rights of 16 December 1966, the United Nations International Convention on the Elimination of All Forms of Racial Discrimination of 21 December 1965, the United Nations Convention on the Elimination of All Forms of Discrimination against Women of 18 December 1979, the United Nations Convention on the Rights of the Child of 20 November 1989, the United Nations Economic and Social Council Resolutions 2001/39 on Genetic Privacy and Non-Discrimination of 26 July 2001 and 2003/232 on Genetic Privacy and Non-Discrimination of 22 July 2003, the ILO Convention (No. 111) concerning Discrimination in Respect of Employment and Occupation of 25 June 1958, the UNESCO Universal Declaration on Cultural Diversity of 2 November 2001, the Trade Related Aspects of Intellectual Property Rights Agreement (TRIPs) annexed to the Agreement establishing the World Trade Organization, which entered into force on 1 January 1995, the Doha Declaration on the TRIPs Agreement and Public Health of 14 November 2001 and the other international human rights instruments adopted by the United Nations and the specialized agencies of the United Nations system,

Recalling more particularly the Universal Declaration on the Human Genome and Human Rights which it adopted, unanimously and by acclamation, on 11 November 1997 and which was endorsed by the United Nations General Assembly on 9 December 1998 and the Guidelines for the implementation of the Universal Declaration on the Human Genome and Human Rights which it endorsed on 16 November 1999 by 30 C/Resolution 23,

Welcoming the broad public interest worldwide in the Universal Declaration on the Human Genome and Human Rights, the firm support it has received from the international community and its impact in Member States drawing upon it for their legislation, regulations, norms and standards, and ethical codes of conduct and guidelines,

Bearing in mind the international and regional instruments, national laws, regulations and ethical texts relating to the protection of human rights and fundamental freedoms and to respect for human dignity as regards the collection, processing, use and storage of scientific data, as well as of medical data and personal data,

---

[1] Adopted unanimously and by acclamation on 16 October 2003 by the 32nd session of the General Conference of UNESCO.

Recognizing that genetic information is part of the overall spectrum of medical data and that the information content of any medical data, including genetic data and proteomic data, is highly contextual and dependent on the particular circumstances,

Also recognizing that human genetic data have a special status on account of their sensitive nature since they can be predictive of genetic predispositions concerning individuals and that the power of predictability can be stronger than assessed at the time of deriving the data; they may have a significant impact on the family, including offspring, extending over generations, and in some instances on the whole group; they may contain information the significance of which is not necessarily known at the time of the collection of biological samples; and they may have cultural significance for persons or groups,

Emphasizing that all medical data, including genetic data and proteomic data, regardless of their apparent information content, should be treated with the same high standards of confidentiality,

Noting the increasing importance of human genetic data for economic and commercial purposes,

Having regard to the special needs and vulnerabilities of developing countries and the need to reinforce international cooperation in the field of human genetics,

Considering that the collection, processing, use and storage of human genetic data are of paramount importance for the progress of life sciences and medicine, for their applications and for the use of such data for non-medical purposes,

Also considering that the growing amount of personal data collected makes genuine irretrievability increasingly difficult,

Aware that the collection, processing, use and storage of human genetic data have potential risks for the exercise and observance of human rights and fundamental freedoms and respect for human dignity,

Noting that the interests and welfare of the individual should have priority over the rights and interests of society and research,

Reaffirming the principles established in the Universal Declaration on the Human Genome and Human Rights and the principles of equality, justice, solidarity and responsibility as well as respect for human dignity, human rights and fundamental freedoms, particularly freedom of thought and expression, including freedom of research, and privacy and security of the person, which must underlie the collection, processing, use and storage of human genetic data,

Proclaims the principles that follow and *adopts* the present Declaration.

A. General Provisions

Article 1 – Aims and scope

(a) The aims of this Declaration are: to ensure the respect of human dignity and protection of human rights and fundamental freedoms in the collection, processing, use and storage of human genetic data, human proteomic data and of the biological samples from which they are derived, referred to hereinafter as "biological samples", in keeping with the requirements of equality, justice and solidarity, while giving due consideration to freedom of thought and expression, including freedom of research; to set out the principles which should guide States in the formulation of their legislation and their policies on these issues; and to form the basis for guidelines of good practices in these areas for the institutions and individuals concerned.

(b) Any collection, processing, use and storage of human genetic data, human proteomic data and biological samples shall be consistent with the international law of human rights.

(c) The provisions of this Declaration apply to the collection, processing, use and storage of human genetic data, human proteomic data and biological samples, except in the investigation, detection and prosecution of criminal offences and in parentage testing that are subject to domestic law that is consistent with the international law of human rights.

Article 2 – Use of terms

For the purposes of this Declaration, the terms used have the following meanings:

(i) *Human genetic data*: Information about heritable characteristics of individuals obtained by analysis of nucleic acids or by other scientific analysis.

(ii) *Human proteomic data*: Information pertaining to an individual's proteins including their expression, modification and interaction.

(iii) *Consent*: Any freely given specific, informed and express agreement of an individual to his or her genetic data being collected, processed, used and stored.

(iv) *Biological samples*: Any sample of biological material (for example blood, skin and bone cells or blood plasma) in which nucleic acids are present and which contains the characteristic genetic make-up of an individual.

(v) *Population-based genetic study*: A study which aims at understanding the nature and extent of genetic variation among a population or individuals within a group or between individuals across different groups.

(vi) *Behavioural genetic study*: A study that aims at establishing possible connections between genetic characteristics and behaviour.

(vii) *Invasive procedure*: Biological sampling using a method involving intrusion into the human body, such as obtaining a blood sample by using a needle and syringe.

(viii) *Non-invasive procedure*: Biological sampling using a method which does not involve intrusion into the human body, such as oral smears.

(ix) *Data linked to an identifiable person*: Data that contain information, such as name, birth date and address, by which the person from whom the data were derived can be identified.

(x) *Data unlinked to an identifiable person*: Data that are not linked to an identifiable person, through the replacement of, or separation from, all identifying information about that person by use of a code.

(xi) *Data irretrievably unlinked to an identifiable person*: Data that cannot be linked to an identifiable person, through destruction of the link to any identifying information about the person who provided the sample.

(xii) *Genetic testing*: A procedure to detect the presence or absence of, or change in, a particular gene or chromosome, including an indirect test for a gene product or other specific metabolite that is primarily indicative of a specific genetic change.
(xiii) *Genetic screening*: Large-scale systematic genetic testing offered in a programme to a population or subsection thereof intended to detect genetic characteristics in asymptomatic people.
(xiv) *Genetic counselling*: A procedure to explain the possible implications of the findings of genetic testing or screening, its advantages and risks and where applicable to assist the individual in the long-term handling of the consequences. It takes place before and after genetic testing and screening.
(xv) *Cross-matching*: Matching of information about an individual or a group contained in various data files set up for different purposes.

Article 3 – Person's identity

Each individual has a characteristic genetic make-up. Nevertheless, a person's identity should not be reduced to genetic characteristics, since it involves complex educational, environmental and personal factors and emotional, social, spiritual and cultural bonds with others and implies a dimension of freedom.

Article 4 – Special status

(a) Human genetic data have a special status because:
   (i) they can be predictive of genetic predispositions concerning individuals;
   (ii) they may have a significant impact on the family, including offspring, extending over generations, and in some instances on the whole group to which the person concerned belongs;
   (iii) they may contain information the significance of which is not necessarily known at the time of the collection of the biological samples;
   (iv) they may have cultural significance for persons or groups.

(b) Due consideration should be given to the sensitivity of human genetic data and an appropriate level of protection for these data and biological samples should be established.

Article 5 – Purposes

Human genetic data and human proteomic data may be collected, processed, used and stored only for the purposes of:
(i) diagnosis and health care, including screening and predictive testing;
(ii) medical and other scientific research, including epidemiological, especially population-based genetic studies, as well as anthropological or archaeological studies, collectively referred to hereinafter as "medical and scientific research";
(iii) forensic medicine and civil, criminal and other legal proceedings, taking into account the provisions of Article 1(c);
(iv) or any other purpose consistent with the Universal Declaration on the Human Genome and Human Rights and the international law of human rights.

Article 6 – Procedures

(a) It is ethically imperative that human genetic data and human proteomic data be collected, processed, used and stored on the basis of transparent and ethically acceptable procedures. States should endeavour to involve society at large in the decision-making process concerning broad policies for the collection, processing, use and storage of human genetic data and human proteomic data and the evaluation of their management, in particular in the case of population-based genetic studies. This decision-making process, which may benefit from international experience, should ensure the free expression of various viewpoints.

(b) Independent, multidisciplinary and pluralist ethics committees should be promoted and established at national, regional, local or institutional levels, in accordance with the provisions of Article 16 of the Universal Declaration on the Human Genome and Human Rights. Where appropriate, ethics committees at national level should be consulted with regard to the establishment of standards, regulations and guidelines for the collection, processing, use and storage of human genetic data, human proteomic data and biological samples. They should also be consulted concerning matters where there is no domestic law. Ethics committees at institutional or local levels should be consulted with regard to their application to specific research projects.

(c) When the collection, processing, use and storage of human genetic data, human proteomic data or biological samples are carried out in two or more States, the ethics committees in the States concerned, where appropriate, should be consulted and the review of these questions at the appropriate level should be based on the principles set out in this Declaration and on the ethical and legal standards adopted by the States concerned.

(d) It is ethically imperative that clear, balanced, adequate and appropriate information shall be provided to the person whose prior, free, informed and express consent is sought. Such information shall, alongside with providing other necessary details, specify the purpose for which human genetic data and human proteomic data are being derived from biological samples, and are used and stored. This information should indicate, if necessary, risks and consequences. This information should also indicate that the person concerned can withdraw his or her consent, without coercion, and this should entail neither a disadvantage nor a penalty for the person concerned.

Article 7 – Non-discrimination and non-stigmatization

(a) Every effort should be made to ensure that human genetic data and human proteomic data are not used for purposes that discriminate in a way that is intended to infringe, or has the effect of infringing human rights, fundamental freedoms or human dignity of an individual or for purposes that lead to the stigmatization of an individual, a family, a group or communities.

(b) In this regard, appropriate attention should be paid to the findings of population-based genetic studies and behavioural genetic studies and their interpretations.

B. Collection

Article 8 – Consent

(a) Prior, free, informed and express consent, without inducement by financial or other personal gain, should be obtained for the collection of human genetic data, human proteomic data or biological samples, whether through invasive or non-invasive procedures, and for their subsequent processing, use and storage, whether carried out by public or private institutions. Limitations on this principle of consent should only be prescribed for compelling reasons by domestic law consistent with the international law of human rights.

(b) When, in accordance with domestic law, a person is incapable of giving informed consent, authorization should be obtained from the legal representative, in accordance with domestic law. The legal representative should have regard to the best interest of the person concerned.

(c) An adult not able to consent should as far as possible take part in the authorization procedure. The opinion of a minor should be taken into consideration as an increasingly determining factor in proportion to age and degree of maturity.

(d) In diagnosis and health care, genetic screening and testing of minors and adults not able to consent will normally only be ethically acceptable when it has important implications for the health of the person and has regard to his or her best interest.

Article 9 – Withdrawal of consent

(a) When human genetic data, human proteomic data or biological samples are collected for medical and scientific research purposes, consent may be withdrawn by the person concerned unless such data are irretrievably unlinked to an identifiable person. In accordance with the provisions of Article 6(d), withdrawal of consent should entail neither a disadvantage nor a penalty for the person concerned.

(b) When a person withdraws consent, the person's genetic data, proteomic data and biological samples should no longer be used unless they are irretrievably unlinked to the person concerned.

(c) If not irretrievably unlinked, the data and biological samples should be dealt with in accordance with the wishes of the person. If the person's wishes cannot be determined or are not feasible or are unsafe, the data and biological samples should either be irretrievably unlinked or destroyed.

Article 10 – The right to decide whether or not to be informed about research results

When human genetic data, human proteomic data or biological samples are collected for medical and scientific research purposes, the information provided at the time of consent should indicate that the person concerned has the right to decide whether or not to be informed of the results. This does not apply to research on data irretrievably unlinked to identifiable persons or to data that do not lead to individual findings concerning the persons who have participated in such a research. Where appropriate, the right not to be informed should be extended to identified relatives who may be affected by the results.

Article 11 – Genetic counselling

It is ethically imperative that when genetic testing that may have significant implications for a person's health is being considered, genetic counselling should be made available in an appropriate manner. Genetic counselling should be non-directive, culturally adapted and consistent with the best interest of the person concerned.

Article 12 – Collection of biological samples for forensic medicine or in civil, criminal and other legal proceedings

When human genetic data or human proteomic data are collected for the purposes of forensic medicine or in civil, criminal and other legal proceedings, including parentage testing, the collection of biological samples, *in vivo* or post-mortem, should be made only in accordance with domestic law consistent with the international law of human rights.

C. Processing

Article 13 – Access

No one should be denied access to his or her own genetic data or proteomic data unless such data are irretrievably unlinked to that person as the identifiable source or unless domestic law limits such access in the interest of public health, public order or national security.

Article 14 – Privacy and Confidentiality

(a) States should endeavour to protect the privacy of individuals and the confidentiality of human genetic data linked to an identifiable person, a family or, where appropriate, a group, in accordance with domestic law consistent with the international law of human rights.

(b) Human genetic data, human proteomic data and biological samples linked to an identifiable person should not be disclosed or made accessible to third parties, in particular, employers, insurance companies, educational institutions and the family, except for an important public interest reason in cases restrictively provided for by domestic law consistent with the international law of human rights or where the prior, free, informed and express consent of the person concerned has been obtained provided that such consent is in accordance with domestic law and the international law of human rights. The privacy of an individual participating in a study using human genetic data, human proteomic data or biological samples should be protected and the data should be treated as confidential.

(c) Human genetic data, human proteomic data and biological samples collected for the purposes of scientific research should not normally be linked to an identifiable person. Even when such data or biological samples are unlinked to an identifiable person, the necessary precautions should be taken to ensure the security of the data or biological samples.

(d) Human genetic data, human proteomic data and biological samples collected for medical and scientific research purposes can remain linked to an identifiable person, only if necessary to carry out the research and provided that the privacy of the individual and the confidentiality of the data or biological samples concerned are protected in accordance with domestic law.

(e) Human genetic data and human proteomic data should not be kept in a form which allows the data subject to be identified for any longer than is necessary for achieving the purposes for which they were collected or subsequently processed.

Article 15 – Accuracy, reliability, quality and security

The persons and entities responsible for the processing of human genetic data, human proteomic data and biological samples should take the necessary measures to ensure the accuracy, reliability, quality and security of these data and the processing of biological samples. They should exercise rigour, caution, honesty and integrity in the processing and interpretation of human genetic data, human proteomic data or biological samples, in view of their ethical, legal and social implications.

D. Use

Article 16 – Change of purpose

(a) Human genetic data, human proteomic data and the biological samples collected for one of the purposes set out in Article 5 should not be used for a different purpose that is incompatible with the original consent, unless the prior, free, informed and express consent of the person concerned is obtained according to the provisions of Article 8(a) or unless the proposed use, decided by domestic law, corresponds to an important public interest reason and is consistent with the international law of human rights. If the person concerned lacks the capacity to consent, the provisions of Article 8(b) and (c) should apply *mutatis mutandis*.

(b) When prior, free, informed and express consent cannot be obtained or in the case of data irretrievably unlinked to an identifiable person, human genetic data may be used in accordance with domestic law or following the consultation procedures set out in Article 6(b).

Article 17 – Stored biological samples

(a) Stored biological samples collected for purposes other than set out in Article 5 may be used to produce human genetic data or human proteomic data with the prior, free, informed and express consent of the person concerned. However, domestic law may provide that if such data have significance for medical and scientific research purposes e.g. epidemiological studies, or public health purposes, they may be used for those purposes, following the consultation procedures set out in Article 6(b).

(b) The provisions of Article 12 should apply *mutatis mutandis* to stored biological samples used to produce human genetic data for forensic medicine.

Article 18 – Circulation and international cooperation

(a) States should regulate, in accordance with their domestic law and international agreements, the cross-border flow of human genetic data, human proteomic data and biological samples so as to foster international medical and scientific cooperation and ensure fair access to this data. Such a system should seek to ensure that the receiving party provides adequate protection in accordance with the principles set out in this Declaration.

(b) States should make every effort, with due and appropriate regard for the principles set out in this Declaration, to continue fostering the international dissemination of scientific knowledge concerning human genetic data and human proteomic data and, in that regard, to foster scientific and cultural cooperation, particularly between industrialized and developing countries.

(c) Researchers should endeavour to establish cooperative relationships, based on mutual respect with regard to scientific and ethical matters and, subject to the provisions of Article 14, should encourage the free circulation of human genetic data and human proteomic data in order to foster the sharing of scientific knowledge, provided that the principles set out in this Declaration are observed by the parties concerned. To this end, they should also endeavour to publish in due course the results of their research.

Article 19 – Sharing of benefits

(a) In accordance with domestic law or policy and international agreements, benefits resulting from the use of human genetic data, human proteomic data or biological samples collected for medical and scientific research should be shared with the society as a whole and the international community. In giving effect to this principle, benefits may take any of the following forms:

   (i)   special assistance to the persons and groups that have taken part in the research;
   (ii)   access to medical care;
   (iii) provision of new diagnostics, facilities for new treatments or drugs stemming from the research;
   (iv)   support for health services;
   (v)   capacity-building facilities for research purposes;
   (vi)   development and strengthening of the capacity of developing countries to collect and process human genetic data, taking into consideration their specific problems;
   (vii) any other form consistent with the principles set out in this Declaration.

(b) Limitations in this respect could be provided by domestic law and international agreements.

E. Storage

Article 20 – Monitoring and management framework

States may consider establishing a framework for the monitoring and management of human genetic data, human proteomic data and biological samples based on the principles of independence, multidisciplinarity, pluralism and transparency as well as the principles set out in this Declaration. This framework could also deal with the nature and purposes of the storage of these data.

Article 21 – Destruction

(a) The provisions of Article 9 apply *mutatis mutandis* in the case of stored human genetic data, human proteomic data and biological samples.

(b) Human genetic data, human proteomic data and the biological samples collected from a suspect in the course of a criminal investigation should be destroyed when they are no longer necessary, unless otherwise provided for by domestic law consistent with the international law of human rights.

(c) Human genetic data, human proteomic data and biological samples should be available for forensic purposes and civil proceedings only for as long as they are necessary for those proceedings, unless otherwise provided for by domestic law consistent with the international law of human rights.

Article 22 – Cross-matching

Consent should be essential for the cross-matching of human genetic data, human proteomic data or biological samples stored for diagnostic and health care purposes and for medical and other scientific research purposes, unless otherwise provided for by domestic law for compelling reasons and consistent with the international law of human rights.

F. Promotion and Implementation

Article 23 – Implementation

(a) States should take all appropriate measures, whether of a legislative, administrative or other character, to give effect to the principles set out in this Declaration, in accordance with the international law of human rights. Such measures should be supported by action in the sphere of education, training and public information.

(b) In the framework of international cooperation, States should endeavour to enter into bilateral and multilateral agreements enabling developing countries to build up their capacity to participate in generating and sharing scientific knowledge concerning human genetic data and of the related know-how.

Article 24 – Ethics education, training and information

In order to promote the principles set out in this Declaration, States should endeavour to foster all forms of ethics education and training at all levels as well as to encourage information and knowledge dissemination programmes about human genetic data. These measures should aim at specific audiences, in particular researchers and members of ethics committees, or be addressed to the public at large. In this regard, States should encourage the participation of international and regional intergovernmental organizations and international, regional and national non-governmental organizations in this endeavour.

Article 25 – Roles of the International Bioethics Committee (IBC) and the Intergovernmental Bioethics Committee (IGBC)

The International Bioethics Committee (IBC) and the Intergovernmental Bioethics Committee (IGBC) shall contribute to the implementation of this Declaration and the dissemination of the principles set out therein. On a collaborative basis, the two Committees should be responsible for its monitoring and for the evaluation of its implementation, *inter alia,* on the basis of reports provided by States. The two Committees should be responsible in particular for the formulation of any opinion or proposal likely to further the effectiveness of this Declaration. They should make recommendations in accordance with UNESCO's statutory procedures, addressed to the General Conference.

Article 26 – Follow-up action by UNESCO

UNESCO shall take appropriate action to follow up this Declaration so as to foster progress of the life sciences and their applications through technologies, based on respect for human dignity and the exercise and observance of human rights and fundamental freedoms.

Article 27 – Denial of acts contrary to human rights, fundamental freedoms and human dignity

Nothing in this Declaration may be interpreted as implying for any State, group or person any claim to engage in any activity or to perform any act contrary to human rights, fundamental freedoms and human dignity, including, in particular, the principles set out in this Declaration.

VII. UNESCO-Erklärung über Bioethik und Menschenrechte

Universal Declaration on Bioethics and Human Rights of 19 October 2005[1,2,3]

The General Conference,

Conscious of the unique capacity of human beings to reflect upon their own existence and on their environment; to perceive injustice; to avoid danger; to assume responsibility; to seek cooperation and to exhibit the moral sense that gives expression to ethical principles,

Reflecting on the rapid developments in science and technology, which increasingly affect our understanding of life and life itself, resulting in a strong demand for a global response to the ethical implications of such developments,

Recognizing that ethical issues raised by the rapid advances in science and their technological applications should be examined with due respect to the dignity of the human person and universal respect for, and observance of, human rights and fundamental freedoms,

Resolving that it is necessary and timely for the international community to state universal principles that will provide a foundation for humanity's response to the ever-increasing dilemmas and controversies that science and technology present for humankind and for the environment,

Recalling the Universal Declaration of Human Rights of 10 December 1948, the Universal Declaration on the Human Genome and Human Rights adopted by the General Conference of UNESCO on 11 November 1997 and the International Declaration on Human Genetic Data adopted by the General Conference of UNESCO on 16 October 2003,

Noting the two United Nations International Covenants on Economic, Social and Cultural Rights and on Civil and Political Rights of 16 December 1966, the United Nations International Convention on the Elimination of All Forms of Racial Discrimination of 21 December 1965, the United Nations Convention on the Elimination of All Forms of Discrimination against Women of 18 December 1979, the United Nations Convention on the Rights of the Child of 20 November 1989, the United Nations Convention on Biological Diversity of 5 June 1992, the Standard Rules on the Equalization of Opportunities for Persons with Disabilities adopted by the United Nations General Assembly in 1993, the ILO Convention

---

[1] Adopted by acclamation on 19 October 2005 by the 33rd session of the General Conference of UNESCO.
[2] Provisional: subject to linguistic and editorial modifications.
[3] Original: English.

169 concerning Indigenous and Tribal Peoples in Independent Countries of 27 June 1989, the International Treaty on Plant Genetic Resources for Food and Agriculture adopted by the FAO Conference on 3 November 2001 and entered into force on 29 June 2004, the Recommendation of UNESCO on the Status of Scientific Researchers of 20 November 1974, the UNESCO Declaration on Race and Racial Prejudice of 27 November 1978, the UNESCO Declaration on the Responsibilities of the Present Generations Towards Future Generations of 12 November 1997, the UNESCO Universal Declaration on Cultural Diversity of 2 November 2001, the Trade Related Aspects of Intellectual Property Rights Agreements (TRIPS) annexed to the Marrakech Agreement establishing the World Trade Organization, which entered into force on 1 January 1995, the Doha Declaration on the TRIPS Agreement and Public Health of 14 November 2001 and other relevant international instruments adopted by the United Nations and the specialized agencies of the United Nations system, in particular the Food and Agriculture Organization of the United Nations (FAO) and the World Health Organization (WHO),

Also noting international and regional instruments in the field of bioethics, including the Convention for the Protection of Human Rights and Dignity of the Human Being with regard to the Application of Biology and Medicine: Convention on Human Rights and Biomedicine of the Council of Europe, adopted in 1997 and entered into force in 1999, together with its additional protocols, as well as national legislation and regulations in the field of bioethics and the international and regional codes of conduct and guidelines and other texts in the field of bioethics, such as the Declaration of Helsinki of the World Medical Association on Ethical Principles for Medical Research Involving Human Subjects, adopted in 1964 and amended in 1975, 1989, 1993, 1996, 2000 and 2002 and the International Ethical Guidelines for Biomedical Research Involving Human Subjects of the Council for International Organizations of Medical Sciences adopted in 1982 and amended in 1993 and 2002,

Recognizing that this Declaration is to be understood in a manner consistent with domestic and international law in conformity with human rights law,

Recalling the Constitution of UNESCO adopted on 16 November 1945,

Considering UNESCO's role in identifying universal principles based on shared ethical values to guide scientific and technological development and social transformation, in order to identify emerging challenges in science and technology taking into account the responsibility of the present generation towards future generations, and that questions of bioethics, which necessarily have an international dimension, should be treated as a whole, drawing on the principles already stated in the Universal Declaration on the Human Genome and Human Rights and the International Declaration on Human Genetic Data, and taking account not only of the current scientific context but also of future developments,

Aware that human beings are an integral part of the biosphere, with an important role in protecting one another and other forms of life, in particular animals,

Recognizing that, based on the freedom of science and research, scientific and technological developments have been, and can be, of great benefit to humankind in increasing *inter alia* life expectancy and improving quality of life, and emphasizing that such developments should always seek to promote the welfare of individuals, families, groups or communities and humankind as a whole in the recognition of the dignity of the human person and the universal respect for, and observance of, human rights and fundamental freedoms,

Recognizing that health does not depend solely on scientific and technological research developments but also on psycho-social and cultural factors,

Also Recognizing that decisions regarding ethical issues in medicine, life sciences and associated technologies may have an impact on individuals, families, groups or communities and humankind as a whole,

Bearing in mind that cultural diversity, as a source of exchange, innovation and creativity, is necessary for humankind and, in this sense, is the common heritage of humanity, but emphasizing that it may not be invoked at the expense of human rights and fundamental freedoms,

Also bearing in mind that a person's identity includes biological, psychological, social, cultural and spiritual dimensions,

Recognizing that unethical scientific and technological conduct has had particular impact on indigenous and local communities,

Convinced that moral sensitivity and ethical reflection should be an integral part of the process of scientific and technological developments and that bioethics should play a predominant role in the choices that need to be made concerning issues arising from such developments,

Considering the desirability of developing new approaches to social responsibility to ensure that progress in science and technology contributes to justice, equity and to the interest of humanity,

Recognizing that an important way to evaluate social realities and achieve equity is to pay attention to the position of women,

Stressing the need to reinforce international cooperation in the field of bioethics, taking into account in particular the special needs of developing countries, indigenous communities and vulnerable populations,

Considering that all human beings, without distinction, should benefit from the same high ethical standards in medicine and life science research,

Proclaims the principles that follow and *adopts* the present Declaration.

General Provisions

Article 1 – Scope

a) This Declaration addresses ethical issues related to medicine, life sciences and associated technologies as applied to human beings, taking into account their social, legal and environmental dimensions.

b) This Declaration is addressed to States. As appropriate and relevant, it also provides guidance to decisions or practices of individuals, groups, communities, institutions and corporations, public and private.

Article 2 – Aims

The aims of this Declaration are:

(i) to provide a universal framework of principles and procedures to guide States in the formulation of their legislation, policies or other instruments in the field of bioethics;
(ii) to guide the actions of individuals, groups, communities, institutions and corporations, public and private;
(iii) to promote respect for human dignity and protect human rights, by ensuring respect for the life of human beings, and fundamental freedoms, consistent with international human rights law;
(iv) to recognize the importance of freedom of scientific research and the benefits derived from scientific and technological developments, while stressing the need that such research and developments occur within the framework of ethical principles set out in this Declaration and that they respect human dignity, human rights and fundamental freedoms;
(v) to foster multidisciplinary and pluralistic dialogue about bioethical issues between all stakeholders and within society as a whole;
(vi) to promote equitable access to medical, scientific and technological developments as well as the greatest possible flow and the rapid sharing of knowledge concerning those developments and the sharing of benefits, with particular attention to the needs of developing countries;
(vii) to safeguard and promote the interests of the present and future generations; and
(viii) to underline the importance of biodiversity and its conservation as a common concern of humankind.

Principles

Within the scope of this Declaration, in decisions or practices taken or carried out by those to whom it is addressed, the following principles are to be respected.

Article 3 – Human Dignity and Human Rights

a) Human dignity, human rights and fundamental freedoms are to be fully respected.

b) The interests and welfare of the individual should have priority over the sole interest of science or society.

Article 4 – Benefit and Harm

In applying and advancing scientific knowledge, medical practice and associated technologies, direct and indirect benefits to patients, research participants and other affected individuals should be maximized and any possible harm to such individuals should be minimized.

Article 5 – Autonomy and Individual Responsibility

The autonomy of persons to make decisions, while taking responsibility for those decisions and respecting the autonomy of others, is to be respected. For persons who are not capable of exercising autonomy, special measures are to be taken to protect their rights and interests.

Article 6 – Consent

a) Any preventive, diagnostic and therapeutic medical intervention is only to be carried out with the prior, free and informed consent of the person concerned, based on adequate information. The consent should, where appropriate, be express and may be withdrawn by the person concerned at any time and for any reason without disadvantage or prejudice.
b) Scientific research should only be carried out with the prior, free, express and informed consent of the person concerned. The information should be adequate, provided in a comprehensible form and should include the modalities for withdrawal of consent. The consent may be withdrawn by the person concerned at any time and for any reason without any disadvantage or prejudice. Exceptions to this principle should be made only in accordance with ethical and legal standards adopted by States, consistent with the principles and provisions set out in this Declaration, in particular in Article 27, and international human rights law.
c) In appropriate cases of research carried out on a group of persons or a community, additional agreement of the legal representatives of the group or community concerned may be sought. In no case should a collective community agreement or the consent of a community leader or other authority substitute for an individual's informed consent.

Article 7 – Persons without the capacity to consent

In accordance with domestic law, special protection is to be given to persons who do not have the capacity to consent:
a) authorization for research and medical practice should be obtained in accordance with the best interest of the person concerned and in accordance with domestic law. However, the person concerned should be involved to the greatest extent possible in the decision-making process of consent, as well as that of withdrawing consent;
b) research should only be carried out for his or her direct health benefit, subject to the authorization and the protective conditions prescribed by law, and if there is no research alternative of comparable effectiveness with research participants able to consent. Research which does not have potential direct health benefit should only be undertaken by way of exception, with the utmost restraint, exposing the person only to a minimal risk and minimal burden and, if the research is expected to contribute to the health benefit of other persons in the same category, subject to the conditions prescribed by law and compatible with the protection of the individual's human rights. Refusal of such persons to take part in research should be respected.

Article 8 – Respect for Human Vulnerability and Personal Integrity

In applying and advancing scientific knowledge, medical practice and associated technologies, human vulnerability should be taken into account. Individuals and groups of special vulnerability should be protected and the personal integrity of such individuals respected.

Article 9 – Privacy and Confidentiality

The privacy of the persons concerned and the confidentiality of their personal information should be respected. To the greatest extent possible, such information should not be used or disclosed for purposes other than those for which it was collected or consented to, consistent with international law, in particular international human rights law.

Article 10 – Equality, Justice and Equity

The fundamental equality of all human beings in dignity and rights is to be respected so that they are treated justly and equitably.

Article 11 – Non-Discrimination and Non-Stigmatization

No individual or group should be discriminated against or stigmatized on any grounds, in violation of human dignity, human rights and fundamental freedoms.

Article 12 – Respect for Cultural Diversity and Pluralism

The importance of cultural diversity and pluralism should be given due regard. However, such considerations are not to be invoked to infringe upon human dignity, human rights and fundamental freedoms, nor upon the principles set out in this Declaration, nor to limit their scope.

Article 13 – Solidarity and Cooperation

Solidarity among human beings and international cooperation towards that end are to be encouraged.

Article 14 – Social Responsibility and Health

a) The promotion of health and social development for their people is a central purpose of governments that all sectors of society share.

b) Taking into account that the enjoyment of the highest attainable standard of health is one of the fundamental rights of every human being without distinction of race, religion, political belief, economic or social condition, progress in science and technology should advance:
(i) access to quality health care and essential medicines, including especially for the health of women and children, because health is essential to life itself and must be considered as a social and human good;
(ii) access to adequate nutrition and water;
(iii) improvement of living conditions and the environment;
(iv) elimination of the marginalization and the exclusion of persons on the basis of any grounds; and
(v) reduction of poverty and illiteracy.

Article 15 – Sharing of Benefits

a) Benefits resulting from any scientific research and its applications should be shared with society as a whole and within the international community, in particular with developing countries. In giving effect to this principle, benefits may take any of the following forms:

(i) special and sustainable assistance to, and acknowledgement of, the persons and groups that have taken part in the research;
(ii) access to quality health care;
(iii) provision of new diagnostic and therapeutic modalities or products stemming from research;
(iv) support for health services;
(v) access to scientific and technological knowledge;
(vi) capacity-building facilities for research purposes; and
(vii) other forms of benefit consistent with the principles set out in this Declaration.

b) Benefits should not constitute improper inducements to participate in research.

Article 16 - Protecting Future Generations

The impact of life sciences on future generations, including on their genetic constitution, should be given due regard.

Article 17 – Protection of the Environment, the Biosphere and Biodiversity

Due regard is to be given to the interconnection between human beings and other forms of life, to the importance of appropriate access and utilization of biological and genetic resources, to the respect for traditional knowledge and to the role of human beings in the protection of the environment, the biosphere and biodiversity.

Application of the Principles

Article 18 – Decision-Making and Addressing Bioethical Issues

a) Professionalism, honesty, integrity and transparency in decision-making should be promoted, in particular declarations of all conflicts of interest and appropriate sharing of knowledge. Every endeavour should be made to use the best available scientific knowledge and methodology in addressing and periodically reviewing bioethical issues.

b) Persons and professionals concerned and society as a whole should be engaged in dialogue on a regular basis.

c) Opportunities for informed pluralistic public debate, seeking the expression of all relevant opinions, should be promoted.

Article 19 – Ethics Committees

Independent, multidisciplinary and pluralist ethics committees should be established, promoted and supported at the appropriate level in order to:
(i) assess the relevant ethical, legal, scientific and social issues related to research projects involving human beings;
(ii) provide advice on ethical problems in clinical settings;
(iii) assess scientific and technological developments, formulate recommendations and contribute to the preparation of guidelines on issues within the scope of this Declaration; and
(iv) foster debate, education, and public awareness of, and engagement in, bioethics.

Article 20 – Risk Assessment and Management

Appropriate assessment and adequate management of risk related to medicine, life sciences and associated technologies should be promoted.

Article 21 – Transnational Practices

a) States, public and private institutions, and professionals associated with transnational activities should endeavour to ensure that any activity within the scope of this Declaration, which is undertaken, funded or otherwise pursued in whole or in part in different States, is consistent with the principles set out in this Declaration.
b) When research is undertaken or otherwise pursued in one or more States (the host State(s)) and funded by a source in another State, such research should be the object of an appropriate level of ethical review in the host State(s) and the State in which the funder is located. This review should be based on ethical and legal standards that are consistent with the principles set out in this Declaration.
c) Transnational health research should be responsive to the needs of host countries, and the importance of research to contribute to the alleviation of urgent global health problems should be recognized.
d) When negotiating a research agreement, terms for collaboration and agreement on benefits of research should be established with equal participation by those party to the negotiation.
e) States should take appropriate measures, both at the national and the international level, to combat bioterrorism, illicit traffic in organs, tissues and samples, genetic resources and genetic-related materials.

Promotion of the Declaration

Article 22 – Role of States

a) States should take all appropriate measures, whether of a legislative, administrative or other character, to give effect to the principles set out in this Declaration in accordance with international human rights law. Such measures should be supported by action in the spheres of education, training and public information.
b) States should encourage the establishment of independent, multidisciplinary and pluralist ethics committees, as set out in Article 19.

Article 23 – Bioethics Education, Training and Information

a) In order to promote the principles set out in this Declaration and to achieve a better understanding of the ethical implications of scientific and technological developments, in particular for young people, States should endeavour to foster bioethics education and training at all levels as well as to encourage information and knowledge dissemination programmes about bioethics.
b) States should encourage the participation of international and regional intergovernmental organizations and international, regional and national non-governmental organizations in this endeavour.

Article 24 – International Cooperation

a) States should foster international dissemination of scientific information and encourage the free flow and sharing of scientific and technological knowledge.

b) Within the framework of international cooperation, States should promote cultural and scientific cooperation and enter into bilateral and multilateral agreements enabling developing countries to build up their capacity to participate in generating and sharing scientific knowledge, the related know-how and the benefits thereof.

c) States should respect and promote solidarity between and among States, as well as individuals, families, groups and communities, with special regard for those rendered vulnerable by disease or disability or other personal, societal or environmental conditions and those with the most limited resources.

Article 25 – Follow-up action by UNESCO

a) UNESCO shall promote and disseminate the principles set out in this Declaration. In doing so, UNESCO should seek the help and assistance of the Intergovernmental Bioethics Committee (IGBC) and the International Bioethics Committee (IBC).

b) UNESCO shall reaffirm its commitment to dealing with bioethics and to promoting collaboration between IGBC and IBC.

Final Provisions

Article 26 – Interrelation and Complementarity of the Principles

This Declaration is to be understood as a whole and the principles are to be understood as complementary and interrelated. Each principle is to be considered in the context of the other principles, as appropriate and relevant in the circumstances.

Article 27 – Limitations on the Application of the Principles

If the application of the principles of this Declaration is to be limited, it should be by law, including laws in the interests of public safety, for the investigation, detection and prosecution of criminal offences, for the protection of public health or for the protection of the rights and freedoms of others. Any such law needs to be consistent with international human rights law.

Article 28 – Denial of acts contrary to human rights, fundamental freedoms and human dignity

Nothing in this Declaration may be interpreted as implying for any State, group or person any claim to engage in any activity or to perform any act contrary to human rights, fundamental freedoms and human dignity.

VIII. VN-Erklärung über das Klonen von Menschen

Erklärung der Vereinten Nationen über das Klonen von Menschen vom 8. März 2005[1]

Die Generalversammlung,
geleitet von den Zielen und Grundsätzen der Charta der Vereinten Nationen,
unter Hinweis auf die von der Generalkonferenz der Organisation der Vereinten Nationen für Bildung, Wissenschaft und Kultur am 11. November 1997 verabschiedete Allgemeine Erklärung über das menschliche Genom und Menschenrechte[2], insbesondere auf deren Artikel 11, in dem es heißt, dass Praktiken, die der Menschenwürde widersprechen, wie reproduktives Klonen von Menschen, nicht erlaubt sind,
sowie unter Hinweis auf ihre Resolution 53/152 vom 9. Dezember 1998, mit der sie sich die Allgemeine Erklärung über das menschliche Genom und Menschenrechte zu eigen machte,
im Bewusstsein der ethischen Fragen, die bestimmte Anwendungen der sich rasch entwickelnden Biowissenschaften im Hinblick auf die Menschenwürde, die Menschenrechte und die Grundfreiheiten des Einzelnen aufwerfen können,
bekräftigend, dass es das Ziel der Anwendung der Biowissenschaften sein soll, Leiden zu mildern und die Gesundheit des Einzelnen und der gesamten Menschheit zu verbessern,
betonend, dass der wissenschaftliche und technische Fortschritt auf dem Gebiet der Biowissenschaften auf eine Art und Weise gefördert werden soll, die die Achtung der Menschenrechte gewährleistet und allen nutzt,
eingedenk der ernsten medizinischen, physischen, psychologischen und sozialen Gefahren, die das Klonen von Menschen für die Betroffenen nach sich ziehen kann, sowie sich dessen bewusst, dass die Ausbeutung der Frau verhindert werden muss,
überzeugt davon, dass die Gefahren, die das Klonen von Menschen für die Menschenwürde bedeuten kann, dringend verhindert werden müssen,
erklärt feierlich Folgendes:

a) Die Mitgliedstaaten sind aufgefordert, alle Maßnahmen zu treffen, die notwendig sind, um menschliches Leben bei der Anwendung der Biowissenschaften ausreichend zu schützen;

---

[1] Vereinte Nationen A/RES/59/280. Übersetzung des englischen Originaltextes durch den Deutschen Übersetzungsdienst, Vereinte Nationen, New York.
[2] Abgedruckt unter B. 5.

b) die Mitgliedstaaten sind aufgefordert, alle Formen des Klonens von Menschen zu verbieten, die mit der Menschenwürde und dem Schutz menschlichen Lebens unvereinbar sind;
c) die Mitgliedstaaten sind ferner aufgefordert, die erforderlichen Maßnahmen zu treffen, um die Anwendung gentechnischer Verfahren zu verbieten, die möglicherweise der Menschenwürde widersprechen;
d) die Mitgliedstaaten sind aufgefordert, Maßnahmen zu ergreifen, um zu verhindern, dass Frauen bei der Anwendung der Biowissenschaften ausgebeutet werden;
e) die Mitgliedstaaten sind außerdem aufgefordert, unverzüglich innerstaatliche Rechtsvorschriften zur Umsetzung der Buchstaben *a)* bis *d)* zu erlassen und anzuwenden;
f) die Mitgliedstaaten sind ferner aufgefordert, bei der Bereitstellung von Finanzmitteln für die medizinische Forschung, einschließlich der Biowissenschaften, die dringenden weltweiten Probleme wie HIV/Aids, Tuberkulose und Malaria zu berücksichtigen, von denen insbesondere die Entwicklungsländer betroffen sind.

IX. Pakt über bürgerliche und politische Rechte

Internationaler Pakt über bürgerliche und politische Rechte vom 19. Dezember 1966[1]

Auszug

(...)

Artikel 7

Niemand darf der Folter oder grausamer, unmenschlicher oder erniedrigender Behandlung oder Strafe unterworfen werden. Insbesondere darf niemand ohne seine freiwillige Zustimmung medizinischen oder wissenschaftlichen Versuchen unterworfen werden.

---

[1] UNTS Bd. 999, 171; BGBl. 1973 II S. 1553. Der Pakt ist am 23.3.1976 – auch für die Bundesrepublik Deutschland – in Kraft getreten.

X. Europäisches Patentübereinkommen

Übereinkommen über die Erteilung europäischer Patente
vom 5. Oktober 1973[1]

Auszüge

(...)

Zweiter Teil – Materielles Patentrecht

Kapitel I – Patentierbarkeit

Artikel 52 – Patentfähige Erfindungen

(1) Europäische Patente werden für Erfindungen erteilt, die neu sind, auf einer erfinderischen Tätigkeit beruhen und gewerblich anwendbar sind.

(2) Als Erfindungen im Sinn des Absatzes 1 werden insbesondere nicht angesehen:
a) Entdeckungen sowie wissenschaftliche Theorien und mathematische Methoden;
b) ästhetische Formschöpfungen;
c) Pläne, Regeln und Verfahren für gedankliche Tätigkeiten, für Spiele oder für geschäftliche Tätigkeiten sowie Programme für Datenverarbeitungsanlagen;
d) die Wiedergabe von Informationen.

(3) Absatz 2 steht der Patentfähigkeit der in dieser Vorschrift genannten Gegenstände oder Tätigkeiten nur insoweit entgegen, als sich die europäische Patentanmeldung oder das europäische Patent auf die genannten Gegenstände oder Tätigkeiten als solche bezieht.

(4) Verfahren zur chirurgischen oder therapeutischen Behandlung des menschlichen oder tierischen Körpers und Diagnostizierverfahren, die am menschlichen oder tierischen Körper vorgenommen werden, gelten nicht als gewerblich anwendbare Erfindungen im Sinn des Absatzes 1. Dies gilt nicht für Erzeugnisse, insbesondere Stoffe oder Stoffgemische, zur Anwendung in einem der vorstehend genannten Verfahren.

Artikel 53 – Ausnahmen von der Patentierbarkeit

Europäische Patente werden nicht erteilt für:
a) Erfindungen, deren Veröffentlichung oder Verwertung gegen die öffentliche Ordnung oder die guten Sitten verstoßen würde; ein solcher Verstoß kann nicht allein aus der Tatsache hergeleitet werden, dass die Verwertung der Er-

---

[1] Fassung vom 1.1.2006.

findung in allen oder einem Teil der Vertragsstaaten durch Gesetz oder Verwaltungsvorschrift verboten ist;
b) Pflanzensorten oder Tierarten sowie für im Wesentlichen biologische Verfahren zur Züchtung von Pflanzen oder Tieren; diese Vorschrift ist auf mikrobiologische Verfahren und auf die mit Hilfe dieser Verfahren gewonnenen Erzeugnisse nicht anzuwenden

(...)

Zwölfter Teil – Schlussbestimmungen

Artikel 164 – Ausführungsordnung und Protokolle

(1) Die Ausführungsordnung, das Anerkennungsprotokoll, das Protokoll über Vorrechte und Immunitäten, das Zentralisierungsprotokoll sowie das Protokoll über die Auslegung des Artikels 69 sind Bestandteile des Übereinkommens.
(2) Im Fall mangelnder Übereinstimmung zwischen Vorschriften des Übereinkommens und Vorschriften der Ausführungsordnung gehen die Vorschriften des Übereinkommens vor.

(...)

Ausführungsordnung zum Übereinkommen über die Erteilung von europäischen Patenten[2]

(...)

Kapitel VI – Biotechnologische Erfindungen[3]

Regel 23b – Allgemeines und Begriffsbestimmungen

(1) Für europäische Patentanmeldungen und Patente, die biotechnologische Erfindungen zum Gegenstand haben, sind die maßgebenden Bestimmungen des Übereinkommens in Übereinstimmung mit den Vorschriften dieses Kapitels anzuwenden und auszulegen. Die Richtlinie 98/44/EG vom 6. Juli 1998 über den rechtlichen Schutz biotechnologischer Erfindungen[4] ist hierfür ergänzend heranzuziehen.
(2) „Biotechnologische Erfindungen" sind Erfindungen, die ein Erzeugnis, das aus biologischem Material besteht oder dieses enthält, oder ein Verfahren, mit dem biologisches Material hergestellt, bearbeitet oder verwendet wird, zum Gegenstand haben.
(3) „Biologisches Material" ist jedes Material, das genetische Informationen enthält und sich selbst reproduzieren oder in einem biologischen System reproduziert werden kann.

---

[2] Zuletzt geändert durch den Beschluss des Verwaltungsrats der Europäischen Patentorganisation vom 9.12.2004.
[3] Eingefügt durch Beschluss des Verwaltungsrats vom 16.6.1999, in Kraft getreten am 1.9.1999 (ABl. EPA 1999, 437 f.).
[4] Abgedruckt unter C. II.

(4) „Pflanzensorte" ist jede pflanzliche Gesamtheit innerhalb eines einzigen botanischen Taxons der untersten bekannten Rangstufe, die unabhängig davon, ob die Bedingungen für die Erteilung des Sortenschutzes vollständig erfüllt sind,
a) durch die sich aus einem bestimmten Genotyp oder einer bestimmten Kombination von Genotypen ergebende Ausprägung der Merkmale definiert,
b) zumindest durch die Ausprägung eines der erwähnten Merkmale von jeder anderen pflanzlichen Gesamtheit unterschieden und
c) in Anbetracht ihrer Eignung, unverändert vermehrt zu werden, als Einheit angesehen werden kann.

(5) Ein Verfahren zur Züchtung von Pflanzen oder Tieren ist im wesentlichen biologisch, wenn es vollständig auf natürlichen Phänomenen wie Kreuzung oder Selektion beruht.

(6) „Mikrobiologisches Verfahren" ist jedes Verfahren, bei dem mikrobiologisches Material verwendet, ein Eingriff in mikrobiologisches Material durchgeführt oder mikrobiologisches Material hervorgebracht wird.

Regel 23c – Patentierbare biotechnologische Erfindungen

Biotechnologische Erfindungen sind auch dann patentierbar, wenn sie zum Gegenstand haben:
a) biologisches Material, das mit Hilfe eines technischen Verfahrens aus seiner natürlichen Umgebung isoliert oder hergestellt wird, auch wenn es in der Natur schon vorhanden war;
b) Pflanzen oder Tiere, wenn die Ausführung der Erfindung technisch nicht auf eine bestimmte Pflanzensorte oder Tierrasse beschränkt ist;
c) ein mikrobiologisches oder sonstiges technisches Verfahren oder ein durch diese Verfahren gewonnenes Erzeugnis, sofern es sich dabei nicht um eine Pflanzensorte oder Tierrasse handelt.

Regel 23d – Ausnahmen von der Patentierbarkeit

Nach Artikel 53 Buchstabe a werden europäische Patente insbesondere nicht erteilt für biotechnologische Erfindungen, die zum Gegenstand haben:
a) Verfahren zum Klonen von menschlichen Lebewesen;
b) Verfahren zur Veränderung der genetischen Identität der Keimbahn des menschlichen Lebewesens;
c) die Verwendung von menschlichen Embryonen zu industriellen oder kommerziellen Zwecken;
d) Verfahren zur Veränderung der genetischen Identität von Tieren, die geeignet sind, Leiden dieser Tiere ohne wesentlichen medizinischen Nutzen für den Menschen oder das Tier zu verursachen, sowie die mit Hilfe solcher Verfahren erzeugten Tiere.

Regel 23e – Der menschliche Körper und seine Bestandteile

(1) Der menschliche Körper in den einzelnen Phasen seiner Entstehung und Entwicklung sowie die bloße Entdeckung eines seiner Bestandteile, einschließlich der Sequenz oder Teilsequenz eines Gens, können keine patentierbaren Erfindungen darstellen.

(2) Ein isolierter Bestandteil des menschlichen Körpers oder ein auf andere Weise durch ein technisches Verfahren gewonnener Bestandteil, einschließlich der Sequenz oder Teilsequenz eines Gens, kann eine patentierbare Erfindung sein, selbst wenn der Aufbau dieses Bestandteils mit dem Aufbau eines natürlichen Bestandteils identisch ist.
(3) Die gewerbliche Anwendbarkeit einer Sequenz oder Teilsequenz eines Gens muß in der Patentanmeldung konkret beschrieben werden.

(...)

XI. Deklaration des Weltärztebundes von Helsinki

Ethische Grundsätze für die medizinische Forschung am Menschen[1][2]

A. Einleitung

1. Mit der Deklaration von Helsinki hat der Weltärztebund eine Erklärung ethischer Grundsätze als Leitlinie für Ärzte und andere Personen entwickelt, die in der medizinischen Forschung am Menschen tätig sind. Medizinische Forschung am Menschen schließt die Forschung an identifizierbarem menschlichen Material oder identifizierbaren Daten ein.

2. Es ist die Pflicht des Arztes, die Gesundheit der Menschen zu fördern und zu erhalten. Der Erfüllung dieser Pflicht dient der Arzt mit seinem Wissen und Gewissen.

3. Die Genfer Deklaration des Weltärztebundes verpflichtet den Arzt mit den Worten: „Die Gesundheit meines Patienten soll mein vornehmstes Anliegen sein", und der internationale Kodex für ärztliche Ethik legt fest: „Der Arzt soll bei der Ausübung seiner ärztlichen Tätigkeit ausschließlich im Interesse des Patienten handeln, wenn die Therapie eine Schwächung des physischen und psychischen Zustandes des Patienten zur Folge haben kann".

4. Medizinischer Fortschritt beruht auf Forschung, die sich letztlich zum Teil auch auf Versuche am Menschen stützen muss.

5. In der medizinischen Forschung am Menschen haben Überlegungen, die das Wohlergehen der Versuchsperson (die von der Forschung betroffene Person) betreffen, Vorrang vor den Interessen der Wissenschaft und der Gesellschaft.

---

[1] Verabschiedet von der 18. Generalversammlung des Weltärztebundes Helsinki, Finnland, Juni 1964, revidiert von der 29. Generalversammlung des Weltärztebundes Tokio, Japan, Oktober 1975, von der 35. Generalversammlung des Weltärztebundes, Venedig, Italien, Oktober 1983, von der 41. Generalversammlung des Weltärztebundes Hong Kong, September 1989, von der 48. Generalversammlung des Weltärztebundes Somerset West, Republik Südafrika, Oktober 1996, und von der 52. Generalversammlung des Weltärztebundes Edinburgh, Schottland, Oktober 2000. Klarstellender Kommentar zu Punkt 30, hinzugefügt von der 56. Generalversammlung des Weltärztebundes, Tokio 2004.

[2] Original: Englisch.

6. Oberstes Ziel der medizinischen Forschung am Menschen muss es sein, prophylaktische, diagnostische und therapeutische Verfahren sowie das Verständnis für die Aetiologie und Pathogenese der Krankheit zu verbessern. Selbst die am besten erprobten prophylaktischen, diagnostischen und therapeutischen Methoden müssen fortwährend durch Forschung auf ihre Effektivität, Effizienz, Verfügbarkeit und Qualität geprüft werden.

7. In der medizinischen Praxis und in der medizinischen Forschung sind die meisten prophylaktischen, diagnostischen und therapeutischen Verfahren mit Risiken und Belastungen verbunden.

8. Medizinische Forschung unterliegt ethischen Standards, die die Achtung vor den Menschen fördern und ihre Gesundheit und Rechte schützen. Einige Forschungspopulationen sind vulnerabel und benötigen besonderen Schutz. Die besonderen Schutzbedürfnisse der wirtschaftlich und gesundheitlich Benachteiligten müssen gewahrt werden. Besondere Aufmerksamkeit muss außerdem denjenigen entgegengebracht werden, die nicht in der Lage sind, ihre Zustimmung zu erteilen oder zu verweigern, denjenigen, die ihre Zustimmung möglicherweise unter Ausübung von Zwang abgegeben haben, denjenigen, die keinen persönlichen Vorteil von dem Forschungsvorhaben haben und denjenigen, bei denen das Forschungsvorhaben mit einer Behandlung verbunden ist.

9. Forscher sollten sich der in ihren eigenen Ländern sowie der auf internationaler Ebene für die Forschung am Menschen geltenden ethischen, gesetzlichen und verwaltungstechnischen Vorschriften bewusst sein. Landesspezifische, ethische, gesetzliche oder verwaltungstechnische Vorschriften dürfen jedoch die in der vorliegenden Deklaration genannten Bestimmungen zum Schutz der Menschen in keiner Weise abschwächen oder aufheben.

B. Allgemeine Grundsätze für jede Art von medizinischer Forschung

10. Bei der medizinischen Forschung am Menschen ist es die Pflicht des Arztes, das Leben, die Gesundheit, die Privatsphäre und die Würde der Versuchsperson zu schützen.

11. Medizinische Forschung am Menschen muss den allgemein anerkannten wissenschaftlichen Grundsätzen entsprechen, auf einer umfassenden Kenntnis der wissenschaftlichen Literatur, auf anderen relevanten Informationsquellen sowie auf ausreichenden Laborversuchen und gegebenenfalls Tierversuchen basieren.

12. Besondere Sorgfalt muss bei der Durchführung von Versuchen walten, die die Umwelt in Mitleidenschaft ziehen können. Auf das Wohl der Versuchstiere muss Rücksicht genommen werden.

13. Die Planung und Durchführung eines jeden Versuches am Menschen ist eindeutig in einem Versuchsprotokoll niederzulegen. Dieses Protokoll ist einer be-

sonders berufenen Ethikkommission zur Beratung, Stellungnahme, Orientierung und gegebenenfalls zur Genehmigung vorzulegen, die unabhängig vom Forschungsteam, vom Sponsor oder von anderen unangemessenen Einflussfaktoren sein muss. Diese unabhängige Kommission muss mit den Gesetzen und Bestimmungen des Landes, in dem das Forschungsvorhaben durchgeführt wird, im Einklang sein. Die Kommission hat das Recht, laufende Versuche zu überwachen. Der Forscher hat die Pflicht, die Kommission über den Versuchsablauf zu informieren, insbesondere über alle während des Versuchs auftretenden ernsten Zwischenfälle. Der Forscher hat der Kommission außerdem zur Prüfung Informationen über Finanzierung, Sponsoren, institutionelle Verbindungen, potentielle Interessenkonflikte und Anreize für die Versuchspersonen vorzulegen.

14. Das Forschungsprotokoll muss stets die ethischen Überlegungen im Zusammenhang mit der Durchführung des Versuchs darlegen und aufzeigen, dass die Einhaltung der in dieser Deklaration genannten Grundsätze gewährleistet ist.

15. Medizinische Forschung am Menschen darf nur von wissenschaftlich qualifizierten Personen und unter Aufsicht einer klinisch kompetenten, medizinisch ausgebildeten Person durchgeführt werden. Die Verantwortung für die Versuchsperson trägt stets eine medizinisch qualifizierte Person und nie die Versuchsperson selbst, auch dann nicht, wenn sie ihr Einverständnis gegeben hat.

16. Jedem medizinischen Forschungsvorhaben am Menschen hat eine sorgfältige Abschätzung der voraussehbaren Risiken und Belastungen im Vergleich zu dem voraussichtlichen Nutzen für die Versuchsperson oder andere vorauszugehen. Dies schließt nicht die Mitwirkung von gesunden Freiwilligen in der medizinischen Forschung aus. Die Pläne aller Studien sind der Öffentlichkeit zugänglich zu machen.

17. Ärzte dürfen nicht bei Versuchen am Menschen tätig werden, wenn sie nicht überzeugt sind, dass die mit dem Versuch verbundenen Risiken entsprechend eingeschätzt worden sind und in zufriedenstellender Weise beherrscht werden können. Ärzte müssen den Versuch abbrechen, sobald sich herausstellt, dass das Risiko den möglichen Nutzen übersteigt oder wenn es einen schlüssigen Beweis für positive und günstige Ergebnisse gibt.

18. Medizinische Forschung am Menschen darf nur durchgeführt werden, wenn die Bedeutung des Versuchsziels die Risiken und Belastungen für die Versuchsperson überwiegt. Dies ist besonders wichtig, wenn es sich bei den Versuchspersonen um gesunde Freiwillige handelt.

19. Medizinische Forschung ist nur gerechtfertigt, wenn es eine große Wahrscheinlichkeit gibt, dass die Populationen, an denen die Forschung durchgeführt wird, von den Ergebnissen der Forschung profitieren.

20. Die Versuchspersonen müssen Freiwillige sein und über das Forschungsvorhaben aufgeklärt sein.

21. Das Recht der Versuchspersonen auf Wahrung ihrer Unversehrtheit muss stets geachtet werden. Es müssen alle Vorsichtsmaßnahmen getroffen werden, um die Privatsphäre der Versuchsperson und die Vertraulichkeit der Informationen über den Patienten zu wahren und die Auswirkungen des Versuchs auf die körperliche und geistige Unversehrtheit sowie die Persönlichkeit der Versuchsperson so gering wie möglich zu halten.

22. Bei jeder Forschung am Menschen muss jede Versuchsperson ausreichend über die Ziele, Methoden, Geldquellen, eventuelle Interessenkonflikte, institutionelle Verbindungen des Forschers, erwarteten Nutzen und Risiken des Versuchs sowie über möglicherweise damit verbundene Störungen des Wohlbefindens unterrichtet werden. Die Versuchsperson ist darauf hinzuweisen, dass sie das Recht hat, die Teilnahme am Versuch zu verweigern oder eine einmal gegebene Einwilligung jederzeit zu widerrufen, ohne dass ihr irgendwelche Nachteile entstehen. Nachdem er sich vergewissert hat, dass die Versuchsperson diese Informationen verstanden hat, hat der Arzt die freiwillige Einwilligung nach Aufklärung („informed consent") der Versuchsperson einzuholen; die Erklärung sollte vorzugsweise schriftlich abgegeben werden. Falls die Einwilligung nicht in schriftlicher Form eingeholt werden kann, muss die nicht-schriftliche Einwilligung formell dokumentiert und bezeugt werden.

23. Beim Einholen der Einwilligung nach Aufklärung für das Forschungsvorhaben muss der Arzt besonders zurückhaltend sein, wenn die Person in einem Abhängigkeitsverhältnis zu dem Arzt steht oder die Einwilligung möglicherweise unter Druck erfolgt. In einem solchen Fall muss die Einwilligung nach Aufklärung durch einen gut unterrichteten Arzt eingeholt werden, der mit diesem Forschungsvorhaben nicht befasst ist und der keine Beziehung zu den Personen hat, die in diesem Abhängigkeitsverhältnis zueinander stehen.

24. Im Falle einer Versuchsperson, die nicht voll geschäftsfähig ist, infolge körperlicher oder geistiger Behinderung ihre Einwilligung nicht erteilen kann oder minderjährig ist, muss die Einwilligung nach Aufklärung vom gesetzlich ermächtigten Vertreter entsprechend dem geltenden Recht eingeholt werden. Diese Personengruppen sollten nicht in die Forschung einbezogen werden, es sei denn, die Forschung ist für die Förderung der Gesundheit der Population, der sie angehören, erforderlich und kann nicht mit voll geschäftsfähigen Personen durchgeführt werden.

25. Wenn die nicht voll geschäftsfähige Person, wie beispielsweise ein minderjähriges Kind, fähig ist, seine Zustimmung zur Mitwirkung an einem Forschungsvorhaben zu erteilen, so muss neben der Einwilligung des gesetzlich ermächtigten Vertreters auch die Zustimmung des Minderjährigen eingeholt werden.

26. Forschung an Menschen, bei denen die Einwilligung, einschließlich der Einwilligung des ermächtigten Vertreters oder der vorherigen Einwilligung, nicht eingeholt werden kann, darf nur dann erfolgen, wenn der physische/geistige Zustand, der die Einholung der Einwilligung nach Aufklärung verhindert, ein notwendiger charakteristischer Faktor für die Forschungspopulation ist. Die konkreten Gründe für die Einbeziehung von Versuchspersonen, deren Zustand die Einholung der Einwilligung nach Aufklärung nicht erlaubt, ist in dem Forschungsprotokoll festzuhalten und der Ethikkommission zur Prüfung und Genehmigung vorzulegen. In dem Protokoll ist festzuhalten, dass die Einwilligung zur weiteren Teilnahme an dem Forschungsvorhaben so bald wie möglich von der Versuchsperson oder dem gesetzlich ermächtigten Vertreter eingeholt werden muss.

27. Sowohl die Verfasser als auch die Herausgeber von Veröffentlichungen haben ethische Verpflichtungen. Der Forscher ist bei der Veröffentlichung der Forschungsergebnisse verpflichtet, die Ergebnisse genau wiederzugeben. Positive, aber auch negative Ergebnisse müssen veröffentlicht oder der Öffentlichkeit anderweitig zugänglich gemacht werden. In der Veröffentlichung müssen die Finanzierungsquellen, institutionelle Verbindungen und eventuelle Interessenkonflikte dargelegt werden. Berichte über Versuche, die nicht in Übereinstimmung mit den in dieser Deklaration niedergelegten Grundsätzen durchgeführt wurden, sollten nicht zur Veröffentlichung angenommen werden.

C. Weitere Grundsätze für die medizinische Forschung in Verbindung mit ärztlicher Versorgung

28. Der Arzt darf medizinische Forschung mit der ärztlichen Betreuung nur soweit verbinden, als dies durch den möglichen prophylaktischen, diagnostischen oder therapeutischen Wert der Forschung gerechtfertigt ist. Wenn medizinische Forschung mit ärztlicher Versorgung verbunden ist, dann sind für den Schutz der Patienten, die gleichzeitig Versuchspersonen sind, zusätzliche Standards anzuwenden.

29. Vorteile, Risiken Belastungen und die Effektivität eines neuen Verfahrens sind gegenüber denjenigen der gegenwärtig besten prophylaktischen, diagnostischen und therapeutischen Methoden abzuwägen. Dies schließt nicht die Verwendung von Placebos, oder die Nichtbehandlung, bei Versuchen aus, für die es kein erprobtes prophylaktisches, diagnostisches oder therapeutisches Verfahren gibt.[3]

---

[3] **Klarstellung zum Punkt 29 der Deklaration des Weltärztebundes von Helsinki**
Der Weltärztebund bekräftigt hiermit seine Position, dass bei der Verwendung von placebo-kontrollierten Versuchen mit extremer Sorgfalt vorgegangen werden muss und dass diese Methode generell nur angewendet werden sollte, wenn es keine erprobte Therapie gibt. Selbst wenn es eine erprobte Therapie gibt, kann ein placebo-kontrollierter Versuch unter den folgenden Bedingungen ethisch vertretbar sein:

30. Am Ende des Versuchs sollten alle Patienten, die an dem Versuch teilgenommen haben, die sich in der Erprobung als am wirksamsten erwiesenen prophylaktischen, diagnostischen und therapeutischen Verfahren erhalten.[4]

31. Der Arzt hat den Patienten ausführlich über die forschungsbezogenen Aspekte der Behandlung zu informieren. Die Weigerung eines Patienten, an einem Versuch teilzunehmen, darf niemals die Beziehung zwischen Patient und Arzt beeinträchtigen.

32. Bei der Behandlung eines Patienten, für die es keine erwiesene prophylaktische, diagnostische und therapeutische Methoden gibt oder diese keine Wirkung zeigten, muss der Arzt mit der Einwilligung des Patienten nach Aufklärung die Freiheit haben, nicht erprobte neue prophylaktische, diagnostische und therapeutische Maßnahmen anzuwenden, wenn sie nach dem Urteil des Arztes die Hoffnung bieten, das Leben des Patienten zu retten, seine Gesundheit wiederherzustellen oder seine Leiden zu lindern. Gegebenenfalls sollten diese Maßnahmen zur Evaluierung ihrer Sicherheit und Wirksamkeit zum Gegenstand von Forschungsvorhaben gemacht werden. In allen Fällen sollten neue Informationen aufgezeichnet und gegebenenfalls veröffentlicht werden. Die anderen relevanten Leitlinien dieser Deklaration sollten befolgt werden.

- wenn seine Verwendung aus zwingenden und wissenschaftlich begründeten methodischen Gründen erforderlich ist, um die Wirksamkeit und Sicherheit einer prophylaktischen, dia-gnostischen oder therapeutischen Methode festzustellen; oder
- wenn eine prophylaktische, diagnostische oder therapeutische Methode bei einer nicht schwerwiegenden Krankheit erprobt wird und die Patienten, die die Placebos erhalten, nicht der zusätzlichen Gefahr eines ernsten oder irreversiblen Schadens ausgesetzt werden.

Alle anderen Bestimmungen der Deklaration von Helsinki müssen befolgt werden, insbesondere die Notwendigkeit einer entsprechenden ethischen und wissenschaftlichen Überprüfung.

[4] **Klarstellung zum Punkt 30 der Deklaration des Weltärztebundes von Helsinki**
Der Weltärztebund bekräftigt hiermit seine Position, dass bei dem Versuchsplanungsprozess von Bedeutung ist, dafür Sorge zu tragen, dass die Versuchsteilnehmer nach dem Versuch die prophylaktischen, diagnostischen und therapeutischen Verfahren, die sich in der Studie als vorteilhaft erwiesen haben, oder eine andere geeignete Behandlung erhalten. Vereinbarungen darüber, dass die Versuchsteilnehmer nach dem Versuch die im Versuch erprobten Verfahren bzw. eine andere geeignete Behandlung erhalten, sollten im Versuchsprotokoll festgehalten werden, damit der Ethikausschuss diese Vereinbarung bei seiner Prüfung berücksichtigen kann.

C. Europäisches Gemeinschaftsrecht

I. EU-Grundrechte-Charta

Charta der Grundrechte der Europäischen Union
vom 18. Dezember 2000[1]

Auszüge

Präambel

(...)

Kapitel I – Würde des Menschen

Artikel 1 – Würde des Menschen
Die Würde des Menschen ist unantastbar. Sie ist zu achten und zu schützen.

Artikel 2 – Recht auf Leben
(1) Jede Person hat das Recht auf Leben.
(2) Niemand darf zur Todesstrafe verurteilt oder hingerichtet werden.

Artikel 3 – Recht auf Unversehrtheit
(1) Jede Person hat das Recht auf körperliche und geistige Unversehrtheit.
(2) Im Rahmen der Medizin und der Biologie muss insbesondere Folgendes beachtet werden:
- die freie Einwilligung der betroffenen Person nach vorheriger Aufklärung entsprechend den gesetzlich festgelegten Modalitäten,
- das Verbot eugenischer Praktiken, insbesondere derjenigen, welche die Selektion von Personen zum Ziel haben,
- das Verbot, den menschlichen Körper und Teile davon als solche zur Erzielung von Gewinnen zu nutzen,
- das Verbot des reproduktiven Klonens von Menschen.

(...)

Kapitel III – Gleichheit

(...)

Artikel 21 – Nichtdiskriminierung

---

[1] ABl.EG Nr. C 364/1.

(1) Diskriminierungen, insbesondere wegen des Geschlechts, der Rasse, der Hautfarbe, der ethnischen oder sozialen Herkunft, der genetischen Merkmale, der Sprache, der Religion oder der Weltanschauung, der politischen oder sonstigen Anschauung, der Zugehörigkeit zu einer nationalen Minderheit, des Vermögens, der Geburt, einer Behinderung, des Alters oder der sexuellen Ausrichtung, sind verboten.
(2) Im Anwendungsbereich des Vertrags zur Gründung der Europäischen Gemeinschaft und des Vertrags über die Europäische Union ist unbeschadet der besonderen Bestimmungen dieser Verträge jede Diskriminierung aus Gründen der Staatsangehörigkeit verboten.

(...)

Kapitel VII – Allgemeine Bestimmungen

Artikel 51 – Anwendungsbereich

(1) Diese Charta gilt für die Organe und Einrichtungen der Union unter Einhaltung des Subsidiaritätsprinzips und für die Mitgliedstaaten bei der Durchführung des Rechts der Union. Dementsprechend achten sie die Rechte, halten sich an die Grundsätze und fördern sie deren Anwendung gemäß ihren jeweiligen Zuständigkeiten.
(2) Diese Charta begründet weder neue Zuständigkeiten noch neue Aufgaben für die Gemeinschaft und für die Union, noch ändert sie die in den Verträgen festgelegten Zuständigkeiten und Aufgaben.

Artikel 52 – Tragweite der garantierten Rechte

(1) Jede Einschränkung der Ausübung der in dieser Charta anerkannten Rechte und Freiheiten muss gesetzlich vorgesehen sein und den Wesensgehalt dieser Rechte und Freiheiten achten. Unter Wahrung des Grundsatzes der Verhältnismäßigkeit dürfen Einschränkungen nur vorgenommen werden, wenn sie notwendig sind und den von der Union anerkannten dem Gemeinwohl dienenden Zielsetzungen oder den Erfordernissen des Schutzes der Rechte und Freiheiten anderer tatsächlich entsprechen.
(2) Die Ausübung der durch diese Charta anerkannten Rechte, die in den Gemeinschaftsverträgen oder im Vertrag über die Europäische Union begründet sind, erfolgt im Rahmen der darin festgelegten Bedingungen und Grenzen.
(3) Soweit diese Charta Rechte enthält, die den durch die Europäische Konvention zum Schutze der Menschenrechte und Grundfreiheiten garantierten Rechten entsprechen, haben sie die gleiche Bedeutung und Tragweite, wie sie ihnen in der genannten Konvention verliehen wird. Diese Bestimmung steht dem nicht entgegen, dass das Recht der Union einen weiter gehenden Schutz gewährt.

(...)

II. Biopatent-Richtlinie

Richtlinie 98/44/EG des Europäischen Parlaments und des Rates vom 6. Juli 1998 über den rechtlichen Schutz biotechnologischer Erfindungen[1]

Das Europäische Parlament und der Rat der Europäischen Union –
gestützt auf den Vertrag zur Gründung der Europäischen Gemeinschaft, insbesondere auf Artikel 100a,
auf Vorschlag der Kommission[2],
nach Stellungnahme des Wirtschafts- und Sozialausschusses[3]
gemäß dem Verfahren des Artikels 189b des Vertrags[4],
in Erwägung nachstehender Gründe:

(1) Biotechnologie und Gentechnik spielen in den verschiedenen Industriezweigen eine immer wichtigere Rolle, und dem Schutz biotechnologischer Erfindungen kommt grundlegende Bedeutung für die industrielle Entwicklung der Gemeinschaft zu.

(2) Die erforderlichen Investitionen zur Forschung und Entwicklung sind insbesondere im Bereich der Gentechnik hoch und risikoreich und können nur bei angemessenem Rechtsschutz rentabel sein.

(3) Ein wirksamer und harmonisierter Schutz in allen Mitgliedstaaten ist wesentliche Voraussetzung dafür, dass Investitionen auf dem Gebiet der Biotechnologie fortgeführt und gefördert werden.

(4) Nach der Ablehnung des vom Vermittlungsausschuss gebilligten gemeinsamen Entwurfs einer Richtlinie des Europäischen Parlaments und des Rates über den rechtlichen Schutz biotechnologischer Erfindungen[5] durch das Europäische Parlament haben das Europäische Parlament und der Rat festgestellt, dass die Lage auf dem Gebiet des Rechtsschutzes biotechnologischer Erfindungen der Klärung bedarf.

---

[1] ABl.EG Nr. L 213/13.
[2] ABl.EG Nr. C 296/4 vom 8.10.1996 und ABl.EG Nr. C 311/12.
[3] ABl.EG Nr. C 295/11 vom 7.10.1996.
[4] Stellungnahme des Europäischen Parlaments vom 16. Juli 1997 (ABl.EG Nr. C 286/87 vom 22.9.1997), gemeinsamer Standpunkt des Rates vom 26. Februar 1998 (ABl.EG Nr. C 110/17 vom 8.4.1998) und Beschluß des Europäischen Parlaments vom 12. Mai 1998 (ABl.EG Nr. C 167 vom 1.6.1998), Beschluß des Rates vom 16. Juni 1998.
[5] ABl.EG Nr. C 68/26 vom 20.3.1995.

(5) In den Rechtsvorschriften und Praktiken der verschiedenen Mitgliedstaaten auf dem Gebiet des Schutzes biotechnologischer Erfindungen bestehen Unterschiede, die zu Handelsschranken führen und so das Funktionieren des Binnenmarkts behindern können.

(6) Diese Unterschiede könnten sich dadurch noch vergrößern, dass die Mitgliedstaaten neue und unterschiedliche Rechtsvorschriften und Verwaltungspraktiken einführen oder dass die Rechtsprechung der einzelnen Mitgliedstaaten sich unterschiedlich entwickelt.

(7) Eine uneinheitliche Entwicklung der Rechtsvorschriften zum Schutz biotechnologischer Erfindungen in der Gemeinschaft könnte zusätzliche ungünstige Auswirkungen auf den Handel haben und damit zu Nachteilen bei der industriellen Entwicklung der betreffenden Erfindungen sowie zur Beeinträchtigung des reibungslosen Funktionierens des Binnenmarkts führen.

(8) Der rechtliche Schutz biotechnologischer Erfindungen erfordert nicht die Einführung eines besonderen Rechts, das an die Stelle des nationalen Patentrechts tritt. Das nationale Patentrecht ist auch weiterhin die wesentliche Grundlage für den Rechtsschutz biotechnologischer Erfindungen; es muss jedoch in bestimmten Punkten angepasst oder ergänzt werden, um der Entwicklung der Technologie, die biologisches Material benutzt, aber gleichwohl die Voraussetzungen für die Patentierbarkeit erfüllt, angemessen Rechnung zu tragen.

(9) In bestimmten Fällen, wie beim Ausschluss von Pflanzensorten, Tierrassen und von im wesentlichen biologischen Verfahren für die Züchtung von Pflanzen und Tieren von der Patentierbarkeit, haben bestimmte Formulierungen in den einzelstaatlichen Rechtsvorschriften, die sich auf internationale Übereinkommen zum Patent- und Sortenschutz stützen, in bezug auf den Schutz biotechnologischer und bestimmter mikrobiologischer Erfindungen für Unsicherheit gesorgt. Hier ist eine Harmonisierung notwendig, um diese Unsicherheit zu beseitigen.

(10) Das Entwicklungspotential der Biotechnologie für die Umwelt und insbesondere ihr Nutzen für die Entwicklung weniger verunreinigender und den Boden weniger beanspruchender Ackerbaumethoden sind zu berücksichtigen. Die Erforschung solcher Verfahren und deren Anwendung sollte mittels des Patentsystems gefördert werden.

(11) Die Entwicklung der Biotechnologie ist für die Entwicklungsländer sowohl im Gesundheitswesen und bei der Bekämpfung großer Epidemien und Endemien als auch bei der Bekämpfung des Hungers in der Welt von Bedeutung. Die Forschung in diesen Bereichen sollte ebenfalls mittels des Patentsystems gefördert werden. Außerdem sollten internationale Mechanismen zur Verbreitung der entsprechenden Technologien in der Dritten Welt zum Nutzen der betroffenen Bevölkerung in Gang gesetzt werden.

(12) Das Übereinkommen über handelsbezogene Aspekte der Rechte des geistigen Eigentums (TRIPS-Übereinkommen)[6], das die Europäische Gemeinschaft und ihre Mitgliedstaaten unterzeichnet haben, ist inzwischen in Kraft getreten; es sieht vor, dass der Patentschutz für Produkte und Verfahren in allen Bereichen der Technologie zu gewährleisten ist.

(13) Der Rechtsrahmen der Gemeinschaft zum Schutz biotechnologischer Erfindungen kann sich auf die Festlegung bestimmter Grundsätze für die Patentierbarkeit biologischen Materials an sich beschränken; diese Grundsätze bezwecken im wesentlichen, den Unterschied zwischen Erfindungen und Entdeckungen hinsichtlich der Patentierbarkeit bestimmter Bestandteile menschlichen Ursprungs herauszuarbeiten. Der Rechtsrahmen kann sich ferner beschränken auf den Umfang des Patentschutzes biotechnologischer Erfindungen, auf die Möglichkeit, zusätzlich zur schriftlichen Beschreibung einen Hinterlegungsmechanismus vorzusehen, sowie auf die Möglichkeit der Erteilung einer nicht ausschließlichen Zwangslizenz bei Abhängigkeit zwischen Pflanzensorten und Erfindungen (und umgekehrt).

(14) Ein Patent berechtigt seinen Inhaber nicht, die Erfindung anzuwenden, sondern verleiht ihm lediglich das Recht, Dritten deren Verwertung zu industriellen und gewerblichen Zwecken zu untersagen. Infolgedessen kann das Patentrecht die nationalen, europäischen oder internationalen Rechtsvorschriften zur Festlegung von Beschränkungen oder Verboten oder zur Kontrolle der Forschung und der Anwendung oder Vermarktung ihrer Ergebnisse weder ersetzen noch überflüssig machen, insbesondere was die Erfordernisse der Volksgesundheit, der Sicherheit, des Umweltschutzes, des Tierschutzes, der Erhaltung der genetischen Vielfalt und die Beachtung bestimmter ethischer Normen betrifft.

(15) Es gibt im einzelstaatlichen oder europäischen Patentrecht (Münchener Übereinkommen) keine Verbote oder Ausnahmen, die eine Patentierbarkeit von lebendem Material grundsätzlich ausschließen.

(16) Das Patentrecht muss unter Wahrung der Grundprinzipien ausgeübt werden, die die Würde und die Unversehrtheit des Menschen gewährleisten. Es ist wichtig, den Grundsatz zu bekräftigen, wonach der menschliche Körper in allen Phasen seiner Entstehung und Entwicklung, einschließlich der Keimzellen, sowie die bloße Entdeckung eines seiner Bestandteile oder seiner Produkte, einschließlich der Sequenz oder Teilsequenz eines menschlichen Gens, nicht patentierbar sind. Diese Prinzipien stehen im Einklang mit den im Patentrecht vorgesehenen Patentierbarkeitskriterien, wonach eine bloße Entdeckung nicht Gegenstand eines Patents sein kann.

(17) Mit Arzneimitteln, die aus isolierten Bestandteilen des menschlichen Körpers gewonnen und/oder auf andere Weise hergestellt werden, konnten bereits entscheidende Fortschritte bei der Behandlung von Krankheiten erzielt werden. Diese

---

[6] ABl.EG Nr. L 336/213 vom 23.12.1994.

Arzneimittel sind das Ergebnis technischer Verfahren zur Herstellung von Bestandteilen mit einem ähnlichen Aufbau wie die im menschlichen Körper vorhandenen natürlichen Bestandteile; es empfiehlt sich deshalb, mit Hilfe des Patentsystems die Forschung mit dem Ziel der Gewinnung und Isolierung solcher für die Arzneimittelherstellung wertvoller Bestandteile zu fördern.

(18) Soweit sich das Patentsystem als unzureichend erweist, um die Forschung und die Herstellung von biotechnologischen Arzneimitteln, die zur Bekämpfung seltener Krankheiten („Orphan-"Krankheiten) benötigt werden, zu fördern, sind die Gemeinschaft und die Mitgliedstaaten verpflichtet, einen angemessenen Beitrag zur Lösung dieses Problems zu leisten.

(19) Die Stellungnahme Nr. 8 der Sachverständigengruppe der Europäischen Kommission für Ethik in der Biotechnologie ist berücksichtigt worden.

(20) Infolgedessen ist darauf hinzuweisen, dass eine Erfindung, die einen isolierten Bestandteil des menschlichen Körpers oder einen auf eine andere Weise durch ein technisches Verfahren erzeugten Bestandteil betrifft und gewerblich anwendbar ist, nicht von der Patentierbarkeit ausgeschlossen ist, selbst wenn der Aufbau dieses Bestandteils mit dem eines natürlichen Bestandteils identisch ist, wobei sich die Rechte aus dem Patent nicht auf den menschlichen Körper und dessen Bestandteile in seiner natürlichen Umgebung erstrecken können.

(21) Ein solcher isolierter oder auf andere Weise erzeugter Bestandteil des menschlichen Körpers ist von der Patentierbarkeit nicht ausgeschlossen, da er - zum Beispiel - das Ergebnis technischer Verfahren zu seiner Identifizierung, Reinigung, Bestimmung und Vermehrung außerhalb des menschlichen Körpers ist, zu deren Anwendung nur der Mensch fähig ist und die die Natur selbst nicht vollbringen kann.

(22) Die Diskussion über die Patentierbarkeit von Sequenzen oder Teilsequenzen von Genen wird kontrovers geführt. Die Erteilung eines Patents für Erfindungen, die solche Sequenzen oder Teilsequenzen zum Gegenstand haben, unterliegt nach dieser Richtlinie denselben Patentierbarkeitskriterien der Neuheit, erfinderischen Tätigkeit und gewerblichen Anwendbarkeit wie alle anderen Bereiche der Technologie. Die gewerbliche Anwendbarkeit einer Sequenz oder Teilsequenz muss in der eingereichten Patentanmeldung konkret beschrieben sein.

(23) Ein einfacher DNA-Abschnitt ohne Angabe einer Funktion enthält keine Lehre zum technischen Handeln und stellt deshalb keine patentierbare Erfindung dar.

(24) Das Kriterium der gewerblichen Anwendbarkeit setzt voraus, dass im Fall der Verwendung einer Sequenz oder Teilsequenz eines Gens zur Herstellung eines Proteins oder Teilproteins angegeben wird, welches Protein oder Teilprotein hergestellt wird und welche Funktion es hat.

(25) Zur Auslegung der durch ein Patent erteilten Rechte wird in dem Fall, dass sich Sequenzen lediglich in für die Erfindung nicht wesentlichen Abschnitten überlagern, patentrechtlich jede Sequenz als selbständige Sequenz angesehen.

(26) Hat eine Erfindung biologisches Material menschlichen Ursprungs zum Gegenstand oder wird dabei derartiges Material verwendet, so muss bei einer Patentanmeldung die Person, bei der Entnahmen vorgenommen werden, die Gelegenheit erhalten haben, gemäß den innerstaatlichen Rechtsvorschriften nach Inkenntnissetzung und freiwillig der Entnahme zuzustimmen.

(27) Hat eine Erfindung biologisches Material pflanzlichen oder tierischen Ursprungs zum Gegenstand oder wird dabei derartiges Material verwendet, so sollte die Patentanmeldung gegebenenfalls Angaben zum geographischen Herkunftsort dieses Materials umfassen, falls dieser bekannt ist. Die Prüfung der Patentanmeldungen und die Gültigkeit der Rechte aufgrund der erteilten Patente bleiben hiervon unberührt.

(28) Diese Richtlinie berührt in keiner Weise die Grundlagen des geltenden Patentrechts, wonach ein Patent für jede neue Anwendung eines bereits patentierten Erzeugnisses erteilt werden kann.

(29) Diese Richtlinie berührt nicht den Ausschluss von Pflanzensorten und Tierrassen von der Patentierbarkeit. Erfindungen, deren Gegenstand Pflanzen oder Tiere sind, sind jedoch patentierbar, wenn die Anwendung der Erfindung technisch nicht auf eine Pflanzensorte oder Tierrasse beschränkt ist.

(30) Der Begriff der Pflanzensorte wird durch das Sortenschutzrecht definiert. Danach wird eine Sorte durch ihr gesamtes Genom geprägt und besitzt deshalb Individualität. Sie ist von anderen Sorten deutlich unterscheidbar.

(31) Eine Pflanzengesamtheit, die durch ein bestimmtes Gen (und nicht durch ihr gesamtes Genom) gekennzeichnet ist, unterliegt nicht dem Sortenschutz. Sie ist deshalb von der Patentierbarkeit nicht ausgeschlossen, auch wenn sie Pflanzensorten umfasst.

(32) Besteht eine Erfindung lediglich darin, dass eine bestimmte Pflanzensorte genetisch verändert wird, und wird dabei eine neue Pflanzensorte gewonnen, so bleibt diese Erfindung selbst dann von der Patentierbarkeit ausgeschlossen, wenn die genetische Veränderung nicht das Ergebnis eines im Wesentlichen biologischen, sondern eines biotechnologischen Verfahrens ist.

(33) Für die Zwecke dieser Richtlinie ist festzulegen, wann ein Verfahren zur Züchtung von Pflanzen und Tieren im Wesentlichen biologisch ist.

(34) Die Begriffe „Erfindung" und „Entdeckung", wie sie durch das einzelstaatliche, europäische oder internationale Patentrecht definiert sind, bleiben von dieser Richtlinie unberührt.

(35) Diese Richtlinie berührt nicht die Vorschriften des nationalen Patentrechts, wonach Verfahren zur chirurgischen oder therapeutischen Behandlung des menschlichen oder tierischen Körpers und Diagnostizierverfahren, die am menschlichen oder tierischen Körper vorgenommen werden, von der Patentierbarkeit ausgeschlossen sind.

(36) Das TRIPS-Übereinkommen räumt den Mitgliedern der Welthandelsorganisation die Möglichkeit ein, Erfindungen von der Patentierbarkeit auszuschließen, wenn die Verhinderung ihrer gewerblichen Verwertung in ihrem Hoheitsgebiet zum Schutz der öffentlichen Ordnung oder der guten Sitten einschließlich des Schutzes des Lebens und der Gesundheit von Menschen, Tieren oder Pflanzen oder zur Vermeidung einer ernsten Schädigung der Umwelt notwendig ist, vorausgesetzt, dass ein solcher Ausschluss nicht nur deshalb vorgenommen wird, weil die Verwertung durch innerstaatliches Recht verboten ist.

(37) Der Grundsatz, wonach Erfindungen, deren gewerbliche Verwertung gegen die öffentliche Ordnung oder die guten Sitten verstoßen würde, von der Patentierbarkeit auszuschließen sind, ist auch in dieser Richtlinie hervorzuheben.

(38) Ferner ist es wichtig, in die Vorschriften der vorliegenden Richtlinie eine informatorische Aufzählung der von der Patentierbarkeit ausgenommenen Erfindungen aufzunehmen, um so den nationalen Gerichten und Patentämtern allgemeine Leitlinien für die Auslegung der Bezugnahme auf die öffentliche Ordnung oder die guten Sitten zu geben. Diese Aufzählung ist selbstverständlich nicht erschöpfend. Verfahren, deren Anwendung gegen die Menschenwürde verstößt, wie etwa Verfahren zur Herstellung von hybriden Lebewesen, die aus Keimzellen oder totipotenten Zellen von Mensch und Tier entstehen, sind natürlich ebenfalls von der Patentierbarkeit auszunehmen.

(39) Die öffentliche Ordnung und die guten Sitten entsprechen insbesondere den in den Mitgliedstaaten anerkannten ethischen oder moralischen Grundsätzen, deren Beachtung ganz besonders auf dem Gebiet der Biotechnologie wegen der potentiellen Tragweite der Erfindungen in diesem Bereich und deren inhärenter Beziehung zur lebenden Materie geboten ist. Diese ethischen oder moralischen Grundsätze ergänzen die übliche patentrechtliche Prüfung, unabhängig vom technischen Gebiet der Erfindung.

(40) Innerhalb der Gemeinschaft besteht Übereinstimmung darüber, dass die Keimbahnintervention am menschlichen Lebewesen und das Klonen von menschlichen Lebewesen gegen die öffentliche Ordnung und die guten Sitten verstoßen. Daher ist es wichtig, Verfahren zur Veränderung der genetischen Identität der Keimbahn des menschlichen Lebewesens und Verfahren zum Klonen von

menschlichen Lebewesen unmissverständlich von der Patentierbarkeit auszuschließen.

(41) Als Verfahren zum Klonen von menschlichen Lebewesen ist jedes Verfahren, einschließlich der Verfahren zur Embryonenspaltung, anzusehen, das darauf abzielt, ein menschliches Lebewesen zu schaffen, das im Zellkern die gleiche Erbinformation wie ein anderes lebendes oder verstorbenes menschliches Lebewesen besitzt.

(42) Ferner ist auch die Verwendung von menschlichen Embryonen zu industriellen oder kommerziellen Zwecken von der Patentierbarkeit auszuschließen. Dies gilt jedoch auf keinen Fall für Erfindungen, die therapeutische oder diagnostische Zwecke verfolgen und auf den menschlichen Embryo zu dessen Nutzen angewandt werden.

(43) Nach Artikel F Absatz 2 des Vertrags über die Europäische Union achtet die Union die Grundrechte, wie sie in der am 4. November 1950 in Rom unterzeichneten Europäischen Konvention zum Schutze der Menschenrechte und Grundfreiheiten gewährleistet sind und wie sie sich aus den gemeinsamen Verfassungsüberlieferungen der Mitgliedstaaten als allgemeine Grundsätze des Gemeinschaftsrechts ergeben.

(44) Die Europäische Gruppe für Ethik der Naturwissenschaften und der Neuen Technologien der Kommission bewertet alle ethischen Aspekte im Zusammenhang mit der Biotechnologie. In diesem Zusammenhang ist darauf hinzuweisen, dass die Befassung dieser Gruppe auch im Bereich des Patentrechts nur die Bewertung der Biotechnologie anhand grundlegender ethischer Prinzipien zum Gegenstand haben kann.

(45) Verfahren zur Veränderung der genetischen Identität von Tieren, die geeignet sind, für die Tiere Leiden ohne wesentlichen medizinischen Nutzen im Bereich der Forschung, der Vorbeugung, der Diagnose oder der Therapie für den Menschen oder das Tier zu verursachen, sowie mit Hilfe dieser Verfahren erzeugte Tiere sind von der Patentierbarkeit auszunehmen.

(46) Die Funktion eines Patents besteht darin, den Erfinder mit einem ausschließlichen, aber zeitlich begrenzten Nutzungsrecht für seine innovative Leistung zu belohnen und damit einen Anreiz für erfinderische Tätigkeit zu schaffen; der Patentinhaber muss demnach berechtigt sein, die Verwendung patentierten selbstreplizierenden Materials unter solchen Umständen zu verbieten, die den Umständen gleichstehen, unter denen die Verwendung nicht selbstreplizierenden Materials verboten werden könnte, d. h. die Herstellung des patentierten Erzeugnisses selbst.

(47) Es ist notwendig, eine erste Ausnahme von den Rechten des Patentinhabers vorzusehen, wenn Vermehrungsmaterial, in das die geschützte Erfindung Eingang gefunden hat, vom Patentinhaber oder mit seiner Zustimmung zum landwirtschaft-

lichen Anbau an einen Landwirt verkauft wird. Mit dieser Ausnahmeregelung soll dem Landwirt gestattet werden, sein Erntegut für spätere generative oder vegetative Vermehrung in seinem eigenen Betrieb zu verwenden. Das Ausmaß und die Modalitäten dieser Ausnahmeregelung sind auf das Ausmaß und die Bedingungen zu beschränken, die in der Verordnung (EG) Nr. 2100/94 des Rates vom 27. Juli 1994 über den gemeinschaftlichen Sortenschutz[7] vorgesehen sind.

(48) Von dem Landwirt kann nur die Vergütung verlangt werden, die im gemeinschaftlichen Sortenschutzrecht im Rahmen einer Durchführungsbestimmung zu der Ausnahme vom gemeinschaftlichen Sortenschutzrecht festgelegt ist.

(49) Der Patentinhaber kann jedoch seine Rechte gegenüber dem Landwirt geltend machen, der die Ausnahme missbräuchlich nutzt, oder gegenüber dem Züchter, der die Pflanzensorte, in welche die geschützte Erfindung Eingang gefunden hat, entwickelt hat, falls dieser seinen Verpflichtungen nicht nachkommt.

(50) Eine zweite Ausnahme von den Rechten des Patentinhabers ist vorzusehen, um es Landwirten zu ermöglichen, geschütztes Vieh zu landwirtschaftlichen Zwecken zu benutzen.

(51) Mangels gemeinschaftsrechtlicher Bestimmungen für die Züchtung von Tierrassen müssen der Umfang und die Modalitäten dieser zweiten Ausnahmeregelung durch die nationalen Gesetze, Rechts- und Verwaltungsvorschriften und Verfahrensweisen geregelt werden.

(52) Für den Bereich der Nutzung der auf gentechnischem Wege erzielten neuen Merkmale von Pflanzensorten muss in Form einer Zwangslizenz gegen eine Vergütung ein garantierter Zugang vorgesehen werden, wenn die Pflanzensorte in bezug auf die betreffende Gattung oder Art einen bedeutenden technischen Fortschritt von erheblichem wirtschaftlichem Interesse gegenüber der patentgeschützten Erfindung darstellt.

(53) Für den Bereich der gentechnischen Nutzung neuer, aus neuen Pflanzensorten hervorgegangener pflanzlicher Merkmale muss in Form einer Zwangslizenz gegen eine Vergütung ein garantierter Zugang vorgesehen werden, wenn die Erfindung einen bedeutenden technischen Fortschritt von erheblichem wirtschaftlichem Interesse darstellt.

(54) Artikel 34 des TRIPS-Übereinkommens enthält eine detaillierte Regelung der Beweislast, die für alle Mitgliedstaaten verbindlich ist. Deshalb ist eine diesbezügliche Bestimmung in dieser Richtlinie nicht erforderlich.

---

[7] ABl.EG Nr. L 227/1 vom 1.9.1994. Verordnung geändert durch die Verordnung (EG) Nr. 2506/95 (ABl.EG Nr. L 258/3 vom 28.10.1995).

(55) Die Gemeinschaft ist gemäß dem Beschluss 93/626/EWG[8] Vertragspartei des Übereinkommens über die biologische Vielfalt vom 5. Juni 1992. Im Hinblick darauf tragen die Mitgliedstaaten bei Erlass der Rechts- und Verwaltungsvorschriften zur Umsetzung dieser Richtlinie insbesondere Artikel 3, Artikel 8 Buchstabe j), Artikel 16 Absatz 2 Satz 2 und Absatz 5 des genannten Übereinkommens Rechnung.

(56) Die dritte Konferenz der Vertragsstaaten des Übereinkommens über die biologische Vielfalt, die im November 1996 stattfand, stellte im Beschluss III/17 fest, dass weitere Arbeiten notwendig sind, um zu einer gemeinsamen Bewertung des Zusammenhangs zwischen den geistigen Eigentumsrechten und den einschlägigen Bestimmungen des Übereinkommens über handelsbezogene Aspekte des geistigen Eigentums und des Übereinkommens über die biologische Vielfalt zu gelangen, insbesondere in Fragen des Technologietransfers, der Erhaltung und nachhaltigen Nutzung der biologischen Vielfalt sowie der gerechten und fairen Teilhabe an den Vorteilen, die sich aus der Nutzung der genetischen Ressourcen ergeben, einschließlich des Schutzes von Wissen, Innovationen und Praktiken indigener und lokaler Gemeinschaften, die traditionelle Lebensformen verkörpern, die für die Erhaltung und nachhaltige Nutzung der biologischen Vielfalt von Bedeutung sind –

haben folgende Richtlinie erlassen:

Kapitel I – Patentierbarkeit

Artikel 1

(1) Die Mitgliedstaaten schützen biotechnologische Erfindungen durch das nationale Patentrecht. Sie passen ihr nationales Patentrecht erforderlichenfalls an, um den Bestimmungen dieser Richtlinie Rechnung zu tragen.
(2) Die Verpflichtungen der Mitgliedstaaten aus internationalen Übereinkommen, insbesondere aus dem TRIPS-Übereinkommen und dem Übereinkommen über die biologische Vielfalt, werden von dieser Richtlinie nicht berührt.

Artikel 2

(1) Im Sinne dieser Richtlinie ist
a) „biologisches Material" ein Material, das genetische Informationen enthält und sich selbst reproduzieren oder in einem biologischen System reproduziert werden kann;
b) „mikrobiologisches Verfahren" jedes Verfahren, bei dem mikrobiologisches Material verwendet, ein Eingriff in mikrobiologisches Material durchgeführt oder mikrobiologisches Material hervorgebracht wird.
(2) Ein Verfahren zur Züchtung von Pflanzen oder Tieren ist im Wesentlichen biologisch, wenn es vollständig auf natürlichen Phänomenen wie Kreuzung oder Selektion beruht.

---

[8] ABl.EG Nr. L 309/1 vom 13.12.1993.

(3) Der Begriff der Pflanzensorte wird durch Artikel 5 der Verordnung (EG) Nr. 2100/94 definiert.

Artikel 3

(1) Im Sinne dieser Richtlinie können Erfindungen, die neu sind, auf einer erfinderischen Tätigkeit beruhen und gewerblich anwendbar sind, auch dann patentiert werden, wenn sie ein Erzeugnis, das aus biologischem Material besteht oder dieses enthält, oder ein Verfahren, mit dem biologisches Material hergestellt, bearbeitet oder verwendet wird, zum Gegenstand haben.

(2) Biologisches Material, das mit Hilfe eines technischen Verfahrens aus seiner natürlichen Umgebung isoliert oder hergestellt wird, kann auch dann Gegenstand einer Erfindung sein, wenn es in der Natur schon vorhanden war.

Artikel 4

(1) Nicht patentierbar sind
a) Pflanzensorten und Tierrassen,
b) im Wesentlichen biologische Verfahren zur Züchtung von Pflanzen oder Tieren.

(2) Erfindungen, deren Gegenstand Pflanzen oder Tiere sind, können patentiert werden, wenn die Ausführungen der Erfindung technisch nicht auf eine bestimmte Pflanzensorte oder Tierrasse beschränkt ist.

(3) Absatz 1 Buchstabe b) berührt nicht die Patentierbarkeit von Erfindungen, die ein mikrobiologisches oder sonstiges technisches Verfahren oder ein durch diese Verfahren gewonnenes Erzeugnis zum Gegenstand haben.

Artikel 5

(1) Der menschliche Körper in den einzelnen Phasen seiner Entstehung und Entwicklung sowie die bloße Entdeckung eines seiner Bestandteile, einschließlich der Sequenz oder Teilsequenz eines Gens, können keine patentierbaren Erfindungen darstellen.

(2) Ein isolierter Bestandteil des menschlichen Körpers oder ein auf andere Weise durch ein technisches Verfahren gewonnener Bestandteil, einschließlich der Sequenz oder Teilsequenz eines Gens, kann eine patentierbare Erfindung sein, selbst wenn der Aufbau dieses Bestandteils mit dem Aufbau eines natürlichen Bestandteils identisch ist.

(3) Die gewerbliche Anwendbarkeit einer Sequenz oder Teilsequenz eines Gens muss in der Patentanmeldung konkret beschrieben werden.

Artikel 6

(1) Erfindungen, deren gewerbliche Verwertung gegen die öffentliche Ordnung oder die guten Sitten verstoßen würde, sind von der Patentierbarkeit ausgenommen, dieser Verstoß kann nicht allein daraus hergeleitet werden, dass die Verwertung durch Rechts- oder Verwaltungsvorschriften verboten ist.

(2) Im Sinne von Absatz 1 gelten unter anderem als nicht patentierbar:
a) Verfahren zum Klonen von menschlichen Lebewesen;
b) Verfahren zur Veränderung der genetischen Identität der Keimbahn des menschlichen Lebewesens;

c) die Verwendung von menschlichen Embryonen zu industriellen oder kommerziellen Zwecken;
d) Verfahren zur Veränderung der genetischen Identität von Tieren, die geeignet sind, Leiden dieser Tiere ohne wesentlichen medizinischen Nutzen für den Menschen oder das Tier zu verursachen, sowie die mit Hilfe solcher Verfahren erzeugten Tiere.

Artikel 7

Die Europäische Gruppe für Ethik der Naturwissenschaften und der Neuen Technologien der Kommission bewertet alle ethischen Aspekte im Zusammenhang mit der Biotechnologie.

Kapitel II – Umfang des Schutzes

Artikel 8

(1) Der Schutz eines Patents für biologisches Material, das aufgrund der Erfindung mit bestimmten Eigenschaften ausgestattet ist, umfasst jedes biologische Material, das aus diesem biologischen Material durch generative oder vegetative Vermehrung in gleicher oder abweichender Form gewonnen wird und mit denselben Eigenschaften ausgestattet ist.
(2) Der Schutz eines Patents für ein Verfahren, das die Gewinnung eines aufgrund der Erfindung mit bestimmten Eigenschaften ausgestatteten biologischen Materials ermöglicht, umfasst das mit diesem Verfahren unmittelbar gewonnene biologische Material und jedes andere mit denselben Eigenschaften ausgestattete biologische Material, das durch generative oder vegetative Vermehrung in gleicher oder abweichender Form aus dem unmittelbar gewonnenen biologischen Material gewonnen wird.

Artikel 9

Der Schutz, der durch ein Patent für ein Erzeugnis erteilt wird, das aus einer genetischen Information besteht oder sie enthält, erstreckt sich vorbehaltlich des Artikels 5 Absatz 1 auf jedes Material, in das dieses Erzeugnis Eingang findet und in dem die genetische Information enthalten ist und ihre Funktion erfüllt.

Artikel 10

Der in den Artikeln 8 und 9 vorgesehene Schutz erstreckt sich nicht auf das biologische Material, das durch generative oder vegetative Vermehrung von biologischem Material gewonnen wird, das im Hoheitsgebiet eines Mitgliedstaats vom Patentinhaber oder mit dessen Zustimmung in Verkehr gebracht wurde, wenn die generative oder vegetative Vermehrung notwendigerweise das Ergebnis der Verwendung ist, für die das biologische Material in Verkehr gebracht wurde, vorausgesetzt, dass das so gewonnene Material anschließend nicht für andere generative oder vegetative Vermehrung verwendet wird.

Artikel 11

(1) Abweichend von den Artikeln 8 und 9 beinhaltet der Verkauf oder das sonstige Inverkehrbringen von pflanzlichem Vermehrungsmaterial durch den Patentinhaber oder mit dessen Zustimmung an einen Landwirt zum landwirtschaftlichen Anbau dessen Befugnis, sein Erntegut für die generative oder vegetative Vermehrung durch ihn selbst im eigenen Betrieb zu verwenden, wobei Ausmaß und Modalitäten dieser Ausnahmeregelung denjenigen des Artikels 14 der Verordnung (EG) Nr. 2100/94 entsprechen.

(2) Abweichend von den Artikeln 8 und 9 beinhaltet der Verkauf oder das sonstige Inverkehrbringen von Zuchtvieh oder von tierischem Vermehrungsmaterial durch den Patentinhaber oder mit dessen Zustimmung an einen Landwirt dessen Befugnis, das geschützte Vieh zu landwirtschaftlichen Zwecken zu verwenden. Diese Befugnis erstreckt sich auch auf die Überlassung des Viehs oder anderen tierischen Vermehrungsmaterials zur Fortführung seiner landwirtschaftlichen Tätigkeit, jedoch nicht auf den Verkauf mit dem Ziel oder im Rahmen einer gewerblichen Viehzucht.

(3) Das Ausmaß und die Modalitäten der in Absatz 2 vorgesehenen Ausnahmeregelung werden durch die nationalen Gesetze, Rechts- und Verwaltungsvorschriften und Verfahrensweisen geregelt.

Kapitel III – Zwangslizenzen wegen Abhängigkeit

Artikel 12

(1) Kann ein Pflanzenzüchter ein Sortenschutzrecht nicht erhalten oder verwerten, ohne ein früher erteiltes Patent zu verletzen, so kann er beantragen, dass ihm gegen Zahlung einer angemessenen Vergütung eine nicht ausschließliche Zwangslizenz für die patentgeschützte Erfindung erteilt wird, soweit diese Lizenz zur Verwertung der zu schützenden Pflanzensorte erforderlich ist. Die Mitgliedstaaten sehen vor, dass der Patentinhaber, wenn eine solche Lizenz erteilt wird, zur Verwertung der geschützten Sorte Anspruch auf eine gegenseitige Lizenz zu angemessenen Bedingungen hat.

(2) Kann der Inhaber des Patents für eine biotechnologische Erfindung diese nicht verwerten, ohne ein früher erteiltes Sortenschutzrecht zu verletzen, so kann er beantragen, dass ihm gegen Zahlung einer angemessenen Vergütung eine nicht ausschließliche Zwangslizenz für die durch dieses Sortenschutzrecht geschützte Pflanzensorte erteilt wird. Die Mitgliedstaaten sehen vor, dass der Inhaber des Sortenschutzrechts, wenn eine solche Lizenz erteilt wird, zur Verwertung der geschützten Erfindung Anspruch auf eine gegenseitige Lizenz zu angemessenen Bedingungen hat.

(3) Die Antragsteller nach den Absätzen 1 und 2 müssen nachweisen, dass
a) sie sich vergebens an den Inhaber des Patents oder des Sortenschutzrechts gewandt haben, um eine vertragliche Lizenz zu erhalten;
b) die Pflanzensorte oder Erfindung einen bedeutenden technischen Fortschritt von erheblichem wirtschaftlichen Interesse gegenüber der patentgeschützten Erfindung oder der geschützten Pflanzensorte darstellt.

(4) Jeder Mitgliedstaat benennt die für die Erteilung der Lizenz zuständige(n) Stelle(n). Kann eine Lizenz für eine Pflanzensorte nur vom Gemeinschaftlichen Sortenamt erteilt werden, findet Artikel 29 der Verordnung (EG) Nr. 2100/94 Anwendung.

Kapitel IV – Hinterlegung von, Zugang zu und erneute Hinterlegung von biologischem Material

Artikel 13

(1) Betrifft eine Erfindung biologisches Material, das der Öffentlichkeit nicht zugänglich ist und in der Patentanmeldung nicht so beschrieben werden kann, dass ein Fachmann diese Erfindung danach ausführen kann, oder beinhaltet die Erfindung die Verwendung eines solchen Materials, so gilt die Beschreibung für die Anwendung des Patentrechts nur dann als ausreichend, wenn
a) das biologische Material spätestens am Tag der Patentanmeldung bei einer anerkannten Hinterlegungsstelle hinterlegt wurde. Anerkannt sind zumindest die internationalen Hinterlegungsstellen, die diesen Status nach Artikel 7 des Budapester Vertrags vom 28. April 1977 über die internationale Anerkennung der Hinterlegung von Mikroorganismen für Zwecke von Patentverfahren (im folgenden „Budapester Vertrag" genannt) erworben haben;
b) die Anmeldung die einschlägigen Informationen enthält, die dem Anmelder bezüglich der Merkmale des hinterlegten biologischen Materials bekannt sind;
c) in der Patentanmeldung die Hinterlegungsstelle und das Aktenzeichen der Hinterlegung angegeben sind.

(2) Das hinterlegte biologische Material wird durch Herausgabe einer Probe zugänglich gemacht:
a) bis zur ersten Veröffentlichung der Patentanmeldung nur für Personen, die nach dem innerstaatlichen Patentrecht hierzu ermächtigt sind;
b) von der ersten Veröffentlichung der Anmeldung bis zur Erteilung des Patents für jede Person, die dies beantragt, oder, wenn der Anmelder dies verlangt, nur für einen unabhängigen Sachverständigen;
c) nach der Erteilung des Patents ungeachtet eines späteren Widerrufs oder einer Nichtigerklärung des Patents für jede Person, die einen entsprechenden Antrag stellt.

(3) Die Herausgabe erfolgt nur dann, wenn der Antragsteller sich verpflichtet, für die Dauer der Wirkung des Patents
a) Dritten keine Probe des hinterlegten biologischen Materials oder eines daraus abgeleiteten Materials zugänglich zu machen und
b) keine Probe des hinterlegten Materials oder eines daraus abgeleiteten Materials zu anderen als zu Versuchszwecken zu verwenden, es sei denn, der Anmelder oder der Inhaber des Patents verzichtet ausdrücklich auf eine derartige Verpflichtung.

(4) Bei Zurückweisung oder Zurücknahme der Anmeldung wird der Zugang zu dem hinterlegten Material auf Antrag des Hinterlegers für die Dauer von 20 Jahren

ab dem Tag der Patentanmeldung nur einem unabhängigen Sachverständigen erteilt. In diesem Fall findet Absatz 3 Anwendung.

(5) Die Anträge des Hinterlegers gemäß Absatz 2 Buchstabe b) und Absatz 4 können nur bis zu dem Zeitpunkt eingereicht werden, zu dem die technischen Vorarbeiten für die Veröffentlichung der Patentanmeldung als abgeschlossen gelten.

Artikel 14

(1) Ist das nach Artikel 13 hinterlegte biologische Material bei der anerkannten Hinterlegungsstelle nicht mehr zugänglich, so wird unter denselben Bedingungen wie denen des Budapester Vertrags eine erneute Hinterlegung des Materials zugelassen.

(2) Jeder erneuten Hinterlegung ist eine vom Hinterleger unterzeichnete Erklärung beizufügen, in der bestätigt wird, dass das erneut hinterlegte biologische Material das gleiche wie das ursprünglich hinterlegte Material ist.

Kapitel V – Schlussbestimmungen

Artikel 15

(1) Die Mitgliedstaaten erlassen die erforderlichen Rechts- und Verwaltungsvorschriften, um dieser Richtlinie bis zum 30. Juli 2000 nachzukommen. Sie setzen die Kommission unmittelbar davon in Kenntnis.

Wenn die Mitgliedstaaten diese Vorschriften erlassen, nehmen sie in den Vorschriften selbst oder durch einen Hinweis bei der amtlichen Veröffentlichung auf diese Richtlinie Bezug. Die Mitgliedstaaten regeln die Einzelheiten der Bezugnahme.

(2) Die Mitgliedstaaten teilen der Kommission die innerstaatlichen Rechtsvorschriften mit, die sie auf dem unter diese Richtlinie fallenden Gebiet erlassen.

Artikel 16

Die Kommission übermittelt dem Europäischen Parlament und dem Rat folgendes:

a) alle fünf Jahre nach dem in Artikel 15 Absatz 1 vorgesehenen Zeitpunkt einen Bericht zu der Frage, ob durch diese Richtlinie im Hinblick auf internationale Übereinkommen zum Schutz der Menschenrechte, denen die Mitgliedstaaten beigetreten sind, Probleme entstanden sind;
b) innerhalb von zwei Jahren nach dem Inkrafttreten dieser Richtlinie einen Bericht, in dem die Auswirkungen des Unterbleibens oder der Verzögerung von Veröffentlichungen, deren Gegenstand patentierfähig sein könnte, auf die gentechnologische Grundlagenforschung evaluiert werden;
c) jährlich ab dem in Artikel 15 Absatz 1 vorgesehenen Zeitpunkt einen Bericht über die Entwicklung und die Auswirkungen des Patentrechts im Bereich der Bio- und Gentechnologie.

Artikel 17

Diese Richtlinie tritt am Tag ihrer Veröffentlichung im Amtsblatt der Europäischen Gemeinschaften in Kraft.

Artikel 18

Diese Richtlinie ist an die Mitgliedstaaten gerichtet.

Geschehen zu Brüssel am 6. Juli 1998.
 Im Namen des Europäischen Parlaments: *Der Präsident* J. M. GIL-ROBLES.
 Im Namen des Rates: Der Präsident R. EDLINGER.

III. Richtlinie zur Prüfung von Humanarzneimitteln

Richtlinie 2001/20/EG des Europäischen Parlaments und des Rates vom 4. April 2001 zur Angleichung der Rechts- und Verwaltungsvorschriften der Mitgliedstaaten über die Anwendung der guten klinischen Praxis bei der Durchführung von klinischen Prüfungen mit Humanarzneimitteln[1]

Das Europäische Parlament und der Rat der Europäischen Union –
gestützt auf den Vertrag zur Gründung der Europäischen Gemeinschaft, insbesondere auf Artikel 95,
auf Vorschlag der Kommission[2],
nach Stellungnahme des Wirtschafts- und Sozialausschusses[3],
gemäß dem Verfahren des Artikels 251 des Vertrags[4],
in Erwägung nachstehender Gründe:

(1) Nach der Richtlinie 65/65/EWG des Rates vom 26. Januar 1965 zur Angleichung der Rechts- und Verwaltungsvorschriften über Arzneimittel[5] sind zusammen mit den Anträgen auf Genehmigung für das Inverkehrbringen eines Arzneimittels Unterlagen mit Angaben und Nachweisen für die Ergebnisse der mit dem Erzeugnis durchgeführten Versuche und klinischen Prüfungen vorzulegen. Die Richtlinie 75/318/EWG des Rates vom 20. Mai 1975 zur Angleichung der Rechts- und Verwaltungsvorschriften der Mitgliedstaaten über die analytischen, toxikologisch-pharmakologischen und ärztlichen oder klinischen Vorschriften und Nachweise über Versuche mit Arzneimitteln[6] legt einheitliche Vorschriften für die Zusammenstellung und Aufmachung der Unterlagen fest.

(2) Die anerkannten Grundsätze für die Durchführung klinischer Prüfungen am Menschen stützen sich auf den Schutz der Menschenrechte und der Würde des Menschen im Hinblick auf die Anwendung von Biologie und Medizin, wie bei-

---

[1] ABl.EG Nr. L 121/34.
[2] ABl.EG Nr. C 306/9 vom 8.10.1997 und ABl.EG Nr. C 161/5 vom 8.6.1999.
[3] ABl.EG Nr. C 95/1 vom 30.3.1998.
[4] Stellungnahme des Europäischen Parlaments vom 17.11.1998 (ABl.EG Nr. C 379/27 vom 7.12.1998), Gemeinsamer Standpunkt des Rates vom 20.7.2000 (ABl.EG Nr. C 300/32 vom 20.10.2000) und Beschluss des Europäischen Parlaments vom 12.12.2000 sowie Beschluss des Rates vom 26.2.2001.
[5] ABl.EG 22/1 vom 9.2.1965; Richtlinie zuletzt geändert durch die Richtlinie 93/39/EWG ABl.EG Nr. L 214/22 vom 24.8.1993).
[6] ABl.EG Nr. L 147/1 vom 9.6.1975; Richtlinie zuletzt geändert durch die Richtlinie 1999/83/EG der Kommission (ABl.EG Nr. L 243/9 vom 15.9.1999).

spielsweise in der Erklärung von Helsinki in der Fassung von 1996 ausgeführt wird. Der Schutz der Prüfungsteilnehmer wird durch eine Risikobewertung auf der Grundlage der Ergebnisse toxikologischer Untersuchungen vor Beginn jeder klinischen Prüfung, der Prüfungen der Ethik-Kommissionen und der zuständigen Behörden der Mitgliedstaaten sowie durch die Bestimmungen zum Schutz persönlicher Daten sichergestellt.

(3) Personen, die nicht rechtswirksam in eine klinische Prüfung einwilligen können, sollten besonders geschützt werden. Es ist Aufgabe der Mitgliedstaaten, entsprechende Bestimmungen zu erlassen. Diese Personen dürfen nicht in klinische Studien einbezogen werden, wenn dieselben Erkenntnisse auch durch klinische Prüfungen mit einwilligungsfähigen Personen gewonnen werden können. Diese Personen sollten in der Regel nur dann in klinische Studien einbezogen werden, wenn die begründete Annahme besteht, dass die Verabreichung des Arzneimittels einen unmittelbaren Nutzen für den betroffenen Patienten hat, der die Risiken überwiegt. Aber gerade bei Kindern ist es notwendig, klinische Studien durchzuführen, um die Behandlung dieser Bevölkerungsgruppe zu verbessern. Kinder bilden eine besonders schutzbedürftige Bevölkerungsgruppe. Sie unterscheiden sich in ihrer Entwicklung sowie physiologisch und psychologisch von Erwachsenen, so dass zum Wohle dieser Bevölkerungsgruppe Forschungen wichtig sind, die Alter und Entwicklungsstand berücksichtigen. Arzneimittel für Kinder, einschließlich Impfstoffe, müssen vor einer allgemeinen Anwendung wissenschaftlich getestet werden. Dies kann nur dadurch erreicht werden, dass Arzneimittel, die bei Kindern von erheblichem klinischen Wert sein können, eingehend geprüft werden. Die dafür erforderlichen klinischen Studien sollten unter optimalem Schutz der Prüfungsteilnehmer stattfinden. Daher ist es notwendig, Kriterien zum Schutz von Kindern bei klinischen Prüfungen festzulegen.

(4) Bei sonstigen nichteinwilligungsfähigen Personen, z. B. Demenzkranken, psychiatrischen Patienten usw., sollte die Einbeziehung in klinische Prüfungen noch restriktiver erfolgen. Zu prüfende Arzneimittel dürfen an diese Personen nur verabreicht werden, wenn die begründete Annahme besteht, dass der direkte Nutzen für die betroffenen Patienten die Risiken überwiegt. In diesen Fällen ist vor der Teilnahme an jedweder klinischen Prüfung ferner die schriftliche Einwilligung des gesetzlichen Vertreters des Patienten, die in Absprache mit dem behandelnden Arzt erteilt wird, einzuholen.

(5) Der Begriff des gesetzlichen Vertreters bezieht sich auf geltendes nationales Recht und kann daher natürliche oder juristische Personen, eine durch nationales Recht vorgesehene Behörde und/oder Stelle umfassen.

(6) Um einen optimalen Gesundheitsschutz zu erzielen, werden weder in der Gemeinschaft noch in Drittländern überholte oder wiederholte Versuche durchgeführt. Die Harmonisierung technischer Anforderungen für die Entwicklung von Arzneimitteln sollte daher durch geeignete Gremien, wie die Internationale Harmonisierungskonferenz, erfolgen.

(7) Arzneimittel, die unter Teil A des Anhangs der Verordnung (EWG) Nr. 2309/93 des Rates vom 22. Juli 1993 zur Festlegung von Gemeinschaftsverfahren für die Genehmigung und Überwachung von Human- und Tierarzneimitteln und zur Schaffung einer Europäischen Agentur für die Beurteilung von Arzneimitteln[7] fallen und zu denen auch für die Gen- und Zelltherapie bestimmte Erzeugnisse zählen, müssen im Hinblick auf die Erteilung einer Genehmigung für das Inverkehrbringen durch die Kommission unter Einbeziehung des Ausschusses für Arzneispezialitäten von der Europäischen Agentur für die Beurteilung von Arzneimitteln (nachfolgend „Agentur" genannt) wissenschaftlich geprüft werden. Der Ausschuss kann im Laufe der Beurteilung umfassende Informationen über die Ergebnisse und folglich die Art der klinischen Prüfung, auf deren Grundlage eine Zulassung beantragt wird, fordern und vom Antragsteller sogar ergänzende klinische Prüfungen verlangen. Deshalb sollten Bestimmungen vorgesehen werden, die es der Agentur ermöglichen, über sämtliche Informationen über die Durchführung klinischer Prüfungen mit solchen Arzneimitteln zu verfügen.

(8) Dadurch, dass für jeden betroffenen Mitgliedstaat nur eine einzige Stellungnahme abgegeben wird, verringert sich die Zeit, die bis zum Beginn einer Prüfung verstreicht, ohne dass das Wohlergehen der Prüfungsteilnehmer gefährdet wird, wobei nicht ausgeschlossen ist, dass die Prüfung in bestimmten Prüfstellen abgelehnt wird.

(9) Die Mitgliedstaaten, in denen die klinische Prüfung stattfindet, sollten über den Inhalt, den Beginn und die Beendigung dieser klinischen Prüfung informiert sein. Über diese Informationen sollten auch alle anderen Mitgliedstaaten verfügen. Deshalb sollte eine europäische Datenbank geschaffen werden, in der diese Angaben unter Einhaltung der Vertraulichkeitsregelungen gesammelt werden.

(10) Bei klinischen Prüfungen handelt es sich um komplexe Tätigkeiten, die in der Regel länger als ein Jahr dauern und sich sogar über mehrere Jahre erstrecken können; meist sind zahlreiche Personen und verschiedene Prüfstellen beteiligt, die sich häufig in verschiedenen Mitgliedstaaten befinden. Die derzeitigen Praktiken in den Mitgliedstaaten weisen erhebliche Unterschiede im Hinblick auf die Modalitäten für den Beginn und die Durchführung und vor allem im Hinblick auf die Anforderungen an die klinischen Prüfungen auf. Deshalb treten Verzögerungen und Komplikationen auf, die eine wirkungsvolle Durchführung in der Gemeinschaft behindern. Die Verwaltungsvorschriften über diese Prüfungen sollten daher vereinfacht und harmonisiert werden, indem ein eindeutiges, transparentes Verfahren eingeführt und günstige Voraussetzungen für eine effiziente Koordinierung der klinischen Prüfungen durch die betreffenden Stellen in der Gemeinschaft geschaffen werden.

---

[7] ABl.EG Nr. L 214/1 vom 24.8.1993; geändert durch die Verordnung (EG) Nr. 649/98 der Kommission (ABl.EG Nr. L 88/7 vom 24.3.1998).

(11) In der Regel sollte eine implizite Genehmigung vorgesehen werden, d. h., falls ein positives Votum der Ethik-Kommission vorliegt und die zuständige Behörde innerhalb einer bestimmten Frist keine Einwände erhebt, sollte mit den klinischen Prüfungen begonnen werden können. In Ausnahmefällen bei besonders schwierigen Fragestellungen sollte jedoch eine explizite schriftliche Genehmigung erforderlich sein.

(12) Für die Prüfpräparate sollten die Anforderungen der guten Herstellungspraxis gelten.

(13) Es sollten besondere Vorschriften für die Etikettierung dieser Prüfpräparate vorgesehen werden.

(14) Nichtkommerzielle klinische Prüfungen, die von Wissenschaftlern ohne Beteiligung der pharmazeutischen Industrie durchgeführt werden, können einen hohen Nutzen für die betroffenen Patienten haben. Daher sollte die Richtlinie die besondere Situation der Prüfungen berücksichtigen, deren Konzept keine besondere Herstellung oder Verpackung erfordert, falls diese Prüfungen mit Arzneimitteln, für die im Sinne der Richtlinie 65/65/EWG eine Genehmigung für das Inverkehrbringen erteilt wurde und die gemäß den Vorschriften der Richtlinien 75/319/EWG und 91/356/EWG hergestellt oder importiert wurden, durchgeführt werden, und zwar bei Patienten mit denselben Merkmalen wie die, die von dem in der Genehmigung für das Inverkehrbringen genannten Anwendungsgebiet abgedeckt sind. Die Kennzeichnung der Prüfpräparate für derartige Prüfungen sollte den vereinfachten Bestimmungen unterliegen, die in den Leitlinien über gute Herstellungspraxis bei Prüfpräparaten und in der Richtlinie 91/356/EWG niedergelegt sind.

(15) Die Beteiligung von Personen an klinischen Prüfungen lässt sich nur dann rechtfertigen, wenn geprüft ist, ob die Anforderungen der guten klinischen Praxis eingehalten werden, und wenn die Daten, Informationen und Unterlagen daraufhin kontrolliert worden sind, dass sie ordnungsgemäß erstellt, aufgezeichnet und wiedergegeben wurden.

(16) Die Prüfungsteilnehmer müssen darin einwilligen, dass bei Inspektionen durch die zuständigen Behörden und dazu ermächtigten Personen ihre persönliche Daten geprüft werden, wobei diese jedoch als streng vertraulich behandelt und nicht der Allgemeinheit zugänglich gemacht werden.

(17) Die Richtlinie 95/46/EG des Europäischen Parlaments und des Rates vom 24. Oktober 1995 zum Schutz natürlicher Personen bei der Verarbeitung personenbezogener Daten und zum freien Datenverkehr[8] bleibt von dieser Richtlinie unberührt.

---

[8] ABl.EG Nr. L 281/31 vom 23.11.1995.

(18) Ferner muss für die Überwachung von während der klinischen Prüfungen auftretenden Nebenwirkungen gesorgt werden. Dabei sind gemeinschaftliche Überwachungsverfahren (im Sinne der Pharmakovigilanz) anzuwenden, um die sofortige Einstellung einer klinischen Prüfung sicherzustellen, sofern ein nicht hinnehmbares Risiko besteht.

(19) Die zur Durchführung dieser Richtlinie erforderlichen Maßnahmen sollten gemäß dem Beschluss 1999/468/EG des Rates vom 28. Juni 1999 zur Festlegung der Modalitäten für die Ausübung der der Kommission übertragenen Durchführungsbefugnisse[9] erlassen werden –

haben folgende Richtlinie erlassen:

Artikel 1 – Geltungsbereich

(1) Diese Richtlinie enthält, insbesondere im Hinblick auf die Anwendung der guten klinischen Praxis, spezifische Vorschriften für die Durchführung von klinischen Prüfungen, einschließlich multizentrischer klinischer Prüfungen, die an Menschen mit Arzneimitteln gemäß der Definition in Artikel 1 der Richtlinie 65/65/EWG[10] vorgenommen werden. Nicht-interventionelle Prüfungen fallen nicht unter diese Richtlinie.

(2) Die gute klinische Praxis umfasst einen Katalog international anerkannter ethischer und wissenschaftlicher Qualitätsanforderungen, die bei der Planung, Durchführung und Aufzeichnung klinischer Prüfungen an Menschen sowie der Berichterstattung über diese Prüfungen eingehalten werden müssen. Die Einhaltung dieser Praxis gewährleistet, dass die Rechte, die Sicherheit und das Wohlergehen der Teilnehmer an klinischen Prüfungen geschützt werden und dass die Ergebnisse der klinischen Prüfungen glaubwürdig sind

---

[9] ABl.EG Nr. L 184/23 vom 17.7.1999.
[10] Die Bestimmung lautet: „Für die Durchführung dieser Richtlinie sind :1. Arzneispezialitäten alle Arzneimittel, die im Voraus hergestellt und unter einer besonderen Bezeichnung und in einer besonderen Aufmachung in den Verkehr gebracht werden. 2. Arzneimittel alle Stoffe oder Stoffzusammensetzungen, die als Mittel zur Heilung oder zur Verhütung menschlicher oder tierischer Krankheiten bezeichnet werden; alle Stoffe oder Stoffzusammensetzungen, die dazu bestimmt sind, im oder am menschlichen oder tierischen Körper zur Erstellung einer ärztlichen Diagnose oder zur Wiederherstellung, Besserung oder Beeinflussung der menschlichen oder tierischen Körperfunktionen angewandt zu werden. 3. Stoffe alle Stoffe jeglicher Herkunft , und zwar menschlicher Herkunft, wie z.B.: menschliches Blut und daraus gewonnene Erzeugnisse; tierischer Herkunft , wie z.B.: Mikroorganismen, ganze Tiere, Teile von Organen, tierische Sekrete, Toxine, durch Extraktion gewonnene Stoffe, aus Blut gewonnene Erzeugnisse usw.; pflanzlicher Herkunft , wie z.B.: Mikroorganismen, Pflanzen, Teile vor, Pflanzen, Pflanzensekrete, durch Extraktion gewonnene Stoffe usw.; chemischer Herkunft, wie z.B.: chemische Elemente, natürliche chemische Stoffe und durch Umsetzung oder auf synthetischem Wege gewonnene chemische Verbindungen.

(3) Die Grundsätze der guten klinischen Praxis und die ausführlichen Leitlinien, die diesen Grundsätzen entsprechen, werden nach dem Verfahren des Artikels 21 Absatz 2 angenommen und gegebenenfalls überarbeitet, um dem technischen und wissenschaftlichen Fortschritt Rechnung zu tragen.
Die Kommission veröffentlicht diese ausführlichen Leitlinien.
(4) Bei allen klinischen Prüfungen, einschließlich der Bioverfügbarkeits- und Bioäquivalenzstudien, erfolgen die Planung, Durchführung und Berichterstattung im Einklang mit den Grundsätzen der guten klinischen Praxis.

Artikel 2 – Begriffsbestimmungen

Im Sinne dieser Richtlinie bedeutet der Begriff:
a) „Klinische Prüfung" jede am Menschen durchgeführte Untersuchung, um klinische, pharmakologische und/oder sonstige pharmakodynamische Wirkungen von Prüfpräparaten zu erforschen oder nachzuweisen und/oder jede Nebenwirkung von Prüfpräparaten festzustellen und/oder die Resorption, die Verteilung, den Stoffwechsel und die Ausscheidung von Prüfpräparaten zu untersuchen, mit dem Ziel, sich von deren Unbedenklichkeit und/oder Wirksamkeit zu überzeugen.

Dies umfasst klinische Prüfungen, die in einer oder mehreren Prüfstellen in einem oder mehreren Mitgliedstaaten durchgeführt werden.
b) „Multizentrische klinische Prüfung" eine nach einem einzigen Prüfplan durchgeführte klinische Prüfung, die in mehr als einer Prüfstelle erfolgt und daher von mehr als einem Prüfer vorgenommen wird, wobei die Prüfstellen sich in einem einzigen Mitgliedstaat, in mehreren Mitgliedstaaten und/oder in Mitgliedstaaten und Drittländern befinden können.
c) „Nicht-interventionelle Prüfung" eine Untersuchung, in deren Rahmen die betreffenden Arzneimittel auf übliche Weise unter den in der Genehmigung für das Inverkehrbringen genannten Bedingungen verordnet werden. Die Anwendung einer bestimmten Behandlungsstrategie auf den Patienten wird nicht im Voraus in einem Prüfplan festgelegt, sie fällt unter die übliche Praxis, und die Entscheidung zur Verordnung des Arzneimittels ist klar von der Entscheidung getrennt, einen Patienten in eine Untersuchung einzubeziehen. Auf die Patienten darf kein zusätzliches Diagnose- oder Überwachungsverfahren Anwendung finden, und zur Analyse der gesammelten Daten werden epidemiologische Methoden angewandt.
d) „Prüfpräparat" eine pharmazeutische Form eines Wirkstoffs oder Placebos, die in einer klinischen Prüfung getestet oder als Referenzsubstanz verwendet wird; ferner ein zugelassenes Produkt, wenn es in einer anderen als der zugelassenen Form verwendet oder bereitgestellt wird (andere Darreichungsform oder Verpackung) oder für ein nicht zugelassenes Anwendungsgebiet eingesetzt oder zum Erhalt zusätzlicher Informationen über die zugelassene Form verwendet wird.
e) „Sponsor" Person, Unternehmen, Institution oder Organisation, die bzw. das die Verantwortung für die Einleitung, das Management und/oder die Finanzierung einer klinischen Prüfung übernimmt.

f) „Prüfer" einen Arzt oder eine Person, die einen Beruf ausübt, der in den Mitgliedstaaten für Forschungsarbeiten wegen des wissenschaftlichen Hintergrunds und der erforderlichen Erfahrungen in der Patientenbetreuung anerkannt ist. Der Prüfer ist für die Durchführung der klinischen Prüfung in einer Prüfstelle verantwortlich. Wird eine Prüfung in einer Prüfstelle von einem Team vorgenommen, so ist der Prüfer der verantwortliche Leiter des Teams und kann als Hauptprüfer bezeichnet werden.
g) „Prüferinformation" eine Zusammenstellung der für die Untersuchungen mit Prüfpräparaten am Menschen relevanten klinischen und nichtklinischen Daten über die betreffenden Präparate.
h) „Prüfplan" Unterlagen, in denen Zielsetzung(en), Planung, Methodik, statistische Überlegungen und Organisation einer Prüfung beschrieben sind. Der Begriff „Prüfplan" bezieht sich auf den Prüfplan an sich sowie auf seine nachfolgenden Fassungen und Änderungen.
i) „Prüfungsteilnehmer" eine Person, die entweder als Empfänger des Prüfpräparats oder als Mitglied einer Kontrollgruppe an einer klinischen Prüfung teilnimmt.
j) „Einwilligung nach Aufklärung" Entscheidung über die Teilnahme an einer klinischen Prüfung, die in Schriftform abgefasst, datiert und unterschrieben werden muss und nach ordnungsgemäßer Unterrichtung über Wesen, Bedeutung, Tragweite und Risiken der Prüfung und nach Erhalt einer entsprechenden Dokumentation freiwillig von einer Person, die ihre Einwilligung geben kann, oder aber, wenn die Person hierzu nicht in der Lage ist, von ihrem gesetzlichen Vertreter getroffen wird. Kann die betreffende Person nicht schreiben, so kann in Ausnahmefällen entsprechend den einzelstaatlichen Rechtsvorschriften eine mündliche Einwilligung in Anwesenheit von mindestens einem Zeugen erteilt werden.
k) „Ethik-Kommission" ein unabhängiges Gremium in einem Mitgliedstaat, das sich aus im Gesundheitswesen und in nichtmedizinischen Bereichen tätigen Personen zusammensetzt und dessen Aufgabe es ist, den Schutz der Rechte, die Sicherheit und das Wohlergehen von an einer klinischen Prüfung teilnehmenden Personen zu sichern und diesbezüglich Vertrauen der Öffentlichkeit zu schaffen, indem es unter anderem zu dem Prüfplan, der Eignung der Prüfer und der Angemessenheit der Einrichtungen sowie zu den Methoden, die zur Unterrichtung der Prüfungsteilnehmer und zur Erlangung ihrer Einwilligung nach Aufklärung benutzt werden, und zu dem dabei verwendeten Informationsmaterial Stellung nimmt.
l) „Inspektion" offiziell von einer zuständigen Behörde durchgeführte Überprüfung von Unterlagen, Einrichtungen, Aufzeichnungen, Qualitätssicherungssystemen und allen sonstigen Ressourcen, die nach Ansicht der zuständigen Behörde im Zusammenhang mit der klinischen Prüfung stehen und die sich in der Prüfstelle, in den Einrichtungen des Sponsors und/oder des Auftragsforschungsinstituts oder in sonstigen Einrichtungen befinden können, die nach dem Dafürhalten der zuständigen Behörde inspiziert werden sollten.
m) „Unerwünschtes Ereignis" jedes schädliche Vorkommnis, das einem Patienten oder einem Prüfungsteilnehmer widerfährt, dem ein Arzneimittel verab-

reicht wurde, und das nicht unbedingt in kausalem Zusammenhang mit dieser Behandlung steht.
n) „Nebenwirkung" jede schädliche und unbeabsichtigte Reaktion auf ein Prüfpräparat in jeglicher Dosierung.
o) „Schwerwiegendes unerwünschtes Ereignis oder schwerwiegende Nebenwirkung" unerwünschtes Ereignis oder Nebenwirkung, das bzw. die unabhängig von der Dosis tödlich oder lebensbedrohend ist, eine stationäre Behandlung oder deren Verlängerung erforderlich macht, zu einer bleibenden oder schwerwiegenden Behinderung oder Invalidität führt oder eine kongenitale Anomalie oder einen Geburtsfehler zur Folge hat.
p) „Unerwartete Nebenwirkung" eine unerwünschte Wirkung, die nach Art oder Schweregrad aufgrund der vorliegenden Produktinformation (z. B. Prüferinformation für ein nicht zugelassenes Prüfpräparat oder Merkblatt in der Zusammenfassung der Produkteigenschaften für ein zugelassenes Produkt) nicht zu erwarten ist.

Artikel 3 – Schutz von Prüfungsteilnehmern

(1) Diese Richtlinie berührt nicht etwaige Maßnahmen, die in den Mitgliedstaaten zum Schutz von Prüfungsteilnehmern getroffen werden, wenn diese Bestimmungen eine größere Tragweite als die der vorliegenden Richtlinie haben und sofern sie mit den darin vorgesehenen Verfahren und Fristen im Einklang stehen. Die Mitgliedstaaten erlassen, sofern noch nicht vorhanden, detaillierte Regelungen zum Schutz nichteinwilligungsfähiger Personen vor Missbrauch.

(2) Eine klinische Prüfung darf nur durchgeführt werden, wenn insbesondere
a) die vorhersehbaren Risiken und Nachteile gegenüber dem Nutzen für den Prüfungsteilnehmer und für andere gegenwärtige und zukünftige Patienten abgewogen worden sind. Eine klinische Prüfung darf nur beginnen, wenn eine Ethik-Kommission und/oder die zuständige Behörde zu der Schlussfolgerung kommt, dass der erwartete therapeutische Nutzen und der Nutzen für die öffentliche Gesundheit die Risiken überwiegen, und nur fortgeführt werden, wenn die Einhaltung dieser Anforderung ständig überwacht wird;
b) der Prüfungsteilnehmer, oder wenn dieser seine Einwilligung nach Aufklärung nicht erteilen kann, dessen gesetzlicher Vertreter Gelegenheit hatte, sich in einem vorherigen Gespräch mit dem Prüfer oder einem Mitglied des Prüfungsteams ein Bild von den Zielen der Prüfung, ihren Risiken und Nachteilen und den Bedingungen ihrer Durchführung zu machen, und er außerdem über sein Recht informiert wurde, seine Teilnahme an der Prüfung jederzeit zu beenden;
c) das Recht des Prüfungsteilnehmers auf körperliche und geistige Unversehrtheit sowie das Recht des Prüfungsteilnehmers auf Achtung der Privatsphäre und auf den Schutz der ihn betreffenden Daten entsprechend der Richtlinie 95/46/EG gewährleistet werden;
d) der Prüfungsteilnehmer oder, wenn dieser seine Einwilligung nach Aufklärung nicht erteilen kann, dessen gesetzlicher Vertreter seine schriftliche Einwilligung gegeben hat, nachdem er über Wesen, Bedeutung, Tragweite und Risiken der klinischen Prüfung aufgeklärt und beraten worden ist. Kann die

betreffende Person nicht schreiben, so kann in Ausnahmefällen entsprechend den einzelstaatlichen Rechtsvorschriften eine mündliche Einwilligung in Anwesenheit von mindestens einem Zeugen erteilt werden;
e) der Prüfungsteilnehmer durch Widerruf der Einwilligung nach Aufklärung seine Teilnahme an der klinischen Prüfung jederzeit beenden kann, ohne dass ihm daraus Nachteile entstehen;
f) Vorschriften über Versicherung oder Schadenersatz zur Deckung der Haftung des Prüfers und des Sponsors bestehen.

(3) Für die medizinische Versorgung eines Prüfungsteilnehmers und die medizinischen Entscheidungen in Bezug auf denselben ist ein angemessen qualifizierter Arzt oder gegebenenfalls ein angemessen qualifizierter Zahnarzt verantwortlich.

(4) Dem Prüfungsteilnehmer steht eine Kontaktstelle zur Verfügung, bei der er weitere Informationen einholen kann.

Artikel 4 – Minderjährige als Prüfungsteilnehmer

Zusätzlich zu allen relevanten Einschränkungen darf eine klinische Prüfung an Minderjährigen nur durchgeführt werden, wenn
a) die nach Aufklärung erteilte Einwilligung der Eltern oder des gesetzlichen Vertreters vorliegt. Die Einwilligung muss dem mutmaßlichen Willen des Minderjährigen entsprechen und kann jederzeit widerrufen werden, ohne dass dem Minderjährigen dadurch Nachteile entstehen;
b) der Minderjährige von pädagogisch erfahrenem Personal eine seiner Fähigkeit, dies zu begreifen, entsprechende Aufklärung über die Prüfung, die Risiken und den Nutzen erhalten hat;
c) der von einem Minderjährigen, der sich eine eigene Meinung bilden kann und die erhaltenen Informationen zu beurteilen weiß, ausdrücklich geäußerte Wunsch, nicht an der klinischen Prüfung teilzunehmen oder sie zu irgendeinem Zeitpunkt zu beenden, vom Prüfer und gegebenenfalls vom Hauptprüfer berücksichtigt wird;
d) keine Anreize oder finanzielle Vergünstigungen mit Ausnahme einer Entschädigung gewährt werden;
e) die klinische Prüfung für die Patientengruppe mit einem direkten Nutzen verbunden ist und nur dann, wenn derartige Forschungen für die Validierung von Daten, die bei klinischen Prüfungen an zur Einwilligung nach Aufklärung fähigen Personen oder mittels anderer Forschungsmethoden gewonnen wurden, unbedingt erforderlich sind. Außerdem müssen sich derartige Forschungen unmittelbar auf einen klinischen Zustand beziehen, unter dem der betroffene Minderjährige leidet, oder ihrem Wesen nach nur an Minderjährigen durchgeführt werden können;
f) die einschlägigen wissenschaftlichen Leitlinien der Agentur befolgt wurden;
g) die klinischen Prüfungen so geplant sind, dass sie unter Berücksichtigung der Erkrankung und des Entwicklungsstadiums mit möglichst wenig Schmerzen, Beschwerden, Angst und anderen vorhersehbaren Risiken verbunden sind; sowohl die Risikoschwelle als auch der Belastungsgrad müssen eigens definiert und ständig überprüft werden;

h) der Prüfplan von einer Ethik-Kommission, die über Kenntnisse auf dem Gebiet der Kinderheilkunde verfügt oder die sich in klinischen, ethischen und psychosozialen Fragen auf dem Gebiet der Kinderheilkunde beraten ließ, befürwortet wurde; und
i) die Interessen des Patienten stets über den Interessen der Wissenschaft und der Gesellschaft stehen.

Artikel 5 – Nichteinwilligungsfähige Erwachsene als Prüfungsteilnehmer

Bei anderen Personen, die nicht in der Lage sind, eine rechtswirksame Einwilligung nach Aufklärung zu erteilen, gelten alle relevanten Anforderungen, die für einwilligungsfähige Personen aufgeführt sind. Zusätzlich zu diesen Anforderungen ist die Einbeziehung von nichteinwilligungsfähigen Erwachsenen, die vor Eintritt der Unfähigkeit zur Einwilligung ihre Einwilligung nicht erteilt oder verweigert haben, in eine klinische Prüfung nur dann möglich, wenn

a) die Einwilligung nach Aufklärung des gesetzlichen Vertreters eingeholt wurde; die Einwilligung muss dem mutmaßlichen Willen des Prüfungsteilnehmers entsprechen und kann jederzeit widerrufen werden, ohne dass dem Prüfungsteilnehmer dadurch Nachteile entstehen;
b) die Person, die nicht in der Lage ist, eine rechtswirksame Einwilligung nach Aufklärung zu erteilen, je nach ihrer Fähigkeit, dies zu begreifen, Informationen hinsichtlich der Prüfung, der Risiken und des Nutzens erhalten hat;
c) der von einem Teilnehmer, der sich eine eigene Meinung bilden kann und die erhaltenen Informationen zu beurteilen weiß, ausdrücklich geäußerte Wunsch, nicht an der klinischen Prüfung teilzunehmen oder sie zu irgendeinem Zeitpunkt zu beenden, vom Prüfer und gegebenenfalls vom Hauptprüfer berücksichtigt wird;
d) keine Anreize oder finanzielle Vergünstigungen mit Ausnahme einer Entschädigung gewährt werden;
e) derartige Forschungen für die Bestätigung von Daten, die bei klinischen Prüfungen an zur Einwilligung nach Aufklärung fähigen Personen oder mittels anderer Forschungsmethoden gewonnen wurden, unbedingt erforderlich sind und sich unmittelbar auf einen lebensbedrohlichen oder sehr geschwächten klinischen Zustand beziehen, in dem sich der betreffende nichteinwilligungsfähige Erwachsene befindet;
f) die klinischen Prüfungen so geplant sind, dass sie unter Berücksichtigung der Erkrankung und des Entwicklungsstadiums mit möglichst wenig Schmerzen, Beschwerden, Angst und anderen vorhersehbaren Risiken verbunden sind; sowohl die Risikoschwelle als auch der Belastungsgrad müssen eigens definiert und ständig überprüft werden;
g) der Prüfplan von einer Ethik-Kommission, die über Kenntnisse auf dem Gebiet der betreffenden Krankheit und in Bezug auf die betroffene Patientengruppe verfügt oder die sich in klinischen, ethischen und psychosozialen Fragen auf dem Gebiet der betreffenden Erkrankung und in Bezug auf die betroffene Patientengruppe beraten ließ, befürwortet wurde;
h) die Interessen des Patienten immer denen der Wissenschaft und der Gesellschaft vorgehen; und

i) die begründete Erwartung besteht, dass die Verabreichung des Prüfpräparats einen Nutzen für den betroffenen Patienten hat, der die Risiken überwiegt oder keinerlei Risiken mit sich bringt.

Artikel 6 – Ethik-Kommission

(1) Die Mitgliedstaaten ergreifen mit Blick auf die Durchführung klinischer Prüfungen die erforderlichen Maßnahmen, um Ethik-Kommissionen einzurichten und diesen ihre Arbeit zu ermöglichen.

(2) Die Ethik-Kommission muss ihre Stellungnahme vor Beginn der klinischen Prüfung, zu der sie befasst wurde, abgeben.

(3) Die Ethik-Kommission berücksichtigt bei der Ausarbeitung ihrer Stellungnahme insbesondere:
a) die Relevanz der klinischen Prüfung und ihrer Planung,
b) die Angemessenheit der in Artikel 3 Absatz 2 Buchstabe a) vorgeschriebenen Bewertung des erwarteten Nutzens und der erwarteten Risiken und die Begründetheit der Schlussfolgerungen,
c) den Prüfplan,
d) die Eignung des Prüfers und seiner Mitarbeiter,
e) die Prüferinformation,
f) die Qualität der Einrichtungen,
g) die Angemessenheit und Vollständigkeit der zu erteilenden schriftlichen Auskünfte sowie das Verfahren im Hinblick auf die Einwilligung nach Aufklärung und die Rechtfertigung für die Forschung an Personen, die zur Einwilligung nach Aufklärung nicht in der Lage sind, was die spezifischen in Artikel 3 niedergelegten Einschränkungen anbelangt,
h) die Vorschriften für Wiedergutmachung oder Entschädigung bei Schäden oder Todesfällen, die auf die klinische Prüfung zurückzuführen sind,
i) jede Art von Versicherung oder Schadenersatz zur Deckung der Haftung des Prüfers und des Sponsors,
j) die Beträge und die Modalitäten für die etwaige Vergütung oder Entschädigung für Prüfer und Prüfungsteilnehmer und die einschlägigen Elemente jedes zwischen dem Sponsor und der Prüfstelle vorgesehenen Vertrags,
k) die Modalitäten für die Auswahl der Prüfungsteilnehmer.

(4) Ungeachtet dieses Artikels kann ein Mitgliedstaat beschließen, die von ihm für die Zwecke des Artikels 9 benannte zuständige Behörde zu beauftragen, die in Absatz 3 Buchstaben h), i) und j) des vorliegenden Artikels genannten Elemente zu prüfen und hierzu eine Stellungnahme abzugeben.

Wendet ein Mitgliedstaat diese Bestimmung an, so unterrichtet er darüber die Kommission, die anderen Mitgliedstaaten und die Agentur.

(5) Die Ethik-Kommission übermittelt dem Antragsteller und der zuständigen Behörde des betreffenden Mitgliedstaats innerhalb von höchstens 60 Tagen nach Eingang des ordnungsgemäßen Antrags ihre mit Gründen versehene Stellungnahme.

(6) Während der Prüfung des Antrags auf eine Stellungnahme kann die Ethik-Kommission nur ein einziges Mal zusätzliche Informationen zu den vom An-

tragsteller bereits vorgelegten Informationen anfordern. Die in Absatz 5 vorgesehene Frist wird bis zum Eingang der zusätzlichen Informationen ausgesetzt.
(7) Eine Verlängerung der 60-Tage-Frist nach Absatz 5 darf nicht eingeräumt werden, es sei denn, es handelt sich um Prüfungen im Zusammenhang mit Arzneimitteln für Gentherapie oder somatische Zelltherapie oder mit allen Arzneimitteln mit genetisch veränderten Organismen, bei denen eine Verlängerung des Zeitraums um höchstens 30 Tage zulässig ist. Bei diesen Produkten kann diese 90-Tage-Frist um weitere 90 Tage nach Konsultation einer Gruppe oder eines Ausschusses gemäß den Regelungen und Verfahren der Mitgliedstaaten verlängert werden. Im Falle der xenogenen Zelltherapie gibt es keine zeitliche Begrenzung für den Genehmigungszeitraum.

Artikel 7 – Einzige Stellungnahme

Für multizentrische klinische Prüfungen im Hoheitsgebiet eines einzigen Mitgliedstaats legen die Mitgliedstaaten ein Verfahren fest, wonach für den betreffenden Mitgliedstaat ungeachtet der Anzahl der Ethik-Kommissionen eine einzige Stellungnahme abgegeben wird.

Bei multizentrischen klinischen Prüfungen, die zugleich in mehreren Mitgliedstaaten durchgeführt werden, wird für jeden der betroffenen Mitgliedstaaten jeweils eine einzige Stellungnahme einer Ethik-Kommission abgegeben.

Artikel 8 – Ausführliche Anleitungen

In Konsultationen mit den Mitgliedstaaten und den betreffenden Parteien erstellt und veröffentlicht die Kommission ausführliche Anleitungen für die Antragstellung und die Unterlagen, die mit dem Antrag auf Stellungnahme der Ethik-Kommission vorzulegen sind – insbesondere im Hinblick auf die den Prüfungsteilnehmern vorzulegenden Informationen – sowie für geeignete Garantien zum Schutz persönlicher Daten.

Artikel 9 – Beginn einer klinischen Prüfung

(1) Die Mitgliedstaaten ergreifen die erforderlichen Maßnahmen, damit der Beginn einer klinischen Prüfung nach dem Verfahren dieses Artikels verläuft.

Der Sponsor kann mit der klinischen Prüfung erst beginnen, wenn die Ethik-Kommission eine befürwortende Stellungnahme abgegeben hat und sofern die zuständige Behörde des betreffenden Mitgliedstaats dem Sponsor keine mit Gründen versehenen Einwände übermittelt hat. Diese Beschlussfassungsverfahren können je nach Wunsch des Sponsors gleichzeitig oder nicht gleichzeitig durchgeführt werden.
(2) Vor Beginn einer klinischen Prüfung reicht der Sponsor bei der zuständigen Behörde des Mitgliedstaates, in dem er eine klinische Prüfung durchzuführen beabsichtigt, einen ordnungsgemäßen Genehmigungsantrag ein.
(3) Übermittelt die zuständige Behörde des Mitgliedstaats dem Sponsor mit Gründen versehene Einwände, kann dieser ein einziges Mal den Antrag gemäß Absatz 2 inhaltlich ändern, um die vorgebrachten Einwände zu berücksichtigen. Ändert der Sponsor den Antrag nicht entsprechend ab, gilt dieser als abgelehnt, und die klinische Prüfung kann nicht beginnen.

(4) Die Prüfung eines ordnungsgemäßen Genehmigungsantrags durch die gemäß Absatz 2 zuständige Behörde muss so schnell wie möglich abgeschlossen werden und darf nicht länger als 60 Tage dauern. Die Mitgliedstaaten können in ihrem Zuständigkeitsbereich eine kürzere Frist als 60 Tage festlegen, wenn dies der bisherigen Praxis entspricht. Die zuständige Behörde kann jedoch dem Sponsor vor Ende dieser Frist mitteilen, dass sie keinen Grund für eine Nichtakzeptanz hat.

Eine weitere Verlängerung der Frist nach Unterabsatz 1 darf nicht eingeräumt werden, es sei denn, es handelt sich um Prüfungen im Zusammenhang mit den in Absatz 6 aufgeführten Arzneimitteln, für die eine Verlängerung der Frist um höchstens 30 Tage zulässig ist. Bei diesen Produkten kann diese 90-Tage-Frist um weitere 90 Tage nach Konsultation einer Gruppe oder eines Ausschusses gemäß den Regelungen und Verfahren der Mitgliedstaaten verlängert werden. Für xenogene Zelltherapie gibt es keine zeitliche Begrenzung für den Genehmigungszeitraum.

(5) Unbeschadet des Absatzes 6 kann jedoch bei Arzneimitteln, die keine Genehmigung für das Inverkehrbringen im Sinne der Richtlinie 65/65/EWG haben und die unter Teil A des Anhangs der Verordnung (EWG) Nr. 2309/93 fallen, und bei anderen Arzneimitteln mit besonderen Merkmalen wie Arzneimitteln, deren aktive Substanz(en) ein biologisches Produkt menschlichen oder tierischen Ursprungs ist (sind) oder biologische Bestandteile menschlichen oder tierischen Ursprungs enthält (enthalten) oder die zu ihrer Herstellung derartige Bestandteile erfordern, vor Beginn der klinischen Prüfungen eine schriftliche Genehmigung verlangt werden.

(6) Einer schriftlichen Genehmigung vor Beginn der Prüfung unterliegen klinische Prüfungen im Zusammenhang mit Arzneimitteln für Gentherapie, somatische Zelltherapie, einschließlich der xenogenen Zelltherapie, sowie mit allen Arzneimitteln, die genetisch veränderte Organismen enthalten. Es dürfen keine Gentherapieprüfungen durchgeführt werden, die zu einer Veränderung der genetischen Keimbahnidentität der Prüfungsteilnehmer führen.

(7) Die Genehmigung wird unbeschadet der Anwendung der Richtlinie 90/219/EWG des Rates vom 23. April 1990 über die Anwendung genetisch veränderter Mikroorganismen in geschlossenen Systemen[11] und der Richtlinie 90/220/EWG des Rates vom 23. April 1990 über die absichtliche Freisetzung genetisch veränderter Organismen in die Umwelt[12] erteilt.

(8) In Konsultation mit den Mitgliedstaaten erstellt und veröffentlicht die Kommission ausführliche Anleitungen für

a) die Vorlage und den Inhalt des Antrags gemäß Absatz 2 sowie für die mit dem Antrag vorzulegenden Unterlagen in Bezug auf Qualität und Herstellung des Prüfpräparats, die toxikologischen und pharmakologischen Prüfungen, den Prüfplan und die klinischen Angaben zum Prüfpräparat, einschließlich der Prüferinformation,

---

[11] ABl.EG Nr. L 117/1 vom 8.5.1990; Richtlinie zuletzt geändert durch die Richtlinie 98/81/EG (ABl.EG Nr. L 330/13 vom 5.12.1998).
[12] ABl.EG Nr. L 117/15 vom 8.5.1990; Richtlinie zuletzt geändert durch die Richtlinie 97/35/EG der Kommission (ABl.EG Nr. L 169/72 vom 27.6.1997).

b) die Vorlage und den Inhalt des in Artikel 10 Buchstabe a) genannten Änderungsvorschlags im Zusammenhang mit signifikanten Änderungen am Prüfplan,
c) die Mitteilung bei Abschluss der klinischen Prüfung.

Artikel 10 – Durchführung einer klinischen Prüfung

Die Durchführung einer klinischen Prüfung kann nach folgendem Verfahren geändert werden.

a) Nach dem Beginn der klinischen Prüfung kann der Sponsor am Prüfplan Änderungen vornehmen. Wenn diese Änderungen signifikant sind und sich auf die Sicherheit der Prüfungsteilnehmer auswirken können oder die Auslegung der wissenschaftlichen Dokumente, auf die die Durchführung der Prüfung gestützt wird, beeinflussen können oder wenn sie unter irgendeinem anderen Gesichtspunkt von Bedeutung sind, dann unterrichtet der Sponsor die zuständigen Behörden des bzw. der betreffenden Mitgliedstaaten über die Gründe und den Inhalt der Änderungen und informiert die zuständige Ethik-Kommission bzw. die zuständigen Ethik-Kommissionen gemäß den Artikeln 6 und 9.

Die Ethik-Kommission gibt auf der Grundlage der in Artikel 6 Absatz 3 aufgeführten Elemente und nach Artikel 7 innerhalb von höchstens 35 Tagen ab dem Zeitpunkt des Eingangs des ordnungsgemäßen Änderungsvorschlags eine Stellungnahme ab. Bei einer ablehnenden Stellungnahme darf der Sponsor den Prüfplan nicht ändern.

Wenn die Ethik-Kommission eine befürwortende Stellungnahme abgibt und die zuständigen Behörden der Mitgliedstaaten keine mit Gründen versehenen Einwände gegen diese signifikanten Änderungen vorgebracht haben, führt der Sponsor die klinische Prüfung nach dem geänderten Prüfplan fort. Im gegenteiligen Fall muss der Sponsor entweder die Einwände berücksichtigen und die geplante Änderung des Prüfplans entsprechend anpassen oder seinen Änderungsvorschlag zurückziehen.

b) Unbeschadet des Buchstabens a) ergreift der Sponsor sowie der Prüfer unter bestimmten Umständen, insbesondere bei jeglichem neuen Umstand betreffend den Ablauf der Prüfung oder die Entwicklung eines Prüfpräparats, der die Sicherheit der Prüfungsteilnehmer beeinträchtigen kann, die dringend gebotenen Sicherheitsmaßnahmen, um die Prüfungsteilnehmer vor unmittelbarer Gefahr zu schützen. Der Sponsor unterrichtet unverzüglich die zuständigen Behörden über diese neuen Umstände und die getroffenen Maßnahmen und sorgt dafür, dass gleichzeitig die Ethik-Kommission unterrichtet wird.

c) Innerhalb von 90 Tagen nach Beendigung einer klinischen Prüfung unterrichtet der Sponsor die zuständigen Behörden des bzw. der betreffenden Mitgliedstaaten und die Ethik-Kommission über die Beendigung der Prüfung. Bei vorzeitiger Beendigung der klinischen Prüfung verkürzt sich diese Frist auf 15 Tage und sind die Gründe für den Abbruch eindeutig anzugeben.

Artikel 11 – Informationsaustausch

(1) Die Mitgliedstaaten, in deren Hoheitsgebiet die Prüfung durchgeführt wird, geben Folgendes in eine europäische Datenbank ein, auf die nur die zuständigen Behörden der Mitgliedstaaten, die Agentur und die Kommission Zugriff haben:
a) Auszüge des Genehmigungsantrags gemäß Artikel 9 Absatz 2;
b) etwaige Änderungen dieses Antrags gemäß Artikel 9 Absatz 3;
c) etwaige Änderungen des Prüfplans gemäß Artikel 10 Buchstabe a);
d) die befürwortende Stellungnahme der Ethik-Kommission;
e) die Mitteilung über den Abschluss der klinischen Prüfung;
f) den Hinweis auf durchgeführte Inspektionen zur Überprüfung der Übereinstimmung mit der guten klinischen Praxis.

(2) Auf begründete Anfrage eines Mitgliedstaats, der Agentur oder der Kommission teilt die zuständige Behörde, bei der der Genehmigungsantrag eingereicht wurde, alle ergänzenden Informationen im Zusammenhang mit der betreffenden Prüfung mit, noch nicht in die europäische Datenbank eingegeben wurden.

(3) In Konsultationen mit den Mitgliedstaaten erstellt und veröffentlicht die Kommission ausführliche Anleitungen für die Informationen, die in die europäische Datenbank einzugeben sind, die sie mit Unterstützung der Agentur verwaltet, sowie für die Methoden der elektronischen Datenübermittlung. Bei der Erstellung der ausführlichen Anleitungen ist streng auf die Vertraulichkeit der Daten zu achten.

Artikel 12 – Aussetzung der Prüfung bzw. Verstöße

(1) Sofern ein Mitgliedstaat objektive Gründe zu der Annahme hat, dass die Bedingungen des Genehmigungsantrags gemäß Artikel 9 Absatz 2 nicht mehr gegeben sind, oder über neue Informationen verfügt, die zu Zweifeln hinsichtlich der Unbedenklichkeit oder der wissenschaftlichen Grundlage der klinischen Prüfung Anlass geben, kann der Mitgliedstaat die klinische Prüfung aussetzen oder untersagen; diese Entscheidung muss dem Sponsor mitgeteilt werden.

Bevor der Mitgliedstaat seine Entscheidung trifft, ist – außer bei Gefahr im Verzug – der Sponsor und/oder der Prüfer zu hören, der seine Stellungnahme innerhalb einer Woche abgeben muss.

In diesem Fall unterrichtet die zuständige Behörde unverzüglich die anderen zuständigen Behörden, die betreffende Ethik-Kommission, die Agentur und die Kommission über ihre Entscheidung, die Prüfung auszusetzen bzw. zu untersagen, und gibt ihre Gründe hierfür an.

(2) Hat eine zuständige Behörde objektive Gründe für die Annahme, dass der Sponsor oder der Prüfer oder jeder sonstige an der Prüfung Beteiligte seine Verpflichtungen nicht mehr erfüllt, so informiert sie den Betreffenden umgehend und teilt ihm einen Aktionsplan mit, den er durchführen muss, um Abhilfe zu schaffen. Die zuständige Behörde unterrichtet die Ethik-Kommission, die anderen zuständigen Behörden und die Kommission unverzüglich über diesen Aktionsplan.

Artikel 13 – Herstellung und Einfuhr von Prüfpräparaten

(1) Die Mitgliedstaaten treffen alle geeigneten Maßnahmen, um sicherzustellen, dass die Herstellung und die Einfuhr von Prüfpräparaten genehmigungspflichtig

sind. Um diese Genehmigung zu erhalten, muss der Antragsteller sowie später der Inhaber der Genehmigung Bedingungen erfüllen, die den nach dem Verfahren des Artikels 21 Absatz 2 festzulegenden Bedingungen zumindest gleichwertig sind.
(2) Die Mitgliedstaaten treffen alle zweckdienlichen Maßnahmen, um sicherzustellen, dass der Inhaber der Genehmigung gemäß Absatz 1 ständig und ununterbrochen über mindestens eine sachkundige Person verfügt, die insbesondere für die Erfüllung der Verpflichtungen gemäß Absatz 3 dieses Artikels verantwortlich ist und die Voraussetzungen des Artikels 23 der Zweiten Richtlinie 75/319/EWG des Rates vom 20. Mai 1975 zur Angleichung der Rechts- und Verwaltungsvorschriften über Arzneispezialitäten[13] erfüllt.
(3) Die Mitgliedstaaten treffen alle zweckdienlichen Maßnahmen, um sicherzustellen, dass die in Artikel 21 der Richtlinie 75/319/EWG genannte sachkundige Person unbeschadet ihrer Beziehung zum Hersteller oder Einführer im Rahmen der Verfahren des Artikels 25 jener Richtlinie die Verantwortung dafür trägt, dass
a) bei in dem betreffenden Mitgliedstaat hergestellten Prüfpräparaten jede Charge des Präparats entsprechend den Anforderungen der Richtlinie 91/356/EWG der Kommission vom 13. Juni 1991 zur Festlegung der Grundsätze und Leitlinien der guten Herstellungspraxis für zur Anwendung beim Menschen bestimmte Arzneimittel[14], den Unterlagen über die Produktspezifikation und den gemäß Artikel 9 Absatz 2 der vorliegenden Richtlinie übermittelten Informationen hergestellt und kontrolliert wurde;
b) bei in einem Drittland hergestellten Prüfpräparaten jede Produktionscharge gemäß den Unterlagen über die Produktspezifikation nach Standards einer guten Herstellungspraxis hergestellt und kontrolliert wurde, die denen der Richtlinie 91/356/EWG mindestens gleichwertig sind, und dass jede Produktionscharge nach den gemäß Artikel 9 Absatz 2 der vorliegenden Richtlinie übermittelten Informationen kontrolliert wurde;
c) bei einem Prüfpräparat, das ein Vergleichspräparat aus einem Drittland ist und für das eine Genehmigung für das Inverkehrbringen vorliegt, jede Produktionscharge allen einschlägigen und erforderlichen Analysen, Prüfungen und Überprüfungen unterzogen wurde, um die Qualität des Präparats gemäß den nach Artikel 9 Absatz 2 der vorliegenden Richtlinie übermittelten Informationen zu bestätigen, falls die Unterlagen, die bestätigen, dass jede Produktionscharge nach Standards einer guten Herstellungspraxis hergestellt wurde, die den zuvor genannten Standards mindestens gleichwertig sind, nicht erhältlich sind.

Die ausführlichen Anleitungen zu den bei der Bewertung des Produkts im Hinblick auf die Freigabe der Chargen in der Gemeinschaft zu berücksichtigenden Einzelheiten sind in dem Leitfaden für die gute Herstellungspraxis, insbesondere in dessen Anhang 13, niedergelegt. Diese Anleitungen werden nach dem Verfahren des Artikels 21 Absatz 2 der vorliegenden Richtlinie erlassen und gemäß Artikel 19 a der Richtlinie 75/319/EWG veröffentlicht.

---

[13] ABl.EG Nr. L 147/13 vom 9.6.1975; Richtlinie zuletzt geändert durch die Richtlinie 93/39/EG (ABl.EG Nr. L 214/22 vom 24.8.1993).
[14] ABl.EG Nr. L 193/30 vom 17.7.1991.

Sofern die Buchstaben a), b) und c) eingehalten sind, werden die Prüfpräparate von späteren Kontrollen befreit, wenn sie mit Bescheinigungen der Freigabe der Chargen, die von der sachkundigen Person unterzeichnet sind, in einen anderen Mitgliedstaat eingeführt werden.

(4) In jedem Fall muss die sachkundige Person in einem Register oder einem gleichwertigen Dokument bescheinigen, dass jede Produktionscharge dem vorliegenden Artikel entspricht. In das Register oder das gleichwertige Dokument müssen die einzelnen Vorgänge fortlaufend eingetragen werden und den Beauftragten der zuständigen Behörde während eines nach den Rechtsvorschriften des betreffenden Mitgliedstaats vorgesehenen Zeitraums zur Verfügung stehen. Dieser Zeitraum darf auf keinen Fall fünf Jahre unterschreiten.

(5) Jede Person, die zum Zeitpunkt des Beginns der Anwendung dieser Richtlinie in dem Mitgliedstaat, in dem sie sich befindet, im Zusammenhang mit Prüfpräparaten die Tätigkeit der in Artikel 21 der Richtlinie 75/319/EWG genannten sachkundigen Person ausübt, ohne jedoch die Bedingungen der Artikel 23 und 24 jener Richtlinie zu erfüllen, ist befugt, diese Tätigkeit in dem betreffenden Mitgliedstaat weiterhin auszuüben.

Artikel 14 – Etikettierung

Für Prüfpräparate werden die Angaben, die zumindest in der bzw. den Amtssprachen des Mitgliedstaats auf der äußeren Verpackung von Prüfpräparaten oder, sofern keine äußere Verpackung vorhanden ist, auf der Primärverpackung aufgeführt sein müssen, von der Kommission in dem gemäß Artikel 19 a der Richtlinie 75/319/EWG zu erstellenden Leitfaden für die gute Herstellungspraxis für Prüfpräparate veröffentlicht.

Zusätzlich legt dieser Leitfaden angepasste Bestimmungen über die Kennzeichnung von Prüfpräparaten für klinische Prüfungen mit folgenden Merkmalen fest:
– das Konzept der Prüfung erfordert keine besondere Herstellung oder Verpackung;
– die Prüfung wird mit Arzneimitteln durchgeführt, für die in den von der Studie betroffenen Mitgliedstaaten eine Genehmigung für das Inverkehrbringen im Sinne der Richtlinie 65/65/EWG erteilt wurde und die gemäß den Vorschriften der Richtlinie 75/319/EWG hergestellt oder importiert wurden;
– die an der Prüfung beteiligten Patienten besitzen dieselben Merkmale, wie die, die von dem in der oben erwähnten Genehmigung genannten Anwendungsgebiet abgedeckt sind.

Artikel 15 – Überprüfung der Übereinstimmung mit der guten klinischen Praxis und der guten Herstellungspraxis

(1) Zur Überprüfung der Übereinstimmung mit den Bestimmungen zur guten klinischen Praxis und zur guten Herstellungspraxis benennen die Mitgliedstaaten Inspektoren, die die Aufgabe haben, in den an einer klinischen Prüfung beteiligten Stellen, insbesondere in der Prüfstelle bzw. den Prüfstellen, am Herstellungsort des Prüfpräparats, in allen an der Prüfung beteiligten Laboratorien und/oder in den Einrichtungen des Sponsors, Inspektionen durchzuführen.

Für die Inspektionen sorgt die zuständige Behörde des betreffenden Mitgliedstaats, die die Agentur darüber informiert; die Inspektionen erfolgen im Namen der Gemeinschaft, und die Ergebnisse werden von allen anderen Mitgliedstaaten anerkannt. Für die Koordinierung der Inspektionen ist die Agentur im Rahmen ihrer Befugnisse nach der Verordnung (EWG) Nr. 2309/93 zuständig. Die Mitgliedstaaten können hierbei andere Mitgliedstaaten um Unterstützung bitten.
(2) Im Anschluss an die Inspektion wird ein Inspektionsbericht erstellt. Dieser Bericht muss dem Sponsor zur Verfügung stehen, wobei jedoch der Schutz vertraulicher Aspekte sichergestellt sein muss. Auf einen mit Gründen versehenen Antrag kann er den übrigen Mitgliedstaaten, der Ethik-Kommission und der Agentur zur Verfügung gestellt werden.
(3) Die Kommission kann auf Antrag der Agentur im Rahmen ihrer Befugnisse nach der Verordnung (EWG) Nr. 2309/93 oder eines betroffenen Mitgliedstaats nach Konsultation der betreffenden Mitgliedstaaten eine erneute Inspektion fordern, wenn sich bei der Überprüfung der Einhaltung dieser Richtlinie Unterschiede zwischen den einzelnen Mitgliedstaaten zeigen.
(4) Vorbehaltlich der gegebenenfalls zwischen der Gemeinschaft und Drittländern getroffenen Vereinbarungen kann entweder die Kommission auf einen mit Gründen versehenen Antrag eines Mitgliedstaats oder aus eigener Initiative oder aber ein Mitgliedstaat vorschlagen, dass in einem Drittland in der Prüfstelle und/oder in den Einrichtungen des Sponsors und/oder bei dem Hersteller eine Inspektion durchgeführt wird. Die Inspektion wird von entsprechend qualifizierten Inspektoren der Gemeinschaft durchgeführt.
(5) Die ausführlichen Anleitungen betreffend die als fortlaufende Akte zu führende Dokumentation über die klinische Prüfung, die Archivierungsmethoden, die Qualifikation der Inspektoren sowie die Inspektionsverfahren zum Nachweis der Übereinstimmung der betreffenden klinischen Prüfung mit dieser Richtlinie werden nach dem Verfahren des Artikels 21 Absatz 2 angenommen und überarbeitet.

Artikel 16 – Berichte über unerwünschte Ereignisse

(1) Der Prüfer erstattet dem Sponsor unverzüglich Bericht über alle schwerwiegenden unerwünschten Ereignisse, ausgenommen Ereignisse, über die laut Prüfplan oder Prüferinformation nicht unverzüglich berichtet werden muss. Auf die unverzügliche Berichterstattung folgen ausführliche schriftliche Berichte. Bei der unverzüglichen Berichterstattung und in den Folgeberichten sind die Prüfungsteilnehmer mit einer Codenummer zu benennen.
(2) Unerwünschte Ereignisse und/oder Laboranomalien, die im Prüfplan für die Unbedenklichkeitsbewertungen als entscheidend bezeichnet werden, sind dem Sponsor gemäß den Berichterstattungsanforderungen innerhalb der im Prüfplan angegebenen Fristen mitzuteilen.
(3) Im Falle des festgestellten Todes eines Prüfungsteilnehmers übermittelt der Prüfer dem Sponsor und der Ethik-Kommission alle zusätzlich geforderten Auskünfte.
(4) Der Sponsor führt ausführlich Buch über alle unerwünschten Ereignisse, die ihm von den Prüfern mitgeteilt werden. Diese Aufzeichnungen werden den Mit-

gliedstaaten, in deren Hoheitsgebiet die klinische Prüfung durchgeführt wird, auf Antrag vorgelegt.

Artikel 17 – Berichte über schwerwiegende Nebenwirkungen

(1) a) Der Sponsor sorgt dafür, dass alle wichtigen Informationen über mutmaßliche unerwartete schwerwiegende Nebenwirkungen, die zu einem Todesfall geführt haben bzw. führen können, aufgezeichnet und den zuständigen Behörden aller betreffenden Mitgliedstaaten sowie der Ethik-Kommission so rasch wie möglich, auf jeden Fall aber binnen sieben Tagen, nachdem der Sponsor von dem betreffenden Fall Kenntnis erhalten hat, mitgeteilt werden und dass anschließend innerhalb einer erneuten Frist von acht Tagen entsprechende Auskünfte über die weiteren Maßnahmen übermittelt werden.

b) Alle anderen mutmaßlichen unerwarteten schwerwiegenden Nebenwirkungen werden den betreffenden zuständigen Behörden sowie der betreffenden Ethik-Kommission so rasch wie möglich, auf jeden Fall aber binnen 15 Tagen von dem Zeitpunkt an gerechnet, zu dem der Sponsor zuerst davon Kenntnis erhalten hat, mitgeteilt.

c) Jeder Mitgliedstaat sorgt dafür, dass alle mutmaßlichen unerwarteten schwerwiegenden Nebenwirkungen eines Prüfpräparats, die ihm zur Kenntnis gebracht worden sind, aufgezeichnet werden.

d) Der Sponsor unterrichtet hierüber auch die übrigen Prüfer.

(2) Einmal jährlich während der gesamten Dauer der klinischen Prüfung legt der Sponsor den Mitgliedstaaten, in deren Hoheitsgebiet die klinische Prüfung durchgeführt wird, und der Ethik-Kommission eine Liste mit allen mutmaßlichen schwerwiegenden Nebenwirkungen vor, die während der gesamten Prüfungsdauer aufgetreten sind, sowie einen Bericht über die Sicherheit der Prüfungsteilnehmer.

(3) a) Jeder Mitgliedstaat trägt dafür Sorge, dass alle mutmaßlichen unerwarteten schwerwiegenden Nebenwirkungen eines Prüfpräparats, die ihm zur Kenntnis gebracht wurden, unverzüglich in eine europäische Datenbank eingegeben werden, auf die entsprechend Artikel 11 Absatz 1 nur die zuständigen Behörden der Mitgliedstaaten, die Agentur und die Kommission Zugriff haben.

b) Die vom Sponsor mitgeteilte Information wird von der Agentur den zuständigen Behörden der Mitgliedstaaten zur Verfügung gestellt.

Artikel 18 – Anleitungen für Berichte

Die Kommission erstellt in Konsultation mit der Agentur, den Mitgliedstaaten und den betroffenen Parteien ausführliche Anleitungen für die Erstellung, Prüfung und Vorlage der Berichte über unerwünschte Ereignisse/Nebenwirkungen sowie für die Dekodierungsmodalitäten bei den schwerwiegenden unerwarteten Nebenwirkungen.

Artikel 19 – Allgemeine Bestimmungen

Diese Richtlinie berührt nicht die zivil- und strafrechtliche Haftung des Sponsors oder des Prüfers. Zu diesem Zweck muss der Sponsor oder ein gesetzlicher Vertreter des Sponsors in der Gemeinschaft niedergelassen sein.

Die Prüfpräparate und gegebenenfalls die zu ihrer Verabreichung verwendeten Vorrichtungen werden vom Sponsor kostenlos zur Verfügung gestellt, es sei denn, die Mitgliedstaaten haben genaue Bedingungen für Ausnahmefälle festgelegt.

Die Mitgliedstaaten teilen der Kommission solche Bedingungen mit.

Artikel 20 – Anpassung an den wissenschaftlichen und technischen Fortschritt

Diese Richtlinie wird nach dem Verfahren des Artikels 21 Absatz 2 an den wissenschaftlichen und technischen Fortschritt angepasst.

Artikel 21 – Ausschuss

(1) Die Kommission wird von dem nach Artikel 2 b der Richtlinie 75/318/EWG eingesetzten Ständigen Ausschuss für Humanarzneimittel, nachstehend „Ausschuss" genannt, unterstützt.

(2) Wird auf diesen Absatz Bezug genommen, so gelten die Artikel 5 und 7 des Beschlusses 1999/468/EG unter Beachtung von dessen Artikel 8.

Der Zeitraum nach Artikel 5 Absatz 6 des Beschlusses 1999/468/EG wird auf drei Monate festgesetzt.

(3) Der Ausschuss gibt sich eine Geschäftsordnung.

Artikel 22 – Beginn der Anwendung

(1) Die Mitgliedstaaten erlassen und veröffentlichen vor dem 1. Mai 2003 die erforderlichen Rechts- und Verwaltungsvorschriften, um dieser Richtlinie nachzukommen. Sie unterrichten die Kommission unverzüglich davon.

Sie wenden diese Vorschriften spätestens ab dem 1. Mai 2004 an.

Wenn die Mitgliedstaaten die Vorschriften nach Absatz 1 erlassen, nehmen sie in diesen Vorschriften oder durch einen Hinweis bei der amtlichen Veröffentlichung auf diese Richtlinie Bezug. Die Mitgliedstaaten regeln die Einzelheiten dieser Bezugnahme.

(2) Die Mitgliedstaaten teilen der Kommission den Wortlaut der innerstaatlichen Rechtsvorschriften mit, die sie auf dem unter diese Richtlinie fallenden Gebiet erlassen.

Artikel 23 – Inkrafttreten

Diese Richtlinie tritt am Tag ihrer Veröffentlichung im Amtsblatt der Europäischen Gemeinschaften in Kraft.

Artikel 24 – Adressaten

Diese Richtlinie ist an alle Mitgliedstaaten gerichtet.

Geschehen zu Luxemburg am 4. April 2001.

Im Namen des Europäischen Parlaments: Die Präsidentin N. FONTAINE
Im Namen des Rates: Der Präsident B. ROSENGREN

IV. Gewebe- und Zell-Richtlinie

Richtlinie 2004/23/EG des Europäischen Parlaments und des Rates vom 31. März 2004 zur Festlegung von Qualitäts- und Sicherheitsstandards für die Spende, Beschaffung, Testung, Verarbeitung, Konservierung, Lagerung und Verteilung von menschlichen Geweben und Zellen[1]

Das Europäische Parlament und der Rat der Europäischen Union –
gestützt auf den Vertrag zur Gründung der Europäischen Gemeinschaft, insbesondere auf Artikel 152 Absatz 4 Buchstabe a),
auf Vorschlag der Kommission[2],
nach Stellungnahme des Europäischen Wirtschafts- und Sozialausschusses[3],
nach Anhörung des Ausschusses der Regionen,
gemäß dem Verfahren des Artikels 251 des Vertrags[4],
in Erwägung nachstehender Gründe:

(1) Die Transplantation von menschlichen Geweben und Zellen ist ein stark wachsender Sektor der Medizin, der große Chancen für die Behandlung von bisher unheilbaren Erkrankungen bietet. Die Qualität und Sicherheit dieser Substanzen sollte gewährleistet werden, insbesondere zur Verhütung der Übertragung von Krankheiten.

(2) Die Verfügbarkeit menschlicher Gewebe und Zellen für therapeutische Zwecke hängt davon ab, ob Bürger der Gemeinschaft zur Spende bereit sind. Zum Schutz der öffentlichen Gesundheit und zur Verhütung der Übertragung von Infektionskrankheiten durch diese Gewebe und Zellen müssen bei ihrer Spende, Beschaffung, Testung, Verarbeitung, Konservierung, Lagerung, Verteilung und Verwendung alle erdenklichen Vorsichtsmaßnahmen getroffen werden.

(3) Es ist erforderlich, Informations- und Sensibilisierungskampagnen über Gewebe-, Zell- und Organspenden unter dem Motto „Wir alle sind potenzielle Spender" auf nationaler und europäischer Ebene zu fördern. Diese Kampagnen sollten das

---

[1] ABl.EG Nr. L 102/48.
[2] ABl.EG Nr. C 227 E vom 24.9.2002, S. 505.
[3] ABl.EG Nr. C 85/44 vom 8.4.2003.
[4] Stellungnahme des Europäischen Parlaments vom 10.4.2003, Gemeinsamer Standpunkt des Rates vom 22.7.2003 (ABl.EG Nr. C 240 E vom 7.10.2003, S. 3) und Standpunkt des Europäischen Parlaments vom 16. Dezember 2003, Beschluss des Rates vom 2.3.2004.

Ziel verfolgen, dass sich die europäischen Bürger zu Lebzeiten leichter entscheiden können, Spender zu werden, und ihren Familien oder gesetzlichen Vertretern ihren Willen mitzuteilen. Da es notwendig ist, die Verfügbarkeit von Geweben und Zellen für medizinische Behandlungen sicherzustellen, sollten die Mitgliedstaaten die Spende von Geweben und Zellen, einschließlich hämatopoetischer Vorläufer, mit hoher Qualität und Sicherheit fördern, was auch die Selbstversorgung in der Gemeinschaft verbessern würde.

(4) Es besteht dringender Bedarf an einheitlichen Rahmenbedingungen für die Gewährleistung hoher Qualitäts- und Sicherheitsstandards bei der Beschaffung, Testung, Verarbeitung, Lagerung und Verteilung von Geweben und Zellen in der Gemeinschaft und für die Erleichterung ihres Austauschs zugunsten der Patienten, die jedes Jahr diese Art Therapie erhalten. Daher ist es unabdingbar, dass Gemeinschaftsbestimmungen dafür sorgen, dass menschliche Gewebe und Zellen unabhängig von ihrem Verwendungszweck von vergleichbarer Qualität und Sicherheit sind. Die Festlegung solcher Standards wird somit dazu beitragen, dass die Bevölkerung sicher sein kann, dass für menschliche Gewebe und Zellen, die in anderen Mitgliedstaaten beschafft werden, die gleichen Garantien gegeben werden wie für einheimische.

(5) Da die Gewebe- und Zelltherapie ein Sektor ist, bei dem ein intensiver weltweiter Austausch stattfindet, sollten weltweite Standards angestrebt werden. Die Gemeinschaft sollte sich daher für ein höchstmögliches Schutzniveau für die öffentliche Gesundheit in Bezug auf die Qualität und die Sicherheit von Geweben und Zellen einsetzen. In ihren Bericht an das Europäische Parlament und den Rat sollte die Kommission Informationen über die diesbezüglichen Fortschritte aufnehmen.

(6) Bei Geweben und Zellen, die für die Nutzung in industriell hergestellten Produkten, einschließlich Medizinprodukten, bestimmt sind, sollten nur die Spende, die Beschaffung und die Testung von dieser Richtlinie erfasst werden, falls die Verarbeitung, Konservierung, Lagerung und Verteilung durch andere Gemeinschaftsbestimmungen abgedeckt sind. Die weiteren Schritte der industriellen Herstellung unterliegen der Richtlinie 2001/83/EG des Europäischen Parlaments und des Rates vom 6. November 2001 zur Schaffung eines Gemeinschaftskodexes für Humanarzneimittel[5].

(7) Die vorliegende Richtlinie sollte für Gewebe und Zellen gelten, einschließlich hämatopoetischer Stammzellen aus peripherem Blut, Nabelschnur(blut) und Knochenmark, Geschlechtszellen (Eizellen, Samenzellen), fötale Gewebe und Zellen sowie adulte und embryonale Stammzellen.

---

[5] ABl.EG Nr. L 311/67 vom 28.11.2001. Richtlinie zuletzt geändert durch die Richtlinie 2003/63/EG der Kommission (ABl.EG Nr. L 159/46 vom 27.6.2003).

(8) Diese Richtlinie schließt Blut und Blutprodukte (ausgenommen hämatopoetische Vorläuferzellen), menschliche Organe sowie Organe, Gewebe und Zellen tierischen Ursprungs aus. Blut und Blutprodukte sind derzeit durch die Richtlinie 2001/83/EG, die Richtlinie 2000/70/EG[6], die Empfehlung 98/463/EG[7] und die Richtlinie 2002/98/EG[8] geregelt. Gewebe und Zellen, die innerhalb ein und desselben chirurgischen Eingriffs als autologes Transplantat (Gewebe, die derselben Person entnommen und wieder implantiert werden) verwendet werden und die nicht Gegenstand eines Zellen- bzw. Gewebebankings sind, sind ebenfalls vom Geltungsbereich dieser Richtlinie ausgeschlossen. Die damit verbundenen Qualitäts- und Sicherheitserwägungen sind völlig verschieden.

(9) Bei der Verwendung von Organen stellen sich zwar zum Teil die gleichen Fragen wie bei der Verwendung von Geweben und Zellen, jedoch gibt es gravierende Unterschiede, weshalb die beiden Themen nicht in einer Richtlinie behandelt werden sollten.

(10) Diese Richtlinie gilt für Gewebe und Zellen zur Verwendung beim Menschen, einschließlich menschlicher Gewebe und Zellen, die für die Zubereitung von kosmetischen Mitteln verwendet werden. Angesichts der Gefahr der Übertragung ansteckender Krankheiten ist jedoch die Verwendung menschlicher Zellen, Gewebe und Produkte in kosmetischen Mitteln durch die Richtlinie 95/34/EG der Kommission vom 10. Juli 1995 zur Anpassung der Anhänge II, III, VI und VII der Richtlinie 76/768/EWG des Rates zur Angleichung der Rechtsvorschriften der Mitgliedstaaten über kosmetische Mittel an den technischen Fortschritt verboten[9].

(11) Diese Richtlinie gilt nicht für die forschungsbedingte Nutzung menschlicher Gewebe und Zellen, z. B. wenn diese für andere Zwecke genutzt werden als für die Verwendung im oder am menschlichen Körper, wie bei der In-vitro-Forschung oder in Tiermodellen. Nur die Zellen und Gewebe, die in klinischen Versuchen im oder am menschlichen Körper eingesetzt werden, sollten den Qualitäts- und Sicherheitsstandards dieser Richtlinie entsprechen.

---

[6] Richtlinie 2000/70/EG des Europäischen Parlaments und des Rates vom 16.11.2000 zur Änderung der Richtlinie 93/42/EWG des Rates hinsichtlich Medizinprodukte, die stabile Derivate aus menschlichem Blut oder Blutplasma enthalten (ABl.EG Nr. L 313/22 vom 13.12.2000).

[7] Empfehlung des Rates vom 29.6.1998 über die Eignung von Blut- und Plasmaspendern und das Screening von Blutspenden in der Europäischen Gemeinschaft (ABl.EG Nr. L 203/14 vom 21.7.1998).

[8] Richtlinie 2002/98/EG des Europäischen Parlaments und des Rates vom 27.1.2003 zur Festlegung von Qualitäts- und Sicherheitsstandards für die Gewinnung, Testung, Verarbeitung, Lagerung und Verteilung von menschlichem Blut und Blutbestandteilen (ABl.EG Nr. L 33/30 vom 8.2.2003).

[9] ABl.EG Nr. L 167/19 vom 18.7.1995.

(12) Diese Richtlinie sollte Entscheidungen der Mitgliedstaaten über die Verwendung bzw. Nichtverwendung spezifischer Arten menschlicher Zellen, einschließlich Keimzellen und embryonaler Stammzellen, nicht beeinträchtigen. Wird jedoch eine besondere Verwendung solcher Zellen in einem Mitgliedstaat genehmigt, so verlangt diese Richtlinie die Anwendung aller Bestimmungen, die angesichts der besonderen Risiken dieser Zellen ausgehend vom Stand der wissenschaftlichen Erkenntnisse und ihrer besonderen Art zum Schutz der öffentlichen Gesundheit und zur Wahrung der Grundrechte erforderlich sind. Darüber hinaus sollte diese Richtlinie Bestimmungen von Mitgliedstaaten, die den Rechtsbegriff „Person" oder „Individuum" definieren, nicht beeinträchtigen.

(13) Die Spende, Beschaffung, Testung, Verarbeitung, Konservierung, Lagerung und Verteilung zur Verwendung beim Menschen bestimmter menschlicher Gewebe und Zellen sollte hohen Qualitäts- und Sicherheitsstandards genügen, um ein hohes Gesundheitsschutzniveau in der Gemeinschaft zu gewährleisten. Diese Richtlinie sollte für jede einzelne Phase des Prozesses der Verwendung von Geweben und Zellen beim Menschen Standards festlegen.

(14) Die klinische Verwendung von Geweben und Zellen menschlichen Ursprungs für Verwendungen beim Menschen kann durch die begrenzte Verfügbarkeit eingeschränkt sein. Es wäre deshalb wünschenswert, dass die Kriterien für den Zugang zu solchen Geweben und Zellen in transparenter Weise auf der Grundlage einer objektiven Bewertung der medizinischen Erfordernisse festgelegt werden.

(15) Es ist erforderlich, das zwischen den Mitgliedstaaten bestehende Vertrauen in die Qualität und Sicherheit gespendeter Gewebe und Zellen, den Gesundheitsschutz lebender Spender und die Achtung verstorbener Spender sowie die Sicherheit des Anwendungsprozesses zu verbessern.

(16) Gewebe und Zellen für allogene therapeutische Zwecke können von lebenden oder verstorbenen Spendern beschafft werden. Um sicherzustellen, dass der Gesundheitszustand lebender Spender durch die Spende nicht beeinträchtigt wird, sollte eine vorherige ärztliche Untersuchung erforderlich sein. Die Würde verstorbener Spender sollte gewahrt werden; insbesondere ist der Körper des verstorbenen Spenders so zu rekonstruieren, dass er die größtmögliche Ähnlichkeit mit seiner ursprünglichen anatomischen Form aufweist.

(17) Die Verwendung von Geweben und Zellen im oder am menschlichen Körper kann Krankheiten und unerwünschte Wirkungen verursachen. Diese lassen sich mehrheitlich durch eine sorgfältige Beurteilung des Spenders und die Testung jeder einzelnen Spende nach Regeln, die gemäß den besten verfügbaren wissenschaftlichen Erkenntnissen aufgestellt und aktualisiert werden, vermeiden.

(18) Grundsätzlich sollten Programme für die Verwendung von Geweben und Zellen auf den Grundsätzen der freiwilligen und unentgeltlichen Spende, der Anonymität von Spender und Empfänger, der Uneigennützigkeit des Spenders sowie der

Solidarität zwischen Spender und Empfänger beruhen. Die Mitgliedstaaten werden nachdrücklich aufgefordert, Maßnahmen zu treffen, um einen nachhaltigen Beitrag des öffentlichen und gemeinnützigen Sektors zur Bereitstellung von Diensten betreffend die Verwendung von Geweben und Zellen und zu den damit verbundenen Forschungs- und Entwicklungsarbeiten zu fördern.

(19) Freiwillige und unentgeltliche Spenden von Geweben und Zellen sind ein Faktor, der zu hohen Sicherheitsstandards für Gewebe und Zellen und deshalb zum Schutz der Gesundheit des Menschen beitragen kann.

(20) Jede Einrichtung kann bei Einhaltung der Standards als Zell- und Gewebeeinrichtung zugelassen werden.

(21) Unter angemessener Beachtung des Grundsatzes der Transparenz sollten alle gemäß den Bestimmungen dieser Richtlinie zugelassenen, benannten, genehmigten oder lizenzierten Gewebeeinrichtungen, einschließlich der Einrichtungen, die Erzeugnisse aus menschlichen Geweben und Zellen herstellen, unabhängig davon, ob sie anderen gemeinschaftlichen Rechtsvorschriften unterliegen, Zugang zu entsprechenden Geweben und Zellen haben, die in Übereinstimmung mit den Bestimmungen dieser Richtlinie beschafft werden, und zwar unbeschadet der in den Mitgliedstaaten geltenden Vorschriften über die Verwendung von Geweben und Zellen.

(22) Diese Richtlinie wahrt die Grundrechte und beachtet die in der Charta der Grundrechte der Europäischen Union[10] enthaltenen Grundsätze und berücksichtigt in angemessener Weise das Übereinkommen zum Schutz der Menschenrechte und der Menschenwürde im Hinblick auf die Anwendung von Biologie und Medizin: Übereinkommen über Menschenrechte und Biomedizin. Weder die Charta noch das Übereinkommen sehen ausdrücklich eine Harmonisierung vor oder hindern die Mitgliedstaaten daran, in ihren Rechtsvorschriften strengere Anforderungen festzulegen.

(23) Es müssen alle erforderlichen Maßnahmen getroffen werden, um künftigen Gewebe- und Zellspendern Garantien hinsichtlich der Vertraulichkeit sämtlicher dem befugten Personal gegebener gesundheitsbezogener Informationen, der Ergebnisse der an ihren Spenden vorgenommenen Tests sowie der künftigen Rückverfolgbarkeit der Spende zu geben.

(24) Die Richtlinie 95/46/EG des Europäischen Parlaments und des Rates vom 24. Oktober 1995 zum Schutz natürlicher Personen bei der Verarbeitung personenbezogener Daten und zum freien Datenverkehr[11] gilt für personenbezogene Daten,

---

[10] ABl.EG Nr. C 364/1 vom 18.12.2000. Auszüge der EU-Grundrechte-Charta sind abgedruckt unter B. 1.

[11] ABl.EG Nr. L 281/31 vom 23.11.1995. Richtlinie geändert durch die Verordnung (EG) Nr. 1882/2003 (ABl.EG Nr. L 284/1 vom 31.10.2003).

die in Anwendung der vorliegenden Richtlinie verarbeitet werden. Artikel 8 jener Richtlinie verbietet grundsätzlich die Verarbeitung gesundheitsbezogener Daten. Begrenzte Ausnahmen von diesem grundsätzlichen Verbot sind vorgesehen. Die Richtlinie 95/46/EG sieht auch vor, dass der für die Verarbeitung Verantwortliche die geeigneten technischen und organisatorischen Maßnahmen durchführen muss, die für den Schutz gegen die zufällige oder unrechtmäßige Zerstörung, den zufälligen Verlust, die unberechtigte Änderung, die unberechtigte Weitergabe oder den unberechtigten Zugang sowie gegen jede andere Form der unrechtmäßigen Verarbeitung personenbezogener Daten erforderlich sind.

(25) In den Mitgliedstaaten sollte ein System für die Zulassung von Gewebeeinrichtungen und ein System für die Meldung von Zwischenfällen und unerwünschten Reaktionen im Zusammenhang mit der Beschaffung, Testung, Verarbeitung, Konservierung, Lagerung und Verteilung menschlicher Gewebe und Zellen geschaffen werden.

(26) Die Mitgliedstaaten sollten von Bediensteten der zuständigen Behörde durchzuführende Inspektionen und Kontrollmaßnahmen veranlassen, um sicherzustellen, dass die Gewebeeinrichtungen die Bestimmungen dieser Richtlinie einhalten. Die Mitgliedstaaten sollten sicherstellen, dass die an den Inspektionen und Kontrollmaßnahmen beteiligten Bediensteten über geeignete Qualifikationen verfügen und eine angemessene Ausbildung erhalten.

(27) Das unmittelbar mit der Spende, Beschaffung, Testung, Verarbeitung, Konservierung, Lagerung und Verteilung menschlicher Gewebe und Zellen befasste Personal sollte über geeignete Qualifikationen verfügen und rechtzeitig eine entsprechende Ausbildung erhalten. Die die Ausbildung betreffenden Bestimmungen dieser Richtlinie sollten unbeschadet der bestehenden Gemeinschaftsvorschriften über die Anerkennung von Befähigungsnachweisen gelten.

(28) Es sollte ein geeignetes System zur Gewährleistung der Rückverfolgbarkeit menschlicher Gewebe und Zellen geschaffen werden. Dadurch ließe sich auch die Einhaltung der Qualitäts- und Sicherheitsstandards überprüfen. Die Rückverfolgbarkeit sollte durch Verfahren für die fehlerfreie Identifizierung von Substanzen, Spendern, Empfängern, Gewebeeinrichtungen und Laboratorien sowie durch das Führen von Aufzeichnungen und durch ein geeignetes Kennzeichnungssystem durchgesetzt werden.

(29) Als allgemeiner Grundsatz sollte gelten, dass die Identität des Empfängers (der Empfänger) dem Spender oder seiner Familie und umgekehrt nicht bekannt gegeben wird, unbeschadet der geltenden Rechtsvorschriften der Mitgliedstaaten über die Bedingungen für die Weitergabe, die in Ausnahmefällen, insbesondere bei Gametenspenden, die Aufhebung der Anonymität des Spenders erlauben können.

(30) Um die Durchführung der gemäß dieser Richtlinie erlassenen Vorschriften noch wirksamer zu gestalten, ist dafür zu sorgen, dass die Mitgliedstaaten Sanktionen anwenden können.

(31) Da das Ziel dieser Richtlinie, nämlich die Festlegung hoher Qualitäts- und Sicherheitsstandards für menschliche Gewebe und Zellen in der gesamten Gemeinschaft, auf Ebene der Mitgliedstaaten nicht ausreichend erreicht werden kann und daher wegen des Umfangs und der Wirkungen besser auf Gemeinschaftsebene zu erreichen ist, kann die Gemeinschaft im Einklang mit dem in Artikel 5 des Vertrags niedergelegten Subsidiaritätsprinzip tätig werden. Entsprechend dem in demselben Artikel genannten Verhältnismäßigkeitsprinzip geht diese Richtlinie nicht über das für die Erreichung dieses Ziels erforderliche Maß hinaus.

(32) Die Gemeinschaft muss in Bezug auf die Sicherheit von Geweben und Zellen über die bestmögliche wissenschaftliche Beratung verfügen, insbesondere um die Kommission bei der Anpassung dieser Richtlinie an den wissenschaftlichen und technischen Fortschritt - vor allem angesichts der raschen Entwicklung der biotechnologischen Kenntnisse und Praktiken im Bereich menschlicher Gewebe und Zellen - zu unterstützen.

(33) Die Stellungnahmen des Wissenschaftlichen Ausschusses für Arzneimittel und Medizinprodukte und der Europäischen Gruppe für Ethik der Naturwissenschaften und der Neuen Technologien sowie die internationalen Erfahrungen auf diesem Gebiet wurden berücksichtigt und werden erforderlichenfalls auch in Zukunft herangezogen.

(34) Die zur Durchführung dieser Richtlinie erforderlichen Maßnahmen sollten gemäß dem Beschluss 1999/468/EG des Rates vom 28. Juni 1999 zur Festlegung der Modalitäten für die Ausübung der der Kommission übertragenen Durchführungsbefugnisse[12] erlassen werden –

haben folgende Richtlinie erlassen:

Kapitel I – Allgemeine Bestimmungen

Artikel 1 – Zweck

Diese Richtlinie legt Qualitäts- und Sicherheitsstandards für zur Verwendung beim Menschen bestimmte menschliche Gewebe und Zellen fest, um ein hohes Gesundheitsschutzniveau zu gewährleisten.

Artikel 2 – Geltungsbereich

(1) Diese Richtlinie gilt für die Spende, Beschaffung, Testung, Verarbeitung, Konservierung, Lagerung und Verteilung von zur Verwendung beim Menschen bestimmten menschlichen Geweben und Zellen sowie von auf der Basis von zur

---

[12] ABl.EG Nr. L 184/23 vom 17.7.1999.

Verwendung beim Menschen bestimmten menschlichen Geweben und Zellen hergestellten Produkten.
Werden solche hergestellten Produkte von anderen Richtlinien erfasst, so gilt diese Richtlinie nur für die Spende, Beschaffung und Testung.
(2) Diese Richtlinie gilt nicht für
a) Gewebe und Zellen, die innerhalb ein und desselben chirurgischen Eingriffs als autologes Transplantat verwendet werden;
b) Blut und Blutbestandteile im Sinne der Richtlinie 2002/98/EG;
c) Organe oder Teile von Organen, wenn sie zum gleichen Zweck wie das ganze Organ im menschlichen Körper verwendet werden sollen.

Artikel 3 – Definitionen

Im Sinne dieser Richtlinie bezeichnet der Ausdruck:
a) „Zellen" einzelne menschliche Zellen oder Zellansammlungen, die durch keine Art von Bindegewebe zusammengehalten werden;
b) „Gewebe" alle aus Zellen bestehenden Bestandteile des menschlichen Körpers;
c) „Spender" jeden lebenden oder verstorbenen Menschen, der als Quelle von menschlichen Zellen oder Geweben fungiert;
d) „Spende" die Abgabe von zur Verwendung beim Menschen bestimmten menschlichen Geweben oder Zellen;
e) „Organ" einen differenzierten und lebensnotwendigen Teil des menschlichen Körpers, der aus verschiedenen Geweben besteht und seine Struktur, Vaskularisierung und Fähigkeit zum Vollzug physiologischer Funktionen mit deutlicher Autonomie aufrechterhält;
f) „Beschaffung" einen Prozess, durch den Gewebe oder Zellen verfügbar gemacht werden;
g) „Verarbeitung" sämtliche Tätigkeiten im Zusammenhang mit der Aufbereitung, Handhabung, Konservierung und Verpackung von zur Verwendung beim Menschen bestimmten Geweben oder Zellen;
h) „Konservierung" den Einsatz chemischer Stoffe, veränderter Umgebungsbedingungen oder sonstiger Mittel während der Verarbeitung mit dem Ziel, eine biologische oder physikalische Beeinträchtigung von Zellen oder Geweben zu verhüten oder zu verzögern;
i) „Quarantäne" den Status von entnommenem Gewebe oder Zellen oder von physikalisch oder durch sonstige effektive Mittel isoliertem Gewebe in Erwartung einer Entscheidung über die Annahme oder Ablehnung;
j) „Lagerung" die Aufbewahrung des Produkts unter angemessenen kontrollierten Bedingungen bis zur Verteilung;
k) „Verteilung" die Beförderung und Abgabe von zur Verwendung beim Menschen bestimmten Geweben oder Zellen;
l) „Verwendung beim Menschen" den Einsatz von Geweben oder Zellen in oder an einem menschlichen Empfänger sowie extrakorporale Anwendungen;
m) „schwerwiegender Zwischenfall" jedes unerwünschte Ereignis im Zusammenhang mit der Beschaffung, Testung, Verarbeitung, Lagerung und Verteilung von Geweben und Zellen, das die Übertragung einer ansteckenden

Krankheit, den Tod oder einen lebensbedrohenden Zustand, eine Behinderung oder einen Fähigkeitsverlust von Patienten zur Folge haben könnte oder einen Krankenhausaufenthalt erforderlich machen oder verlängern könnte bzw. zu einer Erkrankung führen oder diese verlängern könnte;

n) „schwerwiegende unerwünschte Reaktion" eine unbeabsichtigte Reaktion, einschließlich einer übertragbaren Krankheit, beim Spender oder Empfänger im Zusammenhang mit der Beschaffung oder der Verwendung von Geweben und Zellen beim Menschen, die tödlich oder lebensbedrohend verläuft, eine Behinderung oder einen Fähigkeitsverlust zur Folge hat oder einen Krankenhausaufenthalt erforderlich macht oder verlängert bzw. zu einer Erkrankung führt oder diese verlängert;

o) „Gewebeeinrichtung" eine Gewebebank, eine Abteilung eines Krankenhauses oder eine andere Einrichtung, in der Tätigkeiten im Zusammenhang mit der Verarbeitung, Konservierung, Lagerung oder Verteilung menschlicher Gewebe und Zellen ausgeführt werden. Sie kann auch für die Beschaffung oder Testung der Gewebe und Zellen zuständig sein;

p) „allogene Verwendung" die Entnahme von Zellen oder Geweben von einer Person und ihre Übertragung auf eine andere Person;

q) „autologe Verwendung" die Entnahme von Zellen oder Geweben und ihre Rückübertragung auf ein und dieselbe Person.

Artikel 4 – Durchführung

(1) Die Mitgliedstaaten benennen die für die Durchführung dieser Richtlinie zuständige(n) Behörde(n).

(2) Diese Richtlinie hindert die Mitgliedstaaten nicht daran, strengere Schutzmaßnahmen beizubehalten oder einzuführen, sofern diese mit den Bestimmungen des Vertrags im Einklang stehen.
Insbesondere kann ein Mitgliedstaat zur Gewährleistung eines hohen Gesundheitsschutzniveaus Anforderungen für freiwillige unentgeltliche Spenden vorschreiben, einschließlich des Verbots oder der Beschränkung von Einfuhren menschlicher Gewebe und Zellen, soweit die Bestimmungen des Vertrags eingehalten werden.

(3) Diese Richtlinie berührt nicht die Entscheidungen der Mitgliedstaaten über ein Verbot der Spende, Beschaffung, Testung, Verarbeitung, Konservierung, Lagerung, Verteilung oder Verwendung von spezifischen Arten menschlicher Gewebe oder Zellen oder Zellen aus speziell festgelegten Quellen einschließlich der Fälle, in denen diese Entscheidungen auch die Einfuhr menschlicher Gewebe oder Zellen gleicher Art betreffen.

(4) Bei der Ausführung der unter diese Richtlinie fallenden Tätigkeiten kann die Kommission auf technische und/oder administrative Unterstützung zurückgreifen, die sowohl der Kommission als auch den Begünstigten zugute kommt; diese betrifft die Identifizierung, die Aufbereitung, das Management, die Beobachtung, die Rechnungsprüfung und die Kontrolle sowie die finanzielle Unterstützung.

Kapitel II – Pflichten der Behörden der Mitgliedstaaten

Artikel 5 – Überwachung der Beschaffung menschlicher Gewebe und Zellen

(1) Die Mitgliedstaaten stellen sicher, dass die Beschaffung und Testung von Geweben und Zellen von Personen mit angemessener Ausbildung und Erfahrung und unter Bedingungen durchgeführt wird, die von der/den zuständigen Behörde(n) hierfür zugelassen, benannt, genehmigt oder lizenziert wurden.

(2) Die zuständige(n) Behörde(n) trifft (treffen) alle erforderlichen Maßnahmen, um sicherzustellen, dass die Beschaffung von Geweben und Zellen den Anforderungen des Artikels 28 Buchstaben b), e) und f) entspricht. Die für Spender vorgeschriebenen Untersuchungen werden von einem qualifizierten Labor ausgeführt, das von der/den zuständigen Behörde(n) zugelassen, benannt, genehmigt oder lizenziert wurde.

Artikel 6 – Zulassung, Benennung, Genehmigung oder Lizenzierung von Gewebeeinrichtungen und von Aufbereitungsverfahren für Gewebe und Zellen

(1) Die Mitgliedstaaten stellen sicher, dass alle Gewebeeinrichtungen, in denen Tätigkeiten im Zusammenhang mit der Testung, Verarbeitung, Konservierung, Lagerung oder Verteilung von zur Verwendung beim Menschen bestimmten menschlichen Geweben und Zellen ausgeführt werden, von einer zuständigen Behörde für diese Tätigkeiten zugelassen, benannt, genehmigt oder lizenziert wurden.

(2) Die zuständige(n) Behörde(n) lässt (lassen) die Gewebeeinrichtung zu bzw. benennt (benennen), genehmigt (genehmigen) oder lizenziert (lizenzieren) sie, nachdem sie zuvor überprüft hat (haben), ob diese den Anforderungen des Artikels 28 Buchstabe a) entspricht, und nennt (nennen) ihr die Tätigkeiten, die sie ausführen darf, und die dafür geltenden Bestimmungen. Sie genehmigt (genehmigen) die Aufbereitungsverfahren für Gewebe und Zellen, die die Gewebeeinrichtung gemäß den Anforderungen des Artikels 28 Buchstabe g) ausführen darf. Die Vereinbarungen zwischen einer Gewebeeinrichtung und Dritten im Sinne von Artikel 24 werden im Rahmen dieses Verfahrens geprüft.

(3) Die Gewebeeinrichtung darf ohne vorherige schriftliche Zustimmung der zuständigen Behörde(n) keine wesentlichen Änderungen ihrer Tätigkeiten vornehmen.

(4) Die zuständige(n) Behörde(n) kann (können) die Zulassung, Benennung, Genehmigung oder Lizenzierung einer Gewebeeinrichtung oder eines Aufbereitungsverfahrens für Gewebe oder Zellen aussetzen oder widerrufen, wenn Inspektionen oder Kontrollmaßnahmen ergeben, dass diese Einrichtung oder dieses Aufbereitungsverfahren den Anforderungen dieser Richtlinie nicht entspricht.

(5) Mit Zustimmung der zuständigen Behörde(n) können einige spezifizierte Gewebe und Zellen, die gemäß den Anforderungen des Artikels 28 Buchstabe i) festzulegen sind, zur sofortigen Transplantation direkt an den Empfänger verteilt werden, sofern der Lieferant eine Zulassung, Benennung, Genehmigung oder Lizenz für diese Tätigkeit besitzt.

Artikel 7 – Inspektionen und Kontrollmaßnahmen

(1) Die Mitgliedstaaten stellen sicher, dass die zuständige(n) Behörde(n) Inspektionen veranlasst (veranlassen) und dass die Gewebeeinrichtungen geeignete Kontrollmaßnahmen durchführen, um die Einhaltung der Anforderungen dieser Richtlinie zu gewährleisten.

(2) Die Mitgliedstaaten stellen ferner sicher, dass für die Beschaffung menschlicher Gewebe und Zellen geeignete Kontrollmaßnahmen bestehen.

(3) Die zuständige(n) Behörde(n) veranlasst (veranlassen) regelmäßig Inspektionen und führt (führen) regelmäßig Kontrollmaßnahmen durch. Der Abstand zwischen zwei Inspektionen darf zwei Jahre nicht übersteigen.

(4) Diese Inspektionen und Kontrollmaßnahmen werden von Bediensteten durchgeführt, die die zuständige Behörde vertreten und befugt sind,

a) die Gewebeeinrichtungen und die Einrichtungen Dritter gemäß Artikel 24 zu inspizieren,

b) die in den Gewebeeinrichtungen und den Einrichtungen Dritter durchgeführten Verfahren und Tätigkeiten, soweit sie den Anforderungen dieser Richtlinie unterliegen, zu beurteilen und zu überprüfen,

c) Unterlagen oder sonstige Aufzeichnungen, die sich auf die Anforderungen dieser Richtlinie beziehen, zu prüfen.

(5) Nach dem in Artikel 29 Absatz 2 genannten Verfahren werden Leitlinien für die Bedingungen der Inspektionen und Kontrollmaßnahmen sowie für die Ausbildung und Qualifikation der daran beteiligten Bediensteten festgelegt, um ein einheitliches Qualifikations- und Leistungsniveau zu erreichen.

(6) Im Fall einer schwerwiegenden unerwünschten Reaktion oder eines schwerwiegenden Zwischenfalls veranlasst (veranlassen) die zuständige(n) Behörde(n) entsprechende Inspektionen und führt (führen) entsprechende Kontrollmaßnahmen durch. Diese Inspektionen bzw. Kontrollmaßnahmen werden in solchen Fällen auch auf einen hinreichend begründeten Antrag der zuständigen Behörde(n) eines anderen Mitgliedstaats veranlasst bzw. durchgeführt.

(7) Auf Verlangen eines anderen Mitgliedstaats oder der Kommission liefern die Mitgliedstaaten Informationen über die Ergebnisse der in Bezug auf die Anforderungen dieser Richtlinie durchgeführten Inspektionen und Kontrollmaßnahmen.

Artikel 8 – Rückverfolgbarkeit

(1) Die Mitgliedstaaten stellen sicher, dass sämtliche Gewebe und Zellen, die in ihrem Hoheitsgebiet beschafft, verarbeitet, gelagert oder verteilt werden, vom Spender zum Empfänger und umgekehrt zurückverfolgt werden können. Diese Rückverfolgbarkeit betrifft auch alle einschlägigen Daten über Produkte und Materialien, die mit diesen Geweben und Zellen in Berührung kommen.

(2) Die Mitgliedstaaten stellen sicher, dass ein Spenderidentifizierungssystem eingeführt wird, bei dem jede Spende und jedes daraus hervorgegangene Produkt mit einem einheitlichen Code versehen werden.

(3) Alle Gewebe und Zellen müssen mit einem Etikett gekennzeichnet werden, das die Informationen des Artikels 28 Buchstaben f) und h) bzw. Verweise auf die darin enthaltenen Informationen enthält.

(4) Die Gewebeeinrichtungen bewahren die Daten auf, die zur Sicherstellung der Rückverfolgbarkeit auf allen Stufen erforderlich sind. Die für die lückenlose Rückverfolgbarkeit benötigten Daten sind nach der klinischen Verwendung mindestens 30 Jahre lang aufzubewahren. Die Aufbewahrung der Daten kann auch in elektronischer Form erfolgen.

(5) Die Anforderungen an die Rückverfolgbarkeit von Geweben und Zellen sowie von Produkten und Materialien, die mit Geweben und Zellen in Berührung kommen und Auswirkungen auf ihre Qualität und Sicherheit haben, werden von der Kommission nach dem in Artikel 29 Absatz 2 genannten Verfahren festgelegt.

(6) Die Verfahren zur Sicherstellung der Rückverfolgbarkeit auf Gemeinschaftsebene werden von der Kommission nach dem in Artikel 29 Absatz 2 genannten Verfahren festgelegt.

Artikel 9 – Einfuhr und Ausfuhr menschlicher Gewebe und Zellen

(1) Die Mitgliedstaaten treffen alle erforderlichen Maßnahmen, um sicherzustellen, dass sämtliche Einfuhren von Geweben und Zellen aus Drittländern durch für diese Tätigkeiten zugelassene, benannte, genehmigte oder lizenzierte Gewebeeinrichtungen vorgenommen werden und dass eingeführte Gewebe und Zellen in Übereinstimmung mit den in Artikel 8 genannten Verfahren vom Spender zum Empfänger und umgekehrt zurückverfolgt werden können. Die Mitgliedstaaten und Gewebeeinrichtungen, die diese Einfuhren aus Drittländern erhalten, stellen sicher, dass sie Qualitäts- und Sicherheitsstandards entsprechen, die den Standards dieser Richtlinie gleichwertig sind.

(2) Die Mitgliedstaaten treffen alle erforderlichen Maßnahmen, um sicherzustellen, dass sämtliche Ausfuhren von Geweben und Zellen nach Drittländern durch für diese Tätigkeiten zugelassene, benannte, genehmigte oder lizenzierte Gewebeeinrichtungen vorgenommen werden. Die Mitgliedstaaten, die diese Ausfuhren nach Drittländern tätigen, stellen sicher, dass die Ausfuhren den Anforderungen dieser Richtlinie entsprechen.

(3) a) Die Einfuhr oder Ausfuhr von in Artikel 6 Absatz 5 genannten Geweben und Zellen kann unmittelbar von der/den zuständigen Behörde(n) genehmigt werden.

b) Bei Notfällen kann die Einfuhr oder Ausfuhr von bestimmten Geweben und Zellen unmittelbar von der/den zuständigen Behörde(n) genehmigt werden.

c) Die zuständige(n) Behörde(n) trifft (treffen) alle erforderlichen Maßnahmen, um sicherzustellen, dass die Einfuhren und Ausfuhren der in den Buchstaben a) und b) genannten Gewebe und Zellen Qualitäts- und Sicherheitsstandards entsprechen, die den Standards dieser Richtlinie gleichwertig sind.

(4) Die Verfahren zur Prüfung der Gleichwertigkeit von Qualitäts- und Sicherheitsstandards im Sinne des Absatzes 1 werden von der Kommission nach dem in Artikel 29 Absatz 2 genannten Verfahren festgelegt.

Artikel 10 – Register der Gewebeeinrichtungen und Berichtspflicht

(1) Die Gewebeeinrichtungen führen gemäß den Anforderungen des Artikels 28 Buchstabe f) ein Register über ihre Tätigkeiten, einschließlich der Arten und Mengen der beschafften, getesteten, konservierten, verarbeiteten, gelagerten und verteilten oder anderweitig verwendeten Gewebe und/oder Zellen, wie auch über den Ursprung und den Bestimmungsort der zur Verwendung beim Menschen bestimmten Gewebe und Zellen. Sie legen der/den zuständigen Behörde(n) einen Jahresbericht über diese Tätigkeiten vor. Dieser Bericht muss öffentlich zugänglich sein.

(2) Die zuständige(n) Behörde(n) erstellt (erstellen) und führt (führen) ein öffentlich zugängliches Register der Gewebeeinrichtungen mit Angaben darüber, für welche Tätigkeiten die einzelnen Einrichtungen zugelassen, benannt, genehmigt oder lizenziert wurden.

(3) Die Mitgliedstaaten und die Kommission richten ein Netz zur Verknüpfung der nationalen Register der Gewebeeinrichtungen ein.

Artikel 11 – Meldung schwerwiegender Zwischenfälle und schwerwiegender unerwünschter Reaktionen

(1) Die Mitgliedstaaten stellen sicher, dass ein System vorhanden ist für die Mitteilung, Untersuchung, Registrierung und Übermittlung von Informationen über schwerwiegende Zwischenfälle und schwerwiegende unerwünschte Reaktionen, die sich auf die Qualität und Sicherheit der Gewebe und Zellen auswirken können und die auf ihre Beschaffung, Testung, Verarbeitung, Lagerung und Verteilung zurückgeführt werden können, sowie über schwerwiegende unerwünschte Reaktionen, die bei oder nach ihrer klinischen Anwendung beobachtet wurden und mit der Qualität und Sicherheit der Gewebe und Zellen in Zusammenhang stehen können.

(2) Alle Personen oder Einrichtungen, die menschliche Gewebe und Zellen im Sinne dieser Richtlinie verwenden, teilen den an der Spende, Beschaffung, Testung, Verarbeitung, Lagerung und Verteilung menschlicher Gewebe und Zellen beteiligten Einrichtungen alle relevanten Informationen mit, um die Rückverfolgbarkeit zu erleichtern und die Qualitäts- und Sicherheitskontrolle zu gewährleisten.

(3) Die verantwortliche Person im Sinne des Artikels 17 stellt sicher, dass der/den zuständigen Behörde(n) jeder schwerwiegende Zwischenfall und jede schwerwiegende unerwünschte Reaktion im Sinne des Absatzes 1 gemeldet und ihr/ihnen ein Bericht über die Ursachen und Folgen unterbreitet wird.

(4) Das Verfahren zur Meldung von schwerwiegenden Zwischenfällen und schwerwiegenden unerwünschten Reaktionen wird von der Kommission nach dem in Artikel 29 Absatz 2 genannten Verfahren festgelegt.

(5) Jede Gewebeeinrichtung stellt sicher, dass ein genaues, zügiges und überprüfbares Verfahren vorhanden ist, mit dem sie jedes Produkt von der Verteilung zurückziehen kann, das mit einem schwerwiegenden Zwischenfall oder einer schwerwiegenden unerwünschten Reaktion in Verbindung stehen könnte.

Kapitel III – Auswahl und Beurteilung der Spender

Artikel 12 – Grundsätze für das Spenden von Geweben und Zellen

(1) Die Mitgliedstaaten streben danach, freiwillige und unentgeltliche Spenden von Geweben und Zellen sicherzustellen.

Spender können eine Entschädigung erhalten, die streng auf den Ausgleich der in Verbindung mit der Spende entstandenen Ausgaben und Unannehmlichkeiten beschränkt ist. In diesem Fall legen die Mitgliedstaaten die Bedingungen fest, unter denen eine Entschädigung gewährt werden kann.

Die Mitgliedstaaten erstatten der Kommission vor dem 7. April 2006 und danach alle drei Jahre über diese Maßnahmen Bericht. Auf der Grundlage dieser Berichte informiert die Kommission das Europäische Parlament und den Rat über erforderliche zusätzliche Maßnahmen, die sie auf Gemeinschaftsebene zu treffen beabsichtigt.

(2) Die Mitgliedstaaten treffen alle erforderlichen Maßnahmen, um sicherzustellen, dass jede Werbung und sonstige Maßnahmen zur Förderung von Spenden menschlicher Gewebe und Zellen im Einklang mit den von den Mitgliedstaaten festgelegten Leitlinien oder Rechtsvorschriften stehen. Diese Leitlinien oder Rechtsvorschriften enthalten geeignete Beschränkungen oder Verbote, damit der Bedarf an menschlichen Geweben und Zellen oder deren Verfügbarkeit nicht in der Absicht bekannt gegeben werden, finanziellen Gewinn oder vergleichbare Vorteile in Aussicht zu stellen oder zu erzielen.

Die Mitgliedstaaten streben danach, sicherzustellen, dass die Beschaffung von Geweben und Zellen als solche auf nichtkommerzieller Grundlage erfolgt.

Artikel 13 – Einwilligung

(1) Die Beschaffung von menschlichen Geweben oder Zellen ist nur erlaubt, wenn sämtliche in dem betreffenden Mitgliedstaat geltenden zwingenden Vorschriften über die Einwilligung oder Genehmigung eingehalten wurden.

(2) Die Mitgliedstaaten treffen im Rahmen ihrer nationalen Rechtsvorschriften alle erforderlichen Maßnahmen, um sicherzustellen, dass die Spender, ihre Angehörigen oder die Personen, die eine Genehmigung im Namen der Spender erteilen, alle sachdienlichen Informationen gemäß dem Anhang erhalten.

Artikel 14 – Datenschutz und Vertraulichkeit

(1) Die Mitgliedstaaten treffen alle erforderlichen Maßnahmen, um sicherzustellen, dass sämtliche im Rahmen dieser Richtlinie erhobenen Daten einschließlich genetischer Informationen, zu denen Dritte Zugang haben, anonymisiert werden, so dass Spender und Empfänger nicht mehr identifizierbar sind.

(2) Zu diesem Zweck stellen sie sicher,
a) dass Vorkehrungen für die Datensicherheit sowie Schutzmaßnahmen gegen das unbefugte Hinzufügen, Löschen oder Ändern von Daten in Spenderdateien oder Ausschlusslisten sowie gegen jegliche Weitergabe von Informationen getroffen werden,
b) dass Verfahren zur Beseitigung von Diskrepanzen zwischen Daten vorhanden sind und

c) dass keine unbefugte Weitergabe von Informationen erfolgt, und gewährleisten gleichzeitig, dass die Spenden zurückverfolgt werden können.

(3) Die Mitgliedstaaten treffen alle erforderlichen Maßnahmen, um sicherzustellen, dass die Identität des Empfängers (der Empfänger) dem Spender oder seiner Familie und umgekehrt nicht bekannt gegeben wird; dies berührt nicht die geltenden Rechtsvorschriften der Mitgliedstaaten über die Bedingungen für die Weitergabe, insbesondere bei Gametenspenden.

Artikel 15 – Auswahl, Beurteilung und Beschaffung

(1) Bei den Tätigkeiten im Zusammenhang mit der Gewebebeschaffung ist sicherzustellen, dass die Beurteilung und Auswahl des Spenders gemäß den Anforderungen des Artikels 28 Buchstaben d) und e) erfolgt und dass die Gewebe und Zellen gemäß den Anforderungen des Artikels 28 Buchstabe f) beschafft, verpackt und befördert werden.

(2) Im Fall einer autologen Spende werden die Eignungskriterien gemäß den Anforderungen des Artikels 28 Buchstabe d) aufgestellt.

(3) Die Ergebnisse der Beurteilungs- und Untersuchungsverfahren für Spender werden dokumentiert; relevante anomale Befunde werden gemäß dem Anhang mitgeteilt.

(4) Die zuständige(n) Behörde(n) stellt (stellen) sicher, dass sämtliche Tätigkeiten im Zusammenhang mit der Gewebebeschaffung gemäß den Anforderungen des Artikels 28 Buchstabe f) ausgeführt werden.

Kapitel IV – Bestimmungen über Qualität und Sicherheit der Gewebe und Zellen

Artikel 16 – Qualitätssicherung

(1) Die Mitgliedstaaten treffen alle erforderlichen Maßnahmen, um sicherzustellen, dass jede Gewebeeinrichtung ein Qualitätssicherungssystem nach den Grundsätzen der guten fachlichen Praxis einrichtet und auf dem neuesten Stand hält.

(2) Die Kommission legt die gemeinschaftlichen Standards und Spezifikationen gemäß Artikel 28 Buchstabe c) für die Tätigkeiten im Rahmen eines Qualitätssicherungssystems fest.

(3) Die Gewebeeinrichtungen treffen alle erforderlichen Maßnahmen, um sicherzustellen, dass im Rahmen des Qualitätssicherungssystems mindestens Folgendes dokumentiert wird:
- Standardarbeitsverfahren,
- Leitlinien,
- Ausbildungs- und Referenzhandbücher,
- Meldeformulare,
- Aufzeichnungen über Spender,
- Informationen über die endgültige Bestimmung der Gewebe oder Zellen.

(4) Die Gewebeeinrichtungen treffen alle erforderlichen Maßnahmen, um sicherzustellen, dass diese Unterlagen bei Inspektionen durch die zuständige(n) Behörde(n) zur Verfügung stehen.

(5) Die Gewebeeinrichtungen bewahren die Daten, die zur Sicherstellung der Rückverfolgbarkeit erforderlich sind, gemäß Artikel 8 auf.

Artikel 17 – Verantwortliche Person

(1) Jede Gewebeeinrichtung benennt eine verantwortliche Person, die mindestens folgende Voraussetzungen erfüllt und mindestens folgende Qualifikation besitzt:
a) Besitz eines Diploms, Prüfungszeugnisses oder sonstigen Befähigungsnachweises im Bereich der Medizin oder der Biowissenschaften, mit dem die Absolvierung einer Hochschulausbildung oder einer von dem betreffenden Mitgliedstaat als gleichwertig anerkannten Ausbildung bescheinigt wird;
b) mindestens zweijährige praktische Erfahrung in den einschlägigen Bereichen.

(2) Die gemäß Absatz 1 benannte Person ist dafür verantwortlich, dass
a) die zur Verwendung beim Menschen bestimmten menschlichen Gewebe und Zellen in der Einrichtung, für die diese Person verantwortlich ist, im Einklang mit dieser Richtlinie sowie mit den geltenden Rechtsvorschriften des betreffenden Mitgliedstaats beschafft, getestet, verarbeitet, gelagert und verteilt werden;
b) der/den zuständigen Behörde(n) die Informationen gemäß Artikel 6 übermittelt werden;
c) die Anforderungen der Artikel 7, 10, 11, 15, 16 sowie 18 bis 24 in der Gewebeeinrichtung erfüllt werden.

(3) Die Gewebeeinrichtungen teilen der/den zuständigen Behörde(n) den Namen der verantwortlichen Person im Sinne des Absatzes 1 mit. Wird die verantwortliche Person endgültig oder vorübergehend ersetzt, so teilt die Gewebeeinrichtung der zuständigen Behörde unverzüglich den Namen der neuen verantwortlichen Person und das Datum mit, an dem sie ihre Tätigkeit aufnimmt.

Artikel 18 – Personal

Das Personal der Gewebeeinrichtungen, das unmittelbar an der Beschaffung, Verarbeitung, Konservierung, Lagerung und Verteilung von Geweben und Zellen mitwirkt, muss für die Ausführung dieser Aufgaben qualifiziert sein und die Ausbildung gemäß Artikel 28 Buchstabe c) erhalten.

Artikel 19 – Entgegennahme von Geweben und Zellen

(1) Die Gewebeeinrichtungen stellen sicher, dass alle Spenden menschlicher Gewebe und Zellen gemäß den Anforderungen des Artikels 28 Buchstabe e) getestet werden und dass die Auswahl und Annahme von Geweben und Zellen im Einklang mit den Anforderungen des Artikels 28 Buchstabe f) erfolgt.

(2) Die Gewebeeinrichtungen stellen sicher, dass menschliche Gewebe und Zellen und die zugehörigen Unterlagen den Anforderungen des Artikels 28 Buchstabe f) entsprechen.

(3) Die Gewebeeinrichtungen überprüfen, ob die Verpackung entgegengenommener menschlicher Gewebe und Zellen den Anforderungen des Artikels 28 Buchstabe f) entspricht, und führen darüber Aufzeichnungen. Alle Gewebe und Zellen, die diesen Bestimmungen nicht entsprechen, werden verworfen.

(4) Die Annahme oder Ablehnung entgegengenommener Gewebe/Zellen ist zu dokumentieren.

(5) Die Gewebeeinrichtungen stellen sicher, dass menschliche Gewebe und Zellen jederzeit korrekt gekennzeichnet sind. Jede Lieferung oder Charge von Geweben oder Zellen wird gemäß Artikel 8 mit einem Identifizierungskode versehen.
(6) Die Gewebe und Zellen werden in Quarantäne gehalten, bis die Anforderungen bezüglich der Untersuchung und Unterrichtung des Spenders gemäß Artikel 15 erfüllt sind.

Artikel 20 – Verarbeitung von Geweben und Zellen

(1) Die Gewebeeinrichtungen nehmen sämtliche Verarbeitungsschritte, die die Qualität und Sicherheit berühren, in ihre Standardarbeitsverfahren auf und stellen sicher, dass sie unter kontrollierten Bedingungen durchgeführt werden. Die Gewebeeinrichtungen stellen sicher, dass die verwendete Ausrüstung, die Arbeitsumgebung sowie die Bedingungen für die Verfahrensentwicklung, -validierung und -kontrolle den Anforderungen des Artikels 28 Buchstabe h) entsprechen.
(2) Alle Änderungen der Verfahren, die bei der Aufbereitung der Gewebe und Zellen angewendet werden, müssen die Kriterien des Absatzes 1 erfüllen.
(3) Die Standardarbeitsverfahren der Gewebeeinrichtungen enthalten besondere Vorschriften für den Umgang mit Geweben und Zellen, die verworfen werden sollen, damit eine Kontamination anderer Gewebe oder Zellen, der Verarbeitungsumgebung oder des Personals vermieden wird.

Artikel 21 – Bedingungen für die Lagerung von Geweben und Zellen

(1) Die Gewebeeinrichtungen stellen sicher, dass sämtliche Verfahren im Zusammenhang mit der Lagerung von Geweben und Zellen in den Standardarbeitsverfahren dokumentiert werden und dass die Lagerungsbedingungen den Anforderungen des Artikels 28 Buchstabe h) entsprechen.
(2) Die Gewebeeinrichtungen stellen sicher, dass sämtliche Lagerungsprozesse unter kontrollierten Bedingungen stattfinden.
(3) Die Gewebeeinrichtungen legen Verfahren für die Kontrolle der Verpackungs- und Lagerungsbereiche fest und wenden diese Verfahren an, damit keine Situation eintritt, die die Funktion oder Unversehrtheit der Gewebe oder Zellen beeinträchtigen könnte.
(4) Verarbeitete Gewebe oder Zellen dürfen erst dann zur Verteilung freigegeben werden, wenn alle in dieser Richtlinie festgelegten Anforderungen erfüllt sind.
(5) Die Mitgliedstaaten stellen sicher, dass Gewebeeinrichtungen über Vereinbarungen und Verfahren verfügen, um sicherzustellen, dass bei Beendigung der Tätigkeiten – gleich aus welchen Gründen – die eingelagerten Gewebe und Zellen entsprechend der sich auf sie beziehenden Einwilligung an eine oder mehrere andere gemäß Artikel 6 zugelassene, benannte, genehmigte oder lizenzierte Gewebeeinrichtung bzw. Gewebeeinrichtungen übertragen werden, unbeschadet der Rechtsvorschriften der Mitgliedstaaten über die Entsorgung gespendeter Gewebe und Zellen.

Artikel 22 – Kennzeichnung, Dokumentation und Verpackung

Die Gewebeeinrichtungen stellen sicher, dass Kennzeichnung, Dokumentation und Verpackung den Anforderungen des Artikels 28 Buchstabe f) entsprechen.

Artikel 23 – Verteilung

Die Gewebeeinrichtungen stellen die Qualität von Geweben und Zellen während der Verteilung sicher. Die Verteilungsbedingungen müssen den Anforderungen des Artikels 28 Buchstabe h) entsprechen.

Artikel 24 – Beziehungen zwischen Gewebeeinrichtungen und Dritten

(1) Gewebeeinrichtungen schließen immer dann schriftliche Vereinbarungen mit einem Dritten ab, wenn eine Tätigkeit außerhalb der Einrichtung erfolgt, die Auswirkungen auf die Qualität und die Sicherheit der Gewebe und Zellen hat, die in Zusammenarbeit mit einem Dritten verarbeitet werden, insbesondere in folgenden Fällen:
a) wenn eine Gewebeeinrichtung einem Dritten die Verantwortung für eine Phase der Gewebe- oder Zellverarbeitung überträgt;
b) wenn ein Dritter Waren liefert oder Dienstleistungen erbringt, die die Gewährleistung der Qualität und Sicherheit von Geweben oder Zellen berühren, einschließlich ihrer Verteilung;
c) wenn eine Gewebeeinrichtung Dienstleistungen für eine Gewebeeinrichtung erbringt, die nicht zugelassen ist;
d) wenn eine Gewebeeinrichtung von Dritten verarbeitete Gewebe oder Zellen verteilt.

(2) Die Beurteilung und Auswahl Dritter wird von der Gewebeeinrichtung danach vorgenommen, ob sie fähig sind, die in dieser Richtlinie festgelegten Standards einzuhalten.
(3) Die Gewebeeinrichtungen führen eine vollständige Liste ihrer mit Dritten abgeschlossenen Vereinbarungen gemäß Absatz 1.
(4) In den Vereinbarungen zwischen Gewebeeinrichtungen und Dritten sind die Verantwortlichkeiten, die von Dritten wahrgenommen werden, und die genauen Verfahren festzulegen.
(5) Auf Verlangen der zuständigen Behörde(n) legen die Gewebeeinrichtungen Kopien ihrer Vereinbarungen mit Dritten vor.

Kapitel V – Informationsaustausch, Berichte und Sanktionen

Artikel 25 – Informationskodierung

(1) Die Mitgliedstaaten schaffen ein System für die Kennzeichnung menschlicher Gewebe und Zellen, um die Rückverfolgbarkeit sämtlicher menschlicher Gewebe und Zellen gemäß Artikel 8 zu gewährleisten.
(2) Die Kommission konzipiert in Zusammenarbeit mit den Mitgliedstaaten ein einheitliches Europäisches Kodierungssystem, mit dem die grundlegenden Merkmale und Eigenschaften der Gewebe und Zellen beschrieben werden können.

Artikel 26 – Berichte

(1) Die Mitgliedstaaten übersenden der Kommission vor dem 7. April 2009 und danach alle drei Jahre einen Bericht über die im Hinblick auf diese Richtlinie er-

griffenen Maßnahmen, in dem auch die im Bereich der Inspektion und Kontrolle ergriffenen Maßnahmen dargestellt werden.
(2) Die Kommission übermittelt dem Europäischen Parlament, dem Rat, dem Europäischen Wirtschafts- und Sozialausschuss sowie dem Ausschuss der Regionen die von den Mitgliedstaaten vorgelegten Berichte über die Erfahrungen, die sie mit der Umsetzung dieser Richtlinie gemacht haben.
(3) Die Kommission übermittelt dem Europäischen Parlament, dem Rat, dem Europäischen Wirtschafts- und Sozialausschuss sowie dem Ausschuss der Regionen vor dem 7. April 2008 und danach alle drei Jahre einen Bericht über die Umsetzung der Anforderungen dieser Richtlinie und insbesondere bezüglich Inspektionen und Kontrollen.

Artikel 27 – Sanktionen

Die Mitgliedstaaten erlassen Vorschriften über Sanktionen für Verstöße gegen die nationalen Bestimmungen zur Umsetzung dieser Richtlinie und ergreifen alle erforderlichen Maßnahmen, damit diese angewandt werden. Die Sanktionen müssen wirksam, verhältnismäßig und abschreckend sein. Die Mitgliedstaaten teilen der Kommission diese Bestimmungen spätestens bis 7. April 2006 mit und geben ihr alle späteren sie betreffenden Änderungen unverzüglich bekannt.

Kapitel VI – Anhörung von Ausschüssen

Artikel 28 – Technische Anforderungen und ihre Anpassung an den wissenschaftlichen und technischen Fortschritt

Die folgenden technischen Anforderungen und ihre Anpassung an den wissenschaftlichen und technischen Fortschritt werden nach dem in Artikel 29 Absatz 2 genannten Verfahren festgelegt:
a) Anforderungen an die Zulassung, Benennung, Genehmigung oder Lizenzierung von Gewebeeinrichtungen;
b) Anforderungen an die Beschaffung menschlicher Gewebe und Zellen;
c) Qualitätssicherungssystem, einschließlich Ausbildung;
d) Auswahlkriterien für die Spender von Geweben und/oder Zellen;
e) für Spender vorgeschriebene Laboruntersuchungen;
f) Verfahren zur Beschaffung von Zellen und/oder Geweben und zu ihrer Entgegennahme in den Gewebeeinrichtungen;
g) Anforderungen an die Aufbereitungsverfahren für Gewebe und Zellen;
h) Verarbeitung, Lagerung und Verteilung von Geweben und Zellen;
i) Anforderungen an die direkte Verteilung spezifischer Gewebe und Zellen an den Empfänger.

Artikel 29 – Ausschuss

(1) Die Kommission wird von einem Ausschuss unterstützt.
(2) Wird auf diesen Absatz Bezug genommen, so gelten die Artikel 5 und 7 des Beschlusses 1999/468/EG unter Beachtung von dessen Artikel 8.
Der Zeitraum nach Artikel 5 Absatz 6 des Beschlusses 1999/468/EG wird auf drei Monate festgesetzt.

(3) Der Ausschuss gibt sich eine Geschäftsordnung.

Artikel 30 – Anhörung eines oder mehrerer wissenschaftlicher Ausschüsse

Bei der Festlegung der technischen Anforderungen gemäß Artikel 28 oder ihrer Anpassung an den wissenschaftlichen und technischen Fortschritt kann die Kommission den oder die zuständigen wissenschaftlichen Ausschüsse hören.

Kapitel VII – Schlussbestimmungen

Artikel 31 – Umsetzung

(1) Die Mitgliedstaaten setzen die Rechts- und Verwaltungsvorschriften in Kraft, die erforderlich sind, um dieser Richtlinie spätestens ab dem 7. April 2006 nachzukommen. Sie unterrichten die Kommission unverzüglich davon.

Wenn die Mitgliedstaaten diese Vorschriften erlassen, nehmen sie in den Vorschriften selbst oder durch einen Hinweis bei der amtlichen Veröffentlichung auf diese Richtlinie Bezug. Die Mitgliedstaaten regeln die Einzelheiten dieser Bezugnahme.

(2) Die Mitgliedstaaten können beschließen, die in dieser Richtlinie festgelegten Anforderungen nach dem in Absatz 1 Unterabsatz 1 genannten Datum ein Jahr lang nicht auf Gewebeeinrichtungen anzuwenden, die vor Inkrafttreten dieser Richtlinie an die geltenden nationalen Vorschriften gebunden sind.

(3) Die Mitgliedstaaten teilen der Kommission den Wortlaut der innerstaatlichen Rechtsvorschriften mit, die sie auf dem unter diese Richtlinie fallenden Gebiet bereits erlassen haben oder erlassen.

Artikel 32 – Inkrafttreten

Diese Richtlinie tritt am Tag ihrer Veröffentlichung im Amtsblatt der Europäischen Union in Kraft.

Artikel 33 – Adressaten

Diese Richtlinie ist an die Mitgliedstaaten gerichtet.

Geschehen zu Straßburg am 31. März 2004
  Im Namen des Europäischen Parlaments: Der Präsident P. COX.
  Im Namen des Rates: Der Präsident D. ROCHE

ANHANG

Bei Zell- und/oder Gewebespenden zu erteilende Informationen

A. Lebende Spender

1. Die für das Spendeverfahren zuständige Person stellt sicher, dass der Spender zumindest über die in Nummer 3 aufgeführten Aspekte der Spende und der Beschaffung angemessen informiert wurde. Die Informationen müssen vor der Beschaffung gegeben werden.
2. Die Informationen müssen von einer ausgebildeten Person gegeben werden, die in der Lage ist, sie in sachgerechter und klarer Weise zu geben, wobei Ausdrücke zu verwenden sind, die für den Spender leicht verständlich sind.
3. Die Informationen müssen folgende Punkte betreffen: Zweck und Art der Beschaffung, ihre Folgen und Risiken, analytische Tests, falls sie durchgeführt werden, Aufzeichnung und Schutz von Spenderdaten, die ärztliche Schweigepflicht, therapeutischer Zweck und potenzieller Nutzen sowie Informationen über die anwendbaren Schutzmaßnahmen, die dem Schutz des Spenders dienen.
4. Der Spender muss darüber informiert werden, dass er das Recht hat, die bestätigten Ergebnisse der analytischen Tests mitgeteilt und deutlich erläutert zu bekommen.
5. Es muss über die Notwendigkeit informiert werden, die rechtlich vorgeschriebene Einwilligung, Bescheinigung und Genehmigung zu verlangen, damit die Gewebe- und/oder Zellbeschaffung durchgeführt werden kann.

B. Verstorbene Spender

1. Die Erteilung sämtlicher Informationen und die Einholung aller erforderlichen Einwilligungen und Genehmigungen müssen in Übereinstimmung mit den in den Mitgliedstaaten geltenden Rechtsvorschriften erfolgen.
2. Die bestätigten Ergebnisse der Spenderbeurteilung müssen den betreffenden Personen in Übereinstimmung mit den Rechtsvorschriften der Mitgliedstaaten mitgeteilt und deutlich erläutert werden.

D. Nationales Recht

I. Embryonenschutzgesetz

Gesetz zum Schutz von Embryonen (Embryonenschutzgesetz – EschG) vom 13. Dezember 1990[1]

§ 1 – Missbräuchliche Anwendung von Fortpflanzungstechniken

(1) Mit Freiheitsstrafe bis zu drei Jahren oder mit Geldstrafe wird bestraft, wer
1. auf eine Frau eine fremde unbefruchtete Eizelle überträgt,
2. es unternimmt, eine Eizelle zu einem anderen Zweck künstlich zu befruchten, als eine Schwangerschaft der Frau herbeizuführen, von der die Eizelle stammt,
3. es unternimmt, innerhalb eines Zyklus mehr als drei Embryonen auf eine Frau zu übertragen,
4. es unternimmt, durch intratubaren Gametentransfer innerhalb eines Zyklus mehr als drei Eizellen zu befruchten,
5. es unternimmt, mehr Eizellen einer Frau zu befruchten, als ihr innerhalb eines Zyklus übertragen werden sollen,
6. einer Frau einen Embryo vor Abschluss seiner Einnistung in der Gebärmutter entnimmt, um diesen auf eine andere Frau zu übertragen oder ihn für einen nicht seiner Erhaltung dienenden Zweck zu verwenden, oder
7. es unternimmt, bei einer Frau, welche bereit ist, ihr Kind nach der Geburt Dritten auf Dauer zu überlassen (Ersatzmutter), eine künstliche Befruchtung durchzuführen oder auf sie einen menschlichen Embryo zu übertragen.

(2) Ebenso wird bestraft, wer
1. künstlich bewirkt, dass eine menschliche Samenzelle in eine menschliche Eizelle eindringt, oder
2. eine menschliche Samenzelle in eine menschliche Eizelle künstlich verbringt,

ohne eine Schwangerschaft der Frau herbeiführen zu wollen, von der die Eizelle stammt.

(3) Nicht bestraft werden
1. in den Fällen des Absatzes 1 Nr. 1, 2 und 6 die Frau, von der die Eizelle oder der Embryo stammt, sowie die Frau, auf die die Eizelle übertragen wird oder der Embryo übertragen werden soll, und
2. in den Fällen des Absatzes 1 Nr. 7 die Ersatzmutter sowie die Person, die das Kind auf Dauer bei sich aufnehmen will.

(4) In den Fällen des Absatzes 1 Nr. 6 und des Absatzes 2 ist der Versuch strafbar.

---

[1] BGBl. I S. 2747.

§ 2 – Missbräuchliche Verwendung menschlicher Embryonen

(1) Wer einen extrakorporal erzeugten oder einer Frau vor Abschluss seiner Einnistung in der Gebärmutter entnommenen menschlichen Embryo veräußert oder zu einem nicht seiner Erhaltung dienenden Zweck abgibt, erwirbt oder verwendet, wird mit Freiheitsstrafe bis zu drei Jahren oder mit Geldstrafe bestraft.

(2) Ebenso wird bestraft, wer zu einem anderen Zweck als der Herbeiführung einer Schwangerschaft bewirkt, dass sich ein menschlicher Embryo extrakorporal weiterentwickelt.

(3) Der Versuch ist strafbar.

§ 3 – Verbotene Geschlechtswahl

Wer es unternimmt, eine menschliche Eizelle mit einer Samenzelle künstlich zu befruchten, die nach dem in ihr enthaltenen Geschlechtschromosom ausgewählt worden ist, wird mit Freiheitsstrafe bis zu einem Jahr oder mit Geldstrafe bestraft. Dies gilt nicht, wenn die Auswahl der Samenzelle durch einen Arzt dazu dient, das Kind vor der Erkrankung an einer Muskeldystrophie vom Typ Duchenne oder einer ähnlich schwerwiegenden geschlechtsgebundenen Erbkrankheit zu bewahren, und die dem Kind drohende Erkrankung von der nach Landesrecht zuständigen Stelle als entsprechend schwerwiegend anerkannt worden ist.

§ 4 – Eigenmächtige Befruchtung, eigenmächtige Embryoübertragung und künstliche Befruchtung nach dem Tode

(1) Mit Freiheitsstrafe bis zu drei Jahren oder mit Geldstrafe wird bestraft, wer
1. es unternimmt, eine Eizelle künstlich zu befruchten, ohne dass die Frau, deren Eizelle befruchtet wird, und der Mann, dessen Samenzelle für die Befruchtung verwendet wird, eingewilligt haben,
2. es unternimmt, auf eine Frau ohne deren Einwilligung einen Embryo zu übertragen, oder
3. wissentlich eine Eizelle mit dem Samen eines Mannes nach dessen Tode künstlich befruchtet.

(2) Nicht bestraft wird im Fall des Absatzes 1 Nr. 3 die Frau, bei der die künstliche Befruchtung vorgenommen wird.

§ 5 – Künstliche Veränderung menschlicher Keimbahnzellen

(1) Wer die Erbinformation einer menschlichen Keimbahnzelle künstlich verändert, wird mit Freiheitsstrafe bis zu fünf Jahren oder mit Geldstrafe bestraft.

(2) Ebenso wird bestraft, wer eine menschliche Keimzelle mit künstlich veränderter Erbinformation zur Befruchtung verwendet.

(3) Der Versuch ist strafbar.

(4) Absatz 1 findet keine Anwendung auf
1. eine künstliche Veränderung der Erbinformation einer außerhalb des Körpers befindlichen Keimzelle, wenn ausgeschlossen ist, dass diese zur Befruchtung verwendet wird,
2. eine künstliche Veränderung der Erbinformation einer sonstigen körpereigenen Keimbahnzelle, die einer toten Leibesfrucht, einem Menschen oder einem Verstorbenen entnommen worden ist, wenn ausgeschlossen ist, dass

a) diese auf einen Embryo, Foetus oder Menschen übertragen wird oder
b) aus ihr eine Keimzelle entsteht,
sowie
3. Impfungen, strahlen-, chemotherapeutische oder andere Behandlungen, mit denen eine Veränderung der Erbinformation von Keimbahnzellen nicht beabsichtigt ist.

§ 6 – Klonen

(1) Wer künstlich bewirkt, dass ein menschlicher Embryo mit der gleichen Erbinformation wie ein anderer Embryo, ein Foetus, ein Mensch oder ein Verstorbener entsteht, wird mit Freiheitsstrafe bis zu fünf Jahren oder mit Geldstrafe bestraft.

(2) Ebenso wird bestraft, wer einen in Absatz 1 bezeichneten Embryo auf eine Frau überträgt.

(3) Der Versuch ist strafbar.

§ 7 – Chimären- und Hybridbildung

(1) Wer es unternimmt,
1. Embryonen mit unterschiedlichen Erbinformationen unter Verwendung mindestens eines menschlichen Embryos zu einem Zellverband zu vereinigen,
2. mit einem menschlichen Embryo eine Zelle zu verbinden, die eine andere Erbinformation als die Zellen des Ernbryos enthält und sich mit diesem weiter zu differenzieren vermag, oder
3. durch Befruchtung einer menschlichen Eizelle mit dem Samen eines Tieres oder durch Befruchtung einer tierischen Eizelle mit dem Samen eines Menschen einen differenzierungsfähigen Embryo zu erzeugen,

wird mit Freiheitsstrafe bis zu fünf Jahren oder mit Geldstrafe bestraft.

(2) Ebenso wird bestraft, wer es unternimmt,
1. einen durch eine Handlung nach Absatz 1 entstandenen Embryo auf
    a) eine Frau oder
    b) ein Tier
    zu übertragen oder
2. einen menschlichen Embryo auf ein Tier zu übertragen.

§ 8 – Begriffsbestimmung

(1) Als Embryo im Sinne dieses Gesetzes gilt bereits die befruchtete, entwicklungsfähige menschliche Eizelle vom Zeitpunkt der Kernverschmelzung an, ferner jede einem Ernbryo entnommene totipotente Zelle, die sich bei Vorliegen der dafür erforderlichen weiteren Voraussetzungen zu teilen und zu einem Individuum zu entwickeln vermag.

(2) In den ersten vierundzwanzig Stunden nach der Kernverschmelzung gilt die befruchtete menschliche Eizelle als entwicklungsfähig, es sei denn, dass schon vor Ablauf dieses Zeitraums festgestellt wird, dass sich diese nicht über das Einzellstadium hinaus zu entwickeln vermag.

(3) Keimbahnzellen im Sinne dieses Gesetzes sind alle Zellen, die in einer Zell-Linie von der befruchteten Eizelle bis zu den Ei- und Samenzellen des aus ihr hervorgegangenen Menschen führen, ferner die Eizelle vom Einbringen oder Ein-

dringen der Samenzelle an bis zu der mit der Kernverschmelzung abgeschlossenen Befruchtung.

§ 9 – Arztvorbehalt

Nur ein Arzt darf vornehmen:
1. die künstliche Befruchtung,
2. die Übertragung eines menschlichen Embryos auf eine Frau,
3. die Konservierung eines menschlichen Embryos sowie einer menschlichen Eizelle, in die bereits eine menschliche Samenzelle eingedrungen oder künstlich eingebracht worden ist.

§ 10 – Freiwillige Mitwirkung

Niemand ist verpflichtet, Maßnahmen der in § 9 bezeichneten Art vorzunehmen oder an ihnen mitzuwirken.

§ 11 – Verstoß gegen den Arztvorbehalt

(1) Wer, ohne Arzt zu sein,
1. entgegen § 9 Nr. 1 eine künstliche Befruchtung vornimmt oder
2. entgegen § 9 Nr. 2 einen menschlichen Embryo auf eine Frau überträgt,
wird mit Freiheitsstrafe bis zu einem Jahr oder mit Geldstrafe bestraft.
(2) Nicht bestraft werden im Fall des § 9 Nr. 1 die Frau, die eine künstliche Insemination bei sich vornimmt, und der Mann, dessen Samen zu einer künstlichen Insemination verwendet wird.

§ 12 – Bußgeldvorschriften

(1) Ordnungswidrig handelt, wer, ohne Arzt zu sein, entgegen § 9 Nr. 3 einen menschlichen Embryo oder eine dort bezeichnete menschliche Eizelle konserviert.
(2) Die Ordnungswidrigkeit kann mit einer Geldbuße bis zu fünftausend Deutsche Mark geahndet werden.

§ 13 – Inkrafttreten

Dieses Gesetz tritt am 1. Januar 1991 in Kraft.

Ia. Sozialgesetzbuch – Gesetzliche Krankenversicherung

Sozialgesetzbuch (SGB) Fünftes Buch (V) – Gesetzliche Krankenversicherung – vom 20. Dezember 1988[1]

Auszug

§ 27a – Künstliche Befruchtung

(1) Die Leistungen der Krankenbehandlung umfassen auch medizinische Maßnahmen zur Herbeiführung einer Schwangerschaft, wenn

1. diese Maßnahmen nach ärztlicher Feststellung erforderlich sind,
2. nach ärztlicher Feststellung hinreichende Aussicht besteht, dass durch die Maßnahmen eine Schwangerschaft herbeigeführt wird; eine hinreichende Aussicht besteht nicht mehr, wenn die Maßnahme drei Mal ohne Erfolg durchgeführt worden ist,
3. die Personen, die diese Maßnahmen in Anspruch nehmen wollen, miteinander verheiratet sind,
4. ausschließlich Ei- und Samenzellen der Ehegatten verwendet werden und
5. sich die Ehegatten vor Durchführung der Maßnahmen von einem Arzt, der die Behandlung nicht selbst durchführt, über eine solche Behandlung unter Berücksichtigung ihrer medizinischen und psychosozialen Gesichtspunkte haben unterrichten lassen und der Arzt sie an einen der Ärzte oder eine der Einrichtungen überwiesen hat, denen eine Genehmigung nach § 121a erteilt worden ist.

(2) Absatz 1 gilt auch für Inseminationen, die nach Stimulationsverfahren durchgeführt werden und bei denen dadurch ein erhöhtes Risiko von Schwangerschaften mit drei oder mehr Embryonen besteht. Bei anderen Inseminationen ist Absatz 1 Nr. 2 zweiter Halbsatz und Nr. 5 nicht anzuwenden.

(3) Anspruch auf Sachleistungen nach Absatz 1 besteht nur für Versicherte, die das 25. Lebensjahr vollendet haben; der Anspruch besteht nicht für weibliche Versicherte, die das 40. und für männliche Versicherte, die das 50. Lebensjahr vollendet haben. Vor Beginn der Behandlung ist der Krankenkasse ein Behandlungsplan zur Genehmigung vorzulegen. Die Krankenkasse übernimmt 50 vom Hundert der mit dem Behandlungsplan genehmigten Kosten der Maßnahmen, die bei ihrem Versicherten durchgeführt werden.

---

[1] BGBl. I S. 2477, zuletzt geändert durch Art. 4 des Gesetzes zur Einordnung des Sozialhilferechts in das SGB vom 27. 12. 2003, BGBl. I S. 3022.

(4) Der Gemeinsame Bundesausschuss bestimmt in den Richtlinien nach § 92 die medizinischen Einzelheiten zu Voraussetzungen, Art und Umfang der Maßnahmen nach Absatz 1.[2]

(...)

§ 121a – Genehmigung zur Durchführung künstlicher Befruchtung

(1) Die Krankenkassen dürfen Maßnahmen zur Herbeiführung einer Schwangerschaft (§ 27a Abs. 1) nur erbringen lassen durch
1. Vertragsärzte,
2. ermächtigte Ärzte,
3. ermächtigte ärztlich geleitete Einrichtungen oder
4. zugelassene Krankenhäuser,

denen die zuständige Behörde eine Genehmigung nach Absatz 2 zur Durchführung dieser Maßnahmen erteilt hat. Satz 1 gilt bei Inseminationen nur dann, wenn sie nach Stimulationsverfahren durchgeführt werden, bei denen dadurch ein erhöhtes Risiko von Schwangerschaften mit drei oder mehr Embryonen besteht.

(2) Die Genehmigung darf den im Absatz 1 Satz 1 genannten Ärzten oder Einrichtungen nur erteilt werden, wenn sie
1. über die für die Durchführung der Maßnahmen zur Herbeiführung einer Schwangerschaft (§ 27a Abs. 1) notwendigen diagnostischen und therapeutischen Möglichkeiten verfügen und nach wissenschaftlich anerkannten Methoden arbeiten und
2. die Gewähr für eine bedarfsgerechte, leistungsfähige und wirtschaftliche Durchführung von Maßnahmen zur Herbeiführung einer Schwangerschaft (§ 27a Abs. 1) bieten.

(3) Ein Anspruch auf Genehmigung besteht nicht. Bei notwendiger Auswahl zwischen mehreren geeigneten Ärzten oder Einrichtungen, die sich um die Genehmigung bewerben, entscheidet die zuständige Behörde unter Berücksichtigung der öffentlichen Interessen und der Vielfalt der Bewerber nach pflichtgemäßem Ermessen, welche Ärzte oder welche Einrichtungen den Erfordernissen einer bedarfsgerechten, leistungsfähigen und wirtschaftlichen Durchführung von Maßnahmen zur Herbeiführung einer Schwangerschaft (§ 27a Abs. 1) am besten gerecht werden.

(4) Die zur Erteilung der Genehmigung zuständigen Behörden bestimmt die nach Landesrecht zuständige Stelle, mangels einer solchen Bestimmung die Landesregierung; diese kann die Ermächtigung weiter übertragen.

(...)

---

[2] S. hierzu die Richtlinie des Bundesausschusses der Ärzte und Krankenkassen über ärztliche Maßnahmen und künstliche Befruchtung („Richtlinie über künstliche Befruchtung") in der Fassung vom 14.8.1990 (veröffentlicht im Bundesarbeitsblatt Nr. 12 vom 30.11.1990), zuletzt geändert am 1.12.2003 (veröffentlicht im Bundesanzeiger Nr. 13, S. 910 am 21.1.2004).

II. Stammzellgesetz

Gesetz zur Sicherstellung des Embryonenschutzes im Zusammenhang mit Einfuhr und Verwendung menschlicher embryonaler Stammzellen (Stammzellgesetz – StZG) vom 28. Juni 2002[1]

§ 1 – Zweck des Gesetzes

Zweck dieses Gesetzes ist es, im Hinblick auf die staatliche Verpflichtung, die Menschenwürde und das Recht auf Leben zu achten und zu schützen und die Freiheit der Forschung zu gewährleisten,
1. die Einfuhr und die Verwendung embryonaler Stammzellen grundsätzlich zu verbieten,
2. zu vermeiden, dass von Deutschland aus eine Gewinnung embryonaler Stammzellen oder eine Erzeugung von Embryonen zur Gewinnung embryonaler Stammzellen veranlasst wird, und
3. die Voraussetzungen zu bestimmen, unter denen die Einfuhr und die Verwendung embryonaler Stammzellen ausnahmsweise zu Forschungszwecken zugelassen sind.

§ 2 – Anwendungsbereich

Dieses Gesetz gilt für die Einfuhr und die Verwendung embryonaler Stammzellen.

§ 3 – Begriffsbestimmungen

Im Sinne dieses Gesetzes
1. sind Stammzellen alle menschlichen Zellen, die die Fähigkeit besitzen, in entsprechender Umgebung sich selbst durch Zellteilung zu vermehren, und die sich selbst oder deren Tochterzellen sich unter geeigneten Bedingungen zu Zellen unterschiedlicher Spezialisierung, jedoch nicht zu einem Individuum zu entwickeln vermögen (pluripotente Stammzellen),
2. sind embryonale Stammzellen alle aus Embryonen, die extrakorporal erzeugt und nicht zur Herbeiführung einer Schwangerschaft verwendet worden sind oder einer Frau vor Abschluss ihrer Einnistung in der Gebärmutter entnommen wurden, gewonnenen pluripotenten Stammzellen,
3. sind embryonale Stammzell-Linien alle embryonalen Stammzellen, die in Kultur gehalten werden oder im Anschluss daran kryokonserviert gelagert werden,

---

[1] BGBl. I S. 2277, zuletzt geändert durch Art. 21 der achten Zuständigkeitsanpassungsverordnung vom 25.11.2003, BGBl. I S. 2304.

4. ist Embryo bereits jede menschliche totipotente Zelle, die sich bei Vorliegen der dafür erforderlichen weiteren Voraussetzungen zu teilen und zu einem Individuum zu entwickeln vermag,
5. ist Einfuhr das Verbringen embryonaler Stammzellen in den Geltungsbereich dieses Gesetzes.

§ 4 – Einfuhr und Verwendung embryonaler Stammzellen

(1) Die Einfuhr und die Verwendung embryonaler Stammzellen ist verboten.

(2) Abweichend von Absatz 1 sind die Einfuhr und die Verwendung embryonaler Stammzellen zu Forschungszwecken unter den in § 6 genannten Voraussetzungen zulässig, wenn
1. zur Überzeugung der Genehmigungsbehörde feststeht, dass
   a) die embryonalen Stammzellen in Übereinstimmung mit der Rechtslage im Herkunftsland dort vor dem 1. Januar 2002 gewonnen wurden und in Kultur gehalten werden oder im Anschluss daran kryokonserviert gelagert werden (embryonale Stammzell-Linie),
   b) die Embryonen, aus denen sie gewonnen wurden, im Wege der medizinisch unterstützten extrakorporalen Befruchtung zum Zwecke der Herbeiführung einer Schwangerschaft erzeugt worden sind, sie endgültig nicht mehr für diesen Zweck verwendet wurden und keine Anhaltspunkte dafür vorliegen, dass dies aus Gründen erfolgte, die an den Embryonen selbst liegen,
   c) für die Überlassung der Embryonen zur Stammzellgewinnung kein Entgelt oder sonstiger geldwerter Vorteil gewährt oder versprochen wurde und
2. der Einfuhr oder Verwendung der embryonalen Stammzellen sonstige gesetzliche Vorschriften, insbesondere solche des Embryonenschutzgesetzes, nicht entgegenstehen.

(3) Die Genehmigung ist zu versagen, wenn die Gewinnung der embryonalen Stammzellen offensichtlich im Widerspruch zu tragenden Grundsätzen der deutschen Rechtsordnung erfolgt ist. Die Versagung kann nicht damit begründet werden, dass die Stammzellen aus menschlichen Embryonen gewonnen wurden.

§ 5 – Forschung an embryonalen Stammzellen

Forschungsarbeiten an embryonalen Stammzellen dürfen nur durchgeführt werden, wenn wissenschaftlich begründet dargelegt ist, dass
1. sie hochrangigen Forschungszielen für den wissenschaftlichen Erkenntnisgewinn im Rahmen der Grundlagenforschung oder für die Erweiterung medizinischer Kenntnisse bei der Entwicklung diagnostischer, präventiver oder therapeutischer Verfahren zur Anwendung bei Menschen dienen und
2. nach dem anerkannten Stand von Wissenschaft und Technik
   a) die im Forschungsvorhaben vorgesehenen Fragestellungen so weit wie möglich bereits in In-vitro-Modellen mit tierischen Zellen oder in Tierversuchen vorgeklärt worden sind und

b) der mit dem Forschungsvorhaben angestrebte wissenschaftliche Erkenntnisgewinn sich voraussichtlich nur mit embryonalen Stammzellen erreichen lässt.

§ 6 – Genehmigung

(1) Jede Einfuhr und jede Verwendung embryonaler Stammzellen bedarf der Genehmigung durch die zuständige Behörde.
(2) Der Antrag auf Genehmigung bedarf der Schriftform. Der Antragsteller hat in den Antragsunterlagen insbesondere folgende Angaben zu machen:
1. den Namen und die berufliche Anschrift der für das Forschungsvorhaben verantwortlichen Person,
2. eine Beschreibung des Forschungsvorhabens einschließlich einer wissenschaftlich begründeten Darlegung, dass das Forschungsvorhaben den Anforderungen nach § 5 entspricht,
3. eine Dokumentation der für die Einfuhr oder Verwendung vorgesehenen embryonalen Stammzellen darüber, dass die Voraussetzungen nach § 4 Abs. 2 Nr. 1 erfüllt sind; der Dokumentation steht ein Nachweis gleich, der belegt, dass
    a) die vorgesehenen embryonalen Stammzellen mit denjenigen identisch sind, die in einem wissenschaftlich anerkannten, öffentlich zugänglichen und durch staatliche oder staatlich autorisierte Stellen geführten Register eingetragen sind, und
    b) durch diese Eintragung die Voraussetzungen nach § 4 Abs. 2 Nr. 1 erfüllt sind.

(3) Die zuständige Behörde hat dem Antragsteller den Eingang des Antrags und der beigefügten Unterlagen unverzüglich schriftlich zu bestätigen. Sie holt zugleich die Stellungnahme der Zentralen Ethik-Kommission für Stammzellenforschung ein. Nach Eingang der Stellungnahme teilt sie dem Antragsteller die Stellungnahme und den Zeitpunkt der Beschlussfassung der Zentralen Ethik-Kommission für Stammzellenforschung mit.
(4) Die Genehmigung ist zu erteilen, wenn
1. die Voraussetzungen nach § 4 Abs. 2 erfüllt sind,
2. die Voraussetzungen nach § 5 erfüllt sind und das Forschungsvorhaben in diesem Sinne ethisch vertretbar ist und
3. eine Stellungnahme der Zentralen Ethik-Kommission für Stammzellenforschung nach Beteiligung durch die zuständige Behörde vorliegt.

(5) Liegen die vollständigen Antragsunterlagen sowie eine Stellungnahme der Zentralen Ethik-Kommission für Stammzellenforschung vor, so hat die Behörde über den Antrag innerhalb von zwei Monaten schriftlich zu entscheiden. Die Behörde hat bei ihrer Entscheidung die Stellungnahme der Zentralen Ethik-Kommission für Stammzellenforschung zu berücksichtigen. Weicht die zuständige Behörde bei ihrer Entscheidung von der Stellungnahme der Zentralen Ethik-Kommission für Stammzellenforschung ab, so hat sie die Gründe hierfür schriftlich darzulegen.
(6) Die Genehmigung kann unter Auflagen und Bedingungen erteilt und befristet werden, soweit dies zur Erfüllung oder fortlaufenden Einhaltung der Genehmi-

gungsvoraussetzungen nach Absatz 4 erforderlich ist. Treten nach Erteilung der Genehmigung Tatsachen ein, die der Genehmigung entgegenstehen, kann die Genehmigung mit Wirkung für die Zukunft ganz oder teilweise widerrufen oder von der Erfüllung von Auflagen abhängig gemacht oder befristet werden, soweit dies zur Erfüllung oder fortlaufenden Einhaltung der Genehmigungsvoraussetzungen nach Absatz 4 erforderlich ist. Widerspruch und Anfechtungsklage gegen die Rücknahme oder den Widerruf der Genehmigung haben keine aufschiebende Wirkung.

§ 7 – Zuständige Behörde

(1) Zuständige Behörde ist eine durch Rechtsverordnung des Bundesministeriums für Gesundheit und Soziale Sicherung zu bestimmende Behörde aus seinem Geschäftsbereich.[2] Sie führt die ihr nach diesem Gesetz übertragenen Aufgaben als Verwaltungsaufgaben des Bundes durch und untersteht der Fachaufsicht des Bundesministeriums für Gesundheit und Soziale Sicherung.

(2) Für Amtshandlungen nach diesem Gesetz sind Kosten (Gebühren und Auslagen) zu erheben. Das Verwaltungskostengesetz findet Anwendung. Von der Zahlung von Gebühren sind außer den in § 8 Abs. 1 des Verwaltungskostengesetzes bezeichneten Rechtsträgern die als gemeinnützig anerkannten Forschungseinrichtungen befreit.

(3) Das Bundesministerium für Gesundheit und Soziale Sicherung wird ermächtigt, im Einvernehmen mit dem Bundesministerium für Bildung und Forschung durch Rechtsverordnung die gebührenpflichtigen Tatbestände zu bestimmen und dabei feste Sätze oder Rahmensätze vorzusehen. Dabei ist die Bedeutung, der wirtschaftliche Wert oder der sonstige Nutzen für die Gebührenschuldner angemessen zu berücksichtigen. In der Rechtsverordnung kann bestimmt werden, dass eine Gebühr auch für eine Amtshandlung erhoben werden kann, die nicht zu Ende geführt worden ist, wenn die Gründe hierfür von demjenigen zu vertreten sind, der die Amtshandlung veranlasst hat.

(4) Die bei der Erfüllung von Auskunftspflichten im Rahmen des Genehmigungsverfahrens entstehenden eigenen Aufwendungen des Antragstellers sind nicht zu erstatten.

§ 8 – Zentrale Ethik-Kommission für Stammzellenforschung

(1) Bei der zuständigen Behörde wird eine interdisziplinär zusammengesetzte, unabhängige Zentrale Ethik-Kommission für Stammzellenforschung eingerichtet, die sich aus neun Sachverständigen der Fachrichtungen Biologie, Ethik, Medizin und Theologie zusammensetzt. Vier der Sachverständigen werden aus den Fachrichtungen Ethik und Theologie, fünf der Sachverständigen aus den Fachrichtungen Biologie und Medizin berufen. Die Kommission wählt aus ihrer Mitte Vorsitz und Stellvertretung.

---

[2] Nach § 1 der Verordnung über die Zentrale Ethik-Kommission für Stammzellforschung und über die zuständige Behörde nach dem Stammzellgesetz (ZES-Verordnung – ZESV) vom 18.7.2002 (abgedruckt nachfolgend unter IIa) ist dies das Robert Koch-Institut.

(2) Die Mitglieder der Zentralen Ethik-Kommission für Stammzellenforschung werden von der Bundesregierung für die Dauer von drei Jahren berufen. Die Wiederberufung ist zulässig. Für jedes Mitglied wird in der Regel ein stellvertretendes Mitglied bestellt.

(3) Die Mitglieder und die stellvertretenden Mitglieder sind unabhängig und an Weisungen nicht gebunden. Sie sind zur Verschwiegenheit verpflichtet. Die §§ 20 und 21 des Verwaltungsverfahrensgesetzes gelten entsprechend.

(4) Die Bundesregierung wird ermächtigt, durch Rechtsverordnung das Nähere über die Berufung und das Verfahren der Zentralen Ethik-Kommission für Stammzellenforschung, die Heranziehung externer Sachverständiger sowie die Zusammenarbeit mit der zuständigen Behörde einschließlich der Fristen zu regeln.[3]

§ 9 – Aufgaben der Zentralen Ethik- Kommission für Stammzellenforschung

Die Zentrale Ethik-Kommission für Stammzellenforschung prüft und bewertet anhand der eingereichten Unterlagen, ob die Voraussetzungen nach § 5 erfüllt sind und das Forschungsvorhaben in diesem Sinne ethisch vertretbar ist.

§ 10 – Vertraulichkeit von Angaben

(1) Die Antragsunterlagen nach § 6 sind vertraulich zu behandeln.

(2) Abweichend von Absatz 1 können für die Aufnahme in das Register nach § 11 verwendet werden
1. die Angaben über die embryonalen Stammzellen nach § 4 Abs. 2 Nr. 1,
2. der Name und die berufliche Anschrift der für das Forschungsvorhaben verantwortlichen Person,
3. die Grunddaten des Forschungsvorhabens, insbesondere eine zusammenfassende Darstellung der geplanten Forschungsarbeiten einschließlich der maßgeblichen Gründe für ihre Hochrangigkeit, die Institution, in der sie durchgeführt werden sollen, und ihre voraussichtliche Dauer.

(3) Wird der Antrag vor der Entscheidung über die Genehmigung zurückgezogen, hat die zuständige Behörde die über die Antragsunterlagen gespeicherten Daten zu löschen und die Antragsunterlagen zurückzugeben.

§ 11 – Register

Die Angaben über die embryonalen Stammzellen und die Grunddaten der genehmigten Forschungsvorhaben werden durch die zuständige Behörde in einem öffentlich zugänglichen Register geführt.

§ 12 – Anzeigepflicht

Die für das Forschungsvorhaben verantwortliche Person hat wesentliche nachträglich eingetretene Änderungen, die die Zulässigkeit der Einfuhr oder der Verwendung der embryonalen Stammzellen betreffen, unverzüglich der zuständigen Behörde anzuzeigen. § 6 bleibt unberührt.

---

[3] S. hierzu die Verordnung über die Zentrale Ethik-Kommission für Stammzellforschung und über die zuständige Behörde nach dem Stammzellgesetz (ZES-Verordnung – ZESV) vom 18.7.2002, abgedruckt nachfolgend unter IIa.

§ 13 – Strafvorschriften

(1) Mit Freiheitsstrafe bis zu drei Jahren oder mit Geldstrafe wird bestraft, wer ohne Genehmigung nach § 6 Abs. 1 embryonale Stammzellen einführt oder verwendet. Ohne Genehmigung im Sinne des Satzes 1 handelt auch, wer auf Grund einer durch vorsätzlich falsche Angaben erschlichenen Genehmigung handelt. Der Versuch ist strafbar.

(2) Mit Freiheitsstrafe bis zu einem Jahr oder mit Geldstrafe wird bestraft, wer einer vollziehbaren Auflage nach § 6 Abs. 6 Satz 1 oder 2 zuwiderhandelt.

§ 14 – Bußgeldvorschriften

(1) Ordnungswidrig handelt, wer
1. entgegen § 6 Abs. 2 Satz 2 eine dort genannte Angabe nicht richtig oder nicht vollständig macht oder
2. entgegen § 12 Satz 1 eine Anzeige nicht, nicht richtig, nicht vollständig oder nicht rechtzeitig erstattet.

(2) Die Ordnungswidrigkeit kann mit einer Geldbuße bis zu fünfzigtausend Euro geahndet werden.

§ 15 – Bericht

Die Bundesregierung übermittelt dem Deutschen Bundestag im Abstand von zwei Jahren, erstmals zum Ablauf des Jahres 2003, einen Erfahrungsbericht über die Durchführung des Gesetzes. Der Bericht stellt auch die Ergebnisse der Forschung an anderen Formen menschlicher Stammzellen dar.[4]

§ 16 – Inkrafttreten

Dieses Gesetz tritt am ersten Tag des auf die Verkündung folgenden Monats in Kraft.

---

[4] Vgl. hierzu den Ersten Erfahrungsbericht der Bundesregierung über die Durchführung des Stammzellgesetzes (Erster Stammzellbericht) vom 3.8.2004, BT-Drs. 15/3639.

IIa. ZES-Verordnung

Verordnung über die Zentrale Ethik-Kommission für Stammzellforschung und über die zuständige Behörde nach dem Stammzellgesetz (ZES-Verordnung – ZESV) vom 18. Juli 2002[1]

Auf Grund des § 8 Abs. 4 des Stammzellgesetzes vom 28. Juni 2002 (BGBl. I S. 2277) verordnet die Bundesregierung und auf Grund des § 7 Abs. 1 Satz 1 des Stammzellgesetzes verordnet das Bundesministerium für Gesundheit:

§ 1 – Zuständige Behörde

Zuständige Behörde nach § 7 Abs. 1 Satz 1 des Stammzellgesetzes ist das Robert Koch-Institut.

§ 2 – Aufgaben der Zentralen Ethik-Kommission für Stammzellenforschung

Die Zentrale Ethik-Kommission für Stammzellenforschung nach § 8 Abs. 1 und 2 des Stammzellgesetzes (Kommission) prüft und bewertet nach § 9 des Stammzellgesetzes auf Anforderung der zuständigen Behörde, ob Forschungsvorhaben, die Gegenstand eines Antrags auf Genehmigung nach § 6 des Stammzellgesetzes sind, die Voraussetzungen nach § 5 des Stammzellgesetzes erfüllen und in diesem Sinne ethisch vertretbar sind, und gibt dazu gegenüber der zuständigen Behörde schriftliche Stellungnahmen nach den Vorschriften dieser Verordnung ab.

§ 3 – Berufung der Mitglieder und stellvertretenden Mitglieder

(1) Die Mitglieder und stellvertretenden Mitglieder der Kommission werden von der Bundesregierung auf gemeinsamen Vorschlag des Bundesministeriums für Gesundheit und des Bundesministeriums für Bildung und Forschung berufen. Sie sollen über besondere, möglichst auch internationale Erfahrungen in der jeweiligen Fachrichtung verfügen.

(2) Scheidet ein Mitglied oder stellvertretendes Mitglied vorzeitig aus, wird als Nachfolger ein Mitglied oder stellvertretendes Mitglied derselben Fachrichtung für den Rest des Berufungszeitraums berufen.

(3) Das Bundesministerium für Gesundheit macht die Namen der Mitglieder und der stellvertretenden Mitglieder im Bundesanzeiger bekannt.

§ 4 Mitglieder und stellvertretende Mitglieder

(1) Die Tätigkeit in der Kommission wird ehrenamtlich ausgeübt.

(2) Die Mitglieder und die stellvertretenden Mitglieder erhalten Ersatz ihrer Reisekosten nach dem Bundesreisekostenrecht sowie eine Sitzungsentschädigung.

---

[1] BGBl. I S. 2663.

(3) Die Mitglieder und die stellvertretenden Mitglieder können durch schriftliche Erklärung gegenüber dem Bundesministerium für Gesundheit ihre Mitgliedschaft jederzeit beenden.

§ 5 – Vorsitz und Stellvertretung

Die Mitglieder oder die stimmberechtigten stellvertretenden Mitglieder (§ 10 Abs. 4) wählen aus dem Kreis der Mitglieder eine Person für den Vorsitz (vorsitzendes Mitglied) und zwei Personen für die Stellvertretung. Die Wahl erfolgt für die Dauer von drei Jahren, längstens jedoch für die Dauer der Mitgliedschaft. Die Wiederwahl ist zulässig.

§ 6 – Berichterstatter

(1) Anforderungen von Stellungnahmen der Kommission durch die zuständige Behörde werden von dem vorsitzenden Mitglied auf je zwei berichterstattende Personen (Berichterstatter) aus dem Kreis der Mitglieder und der stellvertretenden Mitglieder verteilt. Ein Mitglied und das diese Person vertretende stellvertretende Mitglied werden aus den Fachrichtungen Ethik oder Theologie, ein Mitglied und das diese Person vertretende stellvertretende Mitglied werden aus den Fachrichtungen Biologie oder Medizin als Berichterstatter benannt. Das Nähere regelt die Kommission in ihrer Geschäftsordnung (§ 15).

(2) Die Berichterstatter nehmen eine Prüfung und Bewertung nach § 9 des Stammzellgesetzes vor und geben dazu schriftliche Voten für die Stellungnahmen der Kommission ab. Sie berichten der Kommission.

(3) Die Berichterstatter können der Kommission Vorschläge für Maßnahmen nach § 7 machen.

§ 7 – Sachverständige und andere Beteiligte

(1) Zur Erfüllung ihrer Aufgaben kann die Kommission auf Antrag von mindestens zwei Mitgliedern oder stimmberechtigten stellvertretenden Mitgliedern Sachverständige hören, Gutachten beziehen oder einzelne Mitglieder oder stellvertretende Mitglieder mit der Wahrnehmung bestimmter Aufgaben betrauen.

(2) Die Kommission kann mit der Mehrheit ihrer Mitglieder oder stimmberechtigten stellvertretenden Mitglieder beschließen, die antragstellende Person nach § 6 Abs. 2 des Stammzellgesetzes oder die für das Forschungsvorhaben verantwortliche Person (§ 6 Abs. 2 Satz 2 Nr. 1 des Stammzellgesetzes) anzuhören und zu ihren Sitzungen zu laden.

§ 8 – Geschäftsstelle

(1) Die Kommission hat ihre Geschäftsstelle bei der zuständigen Behörde.

(2) Die Geschäftsstelle führt die laufenden Geschäfte der Kommission einschließlich der Vorbereitung und Übermittlung der Stellungnahmen der Kommission an die zuständige Behörde. Sie unterstützt die Kommission sowie ihre Mitglieder und stellvertretenden Mitglieder bei der Wahrnehmung ihrer Aufgaben.

(3) Die Geschäftsstelle nimmt die an die Kommission gerichteten Anforderungen der zuständigen Behörde auf Abgabe von Stellungnahmen entgegen, unterrichtet die zuständige Behörde bei Unvollständigkeit oder sonstigen offensichtlichen Mängeln der Antragsunterlagen nach § 6 Abs. 2 des Stammzellgesetzes unverzüg-

lich und sorgt für die fristgerechte Abgabe der Stellungnahmen durch die Kommission.

§ 9 – Sitzungen der Kommission

(1) Die Sitzungen der Kommission sind so anzuberaumen, dass ihre Stellungnahmen der zuständigen Behörde innerhalb der gesetzten Fristen übermittelt werden können. Die Sitzungen sind, wenn es die Zahl der abzugebenden Stellungnahmen erfordert, in regelmäßigen Abständen anzuberaumen.

(2) Das vorsitzende Mitglied beruft die Kommission ein und stellt für jede Sitzung auf Vorschlag der Geschäftsstelle eine Tagesordnung auf.

(3) Die Einladung, die Tagesordnung und die Sitzungsunterlagen sollen den Mitgliedern und den stellvertretenden Mitgliedern spätestens eine Woche vor der Sitzung zugehen. Auf die Einhaltung der Frist kann verzichtet werden, wenn mindestens zwei Drittel der Mitglieder einverstanden sind. Die zuständige Behörde erhält die Einladung, die Tagesordnung und auf Anforderung die Sitzungsunterlagen nachrichtlich.

(4) Mitglieder, die an der Teilnahme verhindert sind, unterrichten unverzüglich die sie vertretenden stellvertretenden Mitglieder und die Geschäftsstelle.

(5) Auf Antrag der Mehrheit der Mitglieder der Kommission ist zu einer außerordentlichen Sitzung einzuladen.

§ 10 – Durchführung von Sitzungen

(1) Die Sitzungen der Kommission sind nicht öffentlich. Die stellvertretenden Mitglieder sollen an den Sitzungen teilnehmen.

(2) Das vorsitzende Mitglied eröffnet, leitet und schließt die Sitzungen; es ist für die Ordnung verantwortlich.

(3) Zu Beginn der Sitzung wird über die Tagesordnung entschieden. Auf Beschluss von zwei Dritteln der Mitglieder oder stimmberechtigten stellvertretenden Mitglieder kann die Tagesordnung ergänzt werden.

(4) Stimmberechtigt sind die Mitglieder, im Fall ihrer Verhinderung die sie vertretenden stellvertretenden Mitglieder.

(5) Die Sitzungsteilnehmer haben über den Inhalt der Sitzung Verschwiegenheit zu wahren.

§ 11 – Beschlussfassung

(1) Die Kommission ist beschlussfähig, wenn alle Mitglieder geladen und mindestens fünf Mitglieder oder stimmberechtigte stellvertretende Mitglieder anwesend sind.

(2) Die Kommission beschließt auf der Grundlage der Berichte und Voten der Berichterstatter mit der Mehrheit der anwesenden Mitglieder oder stimmberechtigten stellvertretenden Mitglieder.

(3) Jedes überstimmte Mitglied oder stimmberechtigte stellvertretende Mitglied kann verlangen, dass der Stellungnahme der Kommission ein schriftliches Minderheitsvotum angefügt wird. Das Minderheitsvotum ist zu begründen. Aus der Begründung muss sich ergeben, auf welchen Einzelerwägungen die Ablehnung der Stellungnahme beruht

(4) Die Kommission kann im schriftlichen Verfahren entscheiden, wenn die Berichterstatter übereinstimmende Voten abgeben. Das Nähere regelt die Kommission in ihrer Geschäftsordnung.

§ 12 – Sitzungsprotokoll

(1) Die Geschäftsstelle fertigt über jede Sitzung ein Sitzungsprotokoll, das Ort und Zeit der Sitzung, die Beratungsgegenstände, deren Ergebnisse und ihre Begründung sowie die Stimmenverhältnisse ausweist. Minderheitsvoten werden protokolliert. Dem Sitzungsprotokoll ist eine Anwesenheitsliste beizufügen.

(2) Zur Erleichterung der Erstellung des Sitzungsprotokolls kann die Geschäftsstelle den Sitzungsverlauf auf Tonträger aufzeichnen. Unmittelbar nach Genehmigung des Sitzungsprotokolls durch die Kommission sind die Aufzeichnungen zu löschen.

(3) Das Sitzungsprotokoll ist vom vorsitzenden Mitglied der Kommission und von einer beauftragten Person der Geschäftsstelle zu unterzeichnen.

(4) Die Geschäftsstelle übersendet das Sitzungsprotokoll an die Mitglieder, die stellvertretenden Mitglieder und die zuständige Behörde. Das Sitzungsprotokoll ist vertraulich zu behandeln.

§ 13 – Zusammenarbeit mit der zuständigen Behörde

(1) Die Kommission soll spätestens sechs Wochen, nachdem ihr die Anforderung der zuständigen Behörde und die vollständigen Antragsunterlagen nach § 6 Abs. 2 des Stammzellgesetzes vorliegen, ihre Stellungnahme der zuständigen Behörde übermitteln. Die zuständige Behörde kann die Frist auf Antrag um höchstens vier Wochen verlängern.

(2) Die Stellungnahme ist zu begründen. Sie soll die tragenden Erwägungsgründe einschließlich der maßgeblichen Gründe für die Bewertung der Hochrangigkeit der geplanten Forschungsarbeiten und das Abstimmungsergebnis enthalten. Sie muss im Fall des § 11 Abs. 3 auch die Minderheitsvoten enthalten.

§ 14 – Tätigkeitsbericht und Unterrichtung der Öffentlichkeit

Die Kommission erstellt einen jährlichen Tätigkeitsbericht, der vom Bundesministerium für Gesundheit veröffentlicht wird.

§ 15 – Geschäftsordnung

Die Kommission gibt sich eine Geschäftsordnung. Die Geschäftsordnung bedarf der Zustimmung des Bundesministeriums für Gesundheit, das seine Entscheidung im Einvernehmen mit dem Bundesministerium für Bildung und Forschung trifft.

§ 16 – Inkrafttreten

Diese Verordnung tritt am Tage nach der Verkündung in Kraft.

III. Transplantationsgesetz

Gesetz über die Spende, Entnahme und Übertragung von Organen (Transplantationsgesetz – TPG) vom 5. November 1997[1]

Erster Abschnitt: Allgemeine Vorschriften

§ 1 – Anwendungsbereich

(1) Dieses Gesetz gilt für die Spende und die Entnahme von menschlichen Organen, Organteilen oder Geweben (Organe) zum Zwecke der Übertragung auf andere Menschen sowie für die Übertragung der Organe einschließlich der Vorbereitung dieser Maßnahmen. Es gilt ferner für das Verbot des Handels mit menschlichen Organen.

(2) Dieses Gesetz gilt nicht für Blut und Knochenmark sowie embryonale und fetale Organe und Gewebe.

§ 2 – Aufklärung der Bevölkerung, Erklärung zur Organspende, Organspenderegister, Organspendeausweise

(1) Die nach Landesrecht zuständigen Stellen, die Bundesbehörden im Rahmen ihrer Zuständigkeit, insbesondere die Bundeszentrale für gesundheitliche Aufklärung, sowie die Krankenkassen sollen auf der Grundlage dieses Gesetzes die Bevölkerung über die Möglichkeiten der Organspende, die Voraussetzungen der Organentnahme und die Bedeutung der Organübertragung aufklären. Sie sollen auch Ausweise für die Erklärung zur Organspende (Organspendeausweise) zusammen mit geeigneten Aufklärungsunterlagen bereithalten. Die Krankenkassen und die privaten Krankenversicherungsunternehmen stellen diese Unterlagen in regelmäßigen Abständen ihren Versicherten, die das sechzehnte Lebensjahr vollendet haben, zur Verfügung mit der Bitte, eine Erklärung zur Organspende abzugeben.

(2) Wer eine Erklärung zur Organspende abgibt, kann in eine Organentnahme nach § 3 einwilligen, ihr widersprechen oder die Entscheidung einer namentlich benannten Person seines Vertrauens übertragen (Erklärung zur Organspende). Die Erklärung kann auf bestimmte Organe beschränkt werden. Die Einwilligung und die Übertragung der Entscheidung können vom vollendeten sechzehnten, der Widerspruch kann vom vollendeten vierzehnten Lebensjahr an erklärt werden.

(3) Das Bundesministerium für Gesundheit und Soziale Sicherung kann durch Rechtsverordnung mit Zustimmung des Bundesrates einer Stelle die Aufgabe übertragen, die Erklärungen zur Organspende auf Wunsch der Erklärenden zu

---

[1] BGBl. I S. 2631, zuletzt geändert durch Art. 14 der achten Zuständigkeitsanpassungsverordnung vom 25.11.2003, BGBl. I S. 2304.

speichern und darüber berechtigten Personen Auskunft zu erteilen (Organspenderegister). Die gespeicherten personenbezogenen Daten dürfen nur zum Zwecke der Feststellung verwendet werden, ob bei demjenigen, der die Erklärung abgegeben hatte, eine Organentnahme nach § 3 oder § 4 zulässig ist. Die Rechtsverordnung regelt insbesondere
1. die für die Entgegennahme einer Erklärung zur Organspende oder für deren Änderung zuständigen öffentlichen Stellen (Anlaufstellen), die Verwendung eines Vordrucks, die Art der darauf anzugebenden Daten und die Prüfung der Identität des Erklärenden,
2. die Übermittlung der Erklärung durch die Anlaufstellen an das Organspenderegister sowie die Speicherung der Erklärung und der darin enthaltenen Daten bei den Anlaufstellen und dem Register,
3. die Aufzeichnung aller Abrufe im automatisierten Verfahren nach § 10 des Bundesdatenschutzgesetzes sowie der sonstigen Auskünfte aus dem Organspenderegister zum Zwecke der Prüfung der Zulässigkeit der Anfragen und Auskünfte,
4. die Speicherung der Personendaten der nach Absatz 4 Satz 1 auskunftsberechtigten Ärzte bei dem Register sowie die Vergabe, Speicherung und Zusammensetzung der Codenummern für ihre Auskunftsberechtigung,
5. die Löschung der gespeicherten Daten und
6. die Finanzierung des Organspenderegisters.
(4) Die Auskunft aus dem Organspenderegister darf ausschließlich an den Erklärenden sowie an einen von einem Krankenhaus dem Register als auskunftsberechtigt benannten Arzt erteilt werden, der weder an der Entnahme noch an der Übertragung der Organe des möglichen Organspenders beteiligt ist und auch nicht Weisungen eines Arztes untersteht, der an diesen Maßnahmen beteiligt ist. Die Anfrage darf erst nach der Feststellung des Todes gemäß § 3 Abs. 1 Nr. 2 erfolgen. Die Auskunft darf nur an den Arzt weitergegeben werden, der die Organentnahme vornehmen soll, und an die Person, die nach § 3 Abs. 3 Satz 1 über die beabsichtigte oder nach § 4 über eine in Frage komme Organentnahme zu unterrichten ist.
(5) Das Bundesministerium für Gesundheit kann durch allgemeine Verwaltungsvorschrift mit Zustimmung des Bundesrates ein Muster für einen Organspendeausweis festlegen und im Bundesanzeiger bekanntmachen.

Zweiter Abschnitt Organentnahme bei toten Organspendern

§ 3 – Organentnahme mit Einwilligung des Organspenders

(1) Die Entnahme von Organen ist, soweit in § 4 nichts Abweichendes bestimmt ist, nur zulässig, wenn
1. der Organspender in die Entnahme eingewilligt hatte,
2. der Tod des Organspenders nach Regeln, die dem Stand der Erkenntnisse der medizinischen Wissenschaft entsprechen, festgestellt ist und
3. der Eingriff durch einen Arzt vorgenommen wird.
(2) Die Entnahme von Organen ist unzulässig, wenn

1. die Person, deren Tod festgestellt ist, der Organentnahme widersprochen hatte,
2. nicht vor der Entnahme bei dem Organspender der endgültige, nicht behebbare Ausfall der Gesamtfunktion des Großhirns, des Kleinhirns und des Hirnstamms nach Verfahrensregeln, die dem Stand der Erkenntnisse der medizinischen Wissenschaft entsprechen, festgestellt ist.

(3) Der Arzt hat den nächsten Angehörigen des Organspenders über die beabsichtigte Organentnahme zu unterrichten. Er hat Ablauf und Umfang der Organentnahme aufzuzeichnen. Der nächste Angehörige hat das Recht auf Einsichtnahme. Er kann eine Person seines Vertrauens hinzuziehen.

§ 4 – Organentnahme mit Zustimmung anderer Personen

(1) Liegt dem Arzt, der die Organentnahme vornehmen soll, weder eine schriftliche Einwilligung noch ein schriftlicher Widerspruch des möglichen Organspenders vor, ist dessen nächster Angehöriger zu befragen, ob ihm von diesem eine Erklärung zur Organspende bekannt ist. Ist auch dem Angehörigen eine solche Erklärung nicht bekannt, so ist die Entnahme unter den Voraussetzungen des § 3 Abs. 1 Nr. 2 und 3 und Abs. 2 nur zulässig, wenn ein Arzt den Angehörigen über eine in Frage kommende Organentnahme unterrichtet und dieser ihr zugestimmt hat. Der Angehörige hat bei seiner Entscheidung einen mutmaßlichen Willen des möglichen Organspenders zu beachten. Der Arzt hat den Angehörigen hierauf hinzuweisen. Der Angehörige kann mit dem Arzt vereinbaren, dass er seine Erklärung innerhalb einer bestimmten, vereinbarten Frist widerrufen kann.

(2) Nächste Angehörige im Sinne dieses Gesetzes sind in der Rangfolge ihrer Aufzählung
1. Ehegatte oder eingetragener Lebenspartner (Lebenspartner),
2. volljährige Kinder,
3. Eltern oder, sofern der mögliche Organspender zur Todeszeit minderjährig war und die Sorge für seine Person zu dieser Zeit nur einem Elternteil, einem Vormund oder einem Pfleger zustand, dieser Sorgeinhaber,
4. volljährige Geschwister,
5. Großeltern.

Der nächste Angehörige ist nur dann zu einer Entscheidung nach Absatz 1 befugt, wenn er in den letzten zwei Jahren vor dem Tod des möglichen Organspenders zu diesem persönlichen Kontakt hatte. Der Arzt hat dies durch Befragung des Angehörigen festzustellen. Bei mehreren gleichrangigen Angehörigen genügt es, wenn einer von ihnen nach Absatz 1 beteiligt wird und eine Entscheidung trifft; es ist jedoch der Widerspruch eines jeden von ihnen beachtlich. Ist ein vorrangiger Angehöriger innerhalb angemessener Zeit nicht erreichbar, genügt die Beteiligung und Entscheidung des nächsterreichbaren nachrangigen Angehörigen. Dem nächsten Angehörigen steht eine volljährige Person gleich, die dem möglichen Organspender bis zu seinem Tode in besonderer persönlicher Verbundenheit offenkundig nahegestanden hat; sie tritt neben den nächsten Angehörigen.

(3) Hatte der mögliche Organspender die Entscheidung über eine Organentnahme einer bestimmten Person übertragen, tritt diese an die Stelle des nächsten Angehörigen.

(4) Der Arzt hat Ablauf, Inhalt und Ergebnis der Beteiligung der Angehörigen sowie der Personen nach Absatz 2 Satz 6 und Absatz 3 aufzuzeichnen. Die Personen nach den Absätzen 2 und 3 haben das Recht auf Einsichtnahme. Eine Vereinbarung nach Absatz 1 Satz 5 bedarf der Schriftform.

§ 5 – Nachweisverfahren

(1) Die Feststellungen nach § 3 Abs. 1 Nr. 2 und Abs. 2 Nr. 2 sind jeweils durch zwei dafür qualifizierte Ärzte zu treffen, die den Organspender unabhängig voneinander untersucht haben. Abweichend von Satz 1 genügt zur Feststellung nach § 3 Abs. 1 Nr. 2 die Untersuchung und Feststellung durch einen Arzt, wenn der endgültige, nicht behebbare Stillstand von Herz und Kreislauf eingetreten ist und seitdem mehr als drei Stunden vergangen sind.

(2) Die an den Untersuchungen nach Absatz 1 beteiligten Ärzte dürfen weder an der Entnahme noch an der Übertragung der Organe des Organspenders beteiligt sein. Sie dürfen auch nicht Weisungen eines Arztes unterstehen, der an diesen Maßnahmen beteiligt ist. Die Feststellung der Untersuchungsergebnisse und ihr Zeitpunkt sind von den Ärzten unter Angabe der zugrundeliegenden Untersuchungsbefunde jeweils in einer Niederschrift aufzuzeichnen und zu unterschreiben. Dem nächsten Angehörigen sowie den Personen nach § 4 Abs. 2 Satz 6 und Abs. 3 ist Gelegenheit zur Einsichtnahme zu geben. Sie können eine Person ihres Vertrauens hinzuziehen.

§ 6 – Achtung der Würde des Organspenders

(1) Die Organentnahme und alle mit ihr zusammenhängenden Maßnahmen müssen unter Achtung der Würde des Organspenders in einer der ärztlichen Sorgfaltspflicht entsprechenden Weise durchgeführt werden.

(2) Der Leichnam des Organspenders muss in würdigem Zustand zur Bestattung übergeben werden. Zuvor ist dem nächsten Angehörigen Gelegenheit zu geben, den Leichnam zu sehen.

§ 7 – Auskunftspflicht

(1) Dem Arzt, der eine Organentnahme bei einem möglichen Spender nach § 3 oder § 4 beabsichtigt, oder der von der Koordinierungsstelle (§ 11) beauftragten Person ist auf Verlangen Auskunft zu erteilen, soweit dies zur Feststellung, ob die Organentnahme nach diesen Vorschriften zulässig ist und ob ihr medizinische Gründe entgegenstehen, sowie zur Unterrichtung nach § 3 Abs. 3 Satz 1 erforderlich ist. Der Arzt muss in einem Krankenhaus tätig sein, das nach § 108 des Fünften Buches Sozialgesetzbuch oder nach anderen gesetzlichen Bestimmungen für die Übertragung der Organe, deren Entnahme er beabsichtigt, zugelassen ist oder mit einem solchen Krankenhaus zum Zwecke der Entnahme dieser Organe zusammenarbeitet. Die Auskunft soll für alle Organe, deren Entnahme beabsichtigt ist, zusammen eingeholt werden. Die Auskunft darf erst erteilt werden, nachdem der Tod des möglichen Organspenders gemäß § 3 Abs. 1 Nr. 2 festgestellt ist.

(2) Zur Auskunft verpflichtet sind
1. Ärzte, die den möglichen Organspender wegen einer dem Tode vorausgegangenen Erkrankung behandelt hatten,

2. Ärzte, die über den möglichen Organspender eine Auskunft aus dem Organspenderegister nach § 2 Abs. 4 erhalten haben,
3. der Arzt, der bei dem möglichen Organspender die Leichenschau vorgenommen hat,
4. die Behörde, in deren Gewahrsam sich der Leichnam des möglichen Organspenders befindet, und
5. die von der Koordinierungsstelle beauftragte Person, soweit sie nach Absatz 1 Auskunft erhalten hat.

Dritter Abschnitt Organentnahme bei lebenden Organspendern

§ 8 – Zulässigkeit der Organentnahme

(1) Die Entnahme von Organen einer lebenden Person ist nur zulässig, wenn
1. die Person
   a) volljährig und einwilligungsfähig ist,
   b) nach Absatz 2 Satz 1 aufgeklärt worden ist und in die Entnahme eingewilligt hat,
   c) nach ärztlicher Beurteilung als Spender geeignet ist und voraussichtlich nicht über das Operationsrisiko hinaus gefährdet oder über die unmittelbaren Folgen der Entnahme hinaus gesundheitlich schwer beeinträchtigt wird,
2. die Übertragung des Organs auf den vorgesehenen Empfänger nach ärztlicher Beurteilung geeignet ist, das Lebens dieses Menschen zu erhalten oder bei ihm eine schwerwiegende Krankheit zu heilen, ihre Verschlimmerung zu verhüten oder ihre Beschwerden zu lindern,
3. ein geeignetes Organ eines Spenders nach § 3 oder § 4 im Zeitpunkt der Organentnahme nicht zur Verfügung steht und
4. der Eingriff durch einen Arzt vorgenommen wird.

Die Entnahme von Organen, die sich nicht wieder bilden können, ist darüber hinaus nur zulässig zum Zwecke der Übertragung auf Verwandte ersten oder zweiten Grades, Ehegatten, Lebenspartner, Verlobte oder andere Personen, die dem Spender in besonderer persönlicher Verbundenheit offenkundig nahestehen.

(2) Der Organspender ist über die Art des Eingriffs, den Umfang und mögliche, auch mittelbare Folgen und Spätfolgen der beabsichtigten Organentnahme für seine Gesundheit sowie über die zu erwartende Erfolgsaussicht der Organübertragung und sonstige Umstände, denen er erkennbar eine Bedeutung für die Organspende beimisst, durch einen Arzt aufzuklären. Die Aufklärung hat in Anwesenheit eines weiteren Arztes, für den § 5 Abs. 2 Satz 1 und 2 entsprechend gilt, und, soweit erforderlich, anderer sachverständiger Personen zu erfolgen. Der Inhalt der Aufklärung und die Einwilligungserklärung des Organspenders sind in einer Niederschrift aufzuzeichnen, die von den aufklärenden Personen, dem weiteren Arzt und dem Spender zu unterschreiben ist. Die Niederschrift muss auch eine Angabe über die versicherungsrechtliche Absicherung der gesundheitlichen Risiken nach Satz 1 enthalten. Die Einwilligung kann schriftlich oder mündlich widerrufen werden.

(3) Die Entnahme von Organen bei einem Lebenden darf erst durchgeführt werden, nachdem sich der Organspender und der Organempfänger zur Teilnahme an einer ärztlich empfohlenen Nachbetreuung bereit erklärt haben. Weitere Voraussetzung ist, dass die nach Landesrecht zuständige Kommission gutachtlich dazu Stellung genommen hat, ob begründete tatsächliche Anhaltspunkte dafür vorliegen, dass die Einwilligung in die Organspende nicht freiwillig erfolgt oder das Organ Gegenstand verbotenen Handelstreibens nach § 17 ist. Der Kommission muss ein Arzt, der weder an der Entnahme noch an der Übertragung von Organen beteiligt ist, noch Weisungen eines Arztes untersteht, der an solchen Maßnahmen beteiligt ist, eine Person mit der Befähigung zum Richteramt und eine in psychologischen Fragen erfahrene Person angehören. Das Nähere, insbesondere zur Zusammensetzung der Kommission, zum Verfahren und zur Finanzierung, wird durch Landesrecht bestimmt.

Vierter Abschnitt: Entnahme, Vermittlung und Übertragung bestimmter Organe

§ 9 – Zulässigkeit der Organübertragung

Die Übertragung von Herz, Niere, Leber, Lunge, Bauchspeicheldrüse und Darm darf nur in dafür zugelassenen Transplantationszentren (§ 10) vorgenommen werden. Sind diese Organe Spendern nach § 3 oder § 4 entnommen worden (vermittlungspflichtige Organe), ist ihre Übertragung nur zulässig, wenn sie durch die Vermittlungsstelle unter Beachtung der Regelungen nach § 12 vermittelt worden sind. Sind vermittlungspflichtige Organe im Geltungsbereich dieses Gesetzes entnommen worden, ist ihre Übertragung darüber hinaus nur zulässig, wenn die Entnahme unter Beachtung der Regelungen nach § 11 durchgeführt wurde.

§ 10 – Transplantationszentren

(1) Transplantationszentren sind Krankenhäuser oder Einrichtungen an Krankenhäusern, die nach § 108 des Fünften Buches Sozialgesetzbuch oder nach anderen gesetzlichen Bestimmungen für die Übertragung von in § 9 Satz 1 genannten Organen zugelassen sind. Bei der Zulassung nach § 108 des Fünften Buches Sozialgesetzbuch sind Schwerpunkte für die Übertragung dieser Organe zu bilden, um eine bedarfsgerechte, leistungsfähige und wirtschaftliche Versorgung zu gewährleisten und die erforderliche Qualität der Organübertragung zu sichern.

(2) Die Transplantationszentren sind verpflichtet,
1. Wartelisten der zur Transplantation angenommenen Patienten mit den für die Organvermittlung nach § 12 erforderlichen Angaben zu führen sowie unverzüglich über die Annahme eines Patienten zur Organübertragung und seine Aufnahme in die Warteliste zu entscheiden und den behandelnden Arzt darüber zu unterrichten, ebenso über die Herausnahme eines Patienten aus der Warteliste,
2. über die Aufnahme in die Warteliste nach Regeln zu entscheiden, die dem Stand der Erkenntnisse der medizinischen Wissenschaft entsprechen, insbesondere nach Notwendigkeit und Erfolgsaussicht einer Organübertragung,

3. die auf Grund der §§ 11 und 12 getroffenen Regelungen zur Organentnahme und Organvermittlung einzuhalten,
4. jede Organübertragung so zu dokumentieren, dass eine lückenlose Rückverfolgung der Organe vom Empfänger zum Spender ermöglicht wird; bei der Übertragung von vermittlungspflichtigen Organen ist die Kenn-Nummer (§ 13 Abs. 1 Satz 1) anzugeben, um eine Rückverfolgung durch die Koordinierungsstelle zu ermöglichen,
5. vor und nach einer Organübertragung Maßnahmen für eine erforderliche psychische Betreuung der Patienten im Krankenhaus sicherzustellen und
6. nach Maßgabe der Vorschriften des Fünften Buches Sozialgesetzbuch Maßahmen zur Qualitätssicherung, die auch einen Vergleich mit anderen Transplantationszentren ermöglichen, im Rahmen ihrer Tätigkeit nach diesem Gesetz durchzuführen; dies gilt für die Nachbetreuung von Organspendern nach § 8 Abs. 3 Satz 1 entsprechend.

(3) Absatz 2 Nr. 4 und 6 gilt für die Übertragung von Augenhornhäuten entsprechend.

§ 11 – Zusammenarbeit bei der Organentnahme, Koordinierungsstelle

(1) Die Entnahme von vermittlungspflichtigen Organen einschließlich der Vorbereitung von Entnahme, Vermittlung und Übertragung ist gemeinschaftliche Aufgabe der Transplantationszentren und der anderen Krankenhäuser in regionaler Zusammenarbeit. Zur Organisation dieser Aufgabe errichten oder beauftragen die Spitzenverbände der Krankenkassen gemeinsam, die Bundesärztekammer und die Deutsche Krankenhausgesellschaft oder die Bundesverbände der Krankenhausträger gemeinsam eine geeignete Einrichtung (Koordinierungsstelle). Sie muss auf Grund einer finanziell und organisatorisch eigenständigen Trägerschaft, der Zahl und Qualifikation ihrer Mitarbeiter, ihrer betrieblichen Organisation sowie ihrer sachlichen Ausstattung die Gewähr dafür bieten, dass die Maßnahmen nach Satz 1 in Zusammenarbeit mit den Transplantationszentren und den anderen Krankenhäusern nach den Vorschriften dieses Gesetzes durchgeführt werden. Die Transplantationszentren müssen in der Koordinierungsstelle angemessen vertreten sein.

(2) Die Spitzenverbände der Krankenkasse gemeinsam, die Bundesärztekammer, die Deutsche Krankenhausgesellschaft oder die Bundesverbände der Krankenhausträger gemeinsam und die Koordinierungsstelle regeln durch Vertrag die Aufgaben der Koordinierungsstelle mit Wirkung für die Transplantationscentren und die anderen Krankenhäuser. Der Vertrag regelt insbesondere
1. die Anforderungen an die im Zusammenhang mit einer Organentnahme zum Schutz der Organempfänger erforderlichen Maßnahmen sowie die Rahmenregelungen für die Zusammenarbeit der Beteiligten,
2. die Zusammenarbeit und den Erfahrungsaustausch mit der Vermittlungsstelle,
3. die Unterstützung der Transplantationszentren bei Maßnahmen zur Qualitätssicherung,
4. den Ersatz angemessener Aufwendungen der Koordinierungsstelle für die Erfüllung ihrer Aufgaben nach diesemGesetz einschließlich der Abgeltung von Leistungen, die Transplantationszentren und andere Krankenhäuser im Rahmen der Organentnahme erbringen.

(3) Der Vertrag nach den Absätzen 1 und 2 sowie seine Änderung bedarf der Genehmigung durch das Bundesministerium für Gesundheit und Soziale Sicherung und ist im Bundesanzeiger bekanntzumachen. Die Genehmigung ist zu erteilen, wenn der Vertrag oder seine Änderung den Vorschriften dieses Gesetzes und sonstigem Recht entspricht. Die Spitzenverbände der Krankenkassen gemeinsam, die Bundesärztekammer und die Deutsche Krankenhausgesellschaft oder die Bundesverbände der Krankenhausträger gemeinsam überwachen die Einhaltung der Vertragsbestimmungen.

(4) Die Transplantationszentren und die anderen Krankenhäuser sind verpflichtet, untereinander und mit der Koordinierungsstelle zusammenzuarbeiten. Die Krankenhäuser sind verpflichtet, den endgültigen, nicht behebbaren Ausfall der Gesamtfunktion des Großhirns, des Kleinhirns und des Hirnstamms von Patienten, die nach ärztlicher Beurteilung als Spender vermittlungspflichtiger Organe in Betracht kommen, dem zuständigen Transplantationszentrum mitzuteilen, das die Koordinierungsstelle unterrichtet. Das zuständige Transplantationszentrum klärt in Zusammenarbeit mit der Koordinierungsstelle, ob die Voraussetzungen für eine Organentnahme vorliegen. Hierzu erhebt das zuständige Transplantationszentrum die Personalien dieser Patienten und weitere für die Durchführung der Organentnahme und -vermittlung erforderliche personenbezogene Daten. Die Krankenhäuser sind verpflichtet, dem zuständigen Transplantationszentrum diese Daten zu übermitteln; dieses übermittelt die Daten an die Koordinierungsstelle.

(5) Die Koordinierungsstelle veröffentlicht jährlich einen Bericht, der die Tätigkeit jedes Transplantationszentrums im vergangenen Kalenderjahr nach einheitlichen Vorgaben darstellt und insbesondere folgende, nicht personenbezogene Angaben enthält:

1. Zahl und Art der durchgeführten Organübertragungen nach § 9 und ihre Ergebnisse, getrennt nach Organen von Spendern nach den §§ 3 und 4 sowie nach § 8,
2. die Entwicklung der Warteliste, insbesondere aufgenommene, transplantierte, aus anderen Gründen ausgeschiedene sowie verstorbene Patienten,
3. die Gründe für die Aufnahme oder Nichtaufnahme in die Warteliste,
4. Altersgruppe, Geschlecht, Familienstand und Versichertenstatus der zu den Nummern 1 bis 3 betroffenen Patienten,
5. die Nachbetreuung der Spender nach § 8 Abs. 3 Satz 1 und die Dokumentation ihrer durch die Organspende bedingten gesundheitlichen Risiken,
6. die durchgeführten Maßnahmen zur Qualitätssicherung nach § 10 Abs. 2 Nr.°6.

In dem Vertrag nach Absatz 2 können einheitliche Vorgaben für den Tätigkeitsbericht und die ihm zugrundeliegenden Angaben der Transplantationszentren vereinbart werden.

(6) Kommt ein Vertrag nach den Absätzen 1 und 2 nicht innerhalb von zwei Jahren nach Inkrafttreten dieses Gesetzes zustande, bestimmt das Bundesministerium für Gesundheit und Soziale Sicherung durch Rechtsverordnung mit Zustimmung des Bundesrates die Koordinierungsstelle und ihre Aufgaben.

§ 12 – Organvermittlung, Vermittlungsstelle

(1) Zur Vermittlung der vermittlungspflichtigen Organe errichten oder beauftragen die Spitzenverbände der Krankenkassen gemeinsam, die Bundesärztekammer und die Deutsche Krankenhausgesellschaft oder die Bundesverbände der Krankenhausträger gemeinsam eine geeignete Einrichtung (Vermittlungsstelle). Sie muss auf Grund einer finanziell und organisatorisch eigenständigen Trägerschaft, der Zahl und Qualifikation ihrer Mitarbeiter, ihrer betrieblichen Organisation sowie ihrer sachlichen Ausstattung die Gewähr dafür bieten, dass die Organvermittlung nach den Vorschriften dieses Gesetzes erfolgt. Soweit sie Organe vermittelt, die außerhalb des Geltungsbereichs dieses Gesetzes entnommen werden, muss sie auch gewährleisten, dass die zum Schutz der Organempfänger erforderlichen Maßnahmen nach dem Stand der Erkenntnisse der medizinischen Wissenschaft durchgeführt werden. Es dürfen nur Organe vermittelt werden, die im Einklang mit den am Ort der Entnahme geltenden Rechtsvorschriften entnommen worden sind, soweit deren Anwendung nicht zu einem Ergebnis führt, das mit wesentlichen Grundsätzen des deutschen Rechts, insbesondere mit den Grundrechten, offensichtlich unvereinbar ist.

(2) Als Vermittlungsstelle kann auch eine geeignete Einrichtung beauftragt werden, die ihren Sitz außerhalb des Geltungsbereichs dieses Gesetzes hat und die Organe im Rahmen eines internationalen Organaustausches unter Anwendung der Vorschriften dieses Gesetzes für die Organvermittlung vermittelt. Dabei ist sicherzustellen, dass die Vorschriften der §§ 14 und 15 sinngemäß Anwendung finden; eine angemessene Datenschutzaufsicht muss gewährleistet sein.

(3) Die vermittlungspflichtigen Organe sind von der Vermittlungsstelle nach Regeln, die dem Stand der Erkenntnisse der medizinischen Wissenschaft entsprechen, insbesondere nach Erfolgsaussicht und Dringlichkeit für geeignete Patienten zu vermitteln. Die Wartelisten der Transplantationszentren sind dabei als eine einheitliche Warteliste zu behandeln. Die Vermittlungsentscheidung ist für jedes Organ unter Angabe der Gründe zu dokumentieren und unter Verwendung der Kenn-Nummer dem Transplantationszentrum und der Koordinierungsstelle zu übermitteln.

(4) Die Spitzenverbände der Krankenkassen gemeinsam, die Bundesärztekammer, die Deutsche Krankenhausgesellschaft oder die Bundesverbände der Krankenhausträger gemeinsam und die Vermittlungsstelle regeln durch Vertrag die Aufgaben der Vermittlungsstelle mit Wirkung für die Transplantationszentren. Der Vertrag regelt insbesondere

1. die Art der von den Transplantationszentren nach § 13 Abs. 3 Satz 3 zu meldenden Angaben über die Patienten sowie die Verarbeitung und Nutzung dieser Angaben durch die Vermittlungsstelle in einheitlichen Wartelisten für die jeweiligen Arten der durchzuführenden Organübertragungen,
2. die Erfassung der von der Koordinierungsstelle nach § 13 Abs. 1 Satz 4 gemeldeten Organe,
3. die Vermittlung der Organe nach den Vorschriften des Absatzes 3 sowie Verfahren zur Einhaltung der Vorschriften des Absatzes 1 Satz 3 und 4,
4. die Überprüfung von Vermittlungsentscheidungen in regelmäßigen Abständen durch eine von den Vertragspartnern bestimmte Prüfungskommission,

5. die Zusammenarbeit und den Erfahrungsaustausch mit der Koordinierungsstelle und den Transplantationszentren,
6. eine regelmäßige Berichterstattung der Vermittlungsstelle an die anderen Vertragspartner,
7. den Ersatz angemessener Aufwendungen der Vermittlungsstelle für die Erfüllung ihrer Aufgaben nach diesem Gesetz,
8. eine vertragliche Kündigungsmöglichkeit bei Vertragsverletzungen der Vermittlungsstelle.

(5) Der Vertrag nach den Absätzen 1 und 4 sowie seine Änderung bedarf der Genehmigung durch das Bundesministerium für Gesundheit und Soziale Sicherung und ist im Bundesanzeiger bekanntzumachen. Die Genehmigung ist zu erteilen, wenn der Vertrag oder seine Änderung den Vorschriften dieses Gesetzes und sonstigem Recht entspricht. Die Spitzenverbände der Krankenkassen gemeinsam, die Bundesärztekammer und die Deutsche Krankenhausgesellschaft oder die Bundesverbände der Krankenhausträger gemeinsam überwachen die Einhaltung der Vertragsbestimmungen.

(6) Kommt ein Vertrag nach den Absätzen 1 und 4 nicht innerhalb von zwei Jahren nach Inkrafttreten dieses Gesetzes zustande, bestimmt das Bundesministerium für Gesundheit und Soziale Sicherung durch Rechtsverordnung mit Zustimmung des Bundesrates die Vermittlungsstelle und ihre Aufgaben.

Fünfter Abschnitt: Meldungen, Datenschutz, Fristen, Richtlinien zum Stand der Erkenntnisse der medizinischen Wissenschaft

§ 13 – Meldungen, Begleitpapiere

(1) Die Koordinierungsstelle verschlüsselt in einem mit den Transplantationszentren abgestimmten Verfahren die personenbezogenen Daten des Organspenders und bildet eine Kenn-Nummer, die ausschließlich der Koordinierungsstelle einen Rückschluss auf die Person des Organspenders ermöglicht. Die Kenn-Nummer ist in die Begleitpapiere für das entnommene Organ aufzunehmen. Die Begleitpapiere enthalten daneben alle für die Organübertragung erforderlichen medizinischen Angaben. Die Koordinierungsstelle meldet das Organ, die Kenn-Nummer und die für die Organvermittlung erforderlichen medizinischen Angaben an die Vermittlungsstelle und übermittelt nach Entscheidung der Vermittlungsstelle die Begleitpapiere an das Transplantationszentrum, in dem das Organ auf den Empfänger übertragen werden soll. Das Nähere wird im Vertrag nach § 11 Abs. 2 geregelt.

(2) Die Koordinierungsstelle darf Angaben aus den Begleitpapieren mit den personenbezogenen Daten des Organspenders zur weiteren Information über diesen nur gemeinsam verarbeiten und nutzen, insbesondere zusammenführen und an die Transplantationszentren weitergeben, in denen Organe des Spenders übertragen worden sind, soweit dies zur Abwehr einer zu befürchtenden gesundheitlichen Gefährdung der Organempfänger erforderlich ist.

(3) Der behandelnde Arzt hat Patienten, bei denen die Übertragung vermittlungspflichtiger Organe medizinisch angezeigt ist, mit deren schriftlicher Einwilligung unverzüglich an das Transplantationszentrum zu melden, in dem die Organüber-

tragung vorgenommen werden soll. Die Meldung hat auch dann zu erfolgen, wenn eine Ersatztherapie durchgeführt wird. Die Transplantationszentren melden die für die Organvermittlung erforderlichen Angaben über die in die Wartelisten aufgenommenen Patienten nach deren schriftlicher Einwilligung an die Vermittlungsstelle. Der Patient ist vor der Einwilligung darüber zu unterrichten, an welche Stellen seine personenbezogenen Daten übermittelt werden. Duldet die Meldung nach Satz 1 oder 3 wegen der Gefahr des Todes oder einer schweren Gesundheitsschädigung des Patienten keinen Aufschub, kann sie auch ohne seine vorherige Einwilligung erfolgen; die Einwilligung ist unverzüglich nachträglich einzuholen.

§ 14 – Datenschutz

(1) Ist die Koordinierungsstelle oder die Vermittlungsstelle eine nicht-öffentliche Stelle im Geltungsbereich dieses Gesetzes, gilt § 38 des Bundesdatenschutzgesetzes mit der Maßgabe, dass die Aufsichtsbehörde die Einhaltung der Vorschriften über den Datenschutz überwacht, auch wenn ihr hinreichende Anhaltspunkte für eine Verletzung dieser Vorschriften nicht vorliegen oder die Daten nicht in Dateien verarbeitet werden. Dies gilt auch für die Verarbeitung und Nutzung personenbezogener Daten durch Personen mit Ausnahme des Erklärenden, an die nach § 2 Abs. 4 Auskunft aus dem Organspenderegister erteilt oder an die die Auskunft weitergegeben worden ist.

(2) Die an der Erteilung oder Weitergabe der Auskunft nach § 2 Abs. 4 beteiligten Personen mit Ausnahme des Erklärenden, die an der Stellungnahme nach § 8 Abs. 3 Satz 2, die an der Mitteilung, Unterrichtung oder Übermittlung nach § 11 Abs. 4 sowie die an der Organentnahme, -vermittlung oder -übertragung beteiligten Personen dürfen personenbezogene Daten der Organspender und der Organempfänger nicht offenbaren. Dies gilt auch für personenbezogene Daten von Personen, die nach § 3 Abs. 3 Satz 1 über die beabsichtigte oder nach § 4 über eine in Frage kommende Organentnahme unterrichtet worden sind. Die im Rahmen dieses Gesetzes erhobenen personenbezogenen Daten dürfen für andere als in diesem Gesetz genannte Zwecke nicht verarbeitet oder genutzt werden. Sie dürfen für gerichtliche Verfahren verarbeitet und genutzt werden, deren Gegenstand die Verletzung des Offenbarungsverbots nach Satz 1 oder 2 ist.

§ 15 – Aufbewahrungs- und Löschungsfristen

Die Aufzeichnungen über die Beteiligung nach § 4 Abs. 4, zur Feststellung der Untersuchungsergebnisse nach § 5 Abs. 2 Satz 3, zur Aufklärung nach § 8 Abs. 2 Satz 3 und zur gutachtlichen Stellungnahme nach § 8 Abs. 3 Satz 2 sowie die Dokumentationen der Organentnahme, -vermittlung und -übertragung sind mindestens zehn Jahre aufzubewahren. Die in Aufzeichnungen und Dokumentationen nach den Sätzen 1 und 2 enthaltenen personenbezogenen Daten sind spätestens bis zum Ablauf eines weiteren Jahres zu vernichten; soweit darin enthaltene personenbezogene Daten in Dateien gespeichert sind, sind diese innerhalb dieser Frist zu löschen.

§ 16 – Richtlinien zum Stand der Erkenntnisse der medizinischen Wissenschaft

(1) Die Bundesärztekammer stellt den Stand der Erkenntnisse der medizinischen Wissenschaft in Richtlinien fest für
1. die Regeln zur Feststellung des Todes nach § 3 Abs. 1 Nr. 2 und die Verfahrensregeln zur Feststellung des endgültigen, nicht behebbaren Ausfalls der Gesamtfunktion des Großhirns, des Kleinhirns und des Hirnstamms nach § 3 Abs. 2 Nr. 2 einschließlich der dazu jeweils erforderlichen ärztlichen Qualifikation,
2. die Regeln zur Aufnahme in die Warteliste nach § 10 Abs. 2 Nr. 2 einschließlich der Dokumentation der Gründe für die Aufnahme oder die Ablehnung der Aufnahme,
3. die ärztliche Beurteilung nach § 11 Abs. 4 Satz 2,
4. die Anforderungen an die im Zusammenhang mit einer Organentnahme zum Schutz der Organempfänger erforderlichen Maßnahmen einschließlich ihrer Dokumentation, insbesondere an
   a) die Untersuchung des Organspenders, der entnommenen Organe und der Organempfänger, um die gesundheitlichen Risiken für die Organempfänger, insbesondere das Risiko der Übertragung von Krankheiten, so gering wie möglich zu halten,
   b) die Konservierung, Aufbereitung, Aufbewahrung und Beförderung der Organe, um diese in einer zur Übertragung oder zur weiteren Aufbereitung und Aufbewahrung vor einer Übertragung geeigneten Beschaffenheit zu erhalten,
5. die Regeln zur Organvermittlung nach § 12 Abs. 3 Satz 1 und 6. die Anforderungen an die im Zusammenhang mit einer Organentnahme und -übertragung erforderlichen Maßnahmen zur Qualitätssicherung.

Die Einhaltung des Standes der Erkenntnisse der medizinischen Wissenschaft wird vermutet, wenn die Richtlinien der Bundesärztekammer beachtet worden sind.

(2) Bei der Erarbeitung der Richtlinien nach Absatz 1 Satz 1 Nr. 1 und 5 sollen Ärzte, die weder an der Entnahme noch an der Übertragung von Organen beteiligt sind, noch Weisungen eines Arztes unterstehen, der an solchen Maßnahmen beteiligt ist, bei der Erarbeitung der Richtlinien nach Absatz 1 Satz 1 Nr. 2 und 5 Personen mit der Befähigung zum Richteramt und Personen aus dem Kreis der Patienten, bei der Erarbeitung von Richtlinien nach Absatz 1 Satz 1 Nr. 5 ferner Personen aus dem Kreis der Angehörigen von Organspendern nach § 3 oder § 4 angemessen vertreten sein.

Sechster Abschnitt: Verbotsvorschriften

§ 17 – Verbot des Organhandels

(1) Es ist verboten, mit Organen, die einer Heilbehandlung zu dienen bestimmt sind, Handel zu treiben. Satz 1 gilt nicht für

1. die Gewährung oder Annahme eines angemessenen Entgelts für die zur Erreichung des Ziels der Heilbehandlung gebotenen Maßnahmen, insbesondere für die Entnahme, die Konservierung, die weitere Aufbereitung einschließlich der Maßnahmen zum Infektionsschutz, die Aufbewahrung und die Beförderung der Organe, sowie
2. Arzneimittel, die aus oder unter Verwendung von Organen hergestellt sind und den Vorschriften des Arzneimittelgesetzes über die Zulassung oder Registrierung unterliegen oder durch Rechtsverordnung von der Zulassung oder Registrierung freigestellt sind.

(2) Ebenso ist verboten, Organe, die nach Absatz 1 Satz 1 Gegenstand verbotenen Handeltreibens sind, zu entnehmen, auf einen anderen Menschen zu übertragen oder sich übertragen zu lassen.

Siebter Abschnitt: Straf- und Bußgeldvorschriften

§ 18 – Organhandel

(1) Wer entgegen § 17 Abs. 1 Satz 1 mit einem Organ Handel treibt oder entgegen § 17 Abs. 2 ein Organ entnimmt, überträgt oder sich übertragen lässt, wird mit Freiheitsstrafe bis zu fünf Jahren oder mit Geldstrafe bestraft.

(2) Handelt der Täter in den Fällen des Absatzes 1 gewerbsmäßig, ist die Strafe Freiheitsstrafe von einem Jahr bis zu fünf Jahren.

(3) Der Versuch ist strafbar.

(4) Das Gericht kann bei Organspendern, deren Organe Gegenstand verbotenen Handeltreibens waren, und bei Organempfängern von einer Bestrafung nach Absatz 1 absehen oder die Strafe nach seinem Ermessen mildern (§ 49 Abs. 2 des Strafgesetzbuchs).

§ 19 – Weitere Strafvorschriften

(1) Wer entgegen § 3 Abs. 1 oder 2 oder § 4 Abs. 1 Satz 2 ein Organ entnimmt, wird mit Freiheitsstrafe bis zu drei Jahren oder mit Geldstrafe bestraft.

(2) Wer entgegen § 8 Abs. 1 Satz 1 Nr. 1 Buchstabe a, b, Nr. 4 oder Satz 2 ein Organ entnimmt, wird mit Freiheitsstrafe bis zu fünf Jahren oder mit Geldstrafe bestraft.

(3) Wer entgegen § 2 Abs. 4 Satz 1 oder 3 eine Auskunft erteilt oder weitergibt oder entgegen § 13 Abs. 2 Angaben verarbeitet oder nutzt oder entgegen § 14 Abs. 2 Satz 1 bis 3 personenbezogene Daten offenbart, verarbeitet oder nutzt, wird, wenn die Tat nicht in § 203 des Strafgesetzbuchs mit Strafe bedroht ist, mit Freiheitsstrafe bis zu einem Jahr oder mit Geldstrafe bestraft.

(4) In den Fällen der Absätze 1 und 2 ist der Versuch strafbar.

(5) Handelt der Täter in den Fällen des Absatzes 1 fahrlässig, ist die Strafe Freiheitsstrafe bis zu einem Jahr oder Geldstrafe.

§ 20 – Bußgeldvorschriften

(1) Ordnungswidrig handelt, wer vorsätzlich oder fahrlässig

1. entgegen § 5 Abs. 2 Satz 3 die Feststellung der Untersuchungsergebnisse oder ihren Zeitpunkt nicht, nicht richtig, nicht vollständig oder nicht in der vorgeschriebenen Weise aufzeichnet oder nicht unterschreibt,
2. entgegen § 9 ein Organ überträgt,
3. entgegen § 10 Abs. 2 Nr. 4, auch in Verbindung mit Abs. 3, die Organübertragung nicht oder nicht in der vorgeschriebenen Weise dokumentiert oder
4. entgegen § 15 Satz 1 eine dort genannte Unterlage nicht oder nicht mindestens zehn Jahre aufbewahrt.

(2) Die Ordnungswidrigkeit kann in den Fällen des Absatzes 1 Nr. 1 bis 3 mit einer Geldbuße bis zu fünfundzwanzigtausend Euro, in den Fällen des Absatzes 1 Nr. 4 mit einer Geldbuße bis zu zweitausendfünfhundert Euro geahndet werden.

Achter Abschnitt: Schlussvorschriften

§§ 21 bis 24 (nicht abgedruckt)

§ 25 – Übergangsregelungen

(1) Bei Inkrafttreten dieses Gesetzes bestehende Verträge über Regelungsgegenstände nach § 11 gelten weiter, bis sie durch Vertrag nach § 11 Abs. 1 und 2 abgelöst oder durch Rechtsverordnung nach § 11 Abs. 6 ersetzt werden.

(2) Bei Inkrafttreten dieses Gesetzes bestehende Verträge über Regelungsgegenstände nach § 12 gelten weiter, bis sie durch Vertrag nach § 12 Abs. 1 und 4 abgelöst oder durch Rechtsverordnung nach § 12 Abs. 6 ersetzt werden.

§ 26 – Inkrafttreten, Außerkrafttreten

(1) Dieses Gesetz tritt am 1. Dezember 1997 in Kraft, soweit in Satz 2 nichts Abweichendes bestimmt ist. § 8 Abs. 3 Satz 2 und 3 tritt am 1. Dezember 1999 in Kraft.

(2) (nicht abgedruckt)

IV. Patentgesetz

Patentgesetz in der Fassung der Bekanntmachung
vom 16. Dezember 1980[1,2]

Auszüge

§ 1 – Patentfähigkeit

(1) Patente werden für Erfindungen erteilt, die neu sind, auf einer erfinderischen Tätigkeit beruhen und gewerblich anwendbar sind.

(2) Patente werden für Erfindungen im Sinne von Absatz 1 auch dann erteilt, wenn sie ein Erzeugnis, das aus biologischem Material besteht oder dieses enthält, oder wenn sie ein Verfahren, mit dem biologisches Material hergestellt oder bearbeitet wird oder bei dem es verwendet wird, zum Gegenstand haben. Biologisches Material, das mit Hilfe eines technischen Verfahrens aus seiner natürlichen Umgebung isoliert oder hergestellt wird, kann auch dann Gegenstand einer Erfindung sein, wenn es in der Natur schon vorhanden war.

(3) Als Erfindungen im Sinne des Absatzes 1 werden insbesondere nicht angesehen:
1. Entdeckungen sowie wissenschaftliche Theorien und mathematische Methoden;
2. ästhetische Formschöpfungen;
3. Pläne, Regeln und Verfahren für gedankliche Tätigkeiten, für Spiele oder für geschäftliche Tätigkeiten sowie Programme für Datenverarbeitungsanlagen;
4. die Wiedergabe von Informationen.

(4) Absatz 3 steht der Patentfähigkeit nur insoweit entgegen, als für die genannten Gegenstände oder Tätigkeiten als solche Schutz begehrt wird.

§ 1a – Patentfähigkeit des menschlichen Körpers

(1) Der menschliche Körper in den einzelnen Phasen seiner Entstehung und Entwicklung, einschließlich der Keimzellen, sowie die bloße Entdeckung eines seiner Bestandteile, einschließlich der Sequenz oder Teilsequenz eines Gens, können keine patentierbaren Erfindungen sein.

(2) Ein isolierter Bestandteil des menschlichen Körpers oder ein auf andere Weise durch ein technisches Verfahren gewonnener Bestandteil, einschließlich der Se-

---

[1] BGBl. 1981 I S. 1, zuletzt geändert durch Art. 1 des Gesetzes zur Umsetzung der Richtlinie über den rechtlichen Schutz biotechnologischer Erfindungen vom 21.1.2005, BGBl. I S. 146. Die Richtlinie ist abgedruckt unter C. II.
[2] Paragraphen-Überschriften vom Verf. ergänzt.

quenz oder Teilsequenz eines Gens, kann eine patentierbare Erfindung sein, selbst wenn der Aufbau dieses Bestandteils mit dem Aufbau eines natürlichen Bestandteils identisch ist.

(3) Die gewerbliche Anwendbarkeit einer Sequenz oder Teilsequenz eines Gens muss in der Anmeldung konkret unter Angabe der von der Sequenz oder Teilsequenz erfüllten Funktion beschrieben werden.

(4) Ist Gegenstand der Erfindung eine Sequenz oder Teilsequenz eines Gens, deren Aufbau mit dem Aufbau einer natürlichen Sequenz oder Teilsequenz eines menschlichen Gens übereinstimmt, so ist deren Verwendung, für die die gewerbliche Anwendbarkeit nach Absatz 3 konkret beschrieben ist, in den Patentanspruch aufzunehmen.

§ 2 – Öffentliche Ordnung (ordre public)

(1) Für Erfindungen, deren gewerbliche Verwertung gegen die öffentliche Ordnung oder die guten Sitten verstoßen würde, werden keine Patente erteilt; ein solcher Verstoß kann nicht allein aus der Tatsache hergeleitet werden, dass die Verwendung der Erfindung durch Gesetz oder Verwaltungsvorschrift verboten ist.

(2) Insbesondere werden Patente nicht erteilt für
1. Verfahren zum Klonen von menschlichen Lebewesen;
2. Verfahren zur Veränderung der genetischen Identität der Keimbahn des menschlichen Lebewesens;
3. die Verwendung von menschlichen Embryonen zu industriellen oder kommerziellen Zwecken;
4. Verfahren zur Veränderung der genetischen Identität von Tieren, die geeignet sind, Leiden dieser Tiere ohne wesentlichen medizinischen Nutzen für den Menschen oder das Tier zu verursachen, sowie die mit Hilfe solcher Verfahren erzeugten Tiere.

Bei der Anwendung der Nummern 1 bis 3 sind die entsprechenden Vorschriften des Embryonenschutzgesetzes[3] maßgeblich.

§ 2a – Patentfähigkeit von Pflanzen und Tieren; Begriffsbestimmungen

(1) Für Pflanzensorten und Tierrassen sowie im Wesentlichen biologische Verfahren zur Züchtung von Pflanzen und Tieren werden keine Patente erteilt.

(2) Patente können erteilt werden für Erfindungen,
1. deren Gegenstand Pflanzen oder Tiere sind, wenn die Ausführung der Erfindung technisch nicht auf eine bestimmte Pflanzensorte oder Tierrasse beschränkt ist;
2. die ein mikrobiologisches oder ein sonstiges technisches Verfahren oder ein durch ein solches Verfahren gewonnenes Erzeugnis zum Gegenstand haben, sofern es sich dabei nicht um eine Pflanzensorte oder Tierrasse handelt.

§ 1a Abs. 3 gilt entsprechend.

(3) Im Sinne dieses Gesetzes bedeuten:

---

[3] Abgedruckt unter D. I.

1. „biologisches Material" ein Material, das genetische Informationen enthält und sich selbst reproduzieren oder in einem biologischen System reproduziert werden kann;
2. „mikrobiologisches Verfahren" ein Verfahren, bei dem mikrobiologisches Material verwendet, ein Eingriff in mikrobiologisches Material durchgeführt oder mikrobiologisches Material hervorgebracht wird;
3. „im Wesentlichen biologisches Verfahren" ein Verfahren zur Züchtung von Pflanzen oder Tieren, das vollständig auf natürlichen Phänomenen wie Kreuzung oder Selektion beruht;
4. „Pflanzensorte" eine Sorte im Sinne der Definition der Verordnung (EG) Nr. 2100/94 des Rates vom 27. Juli 1994 über den gemeinschaftlichen Sortenschutz (ABl. EG Nr. L 227 S. 1) in der jeweils geltenden Fassung.

§ 3 – Neuheit der Erfindung

(1) Eine Erfindung gilt als neu, wenn sie nicht zum Stand der Technik gehört. Der Stand der Technik umfasst alle Kenntnisse, die vor dem für den Zeitrang der Anmeldung maßgeblichen Tag durch schriftliche oder mündliche Beschreibung, durch Benutzung oder in sonstiger Weise der Öffentlichkeit zugänglich gemacht worden sind.

(…)

§ 4 – Erfinderische Tätigkeit

Eine Erfindung gilt als auf einer erfinderischen Tätigkeit beruhend, wenn sie sich für den Fachmann nicht in naheliegender Weise aus dem Stand der Technik ergibt. Gehören zum Stand der Technik auch Unterlagen im Sinne des § 3 Abs. 2, so werden diese bei der Beurteilung der erfinderischen Tätigkeit nicht in Betracht gezogen.

§ 5 – Gewerbliche Anwendbarkeit der Erfindung

(1) Eine Erfindung gilt als gewerblich anwendbar, wenn ihr Gegenstand auf irgendeinem gewerblichen Gebiet einschließlich der Landwirtschaft hergestellt oder benutzt werden kann.

(2) Verfahren zur chirurgischen oder therapeutischen Behandlung des menschlichen oder tierischen Körpers und Diagnostizierverfahren, die am menschlichen oder tierischen Körper vorgenommen werden, gelten nicht als gewerblich anwendbare Erfindungen im Sinne des Absatzes 1. Dies gilt nicht für Erzeugnisse, insbesondere Stoffe oder Stoffgemische, zur Anwendung in einem der vorstehend genannten Verfahren.

(…)

§ 9 – Patentwirkungen

Das Patent hat die Wirkung, dass allein der Patentinhaber befugt ist, die patentierte Erfindung im Rahmen des geltenden Rechts zu benutzen. Jedem Dritten ist es verboten, ohne seine Zustimmung

1. ein Erzeugnis, das Gegenstand des Patents ist, herzustellen, anzubieten, in Verkehr zu bringen oder zu gebrauchen oder zu den genannten Zwecken entweder einzuführen oder zu besitzen;
2. ein Verfahren, das Gegenstand des Patents ist, anzuwenden oder, wenn der Dritte weiß oder es auf Grund der Umstände offensichtlich ist, dass die Anwendung des Verfahrens ohne Zustimmung des Patentinhabers verboten ist, zur Anwendung im Geltungsbereich dieses Gesetzes anzubieten;
3. das durch ein Verfahren, das Gegenstand des Patents ist, unmittelbar hergestellte Erzeugnis anzubieten, in Verkehr zu bringen oder zu gebrauchen oder zu den genannten Zwecken entweder einzuführen oder zu besitzen.

§ 9a – Patentwirkungen bei biologischem Material

(1) Betrifft das Patent biologisches Material, das auf Grund einer Erfindung mit bestimmten Eigenschaften ausgestattet ist, so erstrecken sich die Wirkungen von § 9 auf jedes biologische Material, das aus diesem biologischen Material durch generative oder vegetative Vermehrung in gleicher oder abweichender Form gewonnen wird und mit denselben Eigenschaften ausgestattet ist.

(2) Betrifft das Patent ein Verfahren, das es ermöglicht, biologisches Material zu gewinnen, das auf Grund einer Erfindung mit bestimmten Eigenschaften ausgestattet ist, so erstrecken sich die Wirkungen von § 9 auf das mit diesem Verfahren unmittelbar gewonnene biologische Material und jedes andere mit denselben Eigenschaften ausgestattete biologische Material, das durch generative oder vegetative Vermehrung in gleicher oder abweichender Form aus dem unmittelbar gewonnenen Material gewonnen wird.

(3) Betrifft das Patent ein Erzeugnis, das auf Grund einer Erfindung aus einer genetischen Information besteht oder sie enthält, so erstrecken sich die Wirkungen von § 9 auf jedes Material, in das dieses Erzeugnis Eingang findet und in dem die genetische Information enthalten ist und ihre Funktion erfüllt.

§ 9b – Patentwirkungen bei Inverkehrbringen biologischen Materials

Bringt der Patentinhaber oder mit seiner Zustimmung ein Dritter biologisches Material, das auf Grund der Erfindung mit bestimmten Eigenschaften ausgestattet ist, im Hoheitsgebiet eines Mitgliedstaates der Europäischen Union oder in einem Vertragsstaat des Abkommens über den Europäischen Wirtschaftsraum in Verkehr und wird aus diesem biologischen Material durch generative oder vegetative Vermehrung weiteres biologisches Material gewonnen, so treten die Wirkungen von § 9 nicht ein, wenn die Vermehrung des biologischen Materials der Zweck war, zu dem es in den Verkehr gebracht wurde. Dies gilt nicht, wenn das auf diese Weise gewonnene Material anschließend für eine weitere generative oder vegetative Vermehrung verwendet wird.

§ 9c – Landwirteprivileg

(1) Wird pflanzliches Vermehrungsmaterial durch den Patentinhaber oder mit dessen Zustimmung durch einen Dritten an einen Landwirt zum Zweck des landwirtschaftlichen Anbaus in Verkehr gebracht, so darf dieser entgegen den §§ 9, 9a und 9b Satz 2 sein Erntegut für die generative oder vegetative Vermehrung durch ihn selbst im eigenen Betrieb verwenden. Für Bedingungen und Ausmaß dieser Be-

fugnis gelten Artikel 14 der Verordnung (EG) Nr. 2100/94 in seiner jeweils geltenden Fassung sowie die auf dessen Grundlage erlassenen Durchführungsbestimmungen entsprechend. Soweit sich daraus Ansprüche des Patentinhabers ergeben, sind diese entsprechend den auf Grund Artikel 14 Abs. 3 der Verordnung (EG) Nr. 2100/94 erlassenen Durchführungsbestimmungen geltend zu machen.

(2) Werden landwirtschaftliche Nutztiere oder tierisches Vermehrungsmaterial durch den Patentinhaber oder mit dessen Zustimmung durch einen Dritten an einen Landwirt in Verkehr gebracht, so darf der Landwirt die landwirtschaftlichen Nutztiere oder das tierische Vermehrungsmaterial entgegen den §§ 9, 9a und 9b Satz 2 zu landwirtschaftlichen Zwecken verwenden. Diese Befugnis erstreckt sich auch auf die Überlassung der landwirtschaftlichen Nutztiere oder anderen tierischen Vermehrungsmaterials zur Fortführung seiner landwirtschaftlichen Tätigkeit, jedoch nicht auf den Verkauf mit dem Ziel oder im Rahmen einer Vermehrung zu Erwerbszwecken.

(3) § 9a Abs. 1 bis 3 gilt nicht für biologisches Material, das im Bereich der Landwirtschaft zufällig oder technisch nicht vermeidbar gewonnen wurde. Daher kann ein Landwirt im Regelfall nicht in Anspruch genommen werden, wenn er nicht diesem Patentschutz unterliegendes Saat- oder Pflanzgut angebaut hat.

§ 10 – Anbieten oder Liefern von Mitteln

(1) Das Patent hat ferner die Wirkung, daß es jedem Dritten verboten ist, ohne Zustimmung des Patentinhabers im Geltungsbereich dieses Gesetzes anderen als zur Benutzung der patentierten Erfindung berechtigten Personen Mittel, die sich auf ein wesentliches Element der Erfindung beziehen, zur Benutzung der Erfindung im Geltungsbereich dieses Gesetzes anzubieten oder zu liefern, wenn der Dritte weiß oder es auf Grund der Umstände offensichtlich ist, daß diese Mittel dazu geeignet und bestimmt sind, für die Benutzung der Erfindung verwendet zu werden.

(2) Absatz 1 ist nicht anzuwenden, wenn es sich bei den Mitteln um allgemein im Handel erhältliche Erzeugnisse handelt, es sei denn, daß der Dritte den Belieferten bewusst veranlasst, in einer nach § 9 Satz 2 verbotenen Weise zu handeln.

(3) Personen, die die in § 11 Nr. 1 bis 3 genannten Handlungen vornehmen, gelten im Sinne des Absatzes 1 nicht als Personen, die zur Benutzung der Erfindung berechtigt sind.

§ 11 – Beschränkungen der Patentwirkung

Die Wirkung des Patents erstreckt sich nicht auf
1. Handlungen, die im privaten Bereich zu nichtgewerblichen Zwecken vorgenommen werden;
2. Handlungen zu Versuchszwecken, die sich auf den Gegenstand der patentierten Erfindung beziehen;
2a. die Nutzung biologischen Materials zum Zweck der Züchtung, Entdeckung und Entwicklung einer neuen Pflanzensorte;
2b. Studien und Versuche und die sich daraus ergebenden praktischen Anforderungen, die für die Erlangung einer arzneimittelrechtlichen Genehmigung für das Inverkehrbringen in der Europäischen Union oder einer arzneimittelrecht-

lichen Zulassung in den Mitgliedstaaten der Europäischen Union oder in Drittstaaten erforderlich sind;
3. die unmittelbare Einzelzubereitung von Arzneimitteln in Apotheken auf Grund ärztlicher Verordnung sowie auf Handlungen, welche die auf diese Weise zubereiteten Arzneimittel betreffen;
4. den an Bord von Schiffen eines anderen Mitgliedstaates der Pariser Verbandsübereinkunft zum Schutz des gewerblichen Eigentums stattfindenden Gebrauch des Gegenstands der patentierten Erfindung im Schiffskörper, in den Maschinen, im Takelwerk, an den Geräten und sonstigem Zubehör, wenn die Schiffe vorübergehend oder zufällig in die Gewässer gelangen, auf die sich der Geltungsbereich dieses Gesetzes erstreckt, vorausgesetzt, dass dieser Gegenstand dort ausschließlich für die Bedürfnisse des Schiffes verwendet wird;
5. den Gebrauch des Gegenstands der patentierten Erfindung in der Bauausführung oder für den Betrieb der Luft- oder Landfahrzeuge eines anderen Mitgliedstaates der Pariser Verbandsübereinkunft zum Schutz des gewerblichen Eigentums oder des Zubehörs solcher Fahrzeuge, wenn diese vorübergehend oder zufällig in den Geltungsbereich dieses Gesetzes gelangen;
6. die in Artikel 27 des Abkommens vom 7. Dezember 1944 über die Internationale Zivilluftfahrt (BGBl. 1956 II S. 411) vorgesehenen Handlungen, wenn diese Handlungen ein Luftfahrzeug eines anderen Staates betreffen, auf den dieser Artikel anzuwenden ist.

(...)

V. Arzneimittelgesetz

Gesetz über den Verkehr mit Arzneimitteln (Arzneimittelgesetz – AMG) in der Fassung der Neubekanntmachung vom 12. Dezember 2005[1]

Auszüge

Erster Abschnitt: Zweck des Gesetzes und Begriffsbestimmungen

§ 1 – Zweck des Gesetzes

Es ist der Zweck dieses Gesetzes, im Interesse einer ordnungsgemäßen Arzneimittelversorgung von Mensch und Tier für die Sicherheit im Verkehr mit Arzneimitteln, insbesondere für die Qualität, Wirksamkeit und Unbedenklichkeit der Arzneimittel nach Maßgabe der folgenden Vorschriften zu sorgen.

§ 2 – Arzneimittelbegriff

(1) Arzneimittel sind Stoffe und Zubereitungen aus Stoffen, die dazu bestimmt sind, durch Anwendung am oder im menschlichen oder tierischen Körper
1. Krankheiten, Leiden, Körperschäden oder krankhafte Beschwerden zu heilen, zu lindern, zu verhüten oder zu erkennen,
2. die Beschaffenheit, den Zustand oder die Funktionen des Körpers oder seelische Zustände erkennen zu lassen,
3. vom menschlichen oder tierischen Körper erzeugte Wirkstoffe oder Körperflüssigkeiten zu ersetzen,
4. Krankheitserreger, Parasiten oder körperfremde Stoffe abzuwehren, zu beseitigen oder unschädlich zu machen oder
5. die Beschaffenheit, den Zustand oder die Funktionen des Körpers oder seelische Zustände zu beeinflussen.

(2) Als Arzneimittel gelten
1. Gegenstände, die ein Arzneimittel nach Absatz 1 enthalten oder auf die ein Arzneimittel nach Absatz 1 aufgebracht ist und die dazu bestimmt sind, dauernd oder vorübergehend mit dem menschlichen oder tierischen Körper in Berührung gebracht zu werden,

---

[1] BGBl I S. 3394.

1a. tierärztliche Instrumente, soweit sie zur einmaligen Anwendung bestimmt sind und aus der Kennzeichnung hervorgeht, dass sie einem Verfahren zur Verminderung der Keimzahl unterzogen worden sind,
2. Gegenstände, die, ohne Gegenstände nach Nummer 1 oder 1a zu sein, dazu bestimmt sind, zu den in Absatz 1 Nr. 2 oder 5 bezeichneten Zwecken in den tierischen Körper dauernd oder vorübergehend eingebracht zu werden, ausgenommen tierärztliche Instrumente,
3. Verbandstoffe und chirurgische Nahtmaterialien, soweit sie zur Anwendung am oder im tierischen Körper bestimmt und nicht Gegenstände der Nummer 1, 1a oder 2 sind,
4. Stoffe und Zubereitungen aus Stoffen, die, auch im Zusammenwirken mit anderen Stoffen oder Zubereitungen aus Stoffen, dazu bestimmt sind, ohne am oder im tierischen Körper angewendet zu werden, die Beschaffenheit, den Zustand oder die Funktion des tierischen Körpers erkennen zu lassen oder der Erkennung von Krankheitserregern bei Tieren zu dienen.

(3) Arzneimittel sind nicht
1. Lebensmittel im Sinne des § 2 Abs. 2 des Lebensmittel- und Futtermittelgesetzbuches,
2. kosmetische Mittel im Sinne des § 2 Abs. 5 des Lebensmittel- und Futtermittelgesetzbuches,
3. Tabakerzeugnisse im Sinne des § 3 des Vorläufigen Tabakgesetzes,
4. Stoffe oder Zubereitungen aus Stoffen, die ausschließlich dazu bestimmt sind, äußerlich am Tier zur Reinigung oder Pflege oder zur Beeinflussung des Aussehens oder des Körpergeruchs angewendet zu werden, soweit ihnen keine Stoffe oder Zubereitungen aus Stoffen zugesetzt sind, die vom Verkehr außerhalb der Apotheke ausgeschlossen sind,
5. (weggefallen)
6. Futtermittel im Sinne des § 3 Nr. 11 bis 15 des Lebensmittel- und Futtermittelgesetzbuches,
7. Medizinprodukte und Zubehör für Medizinprodukte im Sinne des § 3 des Medizinproduktegesetzes, es sei denn, es handelt sich um Arzneimittel im Sinne des § 2 Abs. 1 Nr. 2,
8. die in § 9 Satz 1 des Transplantationsgesetzes[2] genannten Organe und Augenhornhäute, wenn sie zur Übertragung auf andere Menschen bestimmt sind.

(4) Solange ein Mittel nach diesem Gesetz als Arzneimittel zugelassen oder registriert oder durch Rechtsverordnung von der Zulassung oder Registrierung freigestellt ist, gilt es als Arzneimittel. Hat die zuständige Bundesoberbehörde die Zulassung oder Registrierung eines Mittels mit der Begründung abgelehnt, dass es sich um kein Arzneimittel handelt, so gilt es nicht als Arzneimittel.

§ 3 – Stoffbegriff

Stoffe im Sinne dieses Gesetzes sind
1. chemische Elemente und chemische Verbindungen sowie deren natürlich vorkommende Gemische und Lösungen,

---

[2] Abgedruckt unter C. II.

2. Pflanzen, Pflanzenteile, Pflanzenbestandteile, Algen, Pilze und Flechten in bearbeitetem oder unbearbeitetem Zustand,
3. Tierkörper, auch lebender Tiere, sowie Körperteile, -bestandteile und Stoffwechselprodukte von Mensch oder Tier in bearbeitetem oder unbearbeitetem Zustand,
4. Mikroorganismen einschließlich Viren sowie deren Bestandteile oder Stoffwechselprodukte.

§ 4 – Sonstige Begriffsbestimmungen

(1) Fertigarzneimittel sind Arzneimittel, die im Voraus hergestellt und in einer zur Abgabe an den Verbraucher bestimmten Packung in den Verkehr gebracht werden oder andere zur Abgabe an Verbraucher bestimmte Arzneimittel, bei deren Zubereitung in sonstiger Weise ein industrielles Verfahren zur Anwendung kommt oder die, ausgenommen in Apotheken, gewerblich hergestellt werden. Fertigarzneimittel sind nicht Zwischenprodukte, die für eine weitere Verarbeitung durch einen Hersteller bestimmt sind.

(2) Blutzubereitungen sind Arzneimittel, die aus Blut gewonnene Blut-, Plasma- oder Serumkonserven, Blutbestandteile oder Zubereitungen aus Blutbestandteilen sind oder als Wirkstoffe enthalten.

(3) Sera sind Arzneimittel im Sinne des § 2 Abs. 1, die aus Blut, Organen, Organteilen oder Organsekreten gesunder, kranker, krank gewesener oder immunisatorisch vorbehandelter Lebewesen gewonnen werden, Antikörper enthalten und die dazu bestimmt sind, wegen dieser Antikörper angewendet zu werden. Sera gelten nicht als Blutzubereitungen im Sinne des Absatzes 2.

(4) Impfstoffe sind Arzneimittel im Sinne des § 2 Abs. 1, die Antigene enthalten und die dazu bestimmt sind, bei Mensch oder Tier zur Erzeugung von spezifischen Abwehr- und Schutzstoffen angewendet zu werden.

(5) Allergene sind Arzneimittel im Sinne des § 2 Abs. 1, die Antigene oder Haptene enthalten und dazu bestimmt sind, bei Mensch oder Tier zur Erkennung von spezifischen Abwehr- oder Schutzstoffen angewendet zu werden (Testallergene) oder Stoffe enthalten, die zur antigenspezifischen Verminderung einer spezifischen immunologischen Überempfindlichkeit angewendet werden (Therapieallergene).

(6) Testsera sind Arzneimittel im Sinne des § 2 Abs. 2 Nr. 4, die aus Blut, Organen, Organteilen oder Organsekreten gesunder, kranker, krank gewesener oder immunisatorisch vorbehandelter Lebewesen gewonnen werden, spezifische Antikörper enthalten und die dazu bestimmt sind, wegen dieser Antikörper verwendet zu werden, sowie die dazu gehörenden Kontrollsera.

(7) Testantigene sind Arzneimittel im Sinne des § 2 Abs. 2 Nr. 4, die Antigene oder Haptene enthalten und die dazu bestimmt sind, als solche verwendet zu werden.

(8) Radioaktive Arzneimittel sind Arzneimittel, die radioaktive Stoffe sind oder enthalten und ionisierende Strahlen spontan aussenden und die dazu bestimmt sind, wegen dieser Eigenschaften angewendet zu werden; als radioaktive Arzneimittel gelten auch für die Radiomarkierung anderer Stoffe vor der Verabreichung hergestellte Radionuklide (Vorstufen) sowie die zur Herstellung von radioaktiven

Arzneimitteln bestimmten Systeme mit einem fixierten Mutterradionuklid, das ein Tochterradionuklid bildet, (Generatoren).
(9) Gentransfer-Arzneimittel sind zur Anwendung am Menschen bestimmte Arzneimittel im Sinne des § 2 Abs. 1, die zur genetischen Modifizierung von Körperzellen durch Transfer von Genen oder Genabschnitten bestimmte nackte Nukleinsäuren, virale oder nichtvirale Vektoren, genetisch modifizierte menschliche Zellen oder rekombinante Mikroorganismen, letztere ohne mit dem Ziel der Prävention oder Therapie der von diesen hervorgerufenen Infektionskrankheiten eingesetzt zu werden, sind oder enthalten.
(10) Fütterungsarzneimittel sind Arzneimittel in verfütterungsfertiger Form, die aus Arzneimittel-Vormischungen und Mischfuttermitteln hergestellt werden und die dazu bestimmt sind, zur Anwendung bei Tieren in den Verkehr gebracht zu werden.
(11) Arzneimittel-Vormischungen sind Arzneimittel, die ausschließlich dazu bestimmt sind, zur Herstellung von Fütterungsarzneimitteln verwendet zu werden. Sie gelten als Fertigarzneimittel.
(12) Die Wartezeit ist die Zeit, die bei bestimmungsgemäßer Anwendung des Arzneimittels nach der letzten Anwendung des Arzneimittels bei einem Tier bis zur Gewinnung von Lebensmitteln, die von diesem Tier stammen, zum Schutz der öffentlichen Gesundheit einzuhalten ist und die sicherstellt, dass Rückstände in diesen Lebensmitteln die gemäß der Verordnung (EWG) Nr. 2377/90 des Rates vom 26. Juni 1990 zur Schaffung eines Gemeinschaftsverfahrens für die Festsetzung von Höchstmengen für Tierarzneimittelrückstände in Nahrungsmitteln tierischen Ursprungs (ABl. EG Nr. L 224 S. 1) festgelegten zulässigen Höchstmengen für pharmakologisch wirksame Stoffe nicht überschreiten.
(13) Nebenwirkungen sind die beim bestimmungsgemäßen Gebrauch eines Arzneimittels auftretenden schädlichen unbeabsichtigten Reaktionen. Schwerwiegende Nebenwirkungen sind Nebenwirkungen, die tödlich oder lebensbedrohend sind, eine stationäre Behandlung oder Verlängerung einer stationären Behandlung erforderlich machen, zu bleibender oder schwerwiegender Behinderung, Invalidität, kongenitalen Anomalien oder Geburtsfehlern führen; für Arzneimittel, die zur Anwendung bei Tieren bestimmt sind, sind schwerwiegend auch Nebenwirkungen, die ständig auftretende oder lang anhaltende Symptome hervorrufen. Unerwartete Nebenwirkungen sind Nebenwirkungen, deren Art, Ausmaß oder Ausgang von der Packungsbeilage des Arzneimittels abweichen. Die Sätze 1 bis 3 gelten auch für die als Folge von Wechselwirkungen auftretenden Nebenwirkungen.
(14) Herstellen ist das Gewinnen, das Anfertigen, das Zubereiten, das Be- oder Verarbeiten, das Umfüllen einschließlich Abfüllen, das Abpacken, das Kennzeichnen und die Freigabe.
(15) Qualität ist die Beschaffenheit eines Arzneimittels, die nach Identität, Gehalt, Reinheit, sonstigen chemischen, physikalischen, biologischen Eigenschaften oder durch das Herstellungsverfahren bestimmt wird.
(16) Eine Charge ist die jeweils aus derselben Ausgangsmenge in einem einheitlichen Herstellungsvorgang oder bei einem kontinuierlichen Herstellungsverfahren in einem bestimmten Zeitraum erzeugte Menge eines Arzneimittels.

(17) Inverkehrbringen ist das Vorrätighalten zum Verkauf oder zu sonstiger Abgabe, das Feilhalten, das Feilbieten und die Abgabe an andere.
(18) Der pharmazeutische Unternehmer ist bei zulassungs- oder registrierungspflichtigen Arzneimitteln der Inhaber der Zulassung oder Registrierung. Pharmazeutischer Unternehmer ist auch, wer Arzneimittel unter seinem Namen in den Verkehr bringt, außer in den Fällen des § 9 Abs. 1 Satz 2.
(19) Wirkstoffe sind Stoffe, die dazu bestimmt sind, bei der Herstellung von Arzneimitteln als arzneilich wirksame Bestandteile verwendet zu werden oder bei ihrer Verwendung in der Arzneimittelherstellung zu arzneilich wirksamen Bestandteilen der Arzneimittel zu werden.
(20) Somatische Zelltherapeutika sind zur Anwendung am Menschen bestimmte Arzneimittel im Sinne des § 2 Abs. 1, die durch andere Verfahren als genetische Modifikation in ihren biologischen Eigenschaften veränderte oder nicht veränderte menschliche Körperzellen sind oder enthalten, ausgenommen zelluläre Blutzubereitungen zur Transfusion oder zur hämatopoetischen Rekonstitution.
(21) Xenogene Zelltherapeutika sind zur Anwendung am Menschen bestimmte Arzneimittel im Sinne des § 2 Abs. 1, die genetisch modifizierte oder durch andere Verfahren in ihren biologischen Eigenschaften veränderte lebende tierische Körperzellen sind oder enthalten.
(22) Großhandel mit Arzneimitteln ist jede berufs- oder gewerbsmäßige zum Zwecke des Handeltreibens ausgeübte Tätigkeit, die in der Beschaffung, der Lagerung, der Abgabe oder Ausfuhr von Arzneimitteln besteht, mit Ausnahme der Abgabe von Arzneimitteln an andere Verbraucher als Ärzte, Zahnärzte, Tierärzte oder Krankenhäuser.
(23) Klinische Prüfung bei Menschen ist jede am Menschen durchgeführte Untersuchung, die dazu bestimmt ist, klinische oder pharmakologische Wirkungen von Arzneimitteln zu erforschen oder nachzuweisen oder Nebenwirkungen festzustellen oder die Resorption, die Verteilung, den Stoffwechsel oder die Ausscheidung zu untersuchen, mit dem Ziel, sich von der Unbedenklichkeit oder Wirksamkeit der Arzneimittel zu überzeugen. Satz 1 gilt nicht für eine Untersuchung, die eine nichtinterventionelle Prüfung ist. Nichtinterventionelle Prüfung ist eine Untersuchung, in deren Rahmen Erkenntnisse aus der Behandlung von Personen mit Arzneimitteln gemäß den in der Zulassung festgelegten Angaben für seine Anwendung anhand epidemiologischer Methoden analysiert werden; dabei folgt die Behandlung einschließlich der Diagnose und Überwachung nicht einem vorab festgelegten Prüfplan, sondern ausschließlich der ärztlichen Praxis.
(24) Sponsor ist eine natürliche oder juristische Person, die die Verantwortung für die Veranlassung, Organisation und Finanzierung einer klinischen Prüfung bei Menschen übernimmt.
(25) Prüfer ist in der Regel ein für die Durchführung der klinischen Prüfung bei Menschen in einer Prüfstelle verantwortlicher Arzt oder in begründeten Ausnahmefällen eine andere Person, deren Beruf auf Grund seiner wissenschaftlichen Anforderungen und der seine Ausübung voraussetzenden Erfahrungen in der Patientenbetreuung für die Durchführung von Forschungen am Menschen qualifiziert. Wird eine Prüfung in einer Prüfstelle von mehreren Prüfern vorgenommen, so ist der verantwortliche Leiter der Gruppe der Hauptprüfer. Wird eine Prüfung in meh-

reren Prüfstellen durchgeführt, wird vom Sponsor ein Prüfer als Leiter der klinischen Prüfung benannt.
(26) Homöopathisches Arzneimittel ist ein Arzneimittel, das nach einem im Europäischen Arzneibuch oder, in Ermangelung dessen, nach einem in den offiziell gebräuchlichen Pharmakopöen der Mitgliedstaaten der Europäischen Union beschriebenen homöopathischen Zubereitungsverfahren hergestellt worden ist. Ein homöopathisches Arzneimittel kann auch mehrere Wirkstoffe enthalten.
(27) Ein mit der Anwendung des Arzneimittels verbundenes Risiko ist
a) jedes Risiko im Zusammenhang mit der Qualität, Sicherheit oder Wirksamkeit des Arzneimittels für die Gesundheit der Patienten oder die öffentliche Gesundheit, bei zur Anwendung bei Tieren bestimmten Arzneimitteln für die Gesundheit von Mensch oder Tier,
b) jedes Risiko unerwünschter Auswirkungen auf die Umwelt.
(28) Das Nutzen-Risiko-Verhältnis umfasst eine Bewertung der positiven therapeutischen Wirkungen des Arzneimittels im Verhältnis zu dem Risiko nach Absatz 27 Buchstabe a, bei zur Anwendung bei Tieren bestimmten Arzneimitteln auch nach Absatz 27 Buchstabe b.
(29) Pflanzliche Arzneimittel sind Arzneimittel, die als Wirkstoff ausschließlich einen oder mehrere pflanzliche Stoffe oder eine oder mehrere pflanzliche Zubereitungen oder eine oder mehrere solcher pflanzlichen Stoffe in Kombination mit einer oder mehreren solcher pflanzlichen Zubereitungen enthalten.

§ 4a – Ausnahmen vom Anwendungsbereich

Dieses Gesetz findet keine Anwendung auf
1. Arzneimittel, die unter Verwendung von Krankheitserregern oder auf biotechnischem Wege hergestellt werden und zur Verhütung, Erkennung oder Heilung von Tierseuchen bestimmt sind,
2. die Gewinnung und das Inverkehrbringen von Sperma zur künstlichen Besamung,
3. Arzneimittel, die ein Arzt, Tierarzt oder eine andere Person, die zur Ausübung der Heilkunde befugt ist, bei Mensch oder Tier anwendet, soweit die Arzneimittel ausschließlich zu diesem Zweck unter der unmittelbaren fachlichen Verantwortung des anwendenden Arztes, Tierarztes oder der anwendenden Person, die zur Ausübung der Heilkunde befugt ist, hergestellt worden sind,
4. menschliche Organe, Organteile und Gewebe, die unter der fachlichen Verantwortung eines Arztes zum Zwecke der Übertragung auf Menschen entnommen werden, wenn diese Menschen unter der fachlichen Verantwortung dieses Arztes behandelt werden.

Satz 1 Nr. 1 gilt nicht für § 55. Satz 1 Nr. 4 gilt nicht für Blutzubereitungen.
(...)

Sechster Abschnitt: Schutz des Menschen bei der klinischen Prüfung

§ 40 – Allgemeine Voraussetzungen der klinischen Prüfung

(1) Der Sponsor, der Prüfer und alle weiteren an der klinischen Prüfung beteiligten Personen haben bei der Durchführung der klinischen Prüfung eines Arzneimittels bei Menschen die Anforderungen der guten klinischen Praxis nach Maßgabe des Artikels 1 Abs. 3 der Richtlinie 2001/20/EG einzuhalten. Die klinische Prüfung eines Arzneimittels bei Menschen darf vom Sponsor nur begonnen werden, wenn die zuständige Ethik-Kommission diese nach Maßgabe des § 42 Abs. 1 zustimmend bewertet und die zuständige Bundesoberbehörde diese nach Maßgabe des § 42 Abs. 2 genehmigt hat. Die klinische Prüfung eines Arzneimittels darf bei Menschen nur durchgeführt werden, wenn und solange

1. ein Sponsor oder ein Vertreter des Sponsors vorhanden ist, der seinen Sitz in einem Mitgliedstaat der Europäischen Union oder in einem anderen Vertragsstaat des Abkommens über den Europäischen Wirtschaftsraum hat,
2. die vorhersehbaren Risiken und Nachteile gegenüber dem Nutzen für die Person, bei der sie durchgeführt werden soll (betroffene Person), und der voraussichtlichen Bedeutung des Arzneimittels für die Heilkunde ärztlich vertretbar sind,
2a. nach dem Stand der Wissenschaft im Verhältnis zum Zweck der klinischen Prüfung eines Arzneimittels, das aus einem gentechnisch veränderten Organismus oder einer Kombination von gentechnisch veränderten Organismen besteht oder solche enthält, unvertretbare schädliche Auswirkungen auf
   a) die Gesundheit Dritter und
   b) die Umwelt
   nicht zu erwarten sind,
3. die betroffene Person
   a) volljährig und in der Lage ist, Wesen, Bedeutung und Tragweite der klinischen Prüfung zu erkennen und ihren Willen hiernach auszurichten,
   b) nach Absatz 2 Satz 1 aufgeklärt worden ist und schriftlich eingewilligt hat, soweit in Absatz 4 oder in § 41 nichts Abweichendes bestimmt ist und
   c) nach Absatz 2a Satz 1 und 2 informiert worden ist und schriftlich eingewilligt hat; die Einwilligung muss sich ausdrücklich auch auf die Erhebung und Verarbeitung von Angaben über die Gesundheit beziehen,
4. die betroffene Person nicht auf gerichtliche oder behördliche Anordnung in einer Anstalt untergebracht ist,
5. sie in einer geeigneten Einrichtung von einem angemessen qualifizierten Prüfer verantwortlich durchgeführt wird und die Leitung von einem Prüfer, Hauptprüfer oder Leiter der klinischen Prüfung wahrgenommen wird, der eine mindestens zweijährige Erfahrung in der klinischen Prüfung von Arzneimitteln nachweisen kann,
6. eine dem jeweiligen Stand der wissenschaftlichen Erkenntnisse entsprechende pharmakologisch-toxikologische Prüfung des Arzneimittels durchgeführt worden ist,

7. jeder Prüfer durch einen für die pharmakologisch-toxikologische Prüfung verantwortlichen Wissenschaftler über deren Ergebnisse und die voraussichtlich mit der klinischen Prüfung verbundenen Risiken informiert worden ist,
8. für den Fall, dass bei der Durchführung der klinischen Prüfung ein Mensch getötet oder der Körper oder die Gesundheit eines Menschen verletzt wird, eine Versicherung nach Maßgabe des Absatzes 3 besteht, die auch Leistungen gewährt, wenn kein anderer für den Schaden haftet, und
9. für die medizinische Versorgung der betroffenen Person ein Arzt oder bei zahnmedizinischer Behandlung ein Zahnarzt verantwortlich ist.

(2) Die betroffene Person ist durch einen Prüfer, der Arzt oder bei zahnmedizinischer Prüfung Zahnarzt ist, über Wesen, Bedeutung, Risiken und Tragweite der klinischen Prüfung sowie über ihr Recht aufzuklären, die Teilnahme an der klinischen Prüfung jederzeit zu beenden; ihr ist eine allgemein verständliche Aufklärungsunterlage auszuhändigen. Der betroffenen Person ist ferner Gelegenheit zu einem Beratungsgespräch mit einem Prüfer über die sonstigen Bedingungen der Durchführung der klinischen Prüfung zu geben. Eine nach Absatz 1 Satz 3 Nr. 3 Buchstabe b erklärte Einwilligung in die Teilnahme an einer klinischen Prüfung kann jederzeit gegenüber dem Prüfer schriftlich oder mündlich widerrufen werden, ohne dass der betroffenen Person dadurch Nachteile entstehen dürfen.

(2a) Die betroffene Person ist über Zweck und Umfang der Erhebung und Verwendung personenbezogener Daten, insbesondere von Gesundheitsdaten zu informieren. Sie ist insbesondere darüber zu informieren, dass
1. die erhobenen Daten soweit erforderlich
   a) zur Einsichtnahme durch die Überwachungsbehörde oder Beauftragte des Sponsors zur Überprüfung der ordnungsgemäßen Durchführung der klinischen Prüfung bereitgehalten werden,
   b) pseudonymisiert an den Sponsor oder eine von diesem beauftragte Stelle zum Zwecke der wissenschaftlichen Auswertung weitergegeben werden,
   c) im Falle eines Antrags auf Zulassung pseudonymisiert an den Antragsteller und die für die Zulassung zuständige Behörde weitergegeben werden,
   d) im Falle unerwünschter Ereignisse des zu prüfenden Arzneimittels pseudonymisiert an den Sponsor und die zuständige Bundesoberbehörde sowie von dieser an die Europäische Datenbank weitergegeben werden,
2. die Einwilligung nach Absatz 1 Satz 3 Nr. 3 Buchstabe c unwiderruflich ist,
3. im Falle eines Widerrufs der nach Absatz 1 Satz 3 Nr. 3 Buchstabe b erklärten Einwilligung die gespeicherten Daten weiterhin verwendet werden dürfen, soweit dies erforderlich ist, um
   a) Wirkungen des zu prüfenden Arzneimittels festzustellen,
   b) sicherzustellen, dass schutzwürdige Interessen der betroffenen Person nicht beeinträchtigt werden,
   c) der Pflicht zur Vorlage vollständiger Zulassungsunterlagen zu genügen,
4. die Daten bei den genannten Stellen für die auf Grund des § 42 Abs. 3 bestimmten Fristen gespeichert werden. Im Falle eines Widerrufs der nach Absatz 1 Satz 3 Nr. 3 Buchstabe b erklärten Einwilligung haben die verantwortlichen Stellen unverzüglich zu prüfen, inwieweit die gespeicherten Daten für die in Satz 1 Nr. 3 genannten Zwecke noch erforderlich sein können. Nicht

mehr benötigte Daten sind unverzüglich zu löschen. Im Übrigen sind die erhobenen personenbezogenen Daten nach Ablauf der auf Grund des § 42 Abs. 3 bestimmten Fristen zu löschen, soweit nicht gesetzliche, satzungsmäßige oder vertragliche Aufbewahrungsfristen entgegenstehen.

(3) Die Versicherung nach Absatz 1 Satz 3 Nr. 8 muss zugunsten der von der klinischen Prüfung betroffenen Personen bei einem in einem Mitgliedstaat der Europäischen Union oder einem anderen Vertragsstaat des Abkommens über den Europäischen Wirtschaftsraum zum Geschäftsbetrieb zugelassenen Versicherer genommen werden. Ihr Umfang muss in einem angemessenen Verhältnis zu den mit der klinischen Prüfung verbundenen Risiken stehen und auf der Grundlage der Risikoabschätzung so festgelegt werden, dass für jeden Fall des Todes oder der dauernden Erwerbsunfähigkeit einer von der klinischen Prüfung betroffenen Person mindestens 500.000 Euro zur Verfügung stehen. Soweit aus der Versicherung geleistet wird, erlischt ein Anspruch auf Schadensersatz.

(4) Auf eine klinische Prüfung bei Minderjährigen finden die Absätze 1 bis 3 mit folgender Maßgabe Anwendung:
1. Das Arzneimittel muss zum Erkennen oder zum Verhüten von Krankheiten bei Minderjährigen bestimmt und die Anwendung des Arzneimittels nach den Erkenntnissen der medizinischen Wissenschaft angezeigt sein, um bei dem Minderjährigen Krankheiten zu erkennen oder ihn vor Krankheiten zu schützen. Angezeigt ist das Arzneimittel, wenn seine Anwendung bei dem Minderjährigen medizinisch indiziert ist.
2. Die klinische Prüfung an Erwachsenen oder andere Forschungsmethoden dürfen nach den Erkenntnissen der medizinischen Wissenschaft keine ausreichenden Prüfergebnisse erwarten lassen.
3. Die Einwilligung wird durch den gesetzlichen Vertreter abgegeben, nachdem er entsprechend Absatz 2 aufgeklärt worden ist. Sie muss dem mutmaßlichen Willen des Minderjährigen entsprechen, soweit ein solcher feststellbar ist. Der Minderjährige ist vor Beginn der klinischen Prüfung von einem im Umgang mit Minderjährigen erfahrenen Prüfer über die Prüfung, die Risiken und den Nutzen aufzuklären, soweit dies im Hinblick auf sein Alter und seine geistige Reife möglich ist; erklärt der Minderjährige, nicht an der klinischen Prüfung teilnehmen zu wollen, oder bringt er dies in sonstiger Weise zum Ausdruck, so ist dies zu beachten. Ist der Minderjährige in der Lage, Wesen, Bedeutung und Tragweite der klinischen Prüfung zu erkennen und seinen Willen hiernach auszurichten, so ist auch seine Einwilligung erforderlich. Eine Gelegenheit zu einem Beratungsgespräch nach Absatz 2 Satz 2 ist neben dem gesetzlichen Vertreter auch dem Minderjährigen zu eröffnen.
4. Die klinische Prüfung darf nur durchgeführt werden, wenn sie für die betroffene Person mit möglichst wenig Belastungen und anderen vorhersehbaren Risiken verbunden ist; sowohl der Belastungsgrad als auch die Risikoschwelle müssen im Prüfplan eigens definiert und vom Prüfer ständig überprüft werden.
5. Vorteile mit Ausnahme einer angemessenen Entschädigung dürfen nicht gewährt werden.

(5) Der betroffenen Person, ihrem gesetzlichen Vertreter oder einem von ihr Bevollmächtigten steht eine zuständige Kontaktstelle zur Verfügung, bei der Informationen über alle Umstände, denen eine Bedeutung für die Durchführung einer klinischen Prüfung beizumessen ist, eingeholt werden können. Die Kontaktstelle ist bei der jeweils zuständigen Bundesoberbehörde einzurichten.

§ 41 – Besondere Voraussetzungen der klinischen Prüfung

(1) Auf eine klinische Prüfung bei einer volljährigen Person, die an einer Krankheit leidet, zu deren Behandlung das zu prüfende Arzneimittel angewendet werden soll, findet § 40 Abs. 1 bis 3 mit folgender Maßgabe Anwendung:
1. Die Anwendung des zu prüfenden Arzneimittels muss nach den Erkenntnissen der medizinischen Wissenschaft angezeigt sein, um das Leben dieser Person zu retten, ihre Gesundheit wiederherzustellen oder ihr Leiden zu erleichtern, oder
2. sie muss für die Gruppe der Patienten, die an der gleichen Krankheit leiden wie diese Person, mit einem direkten Nutzen verbunden sein.

Kann die Einwilligung wegen einer Notfallsituation nicht eingeholt werden, so darf eine Behandlung, die ohne Aufschub erforderlich ist, um das Leben der betroffenen Person zu retten, ihre Gesundheit wiederherzustellen oder ihr Leiden zu erleichtern, umgehend erfolgen. Die Einwilligung zur weiteren Teilnahme ist einzuholen, sobald dies möglich und zumutbar ist.

(2) Auf eine klinische Prüfung bei einem Minderjährigen, der an einer Krankheit leidet, zu deren Behandlung das zu prüfende Arzneimittel angewendet werden soll, findet § 40 Abs. 1 bis 4 mit folgender Maßgabe Anwendung:
1. Die Anwendung des zu prüfenden Arzneimittels muss nach den Erkenntnissen der medizinischen Wissenschaft angezeigt sein, um das Leben der betroffenen Person zu retten, ihre Gesundheit wiederherzustellen oder ihr Leiden zu erleichtern, oder
2. a) die klinische Prüfung muss für die Gruppe der Patienten, die an der gleichen Krankheit leiden wie die betroffene Person, mit einem direkten Nutzen verbunden sein,
   b) die Forschung muss für die Bestätigung von Daten, die bei klinischen Prüfungen an anderen Personen oder mittels anderer Forschungsmethoden gewonnen wurden, unbedingt erforderlich sein,
   c) die Forschung muss sich auf einen klinischen Zustand beziehen, unter dem der betroffene Minderjährige leidet und
   d) die Forschung darf für die betroffene Person nur mit einem minimalen Risiko und einer minimalen Belastung verbunden sein; die Forschung weist nur ein minimales Risiko auf, wenn nach Art und Umfang der Intervention zu erwarten ist, dass sie allenfalls zu einer sehr geringfügigen und vorübergehenden Beeinträchtigung der Gesundheit der betroffenen Person führen wird; sie weist eine minimale Belastung auf, wenn zu erwarten ist, dass die Unannehmlichkeiten für die betroffene Person allenfalls vorübergehend auftreten und sehr geringfügig sein werden.

Satz 1 Nr. 2 gilt nicht für Minderjährige, für die nach Erreichen der Volljährigkeit Absatz 3 Anwendung finden würde.

(3) Auf eine klinische Prüfung bei einer volljährigen Person, die nicht in der Lage ist, Wesen, Bedeutung und Tragweite der klinischen Prüfung zu erkennen und ihren Willen hiernach auszurichten und die an einer Krankheit leidet, zu deren Behandlung das zu prüfende Arzneimittel angewendet werden soll, findet § 40 Abs. 1 bis 3 mit folgender Maßgabe Anwendung:
1. Die Anwendung des zu prüfenden Arzneimittels muss nach den Erkenntnissen der medizinischen Wissenschaft angezeigt sein, um das Leben der betroffenen Person zu retten, ihre Gesundheit wiederherzustellen oder ihr Leiden zu erleichtern; außerdem müssen sich derartige Forschungen unmittelbar auf einen lebensbedrohlichen oder sehr geschwächten klinischen Zustand beziehen, in dem sich die betroffene Person befindet, und die klinische Prüfung muss für die betroffene Person mit möglichst wenig Belastungen und anderen vorhersehbaren Risiken verbunden sein; sowohl der Belastungsgrad als auch die Risikoschwelle müssen im Prüfplan eigens definiert und vom Prüfer ständig überprüft werden. Die klinische Prüfung darf nur durchgeführt werden, wenn die begründete Erwartung besteht, dass der Nutzen der Anwendung des Prüfpräparates für die betroffene Person die Risiken überwiegt oder keine Risiken mit sich bringt.
2. Die Einwilligung wird durch den gesetzlichen Vertreter oder Bevollmächtigten abgegeben, nachdem er entsprechend § 40 Abs. 2 aufgeklärt worden ist. § 40 Abs. 4 Nr. 3 Satz 2, 3 und 5 gilt entsprechend.
3. Die Forschung muss für die Bestätigung von Daten, die bei klinischen Prüfungen an zur Einwilligung nach Aufklärung fähigen Personen oder mittels anderer Forschungsmethoden gewonnen wurden, unbedingt erforderlich sein. § 40 Abs. 4 Nr. 2 gilt entsprechend.
4. Vorteile mit Ausnahme einer angemessenen Entschädigung dürfen nicht gewährt werden.

§ 42 – Verfahren bei der Ethik-Kommission, Genehmigungsverfahren bei der Bundesoberbehörde

(1) Die nach § 40 Abs. 1 Satz 2 erforderliche zustimmende Bewertung der Ethik-Kommission ist vom Sponsor bei der nach Landesrecht für den Prüfer zuständigen unabhängigen interdisziplinär besetzten Ethik-Kommission zu beantragen. Wird die klinische Prüfung von mehreren Prüfern durchgeführt, so ist der Antrag bei der für den Hauptprüfer oder Leiter der klinischen Prüfung zuständigen unabhängigen Ethik-Kommission zu stellen. Das Nähere zur Bildung, Zusammensetzung und Finanzierung der Ethik-Kommission wird durch Landesrecht bestimmt. Der Sponsor hat der Ethik-Kommission alle Angaben und Unterlagen vorzulegen, die diese zur Bewertung benötigt. Zur Bewertung der Unterlagen kann die Ethik-Kommission eigene wissenschaftliche Erkenntnisse verwerten, Sachverständige beiziehen oder Gutachten anfordern. Sie hat Sachverständige beizuziehen oder Gutachten anzufordern, wenn es sich um eine klinische Prüfung bei Minderjährigen handelt und sie nicht über eigene Fachkenntnisse auf dem Gebiet der Kinderheilkunde, einschließlich ethischer und psychosozialer Fragen der Kinderheilkunde, verfügt oder wenn es sich um eine klinische Prüfung von xenogenen Zell-

therapeutika oder Gentransfer-Arzneimitteln handelt. Die zustimmende Bewertung darf nur versagt werden, wenn
1. die vorgelegten Unterlagen auch nach Ablauf einer dem Sponsor gesetzten angemessenen Frist zur Ergänzung unvollständig sind,
2. die vorgelegten Unterlagen einschließlich des Prüfplans, der Prüferinformation und der Modalitäten für die Auswahl der Prüfungsteilnehmer nicht dem Stand der wissenschaftlichen Erkenntnisse entsprechen, insbesondere die klinische Prüfung ungeeignet ist, den Nachweis der Unbedenklichkeit oder Wirksamkeit eines Arzneimittels einschließlich einer unterschiedlichen Wirkungsweise bei Frauen und Männern zu erbringen, oder
3. die in § 40 Abs. 1 Satz 3 Nr. 2 bis 9, Abs. 4 und § 41 geregelten Anforderungen nicht erfüllt sind.

Das Nähere wird in der Rechtsverordnung nach Absatz 3 bestimmt. Die Ethik-Kommission hat eine Entscheidung über den Antrag nach Satz 1 innerhalb einer Frist von höchstens 60 Tagen nach Eingang der erforderlichen Unterlagen zu übermitteln, die nach Maßgabe der Rechtsverordnung nach Absatz 3 verlängert oder verkürzt werden kann; für die Prüfung xenogener Zelltherapeutika gibt es keine zeitliche Begrenzung für den Genehmigungszeitraum.

(2) Die nach § 40 Abs. 1 Satz 2 erforderliche Genehmigung der zuständigen Bundesoberbehörde ist vom Sponsor bei der zuständigen Bundesoberbehörde zu beantragen. Der Sponsor hat dabei alle Angaben und Unterlagen vorzulegen, die diese zur Bewertung benötigt, insbesondere die Ergebnisse der analytischen und der pharmakologisch-toxikologischen Prüfung sowie den Prüfplan und die klinischen Angaben zum Arzneimittel einschließlich der Prüferinformation. Die Genehmigung darf nur versagt werden, wenn
1. die vorgelegten Unterlagen auch nach Ablauf einer dem Sponsor gesetzten angemessenen Frist zur Ergänzung unvollständig sind,
2. die vorgelegten Unterlagen, insbesondere die Angaben zum Arzneimittel und der Prüfplan einschließlich der Prüferinformation nicht dem Stand der wissenschaftlichen Erkenntnisse entsprechen, insbesondere die klinische Prüfung ungeeignet ist, den Nachweis der Unbedenklichkeit oder Wirksamkeit eines Arzneimittels einschließlich einer unterschiedlichen Wirkungsweise bei Frauen und Männern zu erbringen, oder
3. die in § 40 Abs. 1 Satz 3 Nr. 1, 2, 2a und 6, bei xenogenen Zelltherapeutika auch die in Nummer 8 geregelten Anforderungen insbesondere im Hinblick auf eine Versicherung von Drittrisiken nicht erfüllt sind.

Die Genehmigung gilt als erteilt, wenn die zuständige Bundesoberbehörde dem Sponsor innerhalb von höchstens 30 Tagen nach Eingang der Antragsunterlagen keine mit Gründen versehenen Einwände übermittelt. Wenn der Sponsor auf mit Gründen versehene Einwände den Antrag nicht innerhalb einer Frist von höchstens 90 Tagen entsprechend abgeändert hat, gilt der Antrag als abgelehnt. Das Nähere wird in der Rechtsverordnung nach Absatz 3 bestimmt. Abweichend von Satz 4 darf die klinische Prüfung von Arzneimitteln,
1. die unter Nummer 1 des Anhangs der Verordnung (EWG) Nr. 726/2004 fallen,

2. die somatische Zelltherapeutika, xenogene Zelltherapeutika, Gentransfer-Arzneimittel sind,
3. die genetisch veränderte Organismen enthalten oder
4. deren Wirkstoff ein biologisches Produkt menschlichen oder tierischen Ursprungs ist oder biologische Bestandteile menschlichen oder tierischen Ursprungs enthält oder zu seiner Herstellung derartige Bestandteile erfordert,

nur begonnen werden, wenn die zuständige Bundesoberbehörde dem Sponsor eine schriftliche Genehmigung erteilt hat. Die zuständige Bundesoberbehörde hat eine Entscheidung über den Antrag auf Genehmigung von Arzneimitteln nach Satz 7 Nr. 2 bis 4 innerhalb einer Frist von höchstens 60 Tagen nach Eingang der in Satz 2 genannten erforderlichen Unterlagen zu treffen, die nach Maßgabe einer Rechtsverordnung nach Absatz 3 verlängert oder verkürzt werden kann; für die Prüfung xenogener Zelltherapeutika gibt es keine zeitliche Begrenzung für den Genehmigungszeitraum.

(2a) Die für die Genehmigung einer klinischen Prüfung nach Absatz 2 zuständige Bundesoberbehörde unterrichtet die nach Absatz 1 zuständige Ethik-Kommission, sofern ihr Informationen zu anderen klinischen Prüfungen vorliegen, die für die Bewertung der von der Ethik-Kommission begutachteten Prüfung von Bedeutung sind; dies gilt insbesondere für Informationen über abgebrochene oder sonst vorzeitig beendete Prüfungen. Dabei unterbleibt die Übermittlung personenbezogener Daten, ferner sind Betriebs- und Geschäftsgeheimnisse dabei zu wahren.

(3) Das Bundesministerium wird ermächtigt, durch Rechtsverordnung mit Zustimmung des Bundesrates Regelungen zur Gewährleistung der ordnungsgemäßen Durchführung der klinischen Prüfung und der Erzielung dem wissenschaftlichen Erkenntnisstand entsprechender Unterlagen zu treffen. In der Rechtsverordnung können insbesondere Regelungen getroffen werden über:
1. die Aufgaben und Verantwortungsbereiche des Sponsors, der Prüfer oder anderer Personen, die die klinische Prüfung durchführen oder kontrollieren einschließlich von Anzeige-, Dokumentations- und Berichtspflichten insbesondere über Nebenwirkungen und sonstige unerwünschte Ereignisse, die während der Studie auftreten und die Sicherheit der Studienteilnehmer oder die Durchführung der Studie beeinträchtigen könnten,
2. die Aufgaben der und das Verfahren bei Ethik-Kommissionen einschließlich der einzureichenden Unterlagen, auch mit Angaben zur angemessenen Beteiligung von Frauen und Männern als Prüfungsteilnehmerinnen und Prüfungsteilnehmer, der Unterbrechung oder Verlängerung oder Verkürzung der Bearbeitungsfrist und der besonderen Anforderungen an die Ethik-Kommissionen bei klinischen Prüfungen nach § 40 Abs. 4 und § 41 Abs. 2 und 3,
3. die Aufgaben der zuständigen Behörden und das behördliche Genehmigungsverfahren einschließlich der einzureichenden Unterlagen, auch mit Angaben zur angemessenen Beteiligung von Frauen und Männern als Prüfungsteilnehmerinnen und Prüfungsteilnehmer, und der Unterbrechung oder Verlängerung oder Verkürzung der Bearbeitungsfrist, das Verfahren zur Überprüfung von Unterlagen in Betrieben und Einrichtungen sowie die Voraussetzungen und das Verfahren für Rücknahme, Widerruf und Ruhen der Genehmigung oder Untersagung einer klinischen Prüfung,

4. die Anforderungen an das Führen und Aufbewahren von Nachweisen,
5. die Übermittlung von Namen und Sitz des Sponsors und des verantwortlichen Prüfers und nicht personenbezogener Angaben zur klinischen Prüfung von der zuständigen Behörde an eine europäische Datenbank und
6. die Befugnisse zur Erhebung und Verwendung personenbezogener Daten, soweit diese für die Durchführung und Überwachung der klinischen Prüfung oder bei klinischen Prüfungen mit Arzneimitteln, die aus einem gentechnisch veränderten Organismus oder einer Kombination von gentechnisch veränderten Organismen bestehen oder solche enthalten, für die Abwehr von Gefahren für die Gesundheit Dritter oder für die Umwelt in ihrem Wirkungsgefüge erforderlich sind; dies gilt auch für die Verarbeitung von Daten, die nicht in Dateien verarbeitet oder genutzt werden,
7. die Aufgaben und Befugnisse der Behörden zur Abwehr von Gefahren für die Gesundheit Dritter und für die Umwelt in ihrem Wirkungsgefüge bei klinischen Prüfungen mit Arzneimitteln, die aus einem gentechnisch veränderten Organismus oder einer Kombination von gentechnisch veränderten Organismen bestehen oder solche enthalten;

ferner kann die Weiterleitung von Unterlagen und Ausfertigungen der Entscheidungen an die zuständigen Behörden und die für die Prüfer zuständigen Ethik-Kommissionen bestimmt sowie vorgeschrieben werden, dass Unterlagen in mehrfacher Ausfertigung sowie auf elektronischen oder optischen Speichermedien eingereicht werden. In der Rechtsverordnung sind für zugelassene Arzneimittel Ausnahmen entsprechend der Richtlinie 2001/20/EG vorzusehen.

§ 42a – Rücknahme, Widerruf und Ruhen der Genehmigung

(1) Die Genehmigung ist zurückzunehmen, wenn bekannt wird, dass ein Versagungsgrund nach § 42 Abs. 2 Satz 3 Nr. 1, Nr. 2 oder Nr. 3 bei der Erteilung vorgelegen hat; sie ist zu widerrufen, wenn nachträglich Tatsachen eintreten, die die Versagung nach § 42 Abs. 2 Satz 3 Nr. 2 oder Nr. 3 rechtfertigen würden. In den Fällen des Satzes 1 kann auch das Ruhen der Genehmigung befristet angeordnet werden.

(2) Die zuständige Bundesoberbehörde kann die Genehmigung widerrufen, wenn die Gegebenheiten der klinischen Prüfung nicht mit den Angaben im Genehmigungsantrag übereinstimmen oder wenn Tatsachen Anlass zu Zweifeln an der Unbedenklichkeit oder der wissenschaftlichen Grundlage der klinischen Prüfung geben. In diesem Fall kann auch das Ruhen der Genehmigung befristet angeordnet werden. Die zuständige Bundesoberbehörde unterrichtet unter Angabe der Gründe unverzüglich die anderen für die Überwachung zuständigen Behörden und Ethik-Kommissionen sowie die Kommission der Europäischen Gemeinschaften und die Europäische Arzneimittel-Agentur.

(3) Vor einer Entscheidung nach den Absätzen 1 und 2 ist dem Sponsor Gelegenheit zur Stellungnahme innerhalb einer Frist von einer Woche zu geben. § 28 Abs. 2 Nr. 1 des Verwaltungsverfahrensgesetzes gilt entsprechend. Ordnet die zuständige Bundesoberbehörde die sofortige Unterbrechung der Prüfung an, so übermittelt sie diese Anordnung unverzüglich dem Sponsor. Widerspruch und Anfechtungsklage gegen den Widerruf, die Rücknahme oder die Anordnung des

Ruhens der Genehmigung sowie gegen Anordnungen nach Absatz 5 haben keine aufschiebende Wirkung.

(4) Ist die Genehmigung einer klinischen Prüfung zurückgenommen oder widerrufen oder ruht sie, so darf die klinische Prüfung nicht fortgesetzt werden.

(5) Wenn der zuständigen Bundesoberbehörde im Rahmen ihrer Tätigkeit Tatsachen bekannt werden, die die Annahme rechtfertigen, dass der Sponsor, ein Prüfer oder ein anderer Beteiligter seine Verpflichtungen im Rahmen der ordnungsgemäßen Durchführung der klinischen Prüfung nicht mehr erfüllt, informiert die zuständige Bundesoberbehörde die betreffende Person unverzüglich und ordnet die von dieser Person durchzuführenden Abhilfemaßnahmen an; betrifft die Maßnahme nicht den Sponsor, so ist dieser von der Anordnung zu unterrichten. Maßnahmen der zuständigen Überwachungsbehörde gemäß § 69 bleiben davon unberührt.

(...)

Sachverzeichnis

Arzneimittelgesetz 58
Binnenmarkt 36
Binnenmarktkompetenz 37
Bioethik-Konvention 7
Biomedizin
 Begriff 4
Biomedizin-Übereinkommen
 Einwilligung 11
 Beitritt 24
 Erläuternde Berichte 9
 Lenkungsausschuss für Bioethik 9
 menschliches Lebewesen 11
 Mindeststandard 10
 Rahmenübereinkommen 8
 unmittelbare Drittwirkung 9
Chimäre 52
Deklaration von Helsinki 10
Designer-Baby 16
Dolly 4, 25
Einwilligung 6, 27, 38
Embryonen 45
 angemessener Schutz 21
 de-potenziert 54
 Forschung 5, 6, 21
 überzählig 21
Embryonenschutzgesetz 47
 Gesetzgebungskompetenz 47
 Kernverschmelzung 48
 Vorkernstadium 48
Erbe der Menschheit 29
Ethikkommission 27, 43
Europäische Menschenrechtskonvention 7
Europäisches Patentübereinkommen 42
Forschung 17, 36
 eigennützig 18
 Embryonen 21
 in vitro 20
 fremdnützig 18
 minimale Belastung 20, 28, 30
 minimales Risiko 20, 28, 30
Forschungsrahmenprogramme 36
Gendiagnostik 5
Genmanipulation 5, 16
Gentest
 prädiktiv 5, 13

Gentherapie 5
Geschlechterwahl 6, 17, 50
Gesundheitswesen 37
Heilversuch 55
Humanexperiment 55
Hybride 52
informed consent 6, 12
Insemination
 heterolog 50
Keimbahnmanipulation 5, 6, 31, 51
Klonen 5, 34, 51
 Embryosplitting 26
 reproduktives 6, 30, 35, 36, 38
 therapeutisches 5, 23
 Zellkerntransfer 25
Kryokonservierung 49
Lebendspende 27
Lebensrecht 49
Leihmutter 49
Louise Brown 5, 47
Mehrlingsschwangerschaft 50
Menschenrechte 32
Menschenwürde 5, 10, 29, 32, 33, 49
Minderjähriger 12, 43
Nichtdiskriminierung 10, 13, 33
Organentnahme
 postmortal 27
Organhandel 6, 24
Patente
 biotechnologische Erfindung 39
 Europäisches Patentübereinkommen 42
 Gensequenz 41
 Klonen 41
 ordre public 41
 Patentierungsverbot 40
 Stammzellen 41
 TRIPS 41
 Wirkung 42
Patentgesetz 57
Personen 15
 einwilligungsfähig 18
 nichteinwilligungsfähig 6, 12, 18, 28, 30, 43
Präimplantationsdiagnostik 5, 6, 15, 50
Pränataldiagnostik 15

MIX
Papier aus verantwortungsvollen Quellen
Paper from responsible sources
FSC® C105338

If you have any concerns about our products,
you can contact us on
ProductSafety@springernature.com

In case Publisher is established outside the EU,
the EU authorized representative is:
**Springer Nature Customer Service Center GmbH
Europaplatz 3, 69115 Heidelberg, Germany**

Printed by Libri Plureos GmbH
in Hamburg, Germany